航空电子系统综合检测技术

连　可　童大鹏　赵贻玖　等　编著

科　学　出　版　社

北　京

内 容 简 介

本书瞄准军用飞机航空电子系统外场原位检测需求，提出航空电子系统综合检测概念，全面介绍航空电子系统综合检测的检测构型、检测方法，重点介绍基于开放式体系架构的综合检测系统总体设计技术、基于软件无线电的软件动态重构技术、基于航空电子系统主要传感器功能的检测激励信号产生技术、基于飞行数据的检测数据分析技术，以及基于综合检测数据的智能故障诊断技术。

本书可供从事航空电子系统外场测试和外场检测设备设计的工程技术人员学习与参考，也可供高等院校或研究机构检测技术与自动化装置、仪器科学与技术等专业的研究生使用。

图书在版编目（CIP）数据

航空电子系统综合检测技术 / 连可等编著. -- 北京 : 科学出版社, 2025. 6. -- ISBN 978-7-03-081279-7

Ⅰ. V243

中国国家版本馆 CIP 数据核字第 20257TF251 号

责任编辑：武雯雯　刘莉莉 / 责任校对：彭　映

责任印制：罗　科 / 封面设计：墨创文化

科学出版社 出版

北京东黄城根北街 16 号

邮政编码：100717

http://www. sciencep. com

成都锦瑞印刷有限责任公司印刷

科学出版社发行　各地新华书店经销

*

2025 年 6 月第　一　版　开本：787×1092　1/16

2025 年 6 月第一次印刷　印张：17 1/4

字数：410 000

定价：209.00 元

（如有印装质量问题，我社负责调换）

《航空电子系统综合检测技术》编委会

学术顾问　杨　斌

主　　编　连　可

副 主 编　童大鹏　赵贻玖

编　　委　（以姓氏拼音排序）

荣建刚　邵　龙　周靖宇

前　言

航空电子系统发展日新月异，已从第一代分离式系统发展到目前的第四代高度综合化系统。第一代分离设备的航电系统结构简单，具备的传感器功能少，可以针对每一种传感器功能设计专门的检测设备以满足装备外场测试保障需求。随着系统集成程度的提高，航电系统体积、重量越来越小，内部交联越来越复杂，集成的传感器功能越来越多。第四代高度综合化航电系统采用了开放式体系架构，实现了硬件模块化、功能软件化、资源可重构化，其体积较第三代航电系统减小 60%，重量减轻 30%，集成的传感器功能增加 30%。在此情况下，对每一种航电功能设计专用的检测设备，在测试设备的体积、重量和测试的覆盖性等方面已不满足装备保障性设计要求。

为了适应航空电子装备的快速发展，满足现代飞机航空电子系统保障性设计的要求，本书提出航空电子系统综合检测的概念，即在航空器统一供电环境下，通过获取被测航空电子系统定性、定量信息，对机载航空电子系统接口、功能、性能指标以及各种工作模式的符合性、稳定性、一致性进行测试评估。这里的“综合”主要体现在两个方面：一是检测内容综合，即检测内容涉及系统的电气接口、功能指标、性能指标、工作模式等，通过检测获取定量或定性信息开展对系统从软件到硬件、从链路逻辑到关键指标的综合评估；二是检测手段综合，即为了适应航空电子系统综合集成水平的提高，检测设备也从专用检测设备向综合集成化检测系统发展。同时，为实现综合检测的目的，检测方式也不局限于地面检测，而是综合利用机上机内测试与地面检测系统开展机上地面系统检测。

本书共 8 章。第 1 章主要介绍航空电子系统的基本概念、体系结构，以及航空电子系统综合检测的概念和关键技术；第 2 章介绍航空电子系统综合检测的总体方案，包括综合检测需求分析、综合检测架构及常见检测构型，以及主要的检测内容及方法；第 3 章重点介绍地面综合检测系统的设计方法，主要包括系统设计、硬件架构设计和软件架构设计；第 4 章重点介绍综合检测系统软件无线电架构中涉及的软件重构技术，包括软件重构的概念、特征、重构方法及算法，以及软件重构的关键技术；第 5 章主要介绍检测激励信号产生技术，分析典型传感器功能的信号特征，介绍几种信号波形合成技术；第 6 章主要介绍综合检测系统检测数据传输技术，包括各种总线传输技术，以及多设备之间数据传输的时间同步技术；第 7 章主要涉及对航空电子系统飞行记录数据的分析技术，包括分析流程和方法，以及这些分析流程和方法如何应用于航空电子系统典型传感器数据分析中；第 8 章主要是将综合检测获得的数据应用于航空电子系统智能故障诊断，介绍智能故障诊断的基本概念、测试性分析方法、故障诊断建模、常见的智能故障诊断算法，并用实例说明航空电子系统智能故障诊断的应用。

本书是作者长期从事航空电子系统综合检测工程实践和技术研究的总结。本书编著过程中主要参考的相关航空电子技术、电子测试技术、软件技术、总线技术、信号处理技术、数据分析技术、故障诊断技术的论文、图书、标准等，均在本书参考文献中列出，在此对相关文献的作者表示衷心的感谢。郑向华教授对本书系统设计（3.1 节）的撰写给予了宝贵建议与支持，庄晓燕副教授为时钟同步技术（6.2 节）的撰写提供了帮助，在此也一并表示感谢。

由于作者水平有限，书中难免存在不足与疏漏之处，敬请广大读者批评指正。

目　　录

第1章　绪论…………1
1.1　航空电子系统概述…………1
1.1.1　航空电子技术的演变…………1
1.1.2　航空电子系统的概念…………2
1.1.3　军用航空电子系统的主要功能…………3
1.2　航空电子系统体系结构…………13
1.2.1　航空电子系统架构的演变…………13
1.2.2　分布式模拟航电结构…………15
1.2.3　分布式数字航电结构…………15
1.2.4　联合式数字航电结构…………16
1.2.5　综合模块化航电结构…………18
1.3　航空电子系统检测技术概述…………20
1.3.1　航空电子系统综合检测的概念…………20
1.3.2　航空电子系统综合检测的关键技术…………23
参考文献…………25
第2章　综合检测方案…………26
2.1　综合检测需求分析…………26
2.1.1　功能检测…………26
2.1.2　性能检测…………27
2.1.3　链路检测…………27
2.1.4　数据分析…………27
2.1.5　故障诊断…………27
2.2　综合检测架构及常见检测构型…………28
2.2.1　架构组成…………28
2.2.2　机上检测构型…………29
2.2.3　地面检测构型…………29
2.2.4　协同检测构型…………31
2.3　主要检测内容及方法…………34
2.3.1　通信子系统检测…………34
2.3.2　导航子系统检测…………35
2.3.3　识别子系统检测…………37

2.3.4 雷达子系统检测 …… 38
参考文献 …… 38
第 3 章 综合检测系统 …… 39
3.1 系统设计 …… 39
3.1.1 系统组成 …… 39
3.1.2 接口设计 …… 41
3.1.3 总线设计 …… 42
3.1.4 通用质量特性设计 …… 42
3.1.5 环境适应性设计 …… 47
3.1.6 结构设计 …… 48
3.1.7 电磁兼容性设计 …… 50
3.2 硬件架构设计 …… 52
3.2.1 需求分析 …… 52
3.2.2 硬件架构 …… 54
3.2.3 射频前端设计 …… 54
3.2.4 模数/数模转换设计 …… 61
3.2.5 数字前端设计 …… 62
3.2.6 数字信号处理器及高速 FPGA 设计 …… 63
3.3 软件架构设计 …… 65
3.3.1 软件架构分类 …… 65
3.3.2 软件开发技术 …… 67
3.3.3 软件开发环境 …… 71
3.3.4 人机交互界面 …… 74
参考文献 …… 75
第 4 章 综合检测软件动态重构技术 …… 76
4.1 概述 …… 76
4.1.1 软件动态重构定义 …… 76
4.1.2 软件动态重构分类 …… 77
4.1.3 软件动态重构一般过程 …… 78
4.2 软件动态重构特征 …… 79
4.2.1 重构架构 …… 79
4.2.2 重构基本流程 …… 79
4.2.3 重构触发机制 …… 80
4.2.4 重构颗粒度 …… 81
4.2.5 重构策略 …… 81
4.3 软件动态重构方法及算法 …… 82
4.3.1 形式化动态配置方法 …… 82
4.3.2 非形式化动态配置方法 …… 83

4.3.3 构件动态配置算法 …… 84
4.3.4 连接动态配置算法 …… 87
4.4 软件动态重构关键技术 …… 87
4.4.1 基于蓝图面向任务变化的重构策略 …… 87
4.4.2 数字信号处理器软件构件动态重构技术 …… 94
4.4.3 现场可编程门阵列动态重构技术 …… 97
参考文献 …… 110
第 5 章 检测激励信号产生技术 …… 112
5.1 通信信号特征分析 …… 112
5.1.1 原理概述 …… 112
5.1.2 调制与解调 …… 116
5.1.3 扩频通信 …… 119
5.2 导航信号特征分析 …… 122
5.2.1 卫星导航 …… 122
5.2.2 塔康导航 …… 124
5.2.3 仪表着陆系统 …… 126
5.2.4 DME/P …… 128
5.2.5 微波着陆系统 …… 130
5.3 识别信号特征分析 …… 132
5.3.1 原理概述 …… 132
5.3.2 识别信号特征 …… 135
5.4 雷达信号特征分析 …… 139
5.4.1 原理概述 …… 139
5.4.2 雷达信号特征 …… 146
5.5 测试信号产生技术 …… 151
5.5.1 标准波形合成技术 …… 151
5.5.2 脉冲波形合成技术 …… 153
5.5.3 任意波形合成技术 …… 155
参考文献 …… 161
第 6 章 检测数据传输技术 …… 164
6.1 总线传输技术 …… 164
6.1.1 CAN 总线 …… 164
6.1.2 RS-422/RS-485 总线 …… 166
6.1.3 ARINC429 总线 …… 169
6.1.4 MIL-STD-1553B 总线 …… 170
6.1.5 以太网 …… 175
6.1.6 RapidIO 总线 …… 177
6.1.7 PCIe 总线 …… 179

6.2 时钟同步技术 ······ 181
参考文献 ······ 185
第 7 章 检测数据分析技术 ······ 187
7.1 数据分析流程 ······ 187
7.1.1 数据采集存储 ······ 187
7.1.2 数据预处理 ······ 189
7.1.3 数据交互应用 ······ 192
7.2 数据分析方法 ······ 195
7.2.1 统计分析 ······ 195
7.2.2 数据异常检测 ······ 198
7.2.3 数据挖掘 ······ 202
7.3 数据分析典型应用 ······ 203
7.3.1 通信数据分析 ······ 203
7.3.2 导航数据分析 ······ 205
7.3.3 识别数据分析 ······ 209
7.3.4 雷达数据分析 ······ 210
参考文献 ······ 211
第 8 章 智能故障诊断技术 ······ 213
8.1 概述 ······ 213
8.1.1 故障诊断技术内涵 ······ 213
8.1.2 故障诊断现状 ······ 214
8.1.3 故障诊断工作流程 ······ 216
8.1.4 故障诊断关键技术 ······ 218
8.2 测试性分析方法 ······ 219
8.2.1 贪婪搜索算法 ······ 219
8.2.2 AO* 搜索算法 ······ 220
8.2.3 测试不可靠 AO* 搜索算法 ······ 221
8.3 故障诊断建模 ······ 222
8.3.1 测试性模型构建 ······ 223
8.3.2 关联关系知识图谱构建 ······ 225
8.3.3 故障推理模型构建 ······ 228
8.3.4 数据驱动故障诊断模型构建 ······ 230
8.4 智能故障诊断算法 ······ 236
8.4.1 考虑多故障拉格朗日故障诊断算法 ······ 236
8.4.2 数据驱动故障诊断算法 ······ 237
8.4.3 基于假设检验的算法优选 ······ 239
8.4.4 诊断流程自主规划算法 ······ 242

8.5 航空电子系统智能故障诊断应用 ······245
8.5.1 基于 FMECA 的典型故障分析 ······245
8.5.2 典型故障特征提取 ······251
8.5.3 基于推理机的智能故障诊断 ······253
8.5.4 可信检测验证 ······257
参考文献 ······261

第 1 章　绪　　论

1.1　航空电子系统概述

1.1.1　航空电子技术的演变

航空电子（avionics）一词创造于 20 世纪 30 年代末，用于描述日益增多的航空电子技术功能。二战和冷战时期的科学研究和技术发展极大地推动了军用飞行器上航空电子设备的迅速发展。如今，一套航空电子系统的成本在军用平台中占到出厂费用的一半，成为有人驾驶飞机和无人驾驶飞机、导弹以及相关武器的关键组成部分。正是军用航电设备的使用使得飞机能够完成防御、进攻和侦察任务。

回顾军用航电技术的发展史，可以发现从 1910 年进行的首次机载无线电试验到第四代隐身战斗机搭载的高度综合化航空电子系统的出现，航空电子技术取得了长足进步。20 世纪 30 年代，人类首次研发了确保操作稳定性的电子辅助设备，如盲飞仪、无线电测向仪、非定向信标、陆基监视雷达以及单轴自动驾驶仪。20 世纪 40 年代，超短波通信、敌我识别（identification of friend or foe，IFF）系统、陀螺仪、高度航向参照系统、机载截获雷达、早期电子战系统、军用远程精确无线电导航仪以及双轴自动驾驶仪等技术被研发出来。这些发展主要受到二战及其相关事件的推动。20 世纪 50 年代，塔康系统（tactical air navigation system，TACAN）、具有跟踪能力的机载截获雷达、多普勒雷达、数字任务计算机和惯性导航系统等技术被研发出来。20 世纪 60 年代，综合电子战系统、全自动武器发射系统、地形匹配雷达、自动地形跟踪技术、头盔显示器激光目标指示技术以及早期数字任务计算机等军用航空电子系统被研发出来。计算机技术、通信技术、网络平台和材料科学等相关技术的迅速发展，为航空电子系统提供了数字化、信息化和一体化的能力和逻辑处理模式，有效提升了系统的能力和效率。目前，高新技术特别是信息技术的飞速发展，为提高航空电子系统的能力、降低成本提供了强有力的支持，例如高性能多核处理芯片和并行处理系统、高精度全球导航系统、天空地导航增强协同系统、高带宽卫星移动通信和空地数据通信系统、主动相关监视广播系统以及全空域和全航程飞行广域信息管理系统。这些技术的发展不仅大幅增强了飞机系统功能处理的能力，同时显著提升了飞行应用能力和收益，有效推动了航空电子系统的发展。

随着飞机飞行应用任务、系统功能和运行性能需求的大幅提升，航空电子系统已经发展成为一个由多个系统、多种环境、多项任务和多种资源构成的复杂系统。它们之间相互关联、相互支持、相互集成和相互制约，具有多目标、多信息、多专业、多任务、多功能和多过程的特点。

飞机航空电子系统的内部关系和相关技术如图 1.1 所示。

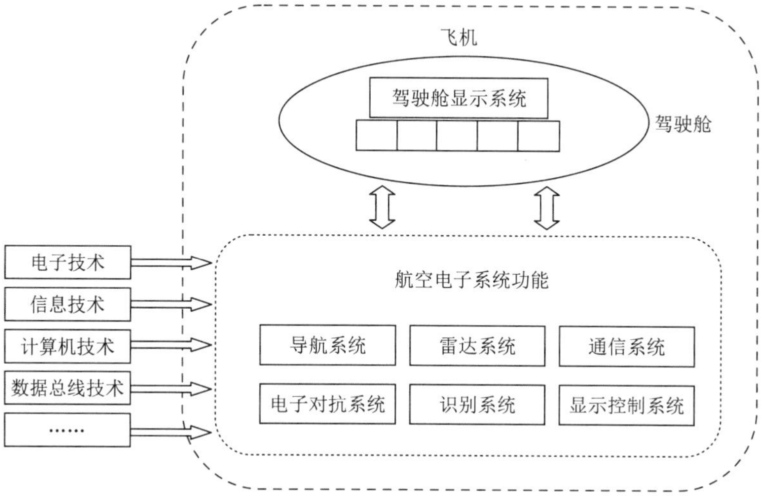

图 1.1 飞机航空电子系统内部关系和相关技术

1.1.2 航空电子系统的概念

航空电子系统最早是指将电子技术应用于航空领域（主要指飞机）的电子设备。随着数字电子技术、信息技术和计算机技术的发展，航空电子系统的作用和能力不再局限于提升飞机仪表的功能，还涉及飞机整体能力的组织和实现，包括飞行任务的组织与管理、飞行过程的引导与控制，以及飞机状态的监控与管理。航空电子系统已经完成了从提供飞行能力支持到飞行任务组织管理的转变。

飞机由机体、发动机和机载系统三大部分构成，其中机载系统包括航空电子系统。有些著作将与飞机电子系统相关的领域和能力都归为航空电子系统，但大多数著作将航空电子系统定义为飞机的任务系统。本书将军用飞机的飞行保障电子系统、空中信息感知系统和机载任务电子系统统称为航空电子系统，它是指基于电子技术、信息技术和计算机技术的设备和系统，提供飞行任务的组织、运行和管理能力，为飞行计划和作战任务的执行提供支持。

军用飞机执行飞行任务是通过制定任务规划、管理飞行过程、感知空中态势和执行战术任务等过程来实现的。通过空地协同的飞行决策，可以实现飞行和任务执行过程的安全性和高效性。早期的航空电子系统主要是基于飞行员能力的组织和扩展，例如建立飞行管理系统以增强飞行决策能力，建立语音通信以扩展飞行空地通信能力，建立显示系统以增强飞行员的观测能力，建立导航系统以提高飞行员的航向判别能力，建立传感器系统以提高飞行员的空中态势感知能力。随着航空电子系统技术的发展，飞机的飞行应用和任务执行逐渐从依赖飞行员能力、设备能力和飞机能力转向依赖航空电子系统的自主能力。航空电子系统通过与飞行员的交互，组织飞行计划、飞行导引、飞行监视和任务管理过程，有效地增强了飞行功能和任务完成能力，提升了飞行性能和品质，进而实现了飞行任务的有效执行。

1.1.3 军用航空电子系统的主要功能

军用航空电子系统主要针对军用飞机的作战需求，提供基本能力来支持作战过程，帮助飞行员进行飞行过程的组织、运行管理和态势感知[1,2]。

军用航空电子系统的主要功能和组成如图 1.2 所示。现代军机的航空电子系统主要包括机载雷达系统、机载电子战系统、机载通信导航识别系统和座舱显示控制系统。

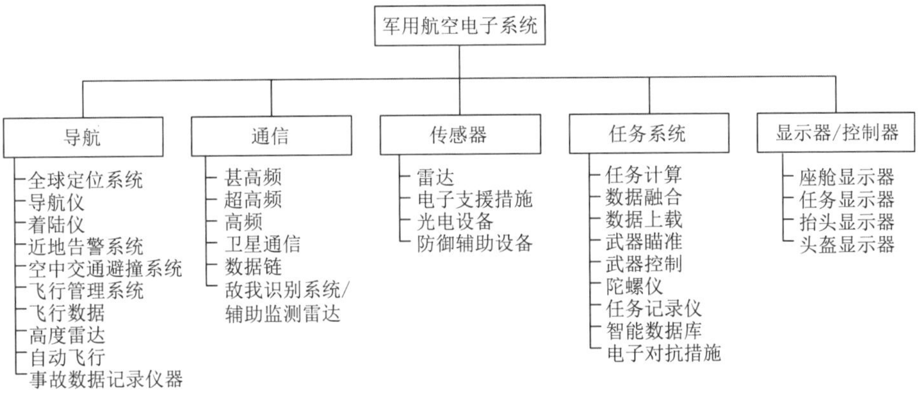

图 1.2 军用航空电子系统的主要功能和组成

1. 机载雷达系统

有源电子扫描阵列（active electronically scanned array，AESA）雷达（通常也称“有源相控阵雷达”）是雷达技术的重大发展，它广泛应用于现代军用飞机，显著提升了作战能力和作战模式。

AESA 雷达的天线波束扫描具有高度的灵活性，由计算机控制，几乎没有惯性延迟，相较传统的机械雷达具有许多新功能。AESA 雷达能够轻松形成多个波束，在空间中实现信号功率的合成，并具有同时进行边扫描边跟踪的能力，能够稳定追踪多个高速运动目标。

AESA 雷达是超越传统机械扫描阵列（mechanical scanned array，MSA）雷达的重要技术突破，这一突破主要源于其天线结构的不同。传统的 MSA 雷达通过天线的物理运动实现波束空间扫描。AESA 雷达由数百个或数千个低功率的 T/R（transmit/receive，发射/接收）组件构成，每个 T/R 组件可以看作一个独立的发射机和接收机，能够自行产生和接收电波。所有的 T/R 组件同时工作，构成了一个功能强大的雷达系统。AESA 雷达因其灵活的电子扫描、先进的功率管理和信号处理技术而具有卓越的性能。与传统的 MSA 雷达相比，AESA 雷达的特点包括：具有灵活快速的波束指向能力；一个雷达可以同时形成多个独立的波束，实现搜索、识别、跟踪、制导和无源侦测等多种功能；具备较强的多目标交战能力，能够同时监视和跟踪多个目标；抗干扰性能优秀。此外，AESA

雷达具有较高的可靠性，即使部分 T/R 模块失效，仍能正常工作。以上技术特点提升了航空电子系统的能力，主要体现在以下几个方面。

（1）大幅增加雷达的作用距离：AESA 雷达天线由成千上万个 T/R 组件组成，每个 T/R 组件具备独立的信号放大、发射和接收能力，雷达的辐射功率是所有 T/R 组件的功率总和。因此虽然每个 T/R 组件的辐射功率不大，但通过组合，可以轻松实现远距离探测所需的辐射功率。

（2）大幅增强雷达的抗干扰能力：相较于 MSA 雷达，AESA 雷达可以大幅增加工作带宽，从而降低敌方干扰密度，使敌方无法对雷达进行全频段干扰。AESA 雷达可以使用无序、离散的波束来替代周期性、连续的波束，实现目标搜索和跟踪。通过设置零深等手段，将干扰源方向与天线波束相位相互抵消，降低雷达被敌方电子干扰和截获的概率。这些特点极大增强了 AESA 雷达的抗干扰能力。

（3）实现多功能：AESA 雷达能够在同一时间内完成多种雷达功能。它可以通过一部分 T/R 组件完成一种功能，而利用其他 T/R 组件完成其他功能；可以以时分方式同时实现多种功能，如地图测绘（合成孔径雷达/地面移动目标指示器）、地物回避、地形跟随以及威胁回避，同时能实现对空中目标的搜索、跟踪和攻击。AESA 雷达的功能和性能得到了极大的扩展，能够满足各种作战需求。

（4）有效探测隐身目标：AESA 雷达可以利用与天线辐射单元相同的独立辐射源，总发射功率通过空间合成得到大幅提高，增大了雷达的功率孔径面积，使其能够探测战术、战略导弹、巡航导弹以及隐身飞机等低可探测性目标。

（5）提高雷达天线的隐身性能：AESA 雷达在工作时不需要机械转动，通过适当的安装角度可以有效降低雷达在主要威胁方向上的雷达截面积（radar cross-section，RCS），还可以通过在雷达天线阵列上加装吸波负载，减少天线散射的雷达波，从而降低 AESA 雷达截面积，提高隐身性能。

（6）解决可靠性瓶颈：AESA 雷达的发射和接收系统由数百个或数千个独立的 T/R 和辐射单元组成，单个 T/R 组件的可靠性可以达到 10000h 以上，并且即使少数单元失效，对系统性能的影响也不大，仍然可以维持基本的工作性能。这种“柔性降级”特性对雷达的作战使用非常有利。

AESA 雷达凭借其灵活的电子扫描、先进的功率管理和信号处理技术，具有辐射功率合成、抗干扰能力强、多功能实现、探测隐身目标、提高天线隐身性能以及高可靠性等优势，已成为新一代主力战斗机的标准配置。

2. 机载电子战系统

机载电子战系统是实现对威胁雷达、射频和红外制导导弹信号探测、截获、定位、识别、跟踪和对抗的关键系统之一。其主要作战对象包括机载火控雷达、地面制导雷达、空空和地空导弹、目标指示雷达、预警雷达、敌我识别信号、数据链信号等。该系统的任务是为作战飞机提供全域威胁态势感知、攻击引导和自卫能力。

机载电子战系统体系见图 1.3。

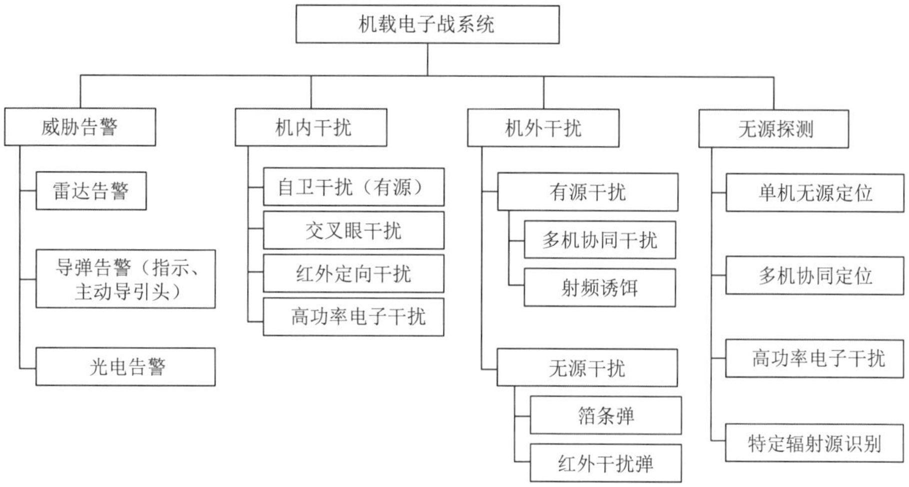

图 1.3 机载电子战系统体系

机载电子战系统需要具备全程有效的对抗能力，能够快速截获、识别和告警机载火控雷达、地面制导雷达、导弹指令信号和主动导引头信号。通过融合光电告警信息，实现综合告警能力。通过对雷达搜索、跟踪以及导弹发射/中距制导/末制导等工作状态的判定，支持实时威胁响应管理。

机载电子战系统具备远、中、近距离的电子对抗能力。支援干扰飞机能够在安全距离上采用与雷达综合的共用机头多功能阵列（multi-function array，MFA），以实现高功率电子干扰（high-power electronic countermeasures，HPECM）；掩护攻击飞机则能在自身安全火控攻击包线内，形成“先敌发射”的条件。在中距离作战时，系统能够实现宽带全向自卫干扰；而在末端对抗阶段，系统能够综合运用射频诱饵、交叉眼、箔条弹和红外干扰弹等有源/无源措施，对抗主动雷达和光电制导空空导弹，从而以高概率诱骗来袭的射频和红外制导导弹。此外，机载电子战系统还能通过机间高速协同数据链实现多机协同干扰。

在无源探测及攻击引导方面，远距离作战时，可以利用单机电子支援措施（electronic support measure，ESM）对威胁雷达主瓣辐射信号进行侦测，并通过高增益电子支援措施（high gain electronic support measure，HGESM）和多机 HGESM 实现威胁雷达旁瓣信号的远距离无源探测，形成“先敌发现”的能力。ESM 通过精确测量方位/俯仰二维角度，可以引导雷达高概率截获目标并快速完成测距和测速，形成对目标的跟踪。在中距离作战时，可以通过协同链将多架飞机形成组网 ESM 探测，实现无源攻击引导，形成“先敌发射”的能力。此外，机载电子战系统还可以实现单机快速无源定位和特定辐射源识别，以实现对敌防空压制（suppression of enemy air defense，SEAD）的能力。

3. 机载通信导航识别系统

通信导航识别（communication-navigation-identication，CNI）系统是现代作战飞机

航空电子系统中的重要组成部分，它主要用于提供飞机与外界的话音和数据通信、飞行导航、起降引导以及敌我识别等基础功能。在过去，通信（C）、导航（N）、识别（I）是独立的子系统，但为了减轻设备体积和重量、降低飞行员负担，并简化后勤支持需求，美军在 20 世纪 60 年代开始研究这三个独立系统功能的综合实现，从而出现了“CNI”的概念。随着信号和数据处理技术以及模块化技术的迅速发展，美军的 F-22 战斗机实现了真正意义上的 CNI 综合。该系统利用通用的模块加载不同的应用软件，实现了原先独立子系统所具备的多种不同功能。这种航空电子系统功能综合化的发展也成为未来航空电子系统发展的趋势。CNI 系统使用的主要频谱如图 1.4 所示。

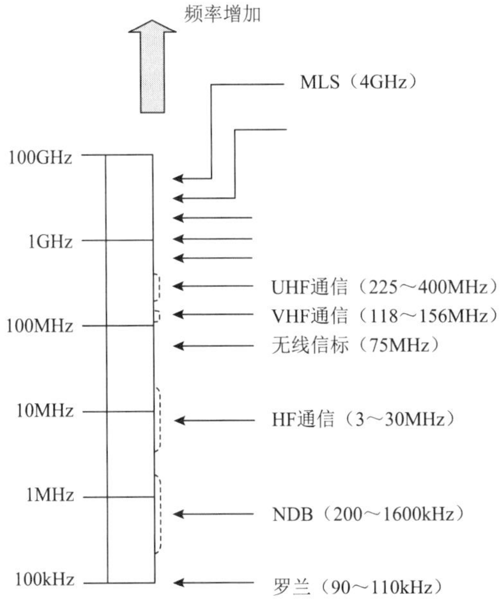

图 1.4　主要 CNI 功能的射频频谱

MLS（microwave landing system，微波着陆系统）；UHF（ultra high frequency，超高频）；VHF（very high frequency，甚高频）；HF（high frequency，高频）；NDB（non-directional beacon，无方向信标）

1）通信

作战飞机的机载通信系统具有重要作用，主要用于与各作战单元进行信息交换。这些作战单元包括僚机、空中指挥控制中心、地/海面部队、地/海面指挥中心以及空中交通管理中心等。因此，机载通信系统必须满足对空空和空地通信的需求，以最大限度地提高作战飞机在网络中心作战体系中的整合性。

（1）短波通信

短波通信（又称为高频通信）是利用频率范围为 3～30MHz 的电磁波作为载波的无线电通信方式。它利用地波或低电离层传播，可以实现几十千米到上百千米的中短距离通信。同时，利用电离层对电磁波的反射，也可以实现数千千米甚至更远距离的通信。因此，在飞机无法通过视距进行通信时，机载短波通信成为提供飞机超视距远距离话音和数据通信的重要手段之一。短波通信信号传播如图 1.5 所示。

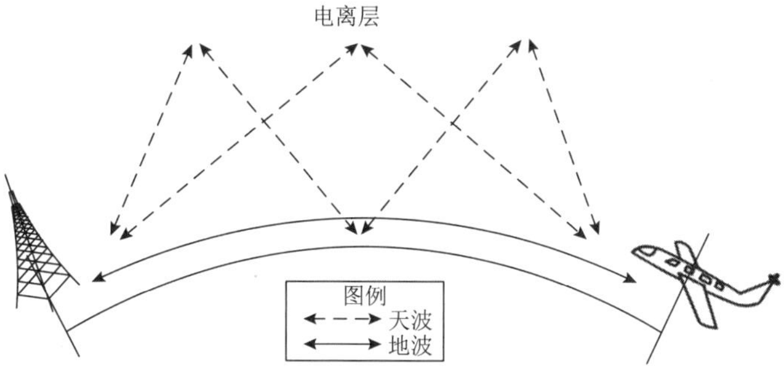

图 1.5 短波通信信号传播示意图

自 20 世纪 80 年代以来，自适应短波通信技术得到了迅速发展，极大地推动了短波通信的应用。现役的军用机载短波通信电台大多采用了短波自适应技术，其频率、功率、速率、分集、路由和均衡等特性可以自适应地变化。这些系统支持实时信道估算和自适应选频，能够传输高速数据、数字密话，并具备跳频抗干扰能力以及快速天线调谐等特点。尤其是对于军事应用而言，抗干扰能力是一个非常重要的特性。在 20 世纪 90 年代后期，美国桑德斯公司开发的相关跳频增强型扩谱（correlated hopping enhanced spread spectrum，CHESS）电台系统采用了多项新技术，跳频速率高达 5000 跳/s。该系统不仅实现了极高的跳频速率，还在数字化方面取得了突破，将数字化处理直接应用于射频前端。这也使其成为新一代数字化短波自适应高速跳频电台的发展方向。

（2）超短波通信

超短波通信是航空通信中不可或缺的一种方式，主要用于飞机与地面台站、飞机与飞机之间的双向话音和数据通信。在二战中期，英军战斗机装备了甚高频（VHF）四信道电台，这标志着超短波频段在地空通信中的应用。此后，几乎所有机载设备都配备了超短波电台，成为空中平台的标准设备。如图 1.6 所示，VHF 频段具有一定的传播限制，不适用于天波或地波传播。除非特殊情况，否则 VHF 信号通常仅能在视距范围内传播。也就是说，只有接收机位于发射机的视距范围内或能够看到发射机时，才能接收到信号。这种视距特性还受无线塔台与飞机之间的相对高度影响。为了减轻飞行员的工作负担并提高数据传输速率，未来的系统将越来越多地采用 VHF 数据链（VHF data link，VDL）进行空地和空空通信。VDL 已广泛应用于军用和民用航空领域，用于支持导航、监视和空中交通管理。

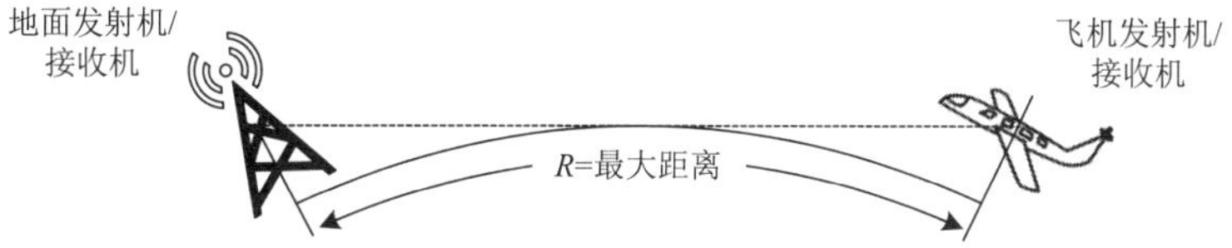

图 1.6 军用超短波通信示意图

（3）卫星通信

卫星通信是一种超视距、远程通信的方式，它是继短波通信之后的另一种重要手段。卫星通信具有作用距离远、频带宽、传输容量大、性能稳定可靠等特点。从 20 世纪 70

年代开始，美国军方使用专用的军用通信卫星为航空通信提供专用线路。除了军用通信卫星，军方还租用一些民用卫星来提供航空卫星移动通信，例如美军的 B-52、R-135 等飞机装备了 Inmarsat-Aero 型机载终端。

机载卫星通信的原理如图 1.7 所示。目前，机载卫星通信主要集中在 UHF（ultra high-frequency）、SHF（super high frequency）和 EHF（extra high frequency）三个频段①。其中，UHF 频段的技术最成熟、成本最低，并且应用最广，但容量较小，波束宽，易受干扰，系统的生存能力相对较弱。因此，许多外国军队的军用通信卫星普遍向 SHF、EHF 等更高频段扩展。EHF 频段具有频段高、可用频段宽、抗干扰、抗截获等优点，是外国军队卫星通信发展的重点。然而，由于 EHF 卫星通信的波束较窄，移动终端的天线波束必须采用复杂的技术（如相控阵天线）才能与卫星对准。使用 SHF 频段可以相对兼顾 UHF 和 EHF 频段的优点。

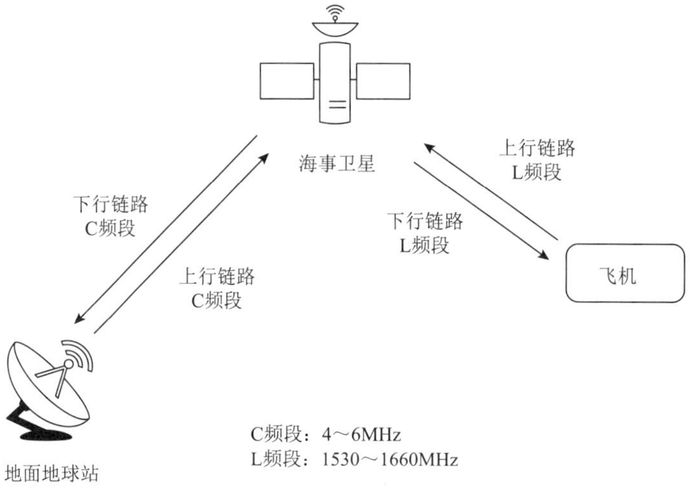

图 1.7　机载卫星通信原理示意图

对于机载卫星通信系统而言，由于飞机平台的特殊性（如体积、重量和功耗的限制），装备卫星通信系统具有一定的挑战性。飞机的高速运动会引起多普勒效应，机载天线的形状必须符合飞机高速飞行的要求，以确保提供足够的天线增益，这也增加了挑战。因此，目前装备机载卫星通信设备主要集中在大型平台上，例如战略轰炸机、空中预警机、空中加油机、远程运输机、空中指挥所飞机和大型侦察机等。然而，随着天线制造技术和设备小型化技术的快速发展，战术航空作战平台也开始考虑装备卫星通信系统。美军的 F-16、F-35 战斗机计划配备移动用户目标系统（mobile user objective system，MUOS）的 UHF 卫星通信能力。

2）导航

根据不同作战用途，飞机采用不同的导航设备组合，以满足各自的作战需求。例如，美军的战斗机（如 F-15）和攻击机（如 A-10）注重高速、低空和中程导航能力；轰炸机

① UHF、SHF、EHF 三个频段均属于超高频。

（如B-2）注重远程、自主、精确定位和轰炸导航能力；而预警和指挥飞机（如E-2）注重远程、自主和安全导航能力。目前，机载导航系统主要包括非自主式导航系统、自主式导航系统、卫星导航系统和组合导航系统等，同时还存在其他具备导航功能的系统，如联合战术信息分发系统。

（1）非自主式导航系统

目前，非自主式导航系统主要指的是无线电导航系统。该系统利用无线电技术和方法测量与飞机位置有关的参数（如方位、距离和速度等），从而引导飞机快速而安全地航行，是完成飞行训练和作战任务的一种导航方法。

无线电导航系统具有以下优点：不受时间和气候条件限制，具有定位精度高（定位精度可达10m以内）、定位时间短、能够连续实时地定位以及设备简单可靠的优点。在复杂气象条件或夜间着陆时，无线电导航成为唯一可行的导航手段。然而，由于无线电导航需要辐射和接收无线电波，因此容易被发现和干扰，缺乏保密性，在受到自然或人为干扰时甚至无法工作。以下是目前应用的几种主要的无线电导航系统。

①塔康系统

塔康系统（TACAN）是美国于1952年研制成功并投入使用的近程无线电导航系统。该系统由地面设备（也称为塔康信标）和机载设备组成，为以地面设备为中心、半径在350～370km范围内的飞机（高度10000m）提供导航服务。它能够引导飞机出航、归航或飞往指定地点，并可用于非精密进近着陆引导。此外，塔康系统还可以通过空空测距功能实现飞机间的相互测距，用于飞机的空中会合和编队。

②无线电罗盘与信标系统

无线电罗盘与信标系统由机载设备和地面信标台组成。机载设备是自动测向仪（automatic direction finder，ADF），通常称为无线电罗盘。与之配套的地面设备是导航台（即地面信标台），通常称为无方向性信标（non-directional beacon，NDB）。

地面信标台发射连续的无线电波，其天线水平面方向图为圆形。每个地面台都有特定的参数，如发射形式、工作频率和台站识别码（通常用莫尔斯电码表示）。机载自动测向机接收地面信标台发射的无线电波，其接收机配有可旋转的水平方向的心形方向图接收天线。自动测向机有一个零值点，通过转动天线找出接收到信号为零的方向，这个方向即指向无线电信标台的方向。当测出两个以上信标台的方位时，可以根据这些方向线的交点确定飞机的位置。

根据导航任务的需要，可以设置不同的信标台。航路信标台用于确定飞机的航向并引导飞机进入和离开空中走廊的入口和出口。终端区信标台设置在机场终端区域内，通常放置在跑道轴线上或其延长线上，用于引导飞机在着陆前进行机动飞行和穿云下降，使飞机对准跑道。

信标台的工作频率范围为150～1300kHz，属于中、长波段，无线电罗盘的测向精度为±3°～±10°。

③伏尔系统

伏尔是甚高频全向信标（very high frequency omnidirectional range，VOR）的简称，是第二次世界大战后期在美国首先发展起来的近程导航系统。1946年伏尔系统成为美国标准的航空导航系统，并于 1949 年被国际民用航空组织（International Civil Aviation Organization，ICAO）采纳为国际标准的航空近程导航系统。自 1949 年以来，伏尔系统及其技术经过不断完善，得到了很大改进。20 世纪 60 年代，联邦德国研制了多普勒伏尔（Doppler VOR，DVOR）系统，克服了场地内地形和地物对系统发射信号的影响，进一步提高了系统的精度。

伏尔系统是一种广泛应用于航空领域的导航系统，主要用于提供飞机的方位信息和航路导航，也常用作机场的进场引导设备。伏尔系统的工作频段为 108～117.95MHz，频率间隔为 100kHz，并采用连续波的工作方式。在伏尔系统中，每个信标发射一个用侧音调制的莫尔斯电码，这个电码可以帮助机组人员识别信标。地面站通过辐射心形方向图的信号，并以 30r/min 的速度旋转，来产生一个 30Hz 的调制信号。在飞机的伏尔接收机中，这个调制信号被解调出来用于导航和定位。此外，地面站还发射一个全向信号，并使用 30Hz 的参考侧音进行调制。两个侧音之间的相位差会随着飞机的方向变化而变化。通过测量这种相位差的变化，飞机可以确定其方位信息。

④测距器

测距器（distance measurement equipment，DME）是一种为飞机提供距离信息的近程无线电导航系统，工作频段为 960～1215MHz。它通过测量无线电脉冲在空中的传播时间来获得飞机到地面导航台站的距离。测距器系统分为常规测距器（normal DME，DME/N）和精密测距器（precision DME，DME/P）两种。

常规测距器系统是一种用于航路和终端区导航的设备，与伏尔系统可以联合工作，构成伏尔/常规测距器近程导航系统。它还可以与仪表着陆系统联合工作，协助飞机完成进场着陆引导。

精密测距器系统是在常规测距器系统的基础上发展而来的，它是为了配合微波着陆系统而设计的无线电导航系统。微波着陆系统是一种精密的着陆设备，被国际标准接受并广泛应用于航空领域。精密测距器系统与微波着陆系统联合工作，可以引导飞机实施精密进场着陆。

⑤仪表着陆系统

仪表着陆系统（instrument landing system，ILS）是一种采用仪表指示方式为着陆中的飞机在进场过程中提供航向、下滑和距离信息，并引导飞机进场的无线电导航系统。仪表着陆系统于 1939 年开始研制，1941 年投入应用，并于 1946 年被国际民用航空组织确定为标准着陆引导设备。它使得飞机在云层低、能见度差的情况下也能完成高精度的着陆，对于飞行安全具有重要意义。

仪表着陆系统由地面设备和机载设备组成。地面设备由航向信标台、下滑信标台和指点信标台构成。

⑥微波着陆系统

微波着陆系统（microwave landing system，MLS）是一种全天候精密进场着陆系统，是为进场着陆的飞机提供方位、仰角、距离和其他相关数据的无线电导航系统。该系统首次出现于 20 世纪 60 年代后期，且于 1983 年被国际民用航空组织正式确认为新一代精密进场着陆引导系统。

微波着陆系统由地面设备和相应的机载设备组成，其工作频段为 5031.0～5190.7MHz，提供 200 条工作信道，波道间隔为 0.3MHz，方位覆盖范围为±40°，俯仰范围可达 20°。

地基微波导航着陆系统包括方位地面站和俯仰地面站。每个子站具备发射角度频移键控（frequency-shift keying，FSK）调制数据的功能，并在前述覆盖范围内进行扫描。微波着陆系统的扫描特性表现为窄波束宽度（为 1°～2°），以及较高的扫描速率，可达 20000(°)/s。此外，该系统提供的数据率大约是控制飞机所需数据率的 10 倍，这种高数据率非常有用，能够抵制多种反射引起的寄生和无用杂波。

（2）自主式导航系统

自主式导航系统是一种仅依赖飞机内部传感器进行导航定位的方式。目前，主要采用惯性导航、无线电高度表和多普勒导航等几种方式。

①惯性导航

惯性导航系统（inertial navigation system，INS，简称惯导系统）是一种完全自主的导航系统，不依赖于任何外部信息，并且不向外部辐射能量。因此，它具有以下优势：①受外界电磁干扰和电波传播环境的影响很小，具有良好的隐蔽性，对于军事应用尤为重要；②除了提供飞机的位置和速度数据外，还能提供航向和姿态角数据，因此导航和制导数据十分完备；③具有高数据更新率、短期精度和良好的稳定性。因此，惯性导航系统在军事领域的作用变得越来越大。

②无线电高度表

无线电高度表用于测量飞机与地面之间的垂直距离，即飞机的实际高度。它是确保进近和着陆过程中飞行安全的重要设备。通过无线电高度表，飞机可以在复杂的气象条件下飞行、在云层下降以及在低能见度情况下着陆。同时，它可以与其他导航设备（如仪表着陆系统）配合使用，完成仪表着陆任务。

无线电高度表的信号频率范围为 4200～4400MHz，并且需要进行调制。通常有两种工作方式：调频体制（用于低高度表）和脉冲体制（用于高高度表）。采用脉冲体制调制的高高度表的最小可测高度由脉冲宽度确定，适用于大高度测量；而采用调频体制调制的低高度表，最小测量高度可达 0.5m，主要用于飞机接近地面的低空飞行引导，特别是进近和着陆阶段。

③多普勒导航

多普勒导航是一种基于多普勒效应的自主式导航系统。它利用多普勒导航雷达（Doppler navigation radar，DNR）作为基本测量装置，通过测量载体在运动过程中发射到地面并反射回来的信号频率偏移或变化，计算出地速和偏流角，并结合航姿系统的辅助，实现对载体位置的推算。多普勒导航系统能够提供精确的地速测量，广泛应用于飞机的导航定位。它是许多军用和民用飞机实现自主远程导航的必备设备之一。

（3）卫星导航系统

卫星导航起源于 1964 年，当时美国发射的“子午仪”导航卫星开创了全球卫星导航应用的先河。随着全球定位系统（global positioning system，GPS）的发展，“子午仪”导航系统于 1997 年 9 月停止运行。

卫星导航的优势体现在以下几个方面：①将导航设施置于外层空间的卫星上，解决了导航信号范围覆盖的问题；②采用高频无线电波，能够顺利穿越电离层等大气层，提供高精度的导航定位；③可通过多颗卫星组成导航星座，无须发射无线电信号即可实现二维、三维甚至四维定位。

例如，位于大约 20000km 高度的卫星信号可以覆盖地球表面约 42%的区域，通过多颗卫星组成的星座可以实现全球范围内的高精度导航功能。

3）敌我识别

敌我识别（IFF）系统是一种用于分类和识别探测到的目标敌我性质的系统。机载 IFF 系统在作战飞机上起到识别空中、地面和海上己方或友方目标的敌我属性的作用，以防止对友方目标造成误伤。此外，敌我识别系统还能与雷达和其他传感器系统协同工作，形成完整的战场敌我识别态势。机载敌我识别系统是在雷达问世后发展起来的，其最早的应用可以追溯到第二次世界大战时期。目前，各国开发了多种类型的机载敌我识别系统，其中最具代表性的是美国的 Mark Ⅻ / Mark Ⅻ（A）敌我识别系统。该系统采用军民两用体制，利用编码的方式进行区分，既可以实现军用敌我识别，又可以用于民航空中交通管制。

现有的机载敌我识别系统通常由询问机和应答机两部分组成。根据需求，询问机和应答机可以单独配置，也可以采用一体化配置。识别双方通过询问和应答的方式进行工作，双方使用事先约定的密码进行识别。通过询问机和应答机之间的配对关系，可以获取敌我识别的信息。系统在工作时需要与协同的雷达进行配合。

4. 座舱显示控制系统

战斗机座舱显示控制系统在现代飞行中扮演着非常重要的角色。为了适应不断扩大的作战任务范围和使用先进武器系统的需求，座舱显示控制系统需要以灵活的方式为飞行员提供适当、及时和准确的数据。座舱显示控制系统的发展方向包括信息处理智能化、操作自动化和人机接口优化等。为了适应未来空中、天空和地面一体化作战任务的需求，新一代战斗机座舱系统在设计要求、应用范围和设备功能性能等方面发生了巨大变化。如图 1.8 所示，飞行员的角色已从执行飞行和单机作战任务转变为战术和战斗决策、协同作战任务。同时，对飞行员的要求从具备基本知识和经验背景提升为具备对座舱所收集的信息情报进行处理的能力。座舱系统需要满足任务执行、战斗任务管理和先进教练等多个任务需求，并增加了决策自动化、C^3I（command，control，communication and intelligence，指挥、控制、通信和情报）自动化以及可视化信息处理等新功能。此外，座舱系统还必须完成对机内外传感器、飞机各子系统、火控系统、任务和数据等的显示、监控和管理。这些要求使得座舱系统的使用操作变得复杂。为了减轻飞行员的任务负担，确保他们能够集中精力执行作战任务，新一代座舱系统技术提出了三种解决方案。

（1）对来自机内外的信息进行扫描、分选和融合，按照处理时间和显示空间的优先级，使飞行员只获取当前任务所需的重要信息。

（2）实现飞机系统的操作自动化，使飞行员摆脱系统的例行操作，成为真正的作战任务管理者，将注意力集中在决策和启动各个系统上。

（3）优化人机接口，采用大屏幕显示、语音控制和触摸屏等新的显示和控制技术，使飞行员能够在第一时间做出反应，启动系统和执行任务。

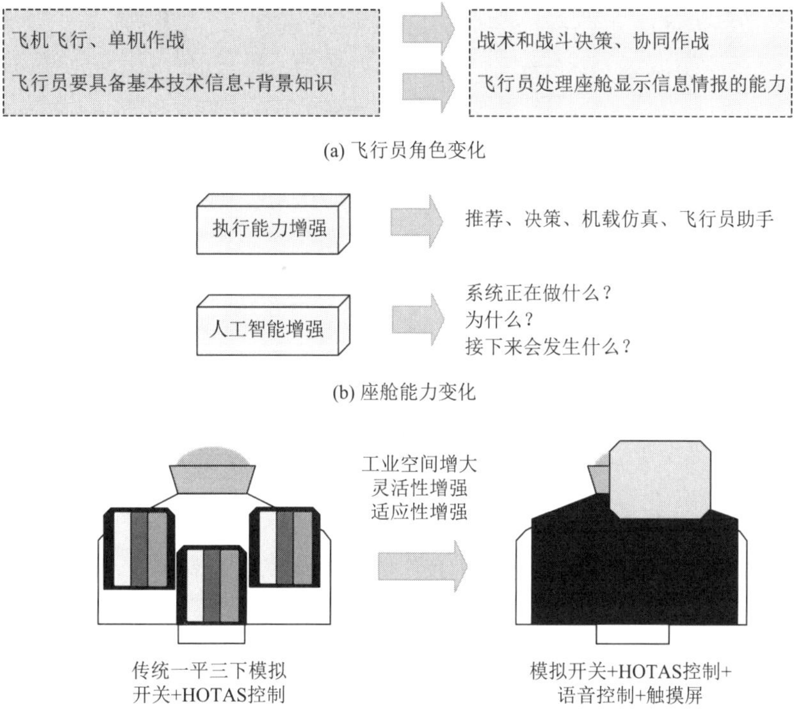

(c) 座舱显示控制技术发展

图 1.8 座舱人机接口变化

HOTAS：handson throttle and stick，握杆控制

1.2 航空电子系统体系结构

1.2.1 航空电子系统架构的演变

随着飞行器性能的不断提升，军用飞机上的航空电子技术得到了迅速发展。涡轮喷气式飞机引擎的可靠性和性能得到有效应用，从而显著提高了军用和民用飞机的操作性能。先进的传感器技术，例如多模式雷达、光电设备以及其他先进传感器，使得现代军用飞行器具备更强大的功能，从而能够出色地执行任务。与此同时，基于数字航电技术在信息处理和数字通信领域的进步，数据总线的使用实现了更高程度的集成[3]。

飞机的航空电子系统利用了数字处理技术的进步，迅速提高了其性能和综合程度。尽管成本有所增加，但其设备性能、计算能力、综合程度和可靠性都得到了提高。此外，数字处理技术还提升了其他性能，如减轻系统重量、减小体积、降低能耗和简化配线。

图 1.9 描述了战斗机航电系统结构从 20 世纪 60 年代至今的发展历程。在这段时间

里，系统结构发展经历了以下关键历程：分布式模拟结构、分布式数字结构、联合式数字结构、综合模块式结构。

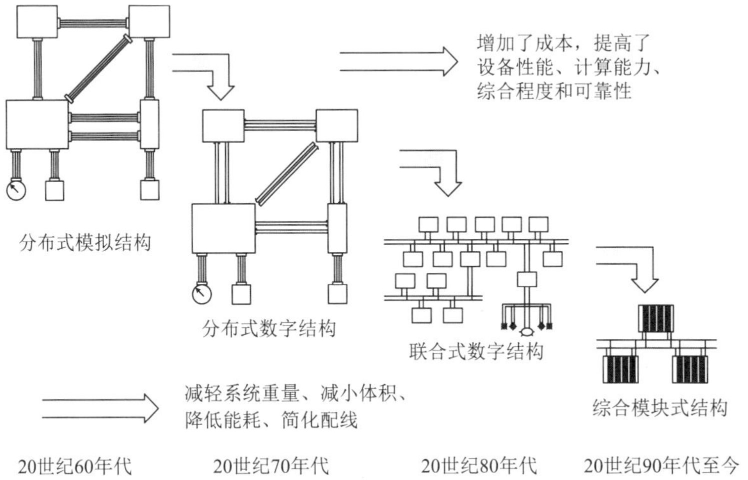

图 1.9　战斗机航电系统结构的发展历程

这些不同结构的发展变化主要是由飞机设计要求所决定的。各个阶段的系统都能保证功能和性能，但受限于当时航空电子技术的模块化水平，整个发展时期许多特征都发生了变化。

在 20 世纪 60 年代之前，军用飞机与第二次世界大战早期飞机的原型采用了相似的制造工艺。航电设备的单元是模拟的，并通过大量飞行器导线进行连接。20 世纪 60 年代，数字计算技术出现和应用在系统结构中，带来了一些关键性的发展，并在 20 世纪 70 年代取得了成就。数字计算机在适应不同条件和需求环境的航空航天中的有效利用，带来了模拟时代无法实现的计算处理能力和处理精度。系列数字数据总线的发展使得系统主要单元之间的数据交换和传输变得更加轻松。而在早期，这种交换和传输是通过较慢的半双工（单向）和点对点数字链路来实现的，如 ARINC 429 和 Tornado 系列数据链路。

微电子技术和第一代集成电路使得数字处理技术广泛应用于飞行器的各种系统中。同时，像军标 1553B 这样性能更强的数据总线提供了全双工（双向）和多支路的高速数据传输能力，传输速率可达 1Mbps。到了 20 世纪 80 年代，为了应对数据流的不断增加和系统分离的要求，多重数据总线结构得到了发展，从而使得联合式结构成为可能。在这个阶段，航空电子设备的设计主要专注于提供专门的解决方案，几乎不考虑航空以外的其他应用需求。

最新的进步是由电子元器件和商业信息技术行业技术的发展以及互联网的高速发展推动的，这已经远远超出了航空航天工业本身的发展。这意味着商用货架技术强大的处理能力将广泛应用于航空航天领域。综合模块化航空电子系统的体系结构能够充分利用商用货架技术的强大计算能力，应用程序软件独立于硬件平台并进行认证，解决了技术淘汰和过时的问题。

1.2.2 分布式模拟航电结构

分布式模拟航电结构如图 1.10 所示。在这种系统中，各主要单元通过配线相互连接，而没有采用数据总线。结果就是需要大量的飞机配线，一旦系统需要改变，就会变得非常困难，因为配线与电源、传感器激励、传感器信号电平、系统离散模式选择和状态信号都连接在一起。在设计制造于 20 世纪 50 年代到 60 年代的飞机上，这些特征非常明显，直至今日，其中许多特征仍然保留着。

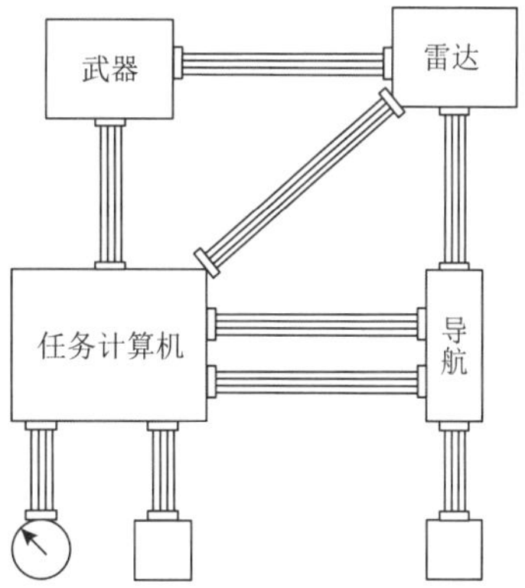

图 1.10 分布式模拟航电结构示意图

这种分布式模拟结构主要应用于控制和显示分系统。显示系统属于电动机械设备，操作过程通常非常复杂，要求仪器制造者具备高水平的装配和维修技能。

模拟系统容易出现偏移和漂移的现象，尤其当飞行器或机载设备长时间处于高温或低温工作状态时，偏移和漂移现象更加明显。在模拟系统中，唯一确定信号传输过程中方位偏转的方法是依赖于同步的方位角传输系统。因此，早期的模拟飞行器（行业中称为传统模拟飞行器）包括许多同步系统和其他系统，用于传输飞行航向、飞行姿态以及其他偏转参数。

早期的设备体积、重量大，且移动部件过多，可靠性不高。这些系统难以进行改造，即使有可用的替换部件，随着复杂设备和传感器维修技术的流失，维修成本也不断增加。如果要将新设备（例如飞行管理系统）改装到老式飞机上，会非常困难。典型的这类飞行器包括波音 707、VC-10、BAC1-11、DC-9 以及早期的波音 737 系列。现在仍有许多这样的飞行器在使用，例如 VC-10、KC-135、E-3/E-4/E-6（由波音 707 改装而来），它们在美国军队中发挥着各自的作用。

1.2.3 分布式数字航电结构

随着数字技术的发展，数字计算机迅速取代了早期的模拟设备。早期安装和使用的数字计算机笨重、运行速度慢、内存容量有限，但随着时间的推移，这些系统经历了长时间的发展和改进。

最初的航空电子系统在用数字计算机取代模拟计算机之间的通信方面采用了数据总线技术，但系统结构相对保持不变。然而，随着计算速度的提高和精度的提高，以及影响计算性能的元件容差和漂移问题得以解决，数字计算机在飞机控制系统中得到了越来越广泛的应用，远远超出了传统航空电子系统最初的范围。

图 1.11 展示了一种基本的分布式数字航电结构。该系统具有的关键特征是重要功能单元具备独立的计算和存储能力。在早期的军事应用中，存储器由磁芯元件构成，这些元件不仅重量大，而且在很多情况下只能从飞机上拆下来送到维修机构进行程序修改。

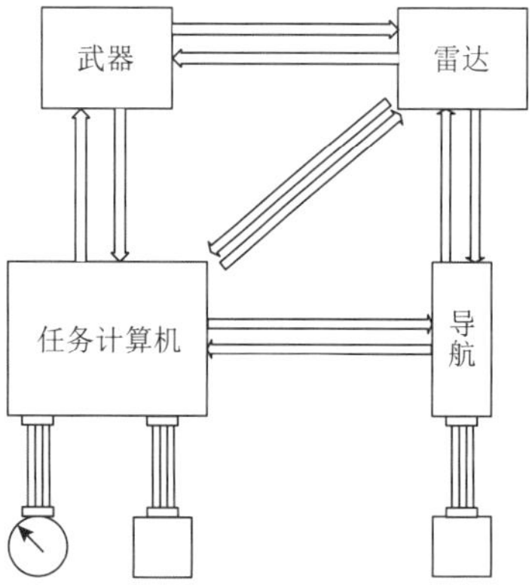

图 1.11　分布式数字航电结构示意图

此外，由于缺乏在存储量有限的计算机上进行实时程序调试的经验，以及缺乏有效的软件调试工具，维修工作变得非常繁重。

随着可擦写的电子存储器的广泛应用，磁芯存储器逐渐被淘汰。随着数字处理技术的出现，系列半双工（单向）数字数据总线应运而生，如 ARINC 429（民用）和“狂风”系列（英国军用）。这种数据总线可以以数字形式在飞机各重要处理单元之间传输重要的系统数据。尽管以今天的标准来看，这些总线的传输速度都比较慢（ARINC 429：110Kbps，“狂风”系列：64Kbps），但引入这类数据总线代表了一个重要的发展阶段，并为导航武器制导系统带来了明显的性能改进。

在这个阶段，尽管数据传输在各单元之间有了明显的改善，但单个系统的组成部分和设备仍然主要关注其功能。数据总线技术，特别是 ARINC 429 数据总线的应用，衍生出了 ARINC 系列标准，规范了不同类型设备之间的数字接口。这些标准的实施使得生产商可以为这些系统生产符合标准接口的惯性导航系统，从而使得不同生产商生产的系统设备更加统一化，便于系统的改造和升级。基于数据总线的航电系统集成，许多民用平台的技术被应用到军用设备中，因此 ARINC 数据总线对军用设备仍然非常重要。

数据总线的应用确实为单元之间的信号传输提供了很大的灵活性，并减少了系统内部单元之间的配线和连接器的数量。这样一来，不仅可以减小系统的重量并降低成本，还使得安装大量刚性配线到飞机结构中变得更加容易，降低了生产和安装过程中的成本。

尽管数据总线的应用可以大幅减少飞行器上的配线，但在后期增加附加单元仍然是具有挑战性的。在 ARINC 429 系统的安装中，数据总线得到重复使用，这意味着即使设备之间的单链路连接出现故障，整个系统仍能继续运行。

总体而言，尽管早期数字系统的开发和维修不容易，但它们的应用确实为系统的精确性和性能带来了巨大的改进。使用这类老式系统的飞机如下。

（1）军用：“美洲虎”、“猎迷”MR2、“狂风”和“海鹞”等飞行系统。

（2）民用：波音 737、767 和“庞巴迪环球快车”（Bombardier Global Express）。这些飞机与空中加油机、机载警戒与控制系统（airborne warning and control system，AWACS）以及情报收集任务中的许多军用平台相似，它们都基于基线民用平台进行改装。

1.2.4　联合式数字航电结构

图 1.12 描述了系统的下一发展阶段——联合式数字航电结构。它主要依赖于广泛应用的军标 1553B 数据总线。军标 1553B 数据总线最初由美国空军莱特•帕特森研究实验室提出，并通过两次修订最终发展成为 1553B 标准，与英国的 DEF 标准（英国 DEF STAN 00-18 系列）相似。

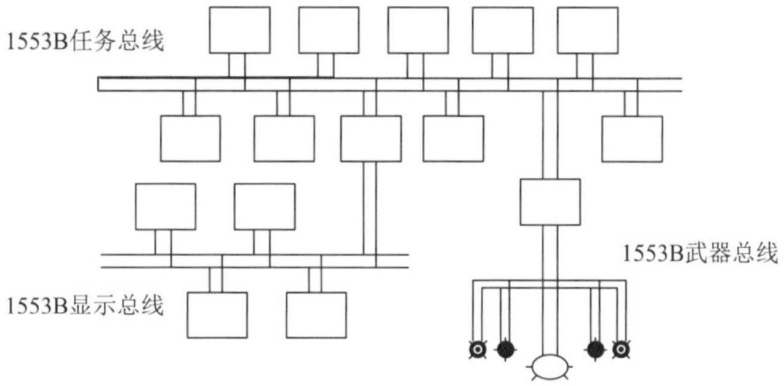

图 1.12　联合式数字航电结构示意图

采用 1553B 数据总线标准具有明显的优势。其中之一是该标准是北约成员国的通用标准，为数据总线标准提供了巨大的军品市场以及其他市场。1553B 数据总线已经得到了广泛、成功的应用，其广阔的电子元件市场应用意味着在保持销量的同时，数据总线接口设备的价格得以降低。与早期应用的数据总线类似，接口设备和后续生产的数据总线比人们所期望的更可靠。由此产生的系统结构比先前的结构更牢固和可靠，甚至比设计人员期望的还要可靠。联合结构通常采用专用的 1553B 接口线路可更换部件和子系统。但是，由于系统数据的易获取性，这也意味着在显示系统和其他飞行系统领域取得了重大进展。

该标准尽管以更高的传输速率（大约是民用 ARINC 429 系统的 10 倍和早期“狂风”系列数据链的 15 倍）受到欢迎，从另一个角度来看，该标准也是取得成功所付出的代价。全双工多支路协议被视为数字化数据传输取得的重大进展，这是事实。然而，系统设计者很快意识到，在实际系统中，由于要考虑数据总线的安装，可能只有 10～12 个可用的远程终端。随着 1553B 时代的到来，政府调配机构制定了一系列政策，坚持认为随着民用系统逐渐为军用系统服务，只有 50%的可用带宽来满足未来系统的不断扩展。类似地，处理器吞吐量和存储器也受到容量限制。因此，系统设计者被限制在只能使用系统容量的最后一部分用于数据传输或处理，从而导致了专用于数据总线子系统的应用。如图 1.12 所示，航电系统、通用系统和任务系统等主要子系统都拥有各自的数据总线，并由一个双冗余总线控制器来完成控制。

人们意识到，在飞行器之间采用独立的数据总线设备来进行数据交换是没有必要的。为了在各个独立子系统之间建立可靠的系统，并使所有具有相似任务的系统能够在同一条总线上进行信息交换，联合式数字结构引入了连接旁路母线的规范或不同总线之间的链接协议。这样，数据可以在不同功能子系统之间进行交换。因此，在 20 世纪 80 年代末和 90 年代初，许多与图 1.12 描述的多总线结构类似的结构得到了发展。这种结构代表了现今仍在使用的大部分军用航电系统，包括 F-16 中期升级系列、瑞典的“鹰狮”（SAAB Gripen）和波音 AH-64C/D。

值得一提的是，随着电子存储集成电路特别是稳定存储器的成熟发展，联合式结构使得重新编写软件程序成为可能，这为各种系统的线路可更换部件和飞机层次的数据总线都带来了重大改变。对于军用系统来说，这种结构允许根据任务的需要对重要的设备进行重新编程。对于民用市场来说，它也允许改进操作方法或进行升级，以便更快地适应变化。

随着集成度更高的联合式系统的发展，宽带光纤网络为其提供了强大的数据捕获能力。

1.2.5　综合模块化航电结构

随着计算机技术的进步和 20 世纪 90 年代后期局域网和互联网的兴起，数据爆炸时代的开启为航空电子系统带来了革命性的变革。强大的微处理器技术、集成电路集成度的提高以及成本的降低，推动了综合模块化航空电子（integrated modular avionic，IMA）系统的出现。

这些变化的驱动因素如下。

（1）数据爆炸：①以网络为中心的空中交通管理；②基于性能的导航；③传感器数据融合。

（2）商业企业推动的商用货架技术：①移动电话网络；②全球网络；③卫星通信。

（3）技术淘汰：技术更新平均周期缩短为 5 年（相对于飞机平台的生命周期 30 年以上）。

综合模块化航电结构如图 1.13 所示。

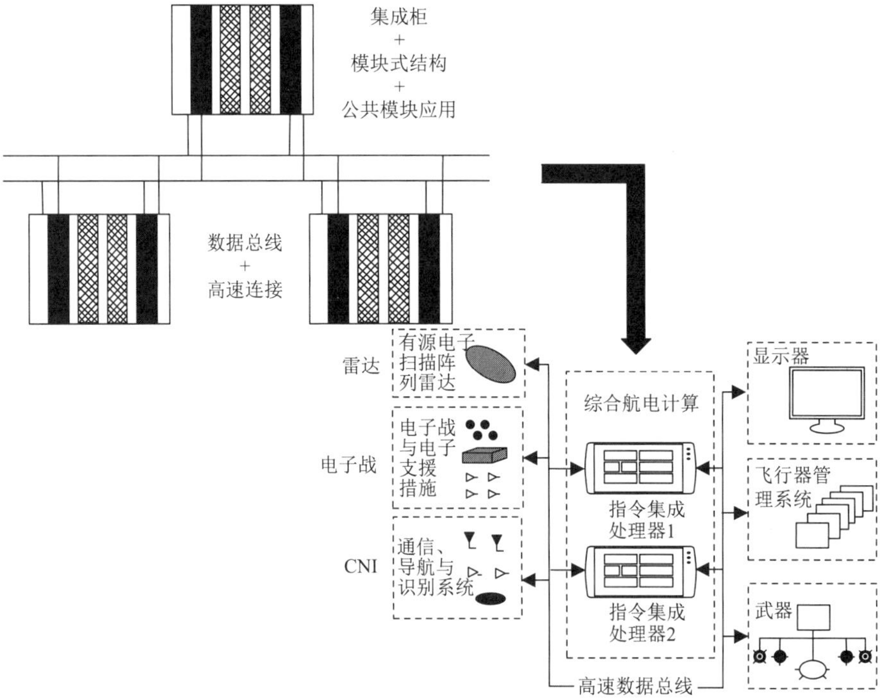

图 1.13　综合模块化航电结构

联合系统旨在提供：①独立处理；②独立（通常是专有的）基础结构；③系统内部总线；④点对点的传感器/执行器和处理资源之间具有不同的 I/O（input/output，输入/输出）路径。

综合模块化系统提供：①强大分区的应用软件承担公共处理；②公共体系结构基础；③分布式系统总线；④通过网络建立专门的 I/O 路径，共享远程数据集中器/远程接口单元和公共计算资源。

IMA 系统的设计理念取代了面向任务专用的分布式计算，集中了公共硬件计算模块。以前的联合式航空电子应用软件嵌入面向任务专用计算机中，而现在公共核心计算资源中包含了中央通用处理器，如图 1.14 所示。

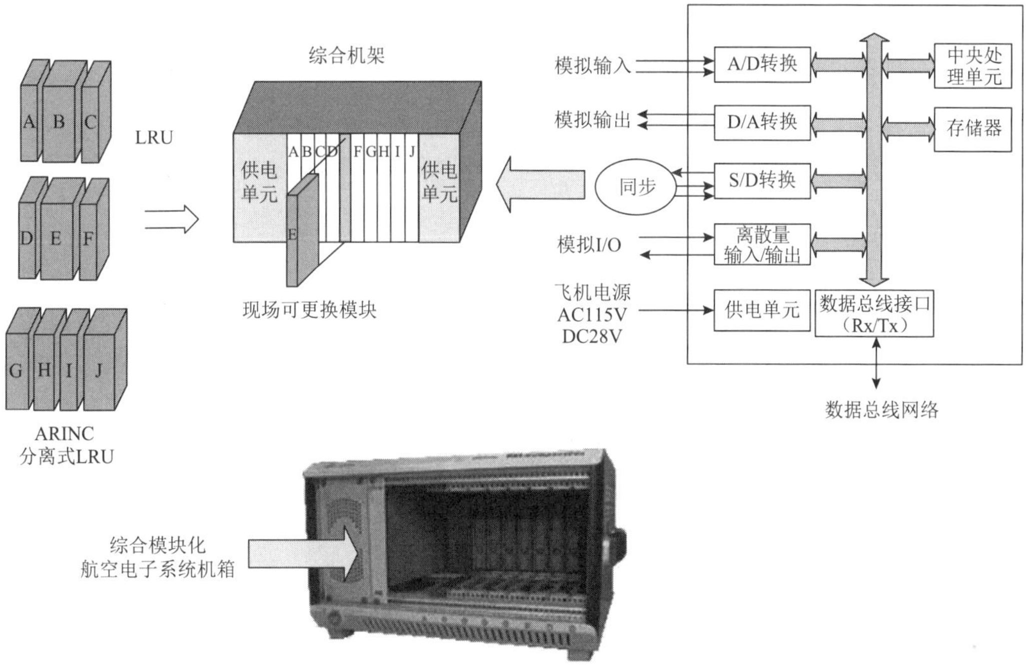

图 1.14 综合模块化航空电子系统机箱

A/D，模/数；D/A，数/模；S/D，串行/解串行；AC，交流；DC，直流

应用软件由子系统开发商提供和认证，而独立 IMA 系统的硬件平台用于支持这些应用程序。应用程序之间的数据交换通过基于商用货架互联网技术的双冗余网络实现，以满足安全关键航空电子系统应用程序对实时性的要求。最初的航空全双工交换式互联网被称为 ARINC 664-P7，它提供了全双工 100Mbps 的网络资源之间的双向通信。

空中客车公司（简称空客公司）是第一个将综合模块化航空电子（IMA）系统引入大型民用运输机 A380 的制造商。在 A380 中，空客公司采用了带有通用处理器输入/输出模块（common process input/output module，CPIOM）的公共核心处理单元。CPIOM 是一个通用处理器板卡，扩展了专用分区输入/输出接口，并通过分区进行编组。每个分区通过一对网络交换机连接到 ARINC 664-P7 网络。CPIOM 并非安装在同一个设备机架上，而是作为现场可更换单元存在。A380 还配备了一些用于专门分区子系统的远程数据集中器，通常由子系统供应商提供。

波音在 B787 上采取了稍有不同的方法。其公共核心计算单元是一个通用处理模块（general process module，GPM），类似于空客公司的 CPIOM，但没有分区的 I/O 功能。为了实现 I/O 接口，波音采用了远程数据集中器，以最大限度地减少飞机布线并方便连接。远程数据集中器与中央处理核心计算单元之间通过 ARINC 664-P7 网络协议进行数字通信，而通用处理模块位于公共计算资源机架中。

在 IMA 体系结构中，需要将航空电子系统的逻辑体系结构映射到 IMA 平台的物理资源上。从冗余性、容错性、完整性和隔离性等多个方面来看，逻辑体系结构是早期联合式体系结构的延伸。这些观点对 IMA 平台子系统的逻辑体系结构到物理资源的映射以及通过分区来确保在IMA 硬件上运行的实时操作系统和应用程序软件的稳定运行产生了影响。

1.3 航空电子系统检测技术概述

1.3.1 航空电子系统综合检测的概念

1. 基础概念[4]

在测试领域中，有几个概念经常被提到，即测量、测试、检测、计量、检定和校准。下面对这些概念进行简要介绍，并说明它们之间的差别。

1）测量

测量是科学研究的基础，也是人们认识客观世界的基本方法。通过使用专门的设备、仪器或系统，并采用适当的实验方法，测量可以获取与被测对象相关的属性值。换句话说，测量是一种实验方法，其目标是获取被测对象的属性值。测量的过程涉及将待测量与已知量进行比较，并使用已知量作为计量单位，求得待测量的值。通过测量，人们可以建立对被测对象属性的认识，并通过分析测量数据，发现规律性的现象，提出科学理论。因此，测量是科学发展的基础，没有测量就没有科学。

2）测试

测试的范围比测量更广泛。如前所述，测量是对被测对象属性进行定量分析的过程，而测试是对被测对象属性进行定量和定性分析的过程。在实际工作中，被测对象通常既需要定量分析，也需要定性分析。例如，在被测系统中存在数字逻辑电路，对其逻辑电平的测量只需要确定其高低状态，即关注逻辑功能是否正确，而不追求具体电平的数值。因此，测试的结果可以是定量参数、逻辑状态，甚至是物理状态。测试还指对某些试验性质进行测量，这种测量通常没有建立正式的计量标准。例如，测试一台计算机的解题能力，可以给它一些具有参数意义的算题进行求解，试验它能否解答出来，或者需要多长时间才能解答出来等。

3）检测

检测是检查与测试的简称。显然，检测比测试的范围大。检测是定性或定量评估被测对象保持其固有特性程度的一种活动。在装备领域，检测一般是维修、保障工作的重要组成部分，检测的结果往往作为装备是否可执行预期任务或是否对其开展预期的维修工作的依据。

4）计量

计量是为实现测量单位统一、量值准确可靠而进行的活动。这些活动涉及科学技术、法律法规和行政管理等方面。计量的核心是测量，其对象是测量仪器和测量标准。通过对被测量的单位量值在允许误差范围内或给定的测量不确定度内与基本单位进行溯源，计量实现了量值的统一和准确性。计量的实施需要通过法律法规、行政管理和量值传递，将国家基准所体现的计量单位逐级传递至日常工作中的仪器或量具上。

5）检定

检定是实施量值传递或量值溯源的计量工作，并且是按照法定要求进行的计量技术工作。检定的对象包括标准计量器具、工作计量器具和仪器仪表。检定具有法治性质，是国家对测量业务进行监督的过程。检定需要对计量器具的计量性能进行评定，出具证书并加盖印记。检定的依据是法定程序审批公布的计量检定规程，该规程详细规定了计量器具的计量特性、检定项目、检定条件、检定方法、检定周期以及处理检定结果的方式。

6）校准

校准是指对测量仪器进行适当调整，使其示值准确或满足技术指标要求的过程。校准通常使用与被校准仪器同类但精度更高的仪器进行比较，以确定被校准仪器的示值是否准确。校准与检定在确定测量仪器示值误差方面具有相同的内容，因此可以说校准是检定工作的一部分。然而，它们在目的、依据、范围和工作场所要求方面存在一些区别：校准的目的是确定测量仪器的特定性能是否符合指标要求，而检定必须对测量仪器的合格性作出结论；校准依据校准规范或方法进行，而检定依据检定规程进行；校准关注测量仪器的示值误差，而检定涉及对测量仪器的计量特性和技术要求的全面评估；校准可在工作现场进行，而检定必须在检定室内进行。

2. 航空电子系统综合检测

对于航空电子系统来说，为了确保其任务的可靠性，需要在执行任务之前按照规定的维修保障程序进行充分的检测。综合检测为航空电子系统提供系统级的测试验证方法和手段，通过获取被测系统的定性或定量信息，对航空电子系统的功能性能进行测试和评价，以确定其适于执行特定任务或进行维护维修的程度。因此，综合检测是航空电子系统使用和维护阶段不可或缺的重要环节。

本书所指的综合检测是指在使用维护阶段对航空电子系统进行的电性能检测，是在航空器统一供电环境下，通过获取被测航空电子系统定性、定量信息，对机载航空电子系统接口、功能、性能指标以及各种工作模式符合性、稳定性、一致性进行测试评估的过程。

航空电子系统综合检测业务包括测试设计、测试实施和测试评估三大方面，重点涉及测什么、怎么测、用什么测，以及测试数据处理、测试结果分析评估等内容。具体来讲，包括测试需求论证、测试性分析、检测方案设计、检测系统设计、测试方法和用例设计、测试实施和检测结果评价等内容。

航空电子系统综合检测技术的“综合性”主要体现在两个方面。

一是检测内容综合。航空电子系统综合检测技术涉及系统级的所有与电有关的模块、分机、子系统，检测内容涉及系统的电气接口、各种功能、性能指标、工作模式等，通过检测获取定量或定性信息开展对系统从软件到硬件、从链路逻辑到关键指标的综合评估。

二是检测手段综合。随着航空电子系统综合集成程度的不断提高，检测设备也从专用检测设备向综合集成化检测系统发展。同时，为实现综合检测的目的，检测方式也不局限于地面检测，而是综合利用机内测试（built-in-test，BIT）与地面检测系统开展机上地面系统检测。

航空电子系统电性能检测是依据“激励-响应”基本原理来实现的，如图 1.15 所示。

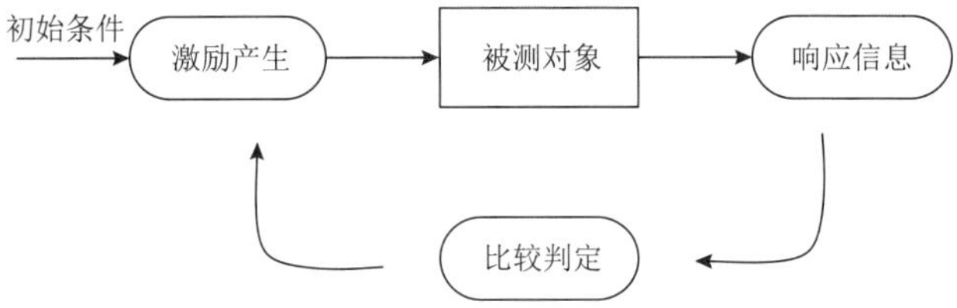

图 1.15　“激励-响应”测试原理示意图

在航空器统一供电环境下，建立航空电子系统与地面测试系统之间的上下行信息通道是为了进行航空电子系统的功能性能检测。这个过程中，地面测试系统向航空电子系统发送激励信号，航空电子系统对该激励信号做出响应，并将响应信息传回地面测试系统。地面测试系统根据设计要求对响应结果进行判定，以评估航空电子系统的正确性和性能是否符合要求。这种测试方法能够检测、定位以及排除异常和故障，确保航空电子系统的电性能满足设计研制要求，如图 1.16 所示。

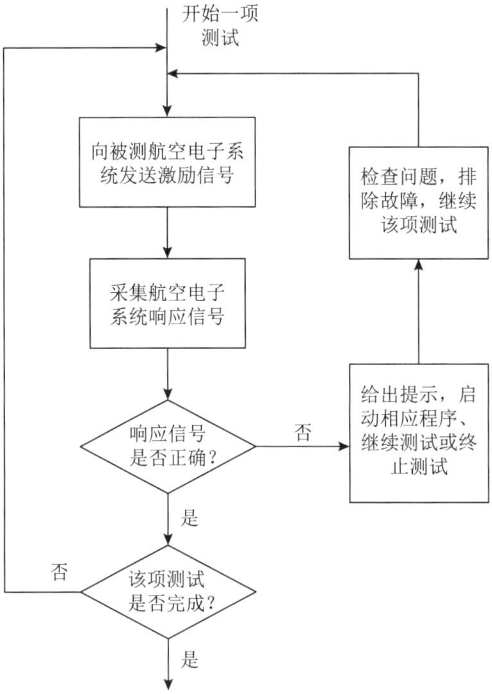

图 1.16　一项测试的基本流程

根据上述测试基本流程，航空电子系统测试的基本原理是通过上行链路对被测对象进行控制和激励，通过下行链路收集其响应情况。图 1.17（a）展示了通常的配置原理。尽管测试技术在不断发展，但这种基本原理一直没有改变。将上行链路和下行链路连接起来形成了测试环路。如果测试设备是非智能的，上行控制需要操作人员手动控制，下行响应情况则由人工判断，这种测试称为手动测试。以计算机为基础的测试设备，其上行控制和下行响应判断都由计算机软件完成，使得测试过程可以一步步自动进行，实现自动测试。

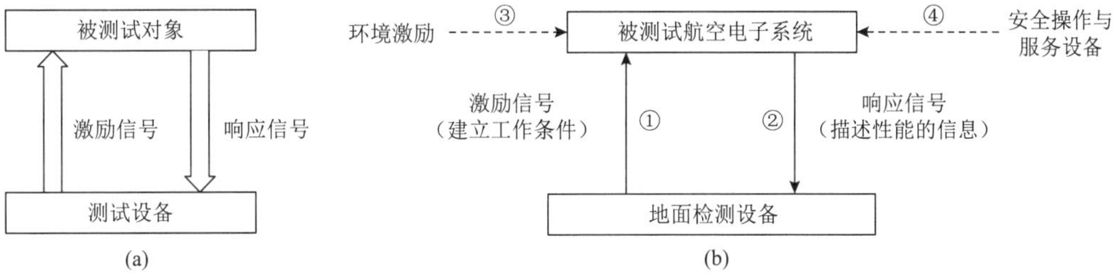

图 1.17　测试环路原理图

目前，大多数航空电子系统检测设备都实现了计算机控制，只需编写必要的应用软件，就可以完全实现自动测试。图 1.17（b）为航电系统测试原理示意图[5]。从图中可以看出，地面检测设备必须具备三个功能：①为被测试航电系统提供激励环境；②收集和处理在不同激励下反映航电系统性能的数据；③提供安全操作和服务设备。

1.3.2　航空电子系统综合检测的关键技术

航空电子系统综合检测技术体系如图 1.18 所示。

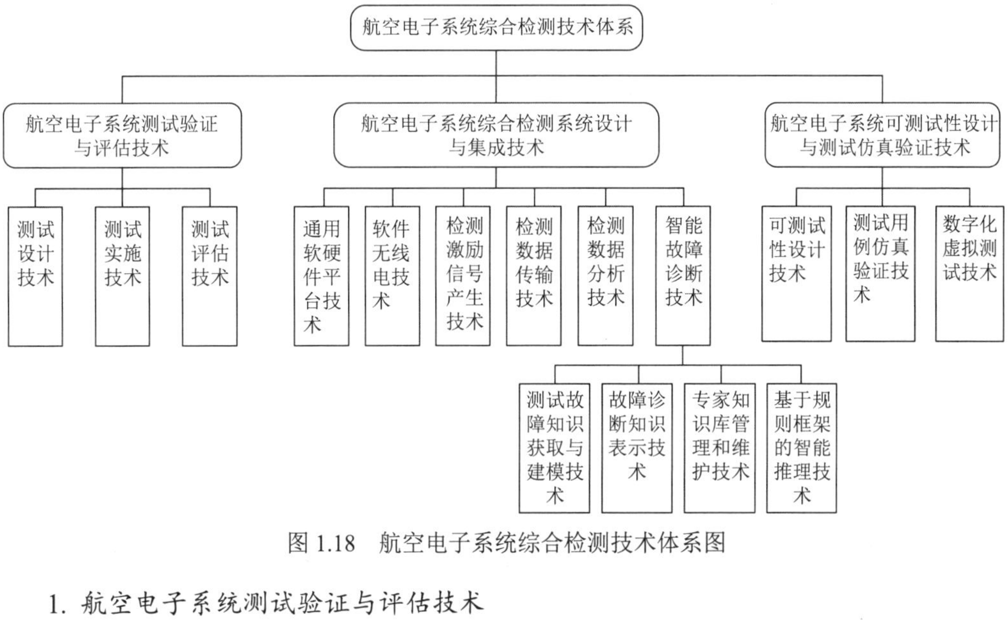

图 1.18　航空电子系统综合检测技术体系图

1. 航空电子系统测试验证与评估技术

航空电子系统的测试验证与评估技术是一种涉及测试抓总、测试设计、测试实施和测试评价的技术。它是航空电子系统综合检测技术中的重要组成部分，负责整体测试工作的规划和执行。该技术从第三方的角度出发，提供权威、独立和客观的测试验证策略和评价方法。这些技术包括系统测试设计技术、系统测试实施技术和系统测试评估技术。

系统测试设计技术涉及综合测试设计过程中的各个方面，旨在实现综合测试的设计目标并满足航空电子系统综合检测的要求。它包括对测试任务进行分析、设计测试方案、制定测试流程、选择专业的测试方法和设计测试用例、设计全过程测试数据包以及制定测试判读准则等。

系统测试实施技术是指在航空电子系统的使用和维护阶段，对电性能接口、功能和性能进行全面测试和验证的实施技术。它涉及测试的组织和实施，包括检测系统的应用和配置、制定检测流程和细则、执行测试程序、进行技术状态控制、分析和判读测试数据等，以确保高质量、高效率地完成测试任务。

系统测试评估技术是对被测航空电子系统的测试结果进行综合评估和分析的技术。通过利用实测数据结果和评估理论方法，对被测航空电子系统的性能进行评估，给出综合评价。

2. 航空电子系统综合检测系统设计与集成技术

航空电子系统综合检测系统设计与集成技术是为满足航空电子系统的系统级测试需求而进行的技术研究。它涉及通用软硬件平台技术、软件无线电技术、检测激励信号产生技术、检测数据传输技术、检测数据分析技术等方面的研究。通过充分利用信息化手段对测试设计、测试实施和测试结果评估进行全过程管理，实现综合测试各阶段的无缝连接，提升测试报告的质量和水平，加强测试数据的比对和分析，提高测试数据的利用效率。

智能故障诊断技术是航空电子系统综合检测系统设计与集成技术的重要组成，其重点在于快速分析和准确定位复杂航空电子系统测试过程中出现的异常现象和问题。它包括系统级故障特征提取和故障知识获取技术、故障检测与诊断方法研究、故障知识智能推理技术等方面的研究。通过建立航空电子系统故障模式库和专家知识库，构建实时故障检测与诊断系统，实现航空电子系统综合检测过程的实时故障预测、监控、诊断和长期健康管理，提高对异常现象和质量问题的快速分析和准确定位能力，从而提高测试效率。其中包括测试故障知识获取与建模技术、故障诊断知识表示技术、专家知识库管理和维护技术、基于规则框架的智能推理技术等方面的研究内容。

3. 航空电子系统可测试性设计与测试仿真验证技术

航空电子系统可测试性设计与测试仿真验证技术是综合检测技术体系中的重要组成部分，也是提升综合检测专业能力的关键途径。通过发展航空电子系统的可测试性与测试仿真验证技术，以及建设航空电子测试仿真验证环境，可以提高专业化测试设计和验证的能力，从而提高综合检测的针对性和有效性。

系统级可测试性设计技术的重点在于通过优化测试接口和建立可测试性设计准则，提高航空电子系统测试过程中的故障检测、诊断和隔离效率。通过研究量化指标，如故障检测率、故障隔离率和虚警率等，确定可测试性设计的方法，并利用可测试性设计建模工具进行定量分析和评价，建立可测试性评价机制。通过优化设计接口，可提供更丰富的监测和诊断信息，为实现航空电子综合检测的智能故障诊断提供技术基础。

系统测试仿真验证技术的重点在于针对复杂航空电子系统综合检测的需求，开展接口功能齐全的虚拟航空电子测试仿真验证平台的研究。通过建立虚拟航空电子测试仿真验证环境，支持测试方法研究、可测试性设计研究、测试用例设计和验证、综合检测设备与软件的研发和功能验证以及员工培训等。该技术涉及虚拟测试技术、半物理仿真模拟器技术、模拟器与测试系统接口技术、分系统功能建模技术等多个方面。其中核心是通过精确建模被测对象，进行软件仿真，使测试人员能够在产品设计阶段介入，并提出改进产品可测试性的建议，在设计模型基础上进行测试仿真。

参考文献

[1] Moir I, Seabridge A. 军用航空电子系统[M]. 吴汉平, 等, 译. 北京: 电子工业出版社, 2008.
[2] 蒲小勃. 现代航空电子系统与综合[M]. 北京: 航空工业出版社, 2013.
[3] Moir I, Seabridge A, Jukes M. 飞机航空电子系统[M]. 支超有, 秦成, 等, 译. 北京: 国防工业出版社, 2015.
[4] 陈光禹, 毛继宏, 林春勋, 等. 现代电子测试技术: 信息装备的质量卫士[M]. 北京: 国防工业出版社, 2000.
[5] 王华茂. 航天器综合测试技术[M]. 北京: 北京理工大学出版社, 2018.

第 2 章　综合检测方案

长期以来，外场对机载航空电子系统主要采取通电自检或利用一线保障设备进行简要功能对通测试，将故障（或疑似故障）设备或模块拆卸下来，送到内场进行性能检测及故障定位。这种维修方式的装备拆装工作量往往大于测试工作量，并且外场与内场测试环境有差异，往往容易导致内场测试结果不能复现外场故障现象，因此不能反映外场实际装机条件下航空电子系统的整体性能状态。

不仅如此，针对航空电子系统本身具备的系统复杂性和更新换代快的特性，新一代航空电子系统更加强调通过综合模块化航空电子（IMA）、开发式体系结构实现系统的开放性和可演进性，在此基础上发展起来的先进综合化航空电子系统突出了模块的冗余备份和资源重构能力，以提高系统执行任务的冗余度和可靠性，从而对航空电子系统的外场保障提出更高的要求。

本章提出将机上检测流程、地面检测流程协同配合的航空电子系统的综合检测方案，通过对机载数据、地面检测信息进行综合分析，判断航空电子系统当前所处的状态，如果检测到航空电子系统异常，则进一步开展故障定位。综合检测方案的核心思想是在保持被测航空电子系统原有状态不变的前提下，迅速准确地判断出被测对象是否满足飞行任务要求，并给出故障诊断及维修建议。

2.1　综合检测需求分析

为保证航空电子系统装机后的完好性，机场勤务人员需按照规定的维修保障周期对航空电子系统进行充分的检测；同时为保证航空器出动率，在执行任务之前，地勤人员也需要对其进行充分的检测。近年来，随着信息技术的发展，航空电子系统的能力不断提升，综合化程度和复杂度也越来越高，外场检测的难度也越来越高。在此背景下，航空电子系统综合检查测试需要将机载设备实时自检监测与地面动态测试相结合，这使得机载航空电子系统综合检测方案的设计及实施不仅成为一项较复杂的系统工程，而且是航空电子系统设计、使用和维护阶段必须考虑的问题。总的来讲，综合检测方案需要从功能检测、性能检测、链路检测、数据分析、故障诊断等多个角度开展需求分析。

2.1.1　功能检测

功能检测是指在航空电子系统装机情况下，通过地面保障设备与机载航空电子系统进行传感器功能对通测试，对航空电子系统各功能进行定性的测试，以判断各功能工作是否正常，状态是否正常。功能测试的重点在于通过对功能参数的检测，从而对航空电子系统功能所用链路的状态进行整体判断，包括通信、导航、识别和雷达等功能的检测。

2.1.2　性能检测

功能检测只能判断机载设备的基本功能是否正常，无法应对性能下降类型的故障，对于性能下降类型的故障无法准确检测。在机载航空电子系统的长期使用过程中，由于元器件指标漂移等，设备可能会出现发射功率、接收灵敏度等性能指标下降，此类性能指标的下降通过机内测试不可检测；同时机上无源天线、连接电缆等硬件部分的故障也无法通过机内测试进行检测。因此机载航空电子系统的综合检测需要具备对典型性能指标精准测试的能力，弥补功能检测和机内测试检测能力的不足，通过性能指标的测试分析，及早发现机载航空电子系统性能下降问题。

2.1.3　链路检测

当前先进综合化航空电子系统大多采用开放式体系架构，对系统的天线孔径、信道及信号处理、数据处理资源进行综合化设计，实现了软硬件解耦，功能软件化，资源可重构。对于各可重构的硬件通道资源，需要进行遍历化的链路检测。链路检测是针对航空电子系统整个信道通路的遍历性检查，其核心任务是完成对航空电子系统各功能线程硬件资源的状态确认。在进行链路检测时，常常会考虑简化协议、简化复杂的波形体制，不仅实现对机载设备核心硬件资源的检测，更重要的是覆盖航空电子系统所有的硬件资源。

2.1.4　数据分析

通过地面综合检测可以获取大量的机上测试数据信息和地面检测数据信息，同时结合航空电子系统在实际飞行过程中采集的大量真实数据可以更准确地评估航空电子系统的健康状态。但是地面检测数据叠加航空电子系统记录的飞行数据将产生海量的数据，如何对这些数据进行分析、整理，进而评估航空电子系统的健康状态是一项有挑战性的工作。

本书所讲的数据分析重点是采集飞行数据对航空电子系统功能指标进行定量评估，首先采集检测数据并进行预处理形成规范化的检测要素，再进行数据异常检测发现功能性能的问题，在大量数据积累的条件下用数据挖掘发现深层次大范围的关联关系等问题，其核心任务是完成对航空电子系统各功能飞行能力指标的分析。

2.1.5　故障诊断

对机载航空电子功能性能的检测、机上地面数据的分析，最终的目的是能及时检测异常并实现故障定位。为此，需要从故障分析、测试性设计、诊断模型的构建、诊断执行四个方面开展工作。

（1）故障分析：结合具体的被测对象，从器件—电路—模块—分系统，逐级分析出各类故障模式，最终形成典型故障在系统层面的收敛。

（2）测试性设计：针对各故障模式的影响以及发生概率，形成测试性的分析评估以及对应测试能力的设计。对航空电子系统的测试性设计包括利用机载测试资源的测试性设计以及地面测试资料的测试性设计，从而满足机上、地面综合检测的需求。

（3）诊断模型的构建：针对需要检测的故障与获取的测试数据，研究如何通过构建模型实现诊断的智能化。诊断模型确定是一个不断迭代的过程，体现在故障分析、测试性设计、故障诊断全流程中。

（4）诊断执行：通过模型的输入以及测试数据的输入，智能化地完成诊断操作，获取诊断结果，辅助维修人员进行判断。

2.2　综合检测架构及常见检测构型

2.2.1　架构组成

综合检测架构主要由机上检测、地面检测和协同检测三大部分组成。机上检测是指在机载设备运行中使用边界扫描器件、智能测试芯片和智能诊断推理等先进嵌入式在线检测技术，在机内测试基础上增强诊断能力；地面检测主要是对航电地面检测设备进行控制、管理和调度，对机载航空电子系统进行自动化测试；协同检测是对机上检测和地面检测进行协同调度组合测试。地面检测设备控制航空电子系统处于保障测试模式，将机上嵌入式在线检测作为触发源，获取其运行中的数据信息，同时获取地面检测设备检测到的航空电子系统的测试数据，通过对上述机载数据、地面检测信息进行综合分析，判断航空电子系统当前所处的状态，当检测航空电子系统异常时，进一步实现故障定位。整个综合检测架构如图 2.1 所示。

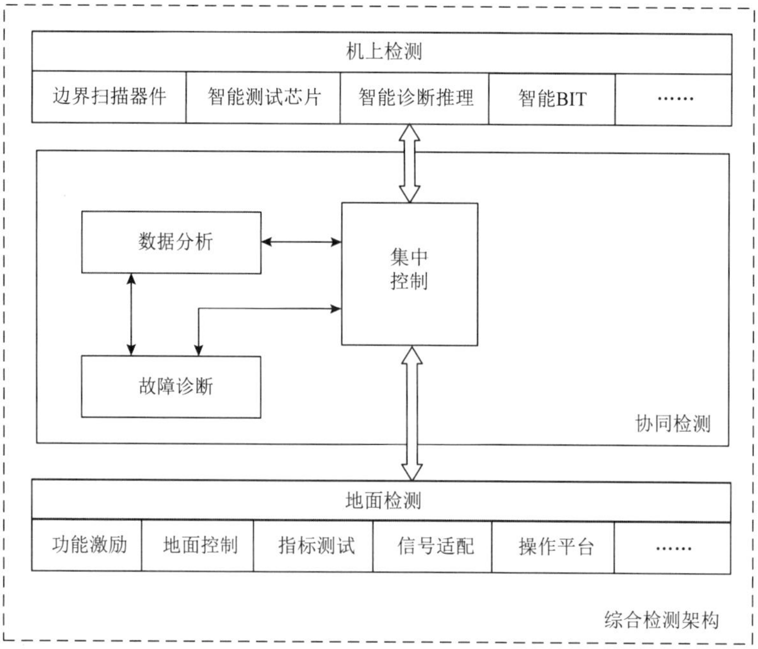

图 2.1　综合检测架构框图

2.2.2　机上检测构型

通过航空电子系统嵌入式在线检测实现机上检测流程，嵌入式在线检测是指在机载设备运行中使用边界扫描器件、智能测试芯片和智能诊断推理等先进嵌入式在线检测技术，在传统机内测试（BIT）基础上增强诊断能力。它可以独立地获取系统当前的运行状态，准确地查找故障的部位和原因，预测系统的异常和故障趋势。同时，它还可以通过声光和显示等多种形式输出信息，协助操作员和维修人员采取必要的措施。嵌入式在线检测体系架构如图 2.2 所示[1]。

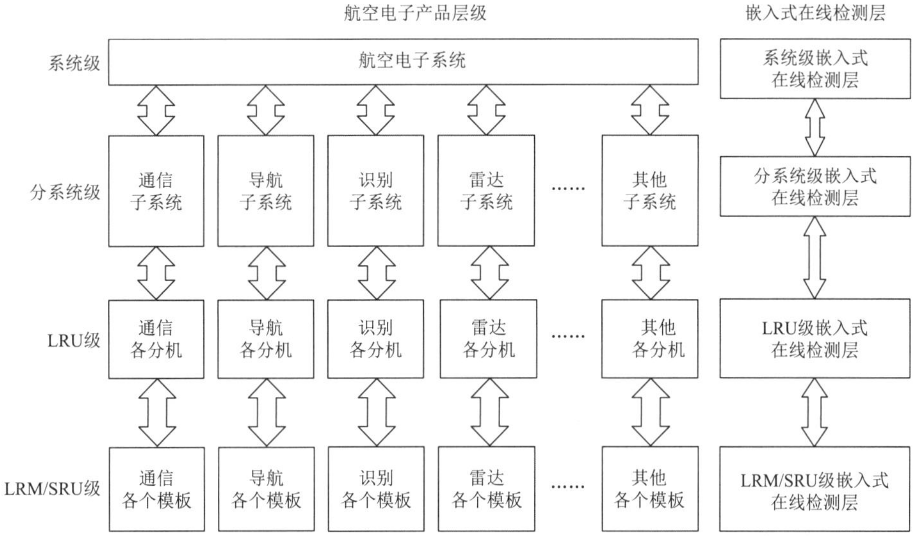

图 2.2　航空电子系统嵌入式在线检测体系架构

航空电子系统嵌入式在线检测体系架构采用分层逐级检测与故障信息融合的技术方案构建，涵盖了航空电子产品各个层级，如现场可更换模块（line replaceable module，LRM）、车间可更换单元（shop replaceable unit，SRU）级、现场可更换单元（line replaceable unit，LRU）级、分系统级、系统级和全机级等各个层次。航空电子系统嵌入式在线检测体系结构层级自下而上主要包括 LRM/SRU 级嵌入式在线检测层、LRU 级嵌入式在线检测层、分系统级嵌入式在线检测层、系统级嵌入式在线检测层和全机级嵌入式在线检测层。其中，LRM/SRU 级嵌入式在线检测层和 LRU 级嵌入式在线检测层以实体形式应用到机载产品中，分系统级嵌入式在线检测层、系统级嵌入式在线检测层和全机级嵌入式在线检测层既可宿住于原有机载系统中，也可以用一台独立控制器实现。高层级的在线检测层负责向低一个层级的在线检测层发送测试向量和控制指令，本层级的在线检测层负责向上一级的在线检测层上报其所属的所有更低层级的检测结果，负责识别检测结果并剔除关联故障。

2.2.3　地面检测构型

地面检测流程是对激励设备进行控制、管理和调度的过程，可通过通用控制总线（RS422、以太网等）和专用控制总线实现对标准仪器、专用激励器等设备的控制和管理；同时，接收上位机发送的测试脚本、仿真脚本等测试指令控制激励设备产生一定时序组合的激励信号与被测航空电子系统进行交互。地面检测架构如图 2.3 所示。

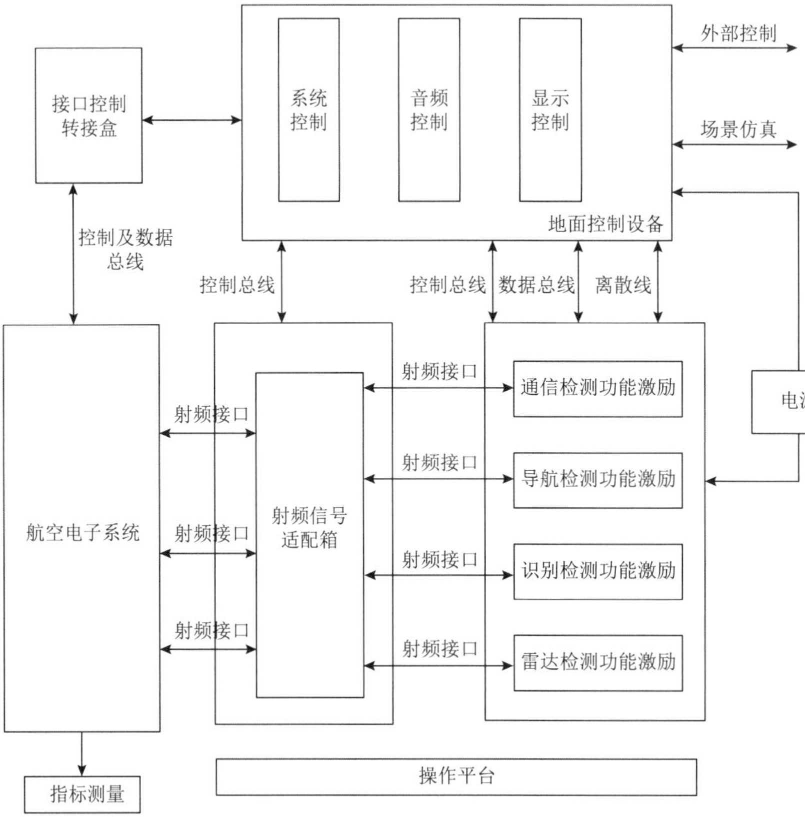

图 2.3 地面检测架构示意图

地面检测架构主要由以下几部分组成。

（1）功能激励器：产生各种专用的测试激励信号，由专用激励设备组成，专用激励设备包括通信检测功能激励设备、导航检测功能激励设备、识别检测功能激励设备和雷达检测功能激励设备等，能够为航空电子系统提供各种不同类型的激励信号，如短波话音激励信号、超短波话音激励信号、塔康激励信号、无线电罗盘激励信号、航管应答激励信号、船舶自动识别激励信号、广播式自动相关监视激励信号等。

（2）地面控制设备：主要包括系统控制、音频控制和显示控制等。这部分接收并执行外部操作控制指令，完成对功能激励器的参数配置和资源配置，例如设置通信、导航、识别和雷达等各个检测功能线程的频率、程控衰减、收发转换等。它是地面检测架构的控制管理、任务调度、数据处理的核心，同时也提供了人机交互的操作平台。

（3）指标测试设备：由音频分析仪、综合测试仪、功率计、频谱仪、示波器、矢量网络分析仪等通用或专用仪器设备组成，用于对航空电子系统关键指标的测试。

（4）射频信号适配设备：由大功率衰减器组、程控衰减器组、环形器、连接电缆等组成。这部分完成信号的路由和电平匹配。

（5）操作平台：主要包括接口控制转接盒、电源、加电控制、操作平台和结构件等，确保地面检测满足测试的安装和使用要求。

2.2.4　协同检测构型

协同检测是通过集中控制设备控制机载航空电子系统处于保障测试模式，通过状态解析获取机载设备当前运行的数据信息，在功能资源配置和功能参数配置后，采集各功能传感器的数据。集中控制设备同时采集地面检测设备的检测数据，通过对上述机载数据、地面检测信息的综合分析，判断航空电子系统是否处于正常状态，并通过资源配置系统重构不断遍历机载设备各功能的软硬件资源，达到对机载设备的全覆盖性检测，同时也可验证机载设备重构能力。协同检测架构如图 2.4 所示[2]。

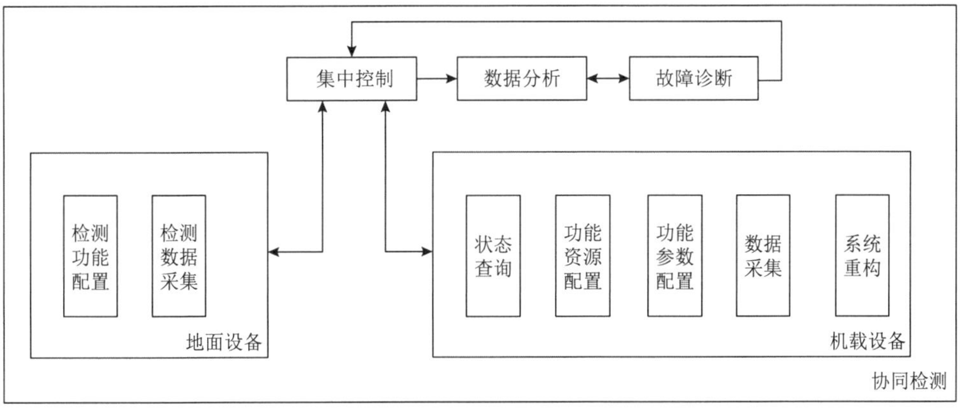

图 2.4　协同检测架构示意图

其中，与地面检测相关的功能配置和检测数据采集在 2.2.3 节中已详细描述，检测数据分析、智能故障诊断将在第 7 章、第 8 章详细描述，本节重点描述与协同检测有关的机载设备控制流程。

（1）状态查询：即查询及解析机载设备功能和模块状态以及 BIT 指令中的关键信息。状态查询流程图如图 2.5 所示。

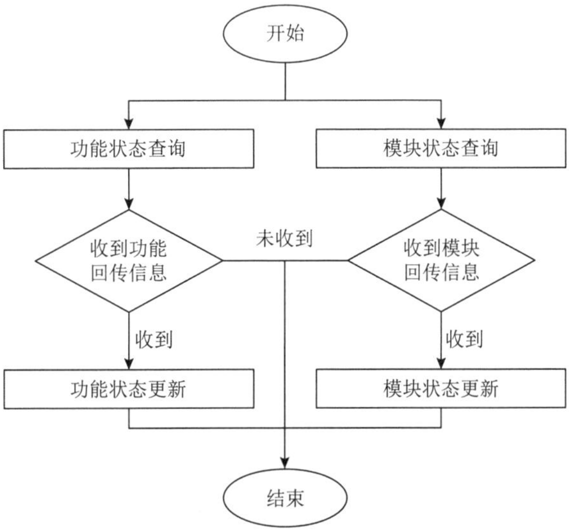

图 2.5　状态查询流程图

（2）功能资源配置：用于配置机载设备各功能线程中的通用模块或通道。功能资源配置流程如图 2.6 所示。

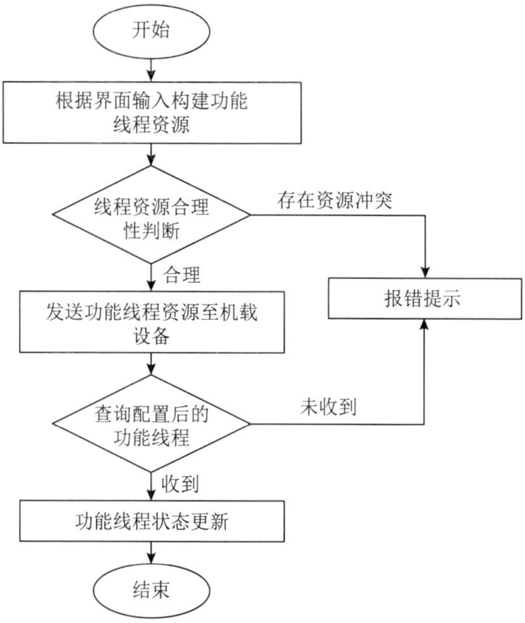

图 2.6　功能资源配置流程图

（3）功能参数配置：用于设置和修改机载设备中通信、导航、识别和雷达等功能的工作参数。功能参数配置流程如图 2.7 所示。

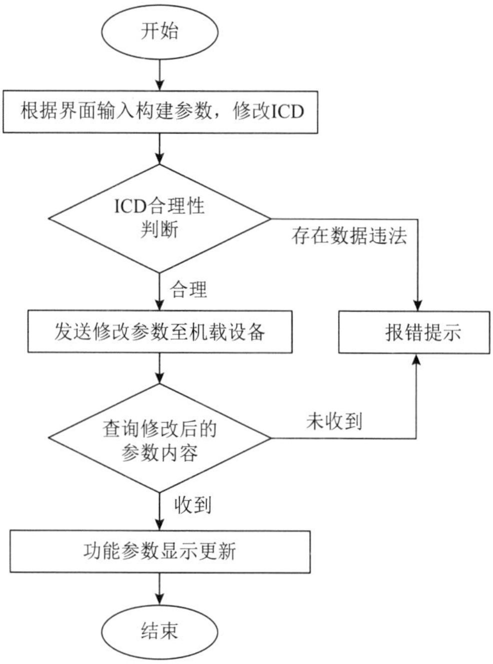

图 2.7　功能参数配置流程图

ICD（interface control document，接口控制文件）

（4）数据采集：周期性获取机载设备上报数据，包括塔康、仪表着陆、微波着陆、精密测距、高度表、罗盘和信标等传感器的数据。数据采集流程如图 2.8 所示。

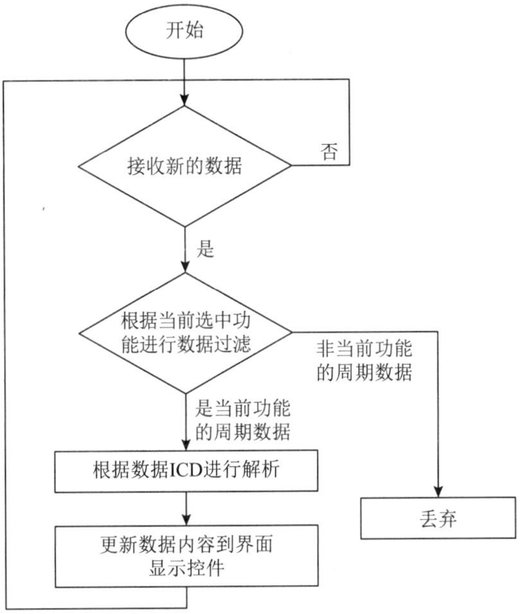

图 2.8 数据采集流程图

（5）系统重构：注入模拟故障，查询机载设备功能资源重构情况，即功能是否采用冗余通道或低优先级功能的资源，更新系统的状态并将状态归零，便于进一步故障排查或验证系统的重构能力。系统重构流程如图 2.9 所示。

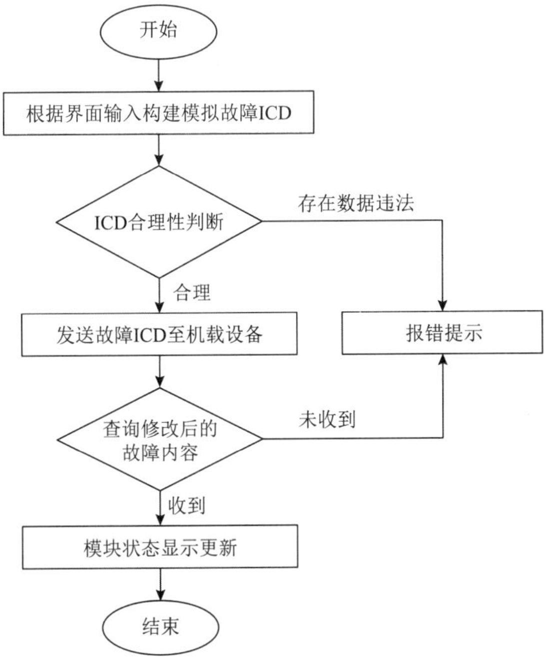

图 2.9 系统重构流程图

2.3　主要检测内容及方法

本书论述的航空电子系统综合检测聚焦于使用维护阶段对航空电子系统进行的电性能检测，其主要目的是对外场飞机的航空电子系统的完好性进行判断并对故障进行诊断，因此测试的内容不需要面面俱到，不需要测试航空电子系统的所有技术参数，只需要从整体角度考核航空电子系统的功能和性能，以确认航空电子系统是否能够正常使用。因此在综合检测中，应选用最能反映系统整体功能性能的技术参数，尤其是重点关注随使用时间可能出现功能性能下降的指标。本节列举航空电子系统各传感器功能应检测的主要项目及方法。

2.3.1　通信子系统检测

通信子系统检测主要包括短波话音通信和超短波话音通信。

1. 通信功能主要指标

表征通信功能健康状态的主要指标如下。

（1）工作模式：包括调制方式、抗干扰技术体制。

（2）频率范围：包括短波和超短波话音工作频段及波道间隔等。

（3）发射功率：被测机载设备发射功率有线精确测试和无线粗略测试。

（4）接收灵敏度：通过机载设备接收数字话音的信纳比作为判决条件，测量机载设备的接收灵敏度。

2. 短波话音测试方法

1）工作模式测试

将机载设备和检测设备设置相同的工作参数（调试方式、抗干扰方式等）；接收测试时，通过检测设备话筒发送语音信号，飞行员耳机接收；发送测试时，通过飞行员话筒发送语音信号，检测设备耳机接收。工作模式测试框图如图 2.10 所示。

2）频率范围测试

按压机载设备短波功能的 PTT（push to talk，随按即说），发送射频信号；从频谱仪（或频率计）获取当前发射的工作频率。频率范围测试框图如图 2.11 所示。

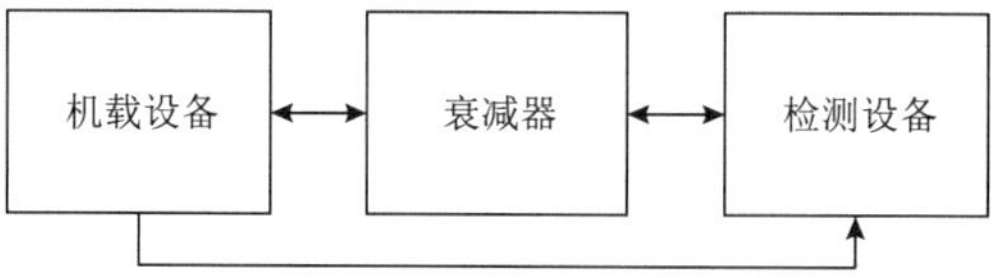

图 2.10　工作模式测试框图

图 2.11　频率范围测试框图

3）发射功率测试

按压机载设备短波功能的 PTT，发送射频信号；从频谱仪（或功率计）获取当前发射功率值。

4）接收灵敏度测试

通过检测设备从小到大逐步增加射频输出电平，输出 1kHz 音频信号调制的射频信号；将机载设备解算出的信纳比返回至检测设备，判断灵敏度指标是否满足要求。

3. 超短波话音测试方法

超短波话音测试方法同短波话音测试方法，两者不同的是工作模式不同，在此不再赘述。

2.3.2 导航子系统检测

航空电子系统导航子系统检测主要包括塔康、精密测距、微波着陆、仪表着陆、无线电罗盘和指点信标。

1. 导航子系统主要指标

表征导航子系统健康状态的主要指标如下。

（1）工作模式。塔康功能包括方位范围、空空距离范围、空地距离范围；精密测距包括距离范围等；微波着陆包括数据字、角度范围等；仪表着陆包括航向、下滑工作参数等；无线电罗盘包括定向灵敏度、方位准确度和全方位的组合天线输出；指点信标包括调制度、信号格式等。

（2）频率范围。包括塔康、精密测距、微波着陆、仪表着陆、无线电罗盘和指点信标工作频段及波道等。

（3）发射功率。被测机载设备发射功率有线精确测试和无线粗略测试。

（4）接收灵敏度。通过机载设备接收导航重要数据作为判决条件，测量机载设备的接收灵敏度。

2. 塔康功能测试方法

（1）工作模式测试。设置检测设备的 A/G（air/ground，空/地）模式、方位、距离、波道号、*X*/*Y* 选择；设置机载设备相应的 A/G 模式、工作波道、距离测量跟踪状态；在机载设备听站台识别音，并观察塔康的方位、距离信息。工作模式测试框图如图 2.12 所示。

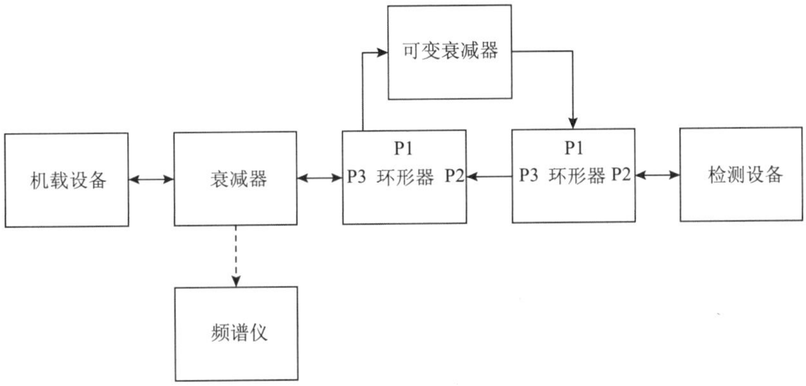

图 2.12　工作模式测试框图

（2）频率范围测试。配置机载设备工作模式，发送射频信号；从频谱仪获取当前发射频率值。

（3）发射功率测试。配置机载设备工作模式，发送射频信号；从频谱仪（或功率计）获取当前发射功率值。

（4）接收灵敏度测试。通过检测设备界面从小到大逐步增加射频输出电平，输出具有数据信号调制的射频信号；在机载设备有塔康数据正常显示时，判断为灵敏度电平。

3. 精密测距功能测试方法

精密测距功能测试框图同图 2.12。

（1）工作模式测试。配置检测设备和机载设备的波道及相应的模式，观察机载设备距离等信息。

（2）灵敏度测试。通过检测设备从小到大逐步增加射频输出电平，输出带数据信号调制的射频信号；当机载设备数据稳定显示时，为灵敏度电平。

（3）发射功率测试。配置机载设备工作模式，发送射频信号；从频谱仪（或功率计）获取当前发射功率值。

4. 微波着陆功能测试方法

（1）工作模式测试。通过检测设备设置微波着陆扫描信号（波道、方位角、下滑角）并输出信号，机载设备接收到信号后，解算方位扫描信号和仰角扫描信号，计算出飞机相对于着陆点的方位和仰角，并显示出引导数据。测试框图如图 2.13 所示。

图 2.13　微波着陆功能测试框图

（2）接收灵敏度测试。通过检测设备从小到大逐步增加射频输出电平，若机载设备数据稳定显示有效角引导数据，则灵敏度测试合格。

5. 仪表着陆功能测试方法

（1）工作模式测试。通过检测设备发出航向航道中心测试信号和下滑航道中心测试信号，机载设备接收到航向和下滑角度并在界面上显示，以判断对通测试是否通过。测试框图如图 2.13 所示。

（2）接收灵敏度测试。通过检测设备从小到大逐步增加射频输出电平，机载设备能正常显示角度值时，为当前的灵敏度。

6. 无线电罗盘功能测试方法

设置机载设备无线电罗盘功能工作频率，设置检测设备角度、工作频率和输出电平；在机载设备查看无线电罗盘方位输出指示值。

7. 指点信标功能测试方法

将检测设备靠近飞机信标天线，输出调幅调制信号，在机载设备飞行员耳机端倾听不同频率的过站台音频声音。

2.3.3　识别子系统检测

航空电子系统识别子系统检测主要包括航管应答、广播式自动相关监视和船舶自动识别。

1. 识别子系统主要指标

表征识别功能健康状态的主要指标如下。

（1）工作模式。航管应答功能包括应答方位、应答次数等指标；广播式自动相关监视包括数据格式、模拟目标的数据信息等指标；船舶自动识别包括数据速率、数据报文信息等指标。

（2）频率范围。包括航管应答、广播式自动相关监视和船舶自动识别工作频段等。

（3）发射功率。被测机载设备发射功率有线精确测试和无线粗略测试。

（4）接收灵敏度。通过机载设备接收识别子系统重要数据作为判决条件，测量机载设备的接收灵敏度。

2. 航管应答功能测试方法

（1）工作模式测试。设置检测设备航管应答模式[询问模式（A、C、S）]，并观察机载设备发回的空管应答信息（飞机高度、编码等）。工作模式测试框图如图 2.12 所示。

（2）频率范围测试。检测设备启动空管应答询问，获取询问概率，判断机载设备询问概率是否满足要求。

（3）发射功率测试。配置机载设备工作模式，发送射频信号；从频谱仪（或功率计）获取当前发射功率值。

（4）接收灵敏度测试。检测设备启动空管应答询问，获取询问概率，判断机载设备在灵敏度时询问概率是否满足要求。

3. 广播式自动相关监视功能测试方法

（1）工作模式测试。在检测设备处设置工作地址、航班号、经纬度等信息；启动机载设备广播式自动相关监视功能；在机载设备查看报文信息是否与检测设备上的设置参数一致。

（2）接收灵敏度测试。通过检测设备从小到大逐步增加射频输出电平，机载设备能正常显示报文信息等相关参数时，为当前的接收灵敏度。

4. 船舶自动识别功能测试方法

（1）工作模式测试。在检测设备上设置船舶自动识别单目标、多目标的静态及动态报文信息，启动机载船舶自动识别功能，并查看报文信息是否与检测设备上设置参数一致。

（2）接收灵敏度测试。通过检测设备从小到大逐步增加射频输出电平，机载设备能正常显示报文信息等相关参数时，为当前的接收灵敏度。

2.3.4 雷达子系统检测

1. 雷达子系统主要指标

表征雷达子系统健康状态的主要指标如下。

（1）工作参数。信号格式跟随机载设备，从而确定雷达检测信号的重复频率范围、脉宽范围、目标距离及误差、目标速度及误差、天线方向图等参数。

（2）频率范围。雷达工作频段等。

（3）发射功率。测量机载设备辐射功能的范围。

（4）接收灵敏度。通过机载设备接收目标模拟辐射源重要数据作为判决条件，测量机载设备的接收灵敏度。

2. 工作参数测试

设置机载设备相关参数，加电后，搜索距离；在检测设备上设置模拟目标距离、速度；在机载设备上显示目标的态势，与检测的距离、速度进行对比，判断是否一致，并获取及绘制天线方向图。

3. 频率范围及发射功率测试

雷达高压辐射功率对人员及设备均有损伤，需确保飞机正前方无人员或飞机等障碍物；配置机载雷达辐射高压功率；通过专用检测设备读取频率范围及发射功率值。

4. 接收灵敏度测试方法

设置机载设备相关参数，并触发开启雷达；通过检测设备从小到大逐步增加射频输出电平，通过检测设备获取机载设备的波束方位、波束俯仰、检测点位置信息等，与已设置值进行比较，判断灵敏度是否正常。

参 考 文 献

[1] 王红, 潘安君, 杨占才, 等. 国外航空电子系统嵌入式在线监测技术[J]. 测控技术, 2023, 42(1): 1-9.
[2] 童大鹏. 综合化 CNI 设备测试系统的设计[J]. 电讯技术, 2015, 55(6): 678-682.

第3章　综合检测系统

在航空电子系统综合检测架构中，实现地面检测的核心是构建一套适合航空电子系统综合检测架构的综合检测系统。航空电子系统各功能线程的波形多样且复杂，工作带宽、调制方式等各不相同，而且航空电子系统各功能仍在不断迭代扩展，这就要求综合检测系统采用开放式体系架构，具备模拟各种航电传感器功能复杂波形的能力。同时，为了便于综合检测系统外场应用，综合检测系统还应满足体积小、重量轻等便携式需求。这就要求检测系统软硬件平台高度集成，在保证检测功能性能指标的同时，体积重量实现最小化设计。

本章按照终端—通信控制—测试激励的构建思路，基于理想软件无线电设计理念，采用零中频收发、射频直接采样等技术，介绍一种机载航空电子综合检测系统设计方法，通过加载不同信号处理软件实现不同航空电子系统传感器功能原位检测。

3.1　系统设计

3.1.1　系统组成

综合检测系统主要由三个部分组成：显控终端、激励主机和机载控制终端，如图3.1所示。综合检测系统通常有两种使用方式，一是地面测试构型单独使用，实现对飞机放飞准备前后常用功能的检测；二是在协同检测构型中，作为机载控制终端使用，此时显控终端作为综合检测系统的人机交互、控制管理核心，完成对激励主机的参数配置、状态控制，通过机载控制终端完成对机载设备的控制管理，并提供故障诊断结果和维修策略[1]。

1. 显控终端

显控终端作为整个架构的控制和显示部分，其组成包括供电、数字信号处理、射频信道与天线、显示器、工业无线数传、接口与外设。其主要功能包括：①人机交互功能；②总线控制功能；③扩展功能；④通信、导航、识别和雷达基本对通测试。

2. 激励主机

激励主机是整个综合检测系统产生测试激励信号的核心设备，其组成主要包括供电、数字信道化模块、射频前端模块、话音处理模块等。主要功能包括：①产生与机载航空电子系统对通所需的各功能传感器激励信号；②支撑无线性能检测；③响应显控终端控制命令及传感器参数。

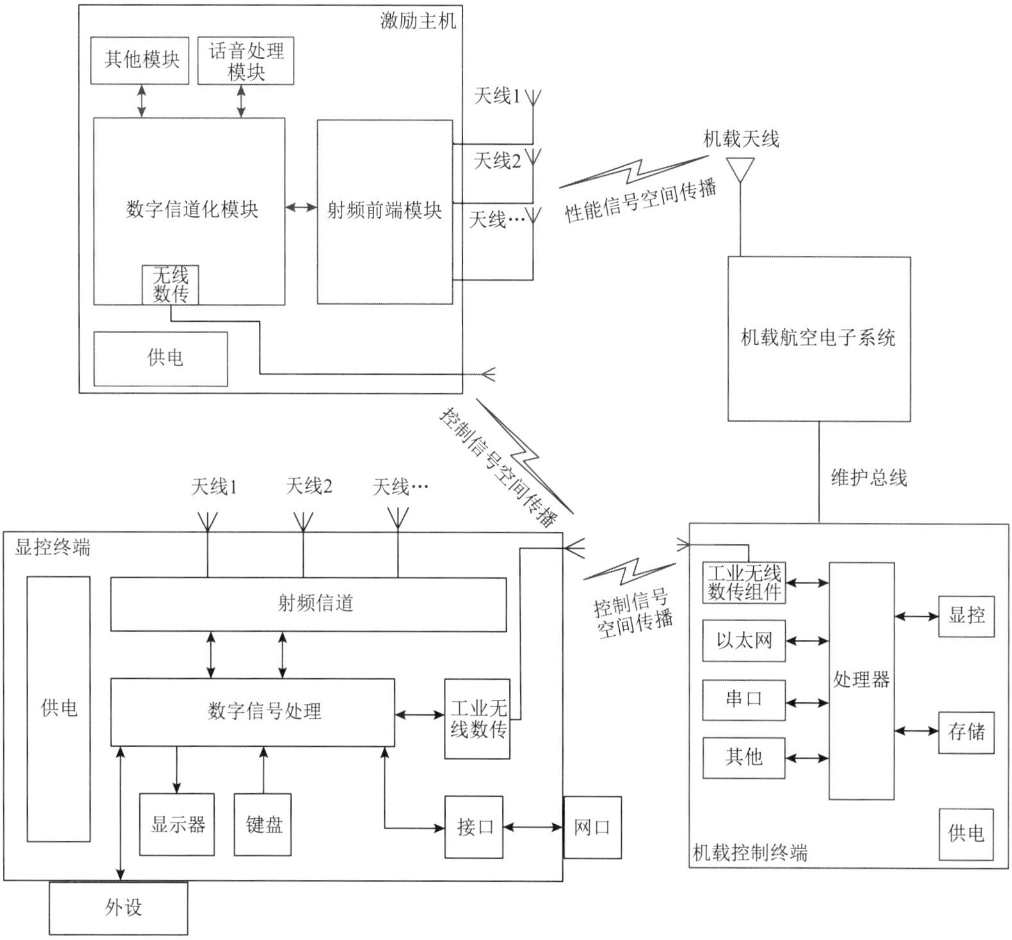

图 3.1　综合检测系统组成示意图

3. 机载控制终端

机载控制终端负责整个综合检测系统的资源配置调度部分，其组成包括供电、处理器、串口、工业无线数传组件、显控、存储等。其主要功能包括：①作为显控终端与机载航空系统的信息交互通路，完成对被测机载设备的状态控制，实现参数配置和传感器数据下载等功能；②实现对被测机载设备的故障诊断及定位，将机载设备中模块及功能的故障信息送至显控终端进行显示。

综合检测系统的工作流程如下。

第一步，检测配置。显控终端通过以太网或无线数传实现对激励主机的参数配置和状态控制。

第二步，测试激励。激励主机在显控终端的控制下，内部各模块通过软件配置的方式，加载主机内相应激励功能的处理线程，并产生相应的射频激励信号，通过天线与被测机载航空电子系统待测功能信号进行空间辐射检测。

第三步，被测机载航空电子系统接管。机载控制终端受显控终端的控制，通过维护总线收集被测机载测试信息并接管被测机载系统任务调度工作，配置被测机载系统工作与待测模式状态，并完成对被测机载系统的故障诊断和定位，将诊断结果通过以太网或无线数传反馈至显控终端。

第四步，测试接收。激励主机对天线接收到的测试信号进行射频信号处理和数字信号处理等，并将处理后的测试结果通过以太网或无线数传反馈至显控终端。

第五步，结果显示。显控终端将测试结果、诊断结果经过数据处理后以表格或图形的方式显示出来。

3.1.2　接口设计

综合检测系统的接口控制网络如图 3.2 所示。

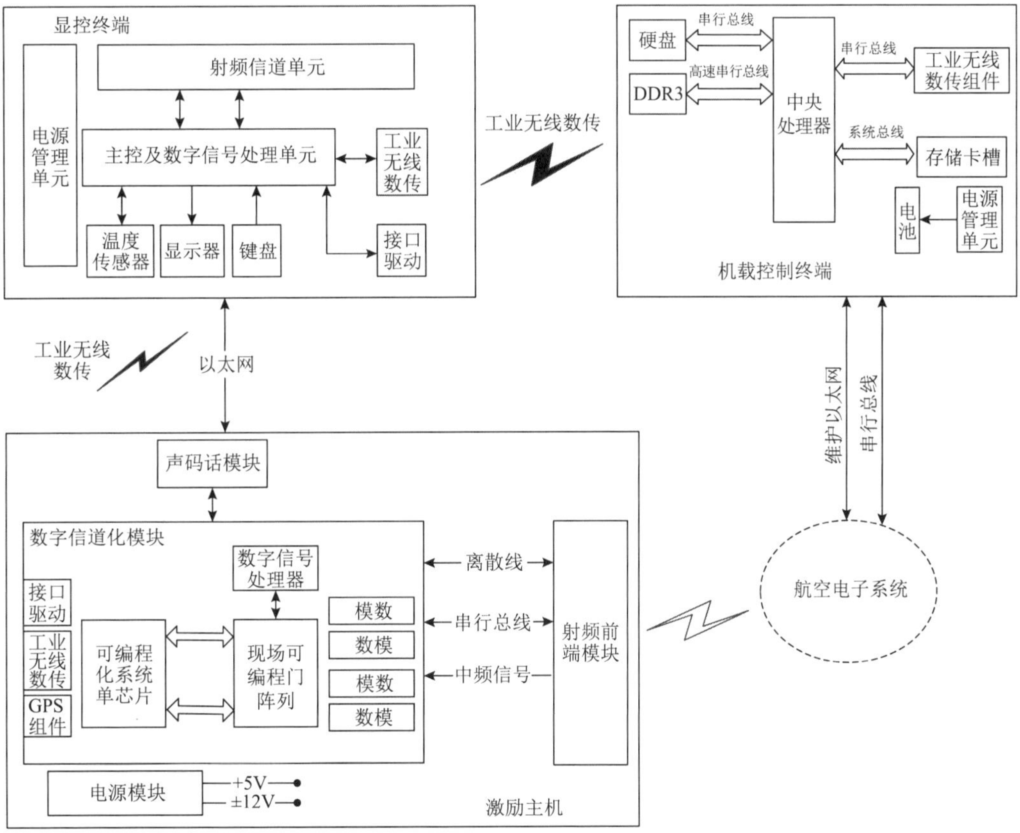

图 3.2　综合检测系统接口控制网络示意图

根据控制网络，综合检测系统需考虑的控制要素如下。

（1）显控终端作为综合检测系统的控制核心，负责对综合检测系统的工作模式、资源管理、功能工作参数、模块工作模式等进行控制，是综合检测系统控制的发起者；机载航空电子系统的资源配置、工作参数设置和模块工作模式均由显控终端发起，通过机载控制终端将功能线程的资源配置发送至机载设备。

（2）激励主机内部的数字信道化模块接收来自显控终端的控制命令，并转化为对激励主机的控制；对功能线程的信息数据处理、状态监控、维护等内容，是激励主机内部控制的核心；完成对数字信道化模块控制同各功能线程相匹配的信道前端部分，模块内部的控制实现自身的状态控制及 BIT 检测。

3.1.3 总线设计

总线是综合检测系统的信息传输通路，直接关系到综合检测系统各设备间能否正常工作。为了确保数据传输的稳定、可靠，同时便于控制管理，降低设计开发难度，总线类型采用工业领域常用的总线形式，分为以下几类。

1. 以太网

以太网接口符合 IEEE 802.3、IEEE 802.3u 标准，传输速率为 10/100/1000Mbps，自适应，支持全双工传输模式。以太网是显控终端与激励主机端数据交互接口，是系统控制模块调试、数据下载及软件升级接口。

2. 异步串行总线

异步串行总线主要是采用高速异步串行控制总线。总线采用全双工异步串行通信格式，通信起始位 1bit、停止位 1bit、数据位 8bit，无校验，总线传输速率不小于 3.125Mbps。模块之间均采用 RS422 总线传输。

3. CAN 总线

在 CAN（controller area network，控制器局域网）总线上传输的消息类型如下。

（1）传感器周期测量数据：采用 CAN 数据帧格式。

（2）CAN 数据帧格式：总线数据帧格式由报头及数据内容组成，报头为固定的 64bit，数据字段包含 n 个字节用户数据，数据帧位数为(64+8n)bit。

（3）总线管理消息：采用 CAN 远程帧格式。

（4）总线远程帧用于系统中的节点状态检测，每帧长度固定为 66bit。

（5）传输速率：500Kbps。

4. 工业无线数传

工业无线数传用于显控终端与激励主机、机载控制终端间的无线通信。其特性参数如下。①工作频段：400～500MHz；②传输速率：≥500Kbps；③最大发射功率：≥20dBm（dBm 即分贝毫瓦）；④通信距离：≥100m；⑤信道数：≥10 个；⑥信道带宽：≥500kHz。

工业无线数传传输的数据类型有话音采样数据、控制参数。

工业无线数传的数据帧由包头、数据类型、数据长度、数据内容等组成，每帧数据的总长度最大为 64byte。

3.1.4 通用质量特性设计

1. 可靠性设计

依据《装备可靠性工作通用要求》（GJB 450A—2004）开展可靠性设计，包括确定可靠性要求，制订可靠性工作计划，可靠性评审，建立故障报告、分析和纠正措施系统，可靠性建模，可靠性分配，可靠性预计，制定可靠性设计准则和提交设计准则符合性报告，元器件、零部件和原材料选择与控制，故障模式、影响及危害性分析，环境应力筛选，可靠性分析评价以及可靠性验收试验。

1）确定可靠性要求

确定可靠性定量定性要求，以满足系统战备完好性和任务成功性要求。依据《装备可靠性维修性保障性要求论证》（GJB 1909A—2009）规定的要求和程序确定可靠性要求。

2）制订可靠性工作计划

依据设计输入要求，基于产品特点，全面规划产品寿命周期的可靠性工作，制订并实施可靠性工作计划，以确保产品满足合同规定的可靠性要求。

3）可靠性评审

应按计划进行可靠性要求和可靠性工作评审，实现对承制方、转承制方和供应方的监督和控制。为实现规定的可靠性要求，应按《可靠性维修性评审指南》（GJB/Z 72—1995）和《武器装备研制项目技术审查》（GJB 3273A—2017）的有关内容进行可靠性评审，设立故障审查组织，负责审查重大故障、故障发展趋势，纠正措施的执行情况和有效性。

4）建立故障报告、分析和纠正措施系统

应按《故障报告、分析和纠正措施系统》（GJB 841—1990）建立故障报告、分析和纠正措施系统（failure reporting，analysis，and corrective action system，FRACAS）并保证其贯彻实施。

5）可靠性建模

可采用《可靠性模型的建立和可靠性预计》（GJB 813—1990）规定的程序和方法建立以产品功能为基础的可靠性模型，可靠性模型应包括可靠性框图和相应的数学模型。可靠性框图应以产品功能框图、原理图、工程图为依据且相互协调。

6）可靠性分配

应将可靠性定量要求分配到规定的产品层次（包括软件），作为可靠性设计和提出外协、外购产品可靠性定量要求的依据，具体的可靠性分配值应列入相应的技术规范中。

7）可靠性预计

采用《电子设备可靠性预计手册》（GJB/Z 299C—2006）预计产品的基本可靠性，评价所设计方案是否能满足规定的可靠性定量要求。

8）制定可靠性设计准则和提交设计准则符合性报告

9）元器件、零部件和原材料的选择与控制

按照产品元器件、零部件及原材料的优选目录，控制元器件、零部件以及原材料的选择与使用，制定元器件、零部件及原材料选用清单。

10）故障模式、影响及危害性分析

参照《故障模式、影响及危害性分析指南》（GJB/Z 1391—2006）提供的程序和方法在不同阶段采用功能法、硬件法进行分析。

11）环境应力筛选

按《电子产品环境应力筛选方法》（GJB 1032A—2020）进行环境应力筛选，以便发现和排除不良元器件、制造工艺和其他原因引入的缺陷造成的早期故障。

12）可靠性分析评价

通过综合利用与产品有关的各种信息，评价产品是否满足规定的可靠性要求。

13）可靠性验收试验

在经费许可的情况下，须经订购方认可，按《可靠性鉴定和验收试验》（GJB 899A—2009）或其他有关标准规定的要求和方法进行可靠性验收试验。

2. 维修性

依据《装备维修性工作通用要求》（GJB 368B—2009）开展维修性设计，具体如下。

1）确定维修性要求

依据《装备可靠性维修性保障性要求论证》（GJB 1909A—2009）规定的要求和程序确定维修性要求。

2）制订维修性工作计划

依据设计输入要求，基于产品特点，制订维修性工作计划。明确维修性工作项目的目的、内容、实施的程序、完成形式和对完成结果检查评价的方式，以确保产品满足合同规定的维修性要求。

3）对承制方、转承制方和供应方的监督和控制

承制方明确对转承制产品和供应品的维修性要求，并与装备的维修性要求协调一致。

明确转承制方和供应方维修性定量与定性要求及验证方法，对转承制方维修性工作实施监督和检查。

4）维修性评审

应按《可靠性维修性评审指南》（GJB/Z 72—1995）和《武器装备研制项目技术审查》（GJB 3273A—2017）的有关内容进行维修性评审。

5）建立维修性数据收集、分析和纠正措施系统

应按《故障报告、分析和纠正措施系统》（GJB 841—1990）建立 FRACAS 并保证其贯彻实施。

6）维修性建模

按照《维修性建模指南》（GJB/Z 145—2006）建立产品的维修性模型，用于定量分配、预计和评价产品的维修性。

7）维修性分配

按照《维修性分配与预计手册》（GJB/Z 57—1994）将产品的维修性定量要求分配到规定的产品层次。

8）维修性预计

按照《维修性分配与预计手册》（GJB/Z 57—1994）估计产品的维修性，评价所提出的设计方案在规定的保障条件下是否能满足规定的维修性定量要求。

9）维修性分析

分析从承制方的各种报告中得到的数据和从订购方得到的信息，以建立能够实现维修性要求的设计准则，对设计方案进行权衡，确定和量化维修保障要求，并证实设计符

合维修性要求。

10）制定维修性设计准则

按照《维修性设计技术手册》（GJB/Z 91—1997）制定维修性设计准则，包括简化产品维修设计、可达性设计、标准化和互换性设计、模块化设计、防差错及识别标志设计、人素工程设计、环境影响及防护设计、静电危害及防护设计。

11）维修性分析评价

通过综合利用与产品有关的各种信息，评价产品是否满足规定的维修性要求。

12）维修性验证

应根据《维修性试验与评定》（GJB 2072—1994）或采用经订购方批准的其他方法进行维修性验证。

3. 测试性

依据《装备测试性工作通用要求》（GJB 2547A—2012）开展测试性设计，内容如下。

1）确定诊断方案和测试性要求

协调并确定装备诊断方案和测试性定量与定性要求，以满足装备战备完好性、任务成功性、安全性要求和保障资源等约束。

依据《装备可靠性维修性保障性要求论证》（GJB 1909A—2009）规定的要求和程序确定测试性要求。

2）制订测试性工作计划

依据设计输入要求，基于产品特点，制订测试性工作计划。明确维修性工作项目的目的、内容、实施的程序、完成形式和对完成结果检查评价的方式，以确保产品满足合同规定的测试性要求。

3）对承制方、转承制方和供应方的监督和控制

明确转承制方和供应方测试性定量与定性要求及验证方法，对转承制方测试性工作实施监督和检查。

4）测试性评审

应按《武器装备研制项目技术审查》（GJB 3273A—2017）的有关内容进行测试性评审。

5）测试性数据收集、分析和管理

确定测试性数据收集要求。所收集的数据应包括对有关的工作异常情况、原始诊断指示和维修活动的说明。

按计划要求进行测试性数据收集，其收集过程应与可靠性、维修性和保障性分析数据收集过程相结合，并与现有的装备信息系统兼容。

测试性数据作为装备质量信息的重要内容，应按《装备质量信息管理通用要求》（GJB 1686A—2005）的规定实施统一管理。

6）测试性建模

建立产品的测试性模型，用于分配、预计、设计和评价产品的测试性。

7）测试性分配

将产品的测试性定量要求逐层分配到规定的产品层次，以明确各层次产品的测试性

定量要求。

8）测试性预计

承制方应对规定的产品及其组成部分进行测试性预计。测试性预计的结果应表明是否满足合同规定的测试性要求。

应根据测试性预计反映的问题，改进与完善测试性设计，直到预计结果满足规定的测试性要求。

9）制定测试性设计准则

参考《装备测试性工作通用要求》（GJB 2547A—2012）附录 B 制定测试性设计准则。

4. 安全性

依据《装备安全性工作通用要求》（GJB 900A—2012）开展安全性设计，具体如下。

1）确定安全性要求

依据设计输入要求，确定安全性定性要求和定量要求，将装备的风险控制在可接受的范围内。

2）制订安全性工作计划

依据设计输入要求，基于产品特点，制订安全性工作计划。明确安全性工作项目、内容、实施的程序、完成形式和对完成结果检查评价的方式，以确保产品满足合同规定的安全性要求。

3）对承制方、转承制方和供应方的安全性综合管理

应对承制方的安全性工作实施有效的监督与控制，督促承制方全面落实安全性工作计划，以实现合同规定的各项要求。

承制方对转承制方和供应方的要求均应纳入有关合同。

4）安全性评审

进行安全性要求和工作项目要求的评审。安全性评审应尽可能与产品设计、可靠性、维修性、综合保障等质量评审结合进行，对影响装备安全性的设计更改、偏离和超差应进行专项安全性评审。

5）制定安全性设计准则

依据设计输入要求，参考《系统安全工程手册》（GJB/Z 99—1997）、《军事装备和设施的人机工程设计准则》（GJB 2873—1997），承制方应总结相似装备的工程经验和事故教训，并制定安全性设计准则。

6）安全性验证与评价

综合利用与产品有关的各种信息，评价产品是否满足规定的安全性要求。

5. 保障性

依据《装备综合保障通用要求》（GJB 3872A—2022）开展保障性设计，内容如下。

1）确定保障性要求

协调并确定保障性定量定性要求，包括保障性综合要求、保障性设计要求和保障性资源要求，以满足系统战备完好性、任务成功性要求和保障资源等约束。

2）制订保障性工作计划

依据设计输入要求，基于产品特点，制订保障性工作计划。明确工作项目、内容、实施的程序、完成形式和对完成结果检查评价的方式，以确保产品满足合同规定的保障性要求。

3）制定保障性设计准则

承制方应制定保障性设计准则符合性检查表，逐条检查各准则落实情况。

3.1.5　环境适应性设计

1. 散热设计

综合检测系统一般工作于机场地面环境中，通常选择风冷或自然散热方式。具体而言，通过穿通风冷散热的模块，芯片热量的传递路径为：芯片表面→导热垫（脂）→模块盖板（散热齿）→冷却风。对于热流密度较大的芯片，在相应的模块盖板上应设计散热齿，以确保其有效地散热。散热齿的朝向应平行于冷却风的流向，并在该方向上留出通道。此外，对于较大金属体，还可以在其表面设计散热齿，以减轻重量，具体的散热设计如图 3.3 所示。

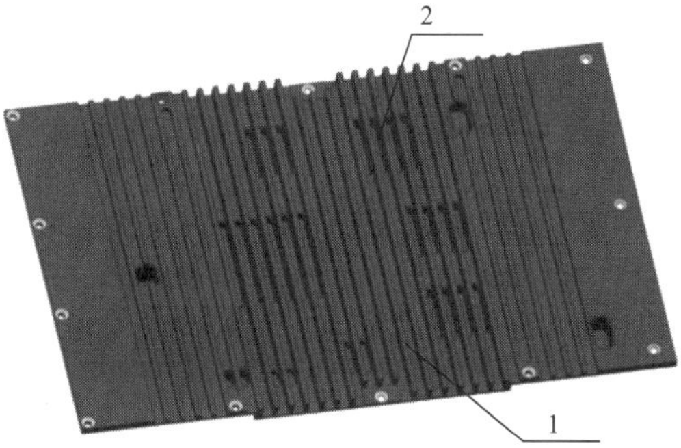

1-散热齿；2-减重的散热齿

图 3.3　散热设计

2. 表面涂覆与防护设计

由于综合检测系统需要直接暴露于外界环境中，因此需要考虑大气环境对设备的影响。在设计中，可以对模块外部的非导电面进行表面涂覆，常见的方式是喷涂油漆。需要注意的是，由于油漆面的厚度精度远低于机械加工面的厚度精度，在生产过程中需要预留模块的油漆尺寸，并严格控制其厚度。

3. 抗冲击、抗振动设计

综合检测系统主要适用于运输振动，包括公路运输和喷气式飞机运输振动。因此，在抗冲振设计方面，需要采取一系列措施来确保设备的稳定性和可靠性。

（1）提高结构刚度，采用一体化铣切设计，采用整块铝一体化铣削成型，以增加结构刚度。

（2）采用长杆锁紧和止口定位，辅以底板和棱板进行辅助承力，确保设备连接的刚强度。

（3）增加印制板螺钉数量，尤其是在体积和重量较大的器件周围增加螺钉安装数量，以提高安装刚度。

（4）在设计中增大隔框细分印制板的面积，以提高结构刚度。

4. 三防设计

为满足长时间使用的要求，综合检测系统需要从材料、表面处理等方面进行三防设计。具体措施如下。

（1）选择耐腐蚀性优良的结构材料，以满足设备的电气、物理和机械要求，同时考虑材料的经济性和加工性。

（2）对于需要导电的铝制零件，进行导电氧化处理；对于不需要导电氧化的铝制零件，进行电化学本色氧化处理。

（3）对于一般钢制零件，采用奥氏体不锈钢并进行钝化处理；对于需要电屏蔽的零件，采用电工纯铁进行多层镀镍处理，镀层厚度根据恶劣使用环境的要求执行。

（4）在印制板模块表面涂覆“三防”漆，根据工作频率的不同，选择不同种类的“三防”漆。

（5）在装配前对接插件进行“三防”涂料涂覆。

（6）采用不锈钢制品作为所有紧固件，以确保设备的耐腐蚀性。

（7）在铆完铭牌后，对铝铆钉进行“三防”漆保护。

（8）按规定喷涂油漆，以实现设备的防护功能。

5. 耐淋雨和沙尘设计

由于地面保障设备处于户外，还需要考虑淋雨和沙尘等因素对设备的影响。对于沙尘环境适应性设计，主要采用表面喷涂油漆的方式来保护设备。类似地，对于淋雨试验环境适应性设计，采用密封的方式，以确保设备内部与外界的雨水隔绝。

6. 抗风压设计

地面保障设备在正常工作状态下需要面对不同环境条件下的风压，因此需要进行抗风压设计。具体而言，为了降低风压对设备的影响，可以对天线进行圆柱外形设计，从而减小风压。同时，对于喇叭天线，可以采用高强度的三脚架进行支持和固定，以增强其抗风压能力。

3.1.6 结构设计

结构设计对全面保证系统性能与可靠性的实现起着重要的作用。为满足电子设备的维修需求，提高日益复杂和高度集成的电子系统的可靠性和容错能力，便于扩展、改装，降低开发、维修费用，实现“通用化、系列化、组合化”需求，即核心电路功能不变，采用通用基础模块的设计思路，结构形态则根据体积要求，采用子卡或联合标准航空电子架构委员会（Allied Standard Avionics Architecture Council，ASAAC）标准模块，由于子卡均为非标设计，因此本节结构设计主要阐述基于 ASAAC 标准模块和组合式机架的结构设计。

1. 模块结构设计

基于 ASAAC 标准的 LRM 模块如图 3.4 所示，主要由起拔器、锁紧条、对外连接器和模块主体组成[2]。

1）起拔器

作为LRM模块的标准配置，起拔器用于实现快速的LRM模块插拔。起拔器以安装螺钉为转轴，通过长边手动施加力矩，从而带动模块沿着模块肋条方向运动，实现模块的插入和拔出。

图3.4　LRM模块

对于穿通风冷模块，其起拔器的作用类似于一般传导模块。通常情况下，传导模块会采用密封设计，设计有前盖板，因此在选择起拔器时需要考虑模块前端面的凸出程度。

2）锁紧条

传导冷却的LRM模块一般会配备锁紧条，其厚度一般为7mm。锁紧条不仅可以增强模块的刚度，还可以更有效地传递热量。而在穿通风冷模块中，模块主要通过侧面进行强制风冷，模块肋条的散热作用较弱。因此，穿通风冷模块的锁紧条可以设计得更薄，一般厚度为2.5～3.0mm。对于振动小、重量轻的模块，甚至可以取消锁紧条，采用锁紧力较小但更快速的锁紧方式。

3）对外连接器

为了实现模块的快速维护，模块信号通常通过模块背后的连接器进行外部电气连接。对于需要进行软件升级或监测的模块，其正面可以设计调试口，并在需要时设计小盖板进行封堵，以满足电磁屏蔽要求。目前常用的连接器为LRM系列连接器，它们可以传输多种低频、射频、大电流和光等信号。对外连接器如图3.5所示。

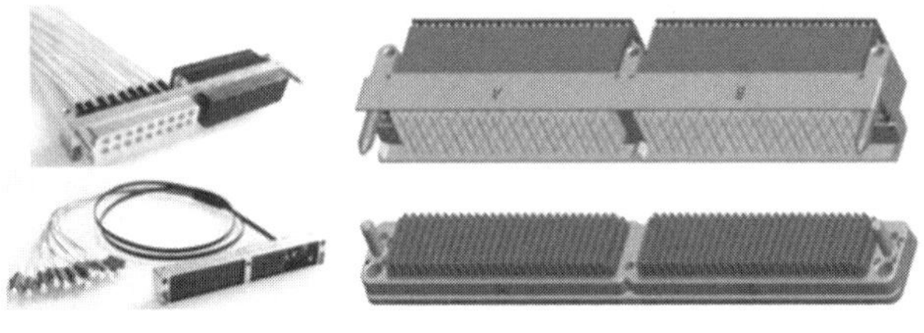

图3.5　对外连接器示意图

4）模块主体

模块主体是承载电路印制板和元器件的主要部分，通常由盖板和盒体的结构形式组装而成。对于数字信号类模块，器件/芯片通常具有较强的抗电磁干扰能力，因此在模块内部不需要进行过多的屏蔽设计。而对于模拟信号类模块，需要根据器件/芯片的抗电磁干扰能力进行屏蔽设计。模拟信号类模块的屏蔽设计通常通过三种方式实现：在盒体中增加金属屏蔽体、在盖板上增加屏蔽隔断、在印制板上使用器件封装。

模块的开盖方式有双面开盖和单面开盖两种。双面开盖模块一般适用于需要在两个面上进行操作的模块，而单面开盖模块适用于较简单的操作。无论是双面开盖还是单面开盖，穿通风冷模块的芯片热量都需要传导至盖板上。单面开盖模块的结构形式如图3.6所示。

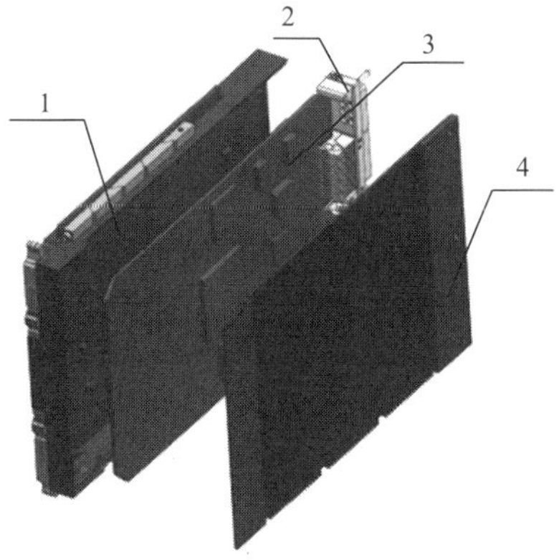

1-盒体；2-连接器；3-印制板及器件；4-盖板

图 3.6　单面开盖模块结构形式示意图

2. 机架结构设计

机架的结构主要由风机罩、前盖板、后盖板、顶板、底板、盒体、左围框、左侧板和右侧板等组成。机架还可能包括母板、风机，部分机架还可能带有电池和滤波器等。图 3.7 为满足 ASAAC 标准的机架爆炸图。顶板、底板、左侧板、右侧板、隔板和盒体提供了机械、环境接口，用于 LRM 的起拔、锁紧和传热通路。风机罩通过螺钉安装在顶板和左围框上，风机罩是中空结构，用于安装风机并提供外部把手结构，其表面采用局部倒圆角处理，方便机箱的搬运。顶板、底板、左侧板、右侧板、隔板和盒体之间采用螺钉连接，方便拆卸。此外，顶板、底板和隔板上设有通腔，与风机罩的开孔相结合形成风道[3]。

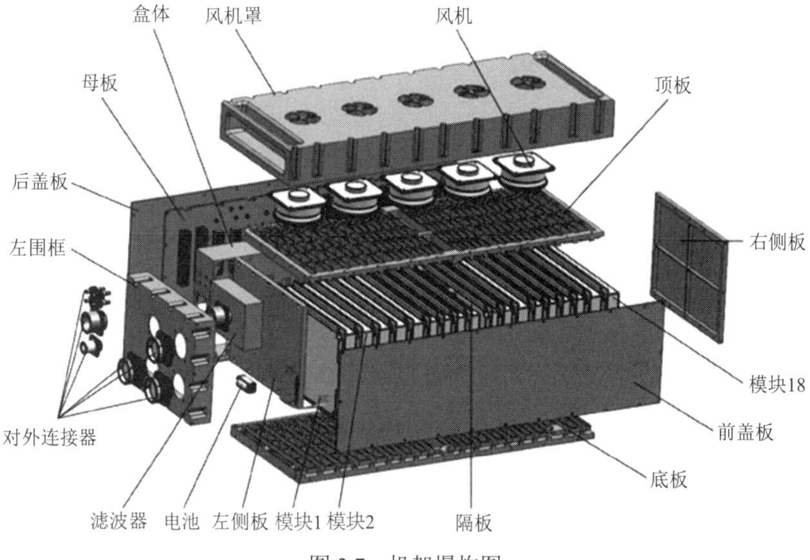

图 3.7　机架爆炸图

3.1.7　电磁兼容性设计

综合检测系统面临的电磁环境效应主要表现为：高强度的电磁场与高灵敏度的接收系统共存；有意电磁干扰与无意电磁干扰共存；模拟电路与数字电路共存；多信道共存。针对综合检测系统所面临的复杂电磁环境，电磁兼容性设计需要解决以下问题。

（1）各信道组件/模块之间的兼容性。

（2）数字模块与射频模块之间的兼容性。

（3）数模混合模块的电磁兼容性。

（4）多通道模块的电磁兼容性。

（5）静电防护设计。

（6）接地和电搭接设计。

（7）满足《军用设备和分系统电磁发射和敏感度要求与测量》（GJB 151B—2013）各项试验要求的设计。

1. 设计原则

首先应保证综合检测系统内部的自兼容；通过分析重要元器件（如开关电源、晶振、数字电路等）、组件、模块的电磁发射特性，采用 PCB（printed circuit board，印制电路板）布线、元器件选型和布局设计来降低电磁发射，根据《军用设备和分系统电磁发射和敏感度要求与测量》（GJB 151B—2013）中电磁发射项目的具体要求，确定滤波器参数、屏蔽要求；电磁兼容性设计同系统功能性设计一起进行，不能影响系统功能和性能指标；综合考虑系统功能性、兼容性、研制周期和经济性，力求电磁兼容性设计的最优费效比。

2. 设计流程

电磁兼容性设计从模块指标分配、模块原理图 EMC（electromagnetic compatibility，电磁兼容性）设计、PCB 的 EMC 设计、模块样件及整机样件进行了流程分配。

1）模块指标分配

首先根据综合检测系统的电磁兼容性要求及设备外部电缆屏蔽度和机箱屏蔽度的实际设计能力，对模块提出电磁兼容性要求，在模块阶段功能尚不完善，搭建 EMC 敏感度测试平台困难，很难隔离配试设备和被试设备，因此对于模块，未单独对敏感度项目提出要求，而是跟随系统一起进行考核。

2）模块原理图 EMC 设计

使用 EMC 设计规则对电路原理图进行电磁兼容风险排查，如元器件选型，接口电路引脚分布，是否有防静电、滤波设计，不能采用滤波设计的接口是否有端口隔离设计，DC（direct current，直流）模块输入/输出是否有滤波设计，接地设计方式是否合理；估算关键电路的 EMC 特性，确定滤波电路参数和屏蔽参数。

3）PCB 的 EMC 设计

检查 PCB 层设计的合理性，包括功能分区、信号完整性、电源平面完整性、接地设计等，确保滤波电路布局和接口引脚布局合理，避免超大电流环路的存在。

4）模块样件

通过摸底测试验证前期 EMC 设计参数的合理性，根据测试结果进行进一步调整和加固。

5）整机样件

前期的 EMC 设计已经基本确定，基本不会对模块再进行整改加固，仅能处理外部电缆和机箱屏蔽，主要是对外部电缆和机箱屏蔽进行验证和处理，保证产品在全寿命周期内的 EMC 性能。

通过以上设计流程，可以确保综合检测系统在电磁环境中具有良好的兼容性，提高系统的稳定性和可靠性。

3.2　硬件架构设计

架构是指组成系统各部件结构之间的关系，以及制约它们之间随时间演进的原则和指南。架构设计包括三个核心要素：组成单元的结构、相互关系以及制约它们的原则与指南。随着技术的不断发展，任何系统的体系结构都在不断演变和进化。在综合检测系统的硬件架构设计中，其目的为创建一个开放、标准、可扩展且具有高数据吞吐率的平台，因此在研究综合检测系统硬件架构时，需要综合考虑带宽、时延、效率、硬件复杂度、伸缩性、通用性等多个方面的因素。

3.2.1　需求分析

目前，国内机载航空电子系统的基本功能包括短波话音通信、超短波话音通信、卫星通信、联合战术信息分发系统、塔康、罗盘、信标、精密测距、微波着陆、仪表着陆、无线电高度表、航管应答、雷达等，同时还包括武器协同数据链、机间数据链、训练数据链、广播式自动相关监视等扩展功能。这些功能的工作频段分布在 150kHz～40GHz，工作带宽、调制方式等各不相同[4]。

传统的超外差设计架构是信号经模拟上下变频后生成窄带中频信号，再进行信号和数据处理。然而，由于涉及多级混频电路和分段滤波，系统的射频前端复杂度高、体积大以及功耗较高。同时，该架构下波形软件与射频前端电路的耦合较强，波形扩展困难，信道资源难以复用。

基于航电系统的发展趋势，航空电子系统的设计正朝着信道通用化、简洁化、数字化的方向发展。将数字化环节从中频频段前移到射频频段，系统只需配置少量宽带数字化信道，然后通过数字化处理进行信号分离，可以显著简化射频信道部分的硬件需求。

在软件无线电的设计思路下，综合检测系统射频信号的数字化应尽可能靠近天线。然而在实际工程中，直接对天线接收信号进行数字化处理还难以实现。因此，在进行综合检测系统架构设计时，需要首先划分射频信号处理和数字信号处理的界面，确定系统的数字化采样方案。不同的采样方式将决定射频处理部分的组成结构和复杂程度，同时也将影响对处理速度的要求。对射频模拟信号的采样方法有两种，一种是基于奈奎斯特采样定理的低通采样，另一种是带通采样。

图 3.8 展示了射频低通采样的结构，其中射频处理前端采用全宽开设计。这种结构简单，射频前端电路较少，是一个理想的方案。然而，该结构对 A/D 转换器的要求非常高。以最高模拟信号频率 $f_{\max}$ 为 2GHz 和矩形系数 r 为 2 为例，根据奈奎斯特采样定理，采样频率 F_s 满足以下条件：

$$F_s \geqslant 2rf_{\max} \tag{3.1}$$

根据航空电子系统波形特点，取 $f_{\max}=2\text{GHz}$，$r=2$ 时，采样频率高达 8GHz。然而，如此高速的 A/D 转换器，特别是需要大动态范围和多位数的情况下无法实现。此外，由于射频处理前端全宽开，进入接收通道的信号数量大幅增加，对动态范围的要求更高，工程实现难度极大。因此，这种射频全宽开、低通采样结构仅适用于工作频率较低的情况，如短波（高频）频段。

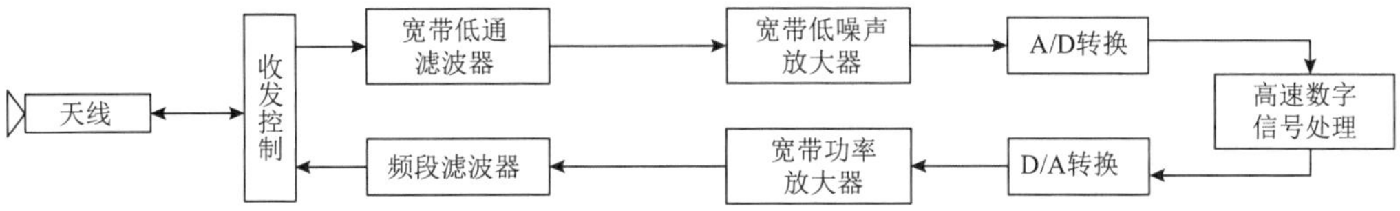

图 3.8　射频低通采样结构

A/D 转换：模拟到数字转换（模数转换）；D/A 转换：数字到模拟转换（数模转换）

图 3.9 展示了射频带通采样的结构。射频前端并不是全宽开的，而是先经过窄带带通滤波器选择所需信号，然后放大并进行带通采样。这可以有效提高接收通道的信噪比，改善动态范围。这种结构要求 A/D 转换器具有足够高的模拟工作带宽，但对采样速率要求较低。与射频低通采样结构相比，该结构对后续数字信号处理的速度要求也低得多。

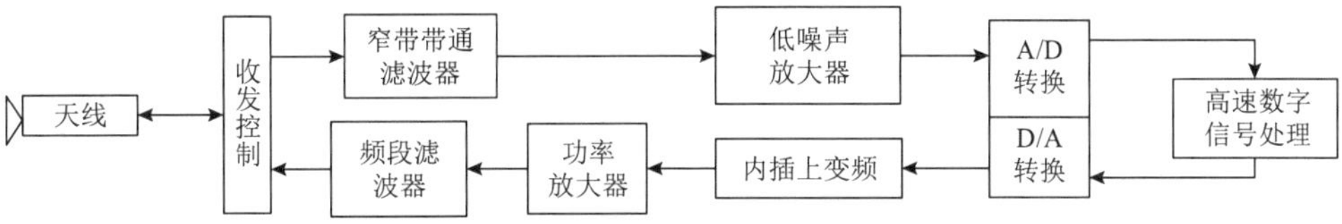

图 3.9　射频带通采样结构

基于射频带通采样方案的宽带射频信道主要在接收信道部分完成低噪声放大、预选滤波、自动增益控制、A/D 采样以及对数字采样信号的预处理。发射部分主要完成发射信号的 D/A 转换和滤波放大。这种设计的难点主要集中在接收信道部分，结合射频带通采样的要求，对接收通道进行了细化。图 3.10 展示了基于射频带通采样的接收信道的结构。

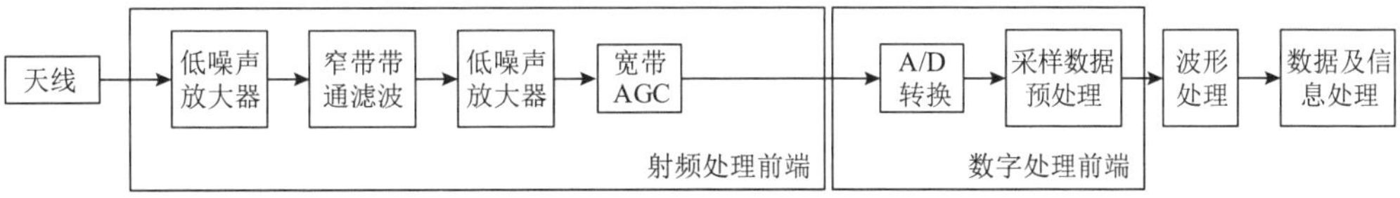

图 3.10　基于射频带通采样的接收信道

AGC（automatic gain control，自动增益控制）

在这种结构中，接收的射频信号首先通过低噪声放大器进行放大。由于是宽带系统，对噪声的影响较大，将预选带通滤波器置于第一级低噪声放大器之后，可以降低整个系统的噪声系数，提高接收系统的灵敏度。信号的检测在数字域中完成，同时通过反馈环路控制宽带自动增益。然后，信号经过放大和抗混叠滤波处理后，进入 A/D 转换器进行带通采样。

采用射频带通采样结构设计，消除了本振、混频器等模拟器件，射频前端的硬件设计相对简单。不需要为不同波形的需求设计专门的射频处理电路，从而可以显著降低系统的重量、体积和功耗。此外，接收通道的主要功能通过软件实现，只需更改软件即可实现多模信号的接收，提高了系统的灵活性和扩展性。

3.2.2 硬件架构

采用软件无线电思想进行综合检测系统硬件设计，如图 3.11 所示。硬件平台主要分为接口、数字处理、射频采样、射频前端和电源模块等部分，接口完成与外部的互联互通；数字处理完成基带处理、音频编解码处理，以及各种模式的调制/解调、解扩/解跳、纠错编译码、波束包络处理、时间测量等功能，同时也是硬件的控制核心；射频前端完成天线接口适配及处理、收发射频信号的放大、滤波、增益控制、功率检测，产生全系统参考钟；电源模块为整个设备完成电源滤波及供电。

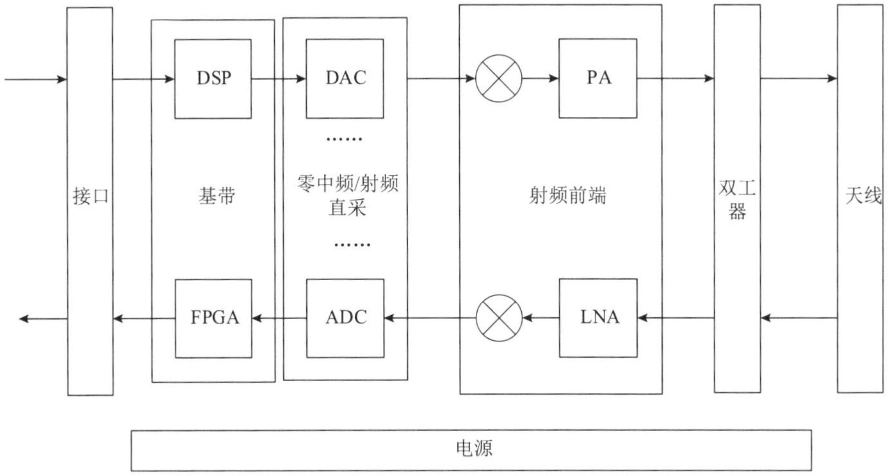

图 3.11　综合检测系统硬件架构框图

DSP（digital signal processing，数字信号处理）；FPGA（field programmable gate array，现场可编程门阵列）；DAC（digital-to-analog converter, 数模转换器）；ADC（analog-to-digital converter，模数转换器）；PA（power amplifier，功率放大器）；LNA（low noise amplifier，低噪声放大器）

3.2.3 射频前端设计

射频前端的主要功能是滤除收发中不需要的信号，对射频信号进行变换，以使频率、电平与模数转换器（ADC）相匹配。射频前端设计的基本要求是：噪声系数小，引入的噪声尽可能小；工作频段宽，动态范围大，信号的适应能力尽可能强。对于射频低通采样射频前端设计，模拟电路只需要低通滤波器、功率放大器等；对于射频带通采样射频前端设计，需要带通滤波器、功率放大器等；对于中频宽带射频前端设计，则需要滤波器、放大器、混频器、功率放大器等较多的模拟电路。

1. 射频前端的组成结构

射频前端有三种结构：超外差结构（图 3.12）、零中频结构（图 3.13）、射频直采结构（图 3.14）。前两种前端结构适用于宽带中频采样的软件无线电架构，而射频直采结构适用于射频低通采样和射频带通采样的软件无线电架构[5]。

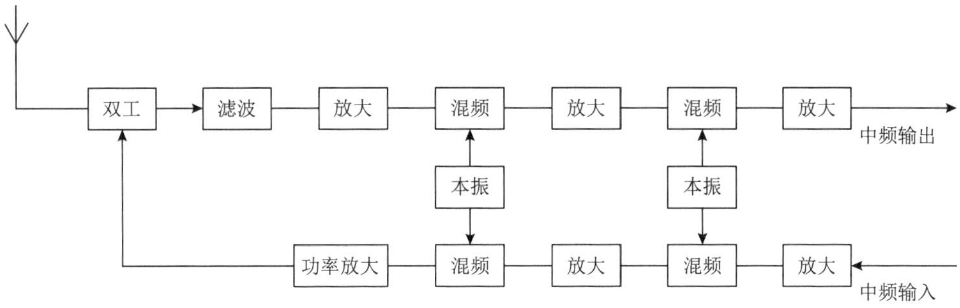

图 3.12　超外差结构

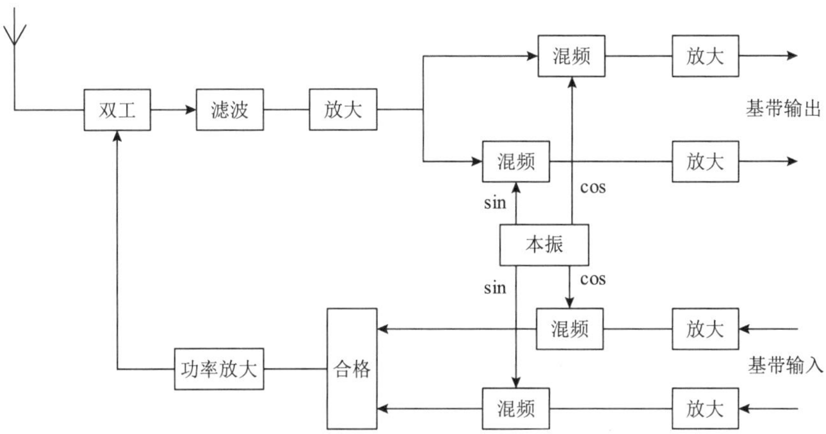

图 3.13　零中频结构

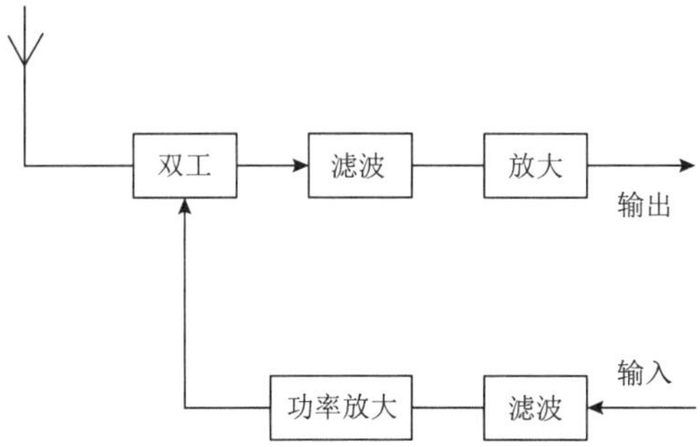

图 3.14　射频直采结构

2. 射频前端常用器件

射频前端常用器件有：滤波器、放大器、混频器、本地振荡器、锁相环与频率合成等[5]。

1）滤波器

（1）原理

滤波器是一种电气网络，能够改变信号某一频段内的幅度或相位特性。在理想情况下，滤波器只改变信号各频率成分的相互关系，不引入新的频率成分，它只能改变信号的各个频率的相位或者幅度的相互关系。

在电子系统中，滤波器的作用是选择性地通过或抑制某一频段的信号。它会对某一频率范围内的信号给予较小的衰减，使其能够通过；而对其他频带内的信号则给予较大的衰减，从而尽可能阻止它们通过。

以图 3.15 为例，信号包括两个频率分量，f_1 是需要的频率，f_2 是不需要的频率。滤波器在 f_1 处具有较高的增益，而在 f_2 处具有较低的增益，这样可以抑制掉不需要的频率 f_2，只保留下 f_1。需要注意的是，这只是一个简单的示例，没有考虑滤波器在其他频率上的增益问题。对于频率 f_1 而言，只要频率 f_2 能够被足够有效地抑制，那么滤波器的性能就是合格的。

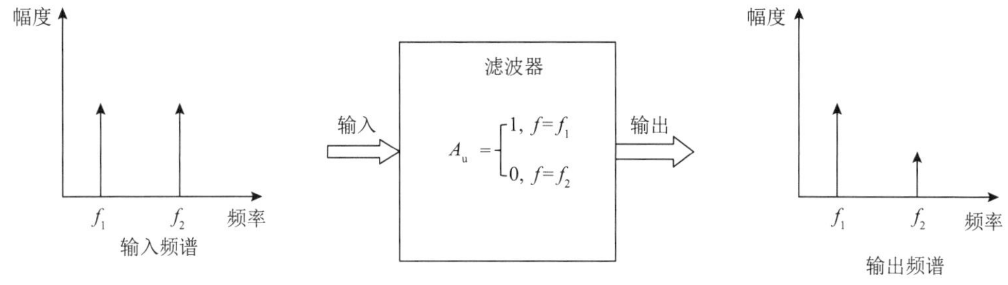

图 3.15　滤波器原理示意图

滤波器的频域特性采用传输函数表示。滤波器的电压传输函数表达式 $H(s)$ 如下所示。

$$H(s) = \frac{U_{\text{out}}(s)}{U_{\text{in}}(s)} \tag{3.2}$$

式中，$U_{\text{out}}(s)$ 和 $U_{\text{in}}(s)$ 为输出、输入信号的电压表达式；s 为基于频率的变量。

（2）主要参数

①插入损耗

滤波器具有固有功率损耗，任何信号通过滤波器都会引起功率上的损耗。插入损耗 L 定义为通带内滤波器的输入功率和输出功率的比值。

$$L = \frac{P_{\text{in}}}{P_{\text{out}}} \tag{3.3}$$

式中，P_{in} 为输入功率；P_{out} 为输出功率。

②通频带 $\text{BW}_{3\text{dB}}$

通频带是指传输系数下降到中心频率 f_0 对应值的 $1/\sqrt{2}$（–3dB）时对应的上下频率的频率差。由于所传送的信号总是有一定频带宽度，因此不同信号对滤波器的通频带有不同要求。

$$\text{BW}_{3\text{dB}} = f_{\text{h}} - f_{\text{l}} \tag{3.4}$$

式中，f_{h} 为上边频 3dB 衰减的频率；f_{l} 为下边频 3dB 衰减的频率。

③通带内波动

通带内波动是指滤波器通带内传输系数的最大波动值。在通带内，应保持较小的波动，以减少频率失真。在地面保障设备通信功能中，通常要求波动小于 0.5dB，要注意的是，切比雪夫滤波器的通带内波动通常很明显。

④矩形系数

理想滤波器的幅频特性是一个矩形，一般滤波器应该接近矩形的形状，这样具有良

好的选择性。矩形系数定义为

$$K = \frac{BW_{60dB}}{BW_{3dB}} \tag{3.5}$$

矩形系数表达的含义是滤波器的传输系数下降到中心频率最大传输系数的 60dB 时带宽与 3dB 时带宽之比。选频特性为理想矩形滤波器时，矩形系数等于 1，此时通频带外的所有信号全部衰减，具有最佳选频特性。常用矩形系数来描述滤波器对频带外信号的衰减程度，矩形系数越接近 1，说明滤波器的选择性越好，带外衰减越大。

2）放大器

（1）原理

放大电路基本组成如图 3.16 所示，包括输入信号源、晶体管、输出负载、直流电源和偏置电路。其中，直流电源和偏置电路用于确保晶体管在工作时保持合适的静态工作点，即工作在放大区。双极型晶体管是保证发射结正偏，集电结反偏。输入信号源一般是模拟信号转换为数字信号后的微弱电压信号或电流信号。

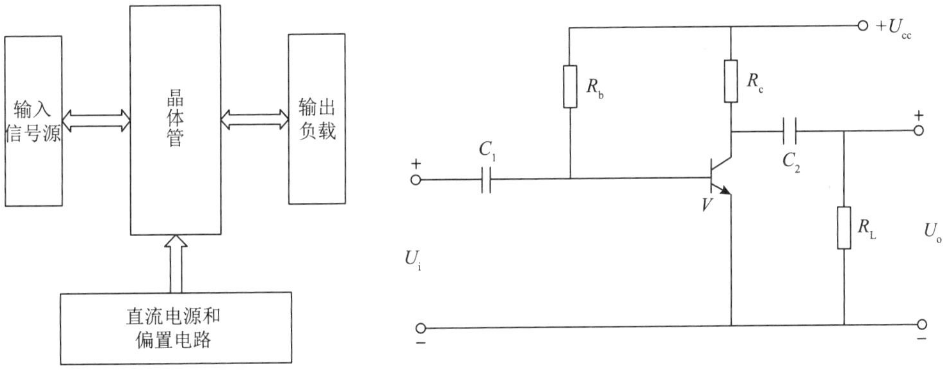

(a) 放大电路基本组成　　(b) 电路原理图

图 3.16　放大电路基本组成与电路原理图

（2）主要参数

①工作频率范围

工作频率范围指放大器适用的工作频率范围，当放大器工作频率超出范围时，性能呈几何级数下降，因此为了获得最佳的工作性能，必须确保放大器工作在合适的频率范围内。

②输入/输出电阻

对于输入信号源，可把放大器当作它的负载，用 r_i 表示，称为放大器的输入电阻。其意为放大器输入端信号电压对电流的比值，即

$$r_i = \frac{U_i}{I_i} \tag{3.6}$$

③功率增益

功率增益表示放大器将输入信号功率转换为输出信号功率的能力。可以通过电压增

益和电流增益的乘积来计算，定义为

$$G_P = \frac{P_o}{P_i} = \left|\frac{U_o I_o}{U_i I_i}\right| = \left|A_u A_i\right| \tag{3.7}$$

式中，U_o 和 I_o 为输出电压和输出电流；U_i 和 I_i 为输入电压和输入电流；A_u 为电压增益；A_i 为电流增益。

④1dB 压缩点输出功率

放大器的线性动态是指放大器的输出功率随输入功率线性增加。这两个功率之比就是功率增益 G。随着输入功率的继续增大，放大器进入非线性区，其输出功率不再随输入功率的增加而线性增加，也就是说，其输出功率低于小信号增益所预计的值。通常把增益下降到比线性增益低 1dB 时的输出功率值定义为输出功率的 1dB 压缩点，用 P_{-1} 表示，如图 3.17 所示。

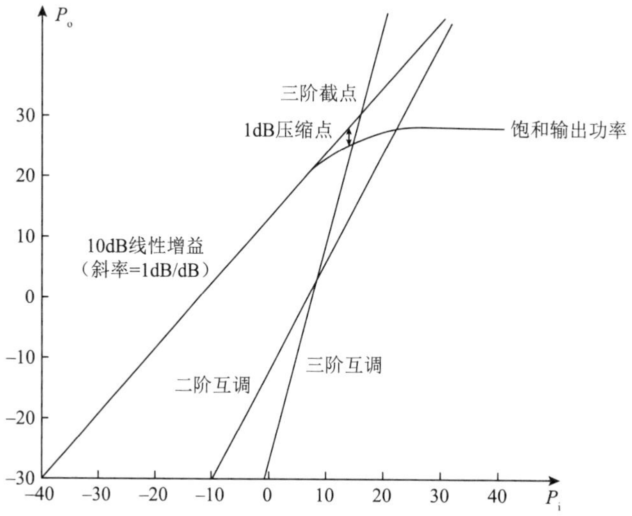

图 3.17　放大器的输出功率和互调分量随输入功率的变化

⑤三阶交调（IP3）

三阶交调是描述放大器线性程度的一个重要指标，用来描述非线性失真，是利用两个相距 5～10MHz 的邻近信号，当频率为 f_1 和 f_2 的这两个信号加到一个放大器时，该放大器的输出不仅包含了这两个信号，而且包含了频率为 $mf_1 + nf_2$ 的互调分量，这里称 $|m| + |n|$ 为互调分量的阶数。在中等饱和电平时，通常起支配作用的是最接近有用频率的三阶分量。

⑥输入/输出电压驻波比（VSWR）

微波放大器通常设计或用于 50Ω 阻抗的微波系统中，输入/输出电压驻波比表示放大器输入端阻抗和输出端阻抗与系统要求阻抗（50Ω）的匹配程度，表示为

$$\text{VSWR} = \left(1 + |\Gamma|\right) / \left(1 - |\Gamma|\right) \tag{3.8}$$

式中，$\Gamma = (Z - Z_0)/(Z + Z_0)$；$\Gamma$ 为反射系数；Z 为放大器输入端或输出端的实际阻抗；Z_0 为需要的系统阻抗；VSWR 为输入/输出电压驻波比。

3）混频器

（1）原理

混频器是一种器件，用于将不同频率的信号混合在一起，产生新的频率分量。通过混频器可以实现信号的频率转换，通常用于频率变换、调频、调幅等应用。混频器的工作原理是将输入信号与本振信号相乘，产生两个新的频率分量，分别是输入信号频率加上本振信号频率和输入信号频率减去本振信号频率。假设射频信号的中心频率为 f_{RF}，并且有两个额外的频率分量分别为 $f_{RF}-f_W$ 和 $f_{RF}+f_W$，本振信号的频率为 f_{LO}。上述信号经过混频以后，将形成上移频谱分量和下移频谱分量两个分量。图 3.18 为混频过程的图解，在得到两个分量后，可以利用滤波器提取所需的分量。

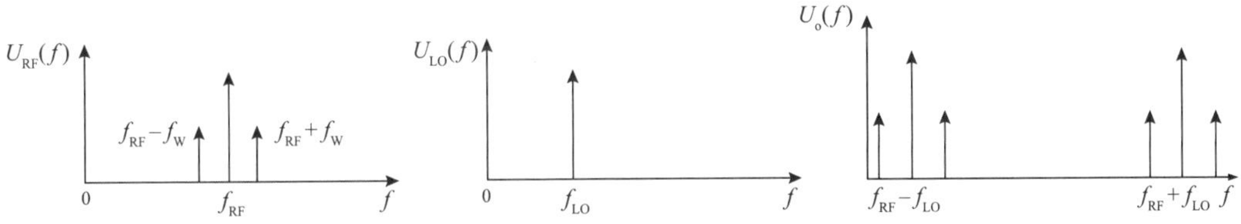

图 3.18　混频过程中的频谱搬移

（2）主要参数

①工作频率

混频器是多频工作器件，适用的工作频率范围包括射频信号、本振信号和中频信号。

②噪声

混频器在低噪声放大器后工作，其噪声性能对系统性能影响很大。混频器的噪声系数描述了其引入的噪声对信号的影响程度。混频器可近似为线性网络，按线性网络的计算公式来计算它的噪声系数。

混频器的噪声系数定义为

$$F=\frac{P_{n_{out}}}{G_P P_{n_{in}}} \tag{3.9}$$

式中，当温度取值为 290K 时，$P_{n_{out}}$ 为输出端口的噪声功率；G_P 为变频功率增益；$P_{n_{in}}$ 为输入端口的总噪声功率（在中频信号频率点）。

③变频损耗

混频器的变频损耗为射频输入功率与中频输出功率之比，是衡量混频器性能的重要指标，主要由电路失配损耗、二极管的固有结损耗及非线性电导净变频损耗等引起。

④动态范围

动态范围是指能使混频器有效工作的输入信号电平的范围。当输入信号电平很低时，其高次谐波很少，参与混频而产生的寄生频率成分可以忽略。随着信号电平的增加，输出中频功率基本上线性增加，变频损耗保持不变。当输入信号电平增加到某个程度时，信号的高次谐波增加，混频后产生的寄生频率成分不可以忽略，导致变频损耗增大。如果变频损耗增加到比正常值大 1dB，则认为混频器已丧失有效工作能力。将此时的输入信号电平称为 1dB 压缩点，它是混频器动态范围的上限；下限是可辨输入信号电平，决定于混频器的噪声电平。

⑤隔离度

混频器隔离是指各频率端口间相互隔离，包括本振与射频、本振与中频，以及射频与中频之间的隔离。隔离度定义为本振或射频信号泄漏到其他端口的功率与输入功率之比，单位为 dB。

4）本地振荡器

（1）原理

本地振荡器是将直流电源的能量转换成特定频率和振幅的正弦交变能量的电路。它的核心是自激振荡电路，通过反馈回路实现稳定的振荡。在自激振荡电路中，输出信号的频率和相位与输入信号的频率和相位一致。如图 3.19 所示电路中，若将开关 S 合在 2 端，就是一个交流电压的放大电路，当输入信号电压为U_i，输出电压为U_o时，其放大倍数为 A，则$U_o = A \times U_i$；如果将输出电压通过反馈支路反馈到输入端，反馈电压为U_f，并使$U_f = U_i$，用反馈信号电压代替输入信号电压，这就是将开关合在 1 端，则输出电压仍保持不变。这时放大电路就转变成了自激振荡电路，从而得到了自激振荡的条件：$U_f = U_i$。

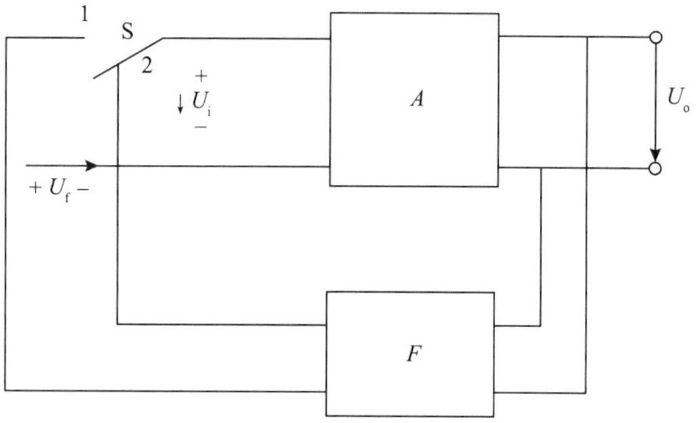

图 3.19　自激振荡产生原理框图

（2）主要参数

①频率

振荡器的最基本参数是频率，即振荡器输出信号的重复率（周期）。频率以赫兹（Hz）为单位，即每秒所包含的周期数。

②频率稳定度

频率稳定度是指输出频率随时间的变化程度，受到振荡器电路中元器件参数老化、漂移等影响，频率不稳定，在实际应用中需要进行调整和补偿。参考单位通常以百万分率（parts per million，ppm）或十亿分率（parts per billion，ppb）计。

③谐波失真

谐波失真是指振荡器输出信号中包含的谐波成分比例变高的现象，这会导致电路的可靠性下降和信号的质量降低。谐波失真用功率比（dBc）或百分比来表示。

④相位噪声及相位抖动

相位噪声（phase noise）是衡量信号相位随机变化的频谱特性，通常用单边带功率谱密度来量化，其定义为在偏移中心频率一定范围内，单位带宽内的功率与总信号功率之比，单位为 dBc/Hz。较低的谐波失真可以减少信号的失真和干扰。相位抖动是输出信号相位随时间变化的波动，通常以分贝数（dBc）来表示。较低的相位抖动可以提高振荡器的稳定性和精度。相位噪声及在时域下测量的抖动会影响串行数据系统中的误码率（bit-error-ratio，BER）等参数。相位噪声和相位抖动是量化时钟信号噪声的两种参数。相位噪声用来测量频域内的时钟噪声，相位抖动则用来测量时域内噪声对时钟的影响。

5）锁相环与频率合成

（1）原理

锁相环通常由鉴相器（phase detector，PD）、环路滤波器（loop filter，LF）和压控振荡器（voltage controlled oscillator，VCO）三部分组成前向通路，由分频器组成频率相位的反馈通路，如图 3.20 所示。

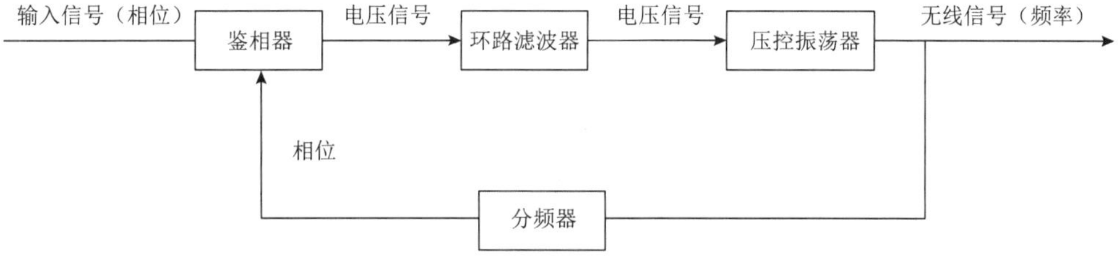

图 3.20　锁相环工作原理框图

锁相环工作原理是检测输入信号和输出信号的相位差，并将检测出的相位差信号通过鉴相器转换成电压信号输出，经环路滤波器滤波后形成压控振荡器的控制电压，对振荡器输出信号的频率实施控制，再通过反馈通路把振荡器输出信号的频率、相位反馈到鉴相器。在锁相环工作过程中，当输出信号的频率成比例地反映输入信号的频率时，输出电压与输入电压保持固定的相位差值，这样输出电压与输入电压的相位就会被锁住。

（2）主要参数

①相位噪声

锁相环的相位噪声是衡量其性能的重要指标之一，它表示锁相环输出信号的相位随机波动程度。

②锁相环的动态性能

锁相环的动态性能决定了同步参考源的速度和精度，以及在多大范围内能够跟踪参考源。锁相环的动态性能包括锁定时间（lock time）、捕获范围（capture range）、锁定范围（hold range）等。

3.2.4　模数/数模转换设计

1. 模数转换

1）模数转换技术

模数转换包括采样、保持、量化和编码四个过程。采样是将一个连续变化的信号 $x(t)$

转换成时间上离散的采样信号 $x(n)$。根据奈奎斯特采样定理，对于采样信号 $x(t)$，如果采样频率 $f_s \geqslant 2f_{max}$ [f_{max} 为 $x(t)$ 最高频率成分]，则可以无失真地重建恢复原始信号 $x(t)$。工程上，采样速率一般取 $f_s = 2.5f_{max}$。保持是将采样输出所得的瞬时模拟信号保持一段时间。量化是将连续幅度的抽样信号转换成离散时间、离散幅度的数字信号，量化的主要问题就是量化误差。假设噪声信号在量化电平中是均匀分布的，则量化噪声均方值与量化间隔和模数转换器的输入阻抗值有关。编码是将量化后的信号编码成二进制代码输出。这些过程有些是合并进行的，例如，采样和保持就利用一个电路连续完成，量化和编码也是在转换过程中同时实现的，且所用时间又是保持时间的一部分。

2）主要技术指标

（1）转换时间：指完成一次 A/D 转换所需时间。

（2）分解度：又称分辨率，是指输出数字量最低有效位为 1 所需的模拟电压输入值。

（3）精度：指产生一个给定数字量所需模拟电压的理想值与实际值之间的误差。

（4）输入模拟电压范围：指 ADC 允许输入的电压范围。

2. 数模转换

1）数模转换技术

数字量是用代码按数位组合起来表示的，对于有权码，每位代码都有一定的权。为了将数字量转换成模拟量，必须将每一位的代码按其权的大小转换成相应的模拟量，然后将这些模拟量相加，即可得到与数字量成正比的总模拟量，从而实现了数模转换。

2）数模（D/A）转换器的主要性能指标

D/A 转换器的主要性能指标有转换速度、转换精度、抗干扰能力等。在选用 D/A 转换器时，一般应根据以上性能指标进行综合考虑。

3.2.5　数字前端设计

数字前端主要完成数字上/下变频、滤波、取样率变换等功能。数字接收前端是指从 A/D 数据输入到输出到基带处理之间的电路和处理部分，数字发射前端是指从基带处理数据输入到输出到 D/A 之间的电路和处理部分。数字前端如图 3.21 所示。

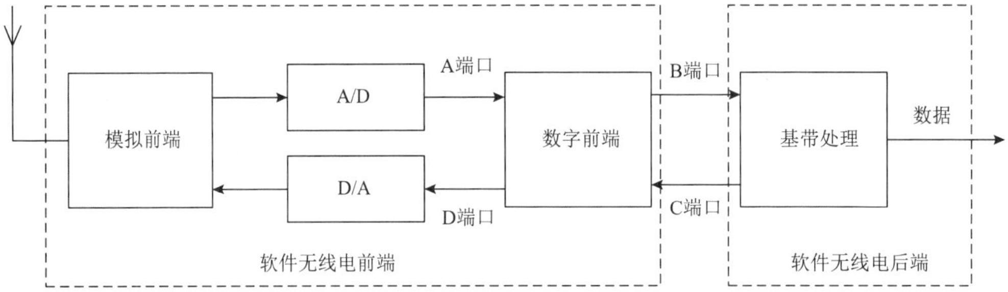

图 3.21　软件无线电数字前端

从 ADC 输入数字接收前端（A 端口）的信号特征如下：输入信号一般为数字中频或射频信号；输入的是接收通道中所有的信号，除所需信号外，可能还有许多种类的信号；所需信号的带宽比接收通道带宽要小，采样速率比所需信号的带宽要大得多。

数字接收前端要实现如下功能：首先是数字信道化，将所需的信号从数字中频下变频到基带；其次是滤波，滤除倍频分量、其他信号并尽可能匹配滤波；然后是采样速率转换，降低采样速率，减少处理负担。

3.2.6　数字信号处理器及高速 FPGA 设计

1. 数字信号处理器介绍

数字信号处理器（DSP）是一种专用于处理数字信号的微处理器。它具有高效的算法和指令集，可实现复杂的数字信号处理功能。DSP 广泛应用于通信、音频、视频等领域。例如，对于快速傅里叶变换（fast Fourier transform，FFT）算法，为了提高处理效率，早期的 DSP 程序通常采用汇编语言编写，通过时钟周期数确定代码运算时间。

目前，DSP 按照数据类型分类，可分为定点数字信号处理器和浮点处理器两大类，用于不同应用需求。定点数字信号处理器适合于动态要求不高的信号处理，如通信、音频信号和视频信号等；浮点处理器适合于动态要求较高的处理，如雷达信号、声呐信号等。由于其可处理的数据的运算精度和动态范围相对较差，字长每增加 1bit，动态范围扩大 6dB，如 16 位定点 DSP 动态范围只有 96dB，在某些数据的动态范围很大的场合，按定点处理可能会发生数据溢出，在运算过程中，必须不断检测是否有数据溢出问题发生，不断地移位定标或作截尾处理。

2. FPGA 介绍

1）FPGA 基本结构

FPGA 是一种可编程的逻辑器件，可以实现任意的数字逻辑功能。它由可编程逻辑功能块、可编程输入/输出块和可编程互连资源构成，基本结构如图 3.22 所示。可编程逻辑功能块是实现用户功能的基本单元，多个逻辑功能块通常规则地排成一个阵列结构，分布于整个芯片；可编程输入/输出块完成芯片内部逻辑与外部管脚之间的接口，围绕在逻辑单元阵列四周；可编程互连资源包括各种长度的连线线段和一些可编程连接开关，它们将各个可编程逻辑功能块或可编程输入/输出块连接起来，构成特定功能的电路。用户可以通过编程决定每个单元的功能以及它们的互连关系，从而实现所需的逻辑功能。不同厂家或不同型号的 FPGA，在可编程逻辑块的内部结构、规模、内部互连的结构等方面经常存在较大的差异。

除了上述构成 FPGA 基本结构的三种资源以外，随着工艺的进步和应用系统需求的发展，一般在 FPGA 中还可能包含以下可选资源：存储器资源（块 RAM、分布式 RAM），数字时钟管理单元（分频/倍频、数字延迟、时钟锁定），算术运算单元（高速硬件乘法器、乘加器），多电平标准兼容的 I/O 接口，高速串行 I/O 接口，特殊功能模块（以太网 MAC 等硬 IP 核），微处理器（PowerPC 405 等硬处理器 IP 核）。

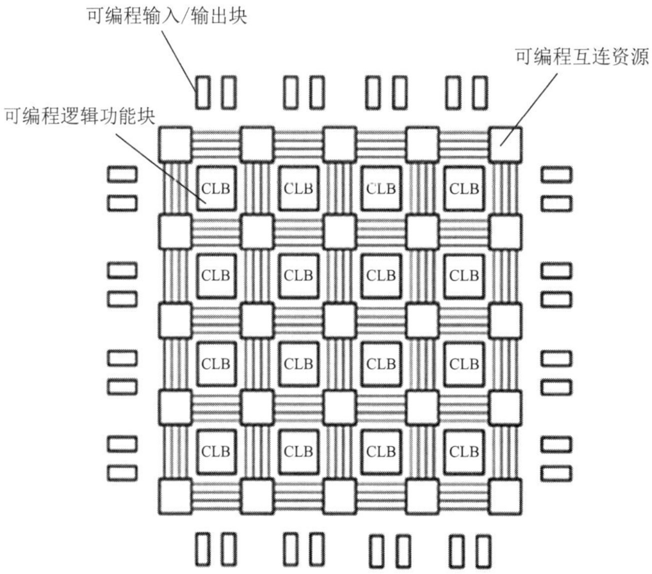

图 3.22　FPGA 基本结构图

CLB（configurable logic block，可配置逻辑块）

2）FPGA 器件性能参数和指标

市场上存在着各种不同品种和型号的 FPGA 器件，它们的结构、资源和性能各有差异。在进行器件选型时，设计者需要充分了解各项参数和性能指标，以确保选取的器件能够充分发挥其能力，满足系统设计的要求。

3）FPGA 器件选型原则

在进行数字系统逻辑功能设计之前，FPGA 器件的选型是一个重要的决策。选择合适的 FPGA 器件包括选择厂商、器件系列和型号。下面介绍 FPGA 选型的一些原则和建议。

（1）功能需求：明确系统的功能需求，确定需要实现的逻辑功能和性能指标。不同的 FPGA 器件在逻辑资源、存储器、性能等方面有所不同，需要根据实际需求进行选择。

（2）资源和性能：根据系统的逻辑复杂性和性能要求，选择具有足够逻辑资源和计算能力的 FPGA 器件。同时，也要考虑器件的时钟频率、数据通路宽度等性能指标。

（3）开发工具：选择 FPGA 器件时要考虑其支持的开发工具和软件环境。开发工具的易用性和功能对于设计效率和调试方便性都具有重要影响。

（4）通信接口：如果系统需要与其他设备进行通信，要选择支持所需通信接口的 FPGA 器件，如高速串行接口、以太网接口等。

（5）扩展性：考虑系统未来的扩展需求，选择支持多种接口和功能模块的 FPGA 器件，以便在后续开发中能够轻松添加新的功能。

（6）成本和预算：根据项目预算和成本控制，选择适合的 FPGA 器件。不同器件的成本会有所差异，要在满足功能需求的前提下，尽量选择性价比高的器件。

（7）生态系统：选择拥有完善的生态系统和技术支持的 FPGA 厂商。良好的技术支持和社区资源可以帮助解决问题和提高开发效率。

（8）可靠性和稳定性：选择经过验证并具有稳定性的 FPGA 器件，以确保系统的可靠性和稳定性。

3. ZYNQ 介绍

ZYNQ 是赛灵思公司推出的一代新型全可编程片上系统，它将处理器的软件可编程性与 FPGA 的硬件可编程性相结合，以实现更高的灵活性和可扩展性。该器件集成了一个处理器（例如 ARM Cortex-A9）和一个传统的 FPGA 逻辑部件，形成了内嵌处理器硬核的 FPGA，也称为 SoC FPGA。这两者通过高速的 AXI 总线进行通信。ZYNQ 的内部结构（ZYNQ-7000 平台）如图 3.23 所示。

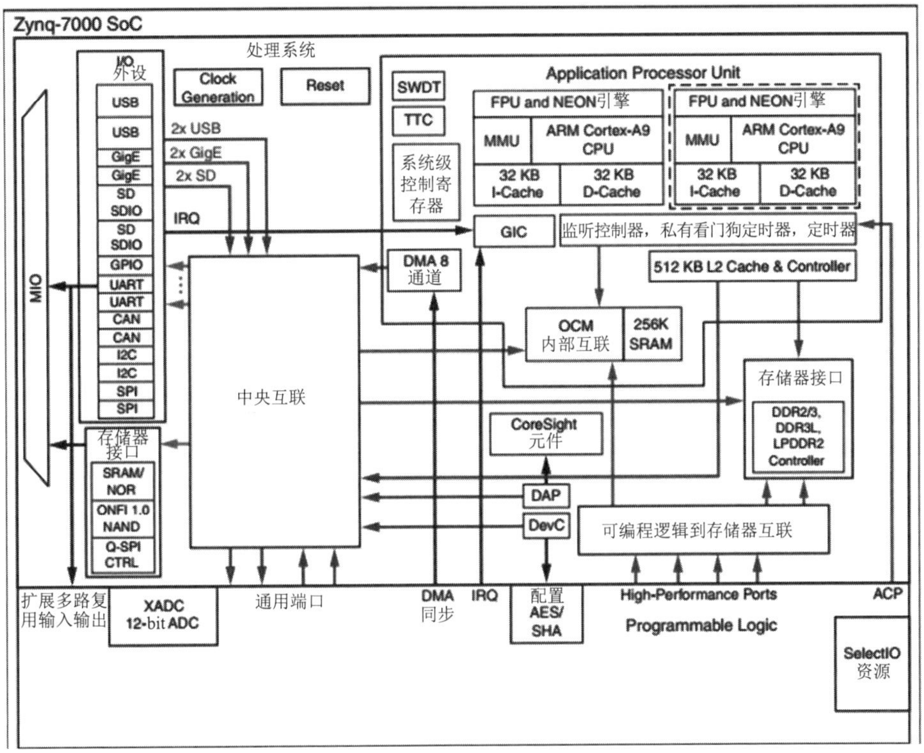

图 3.23　ZYNQ 内部结构图

3.3　软件架构设计

3.3.1　软件架构分类

1. 通用开放式架构

在综合检测系统中，软件架构设计是至关重要的，它直接影响到系统的性能和可靠性。常见的软件架构设计采用通用开放式架构，即遵循《通用开放式结构（GOA）框架》（SAE AS4893）标准的参考模型。通用开放式结构（general open architecture，GOA）框架明确规定了软件、硬件和接口的结构，使得不同应用领域中的系统能够实现其功能，并且可以实现升级和移植。该架构分为四个层次、九种接口，标准化的接口设计使得系统更加灵活和可扩展，从而适应不断变化的需求。GOA 模型如图 3.24 所示[6]。

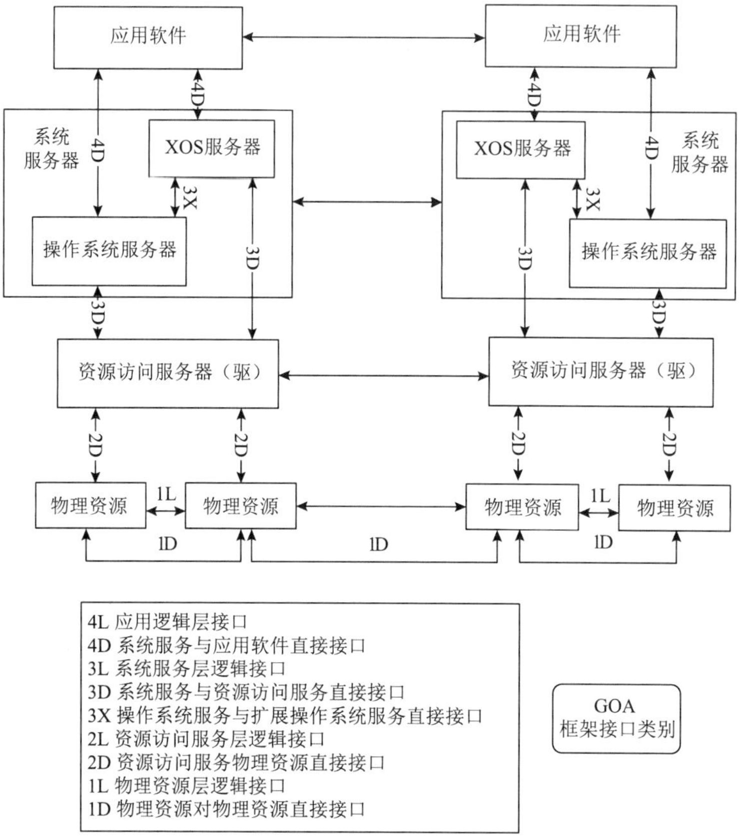

图 3.24　GOA 模型示意图

在 GOA 的结构模型中，共有四个层次，每个层次具有不同的功能和作用，描述如下。

1）应用软件层

应用软件层属于最高层，包括具体功能应用平台，可以包括多个软件应用组件，不同应用组件之间的通信接口采用逻辑接口。

2）系统服务层

系统服务层提供了应用软件层的公共服务。系统服务层需包括操作系统（operating system，OS）组件。扩展操作系统（extended operating system，XOS）是操作系统外在系统服务层的其他组件，它允许不同应用的公共需求抽象化。3X 接口提供了扩展操作系统 XOS 和 OS 之间的接口服务，用于提供 OS 的 4D 接口不包括的能力，或者提供优化的 4D 接口能力。

3）资源访问服务层

资源访问服务层是可直接访问硬件的组件，包括由映射 IO 定义的设备驱动器、存储器等，在系统服务层和资源访问层提供 3D 接口，保证允许访问的独立性和不同目标平台的可移植性。2D 是软件与硬件之间的接口，存储器映射定义和处理器指令系统结构定义是 2D 接口的实例，2L 逻辑接口是资源访问层对等接口。

4）物理资源层

物理资源层处于最底层，用以提供不同物理组件之间的直接接口。1D 和 1L 接口是关键接口，这些接口包括总线的物理定义和数据链定义。直接接口 1D 定义了电气/机械要求，逻辑接口 1L 定义了译码。

2. 软件通信体系架构

综合检测系统还可以采用软件通信架构（software communication architecture，SCA）来进行设计。SCA 是一种用于构建和管理分布式系统的新技术，最早是用于实现战术电台的分布式波形构建和管理。通过 SCA 的设计，可以实现分布式节点之间的互联、互通和互操作，将系统分解成多个应用组件，提高系统的可重用性。采用中间件技术隔离应用层和底层硬件环境，实现不同平台之间的快速移植。各个分布式节点之间的互联，通过接口描述语言（interface description language，IDL）进行描述，从而方便地实现多个小系统构建一个大型复杂分布式系统的目标[7]。SCA 模型如图 3.25 所示。

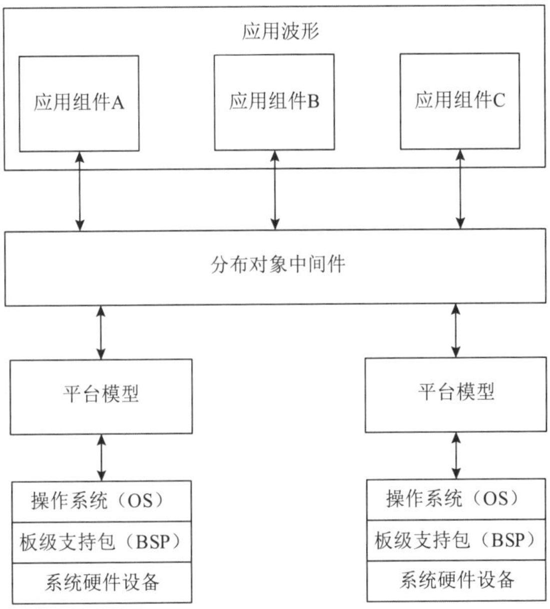

图 3.25　SCA 模型示意图

在 SCA 的结构模型中，每个分布式节点的硬件环境通过板级支持包（board support package，BSP）来隔离不同操作系统。每个节点的硬件设备被抽象成为 SCA 中定义的可执行设备和可加载设备。通过分布对象中间件[常采用公共对象请求代理架构（common object request broker architecture，CORBA）]来实现各个组件之间的互联，并与硬件抽象设备之间进行连接。SCA 定义了核心框架来管理系统中所有资源和组件，包括设备管理器、域管理器和日志服务等。这种结构设计使得系统能够更好地分布和管理资源，实现更好的灵活性和可维护性。

3.3.2　软件开发技术

在综合检测系统的软件开发过程中，有多种不同的技术可供选择，包括结构化软件开发、面向对象的软件开发和模型驱动的软件开发等。这些技术可以根据项目的需求和特点进行选择，以确保软件的高质量和可维护性。

1. 结构化软件开发

结构化方法是传统的软件分析和设计方法，其中包括结构化分析方法和设计阶段的结构化设计方法，将结构化思想融入分析和设计阶段中。

结构化开发的核心思想是将功能模块化，使每个模块独立地完成某一功能，从而方便开发者协作和独立完成任务。这种方法能够有效地提高软件开发的效率，同时保证了软件的可维护性和扩展性。例如，在大型软件开发中，可以将系统分解为多个子系统，通过接口进行通信，从而更好地实现各个功能模块的协作和集成。结构化软件开发方法还包括定义阶段、开发阶段和维护阶段等步骤，每个阶段都有具体的任务和目标，通过分工协作实现整个软件开发过程。而开发阶段是软件生存期中的核心，它包括需求分析、设计、编码（程序设计）和测试四个子阶段，其各阶段构成见图 3.26 所示的瀑布模型。

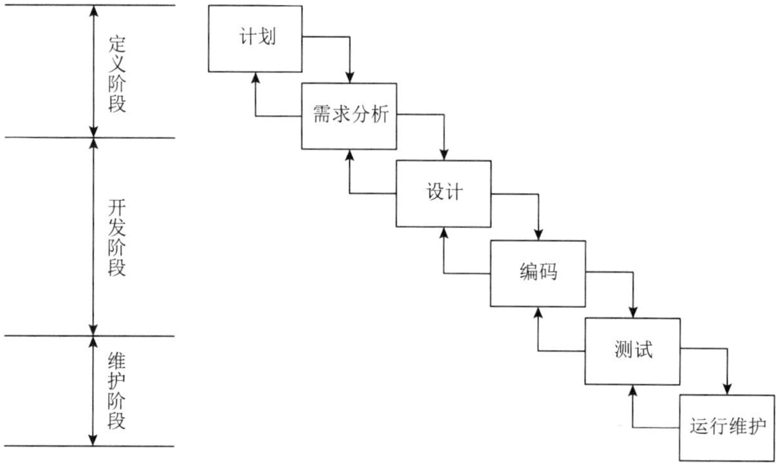

图 3.26　瀑布模型示意图

结构化程序开发方法的特征如下[8]：

（1）便于测试和排除发现的程序差错；

（2）对程序中的问题或错误容易实现修改；

（3）在运行的环境中根据用户的需要比较容易扩充其功能，改善其性能；

（4）面向结构化的程序实现信息传递的方式是通过下达命令（即程序中的语句）来完成的。

2. 面向对象的软件开发

面向对象方法是一种从数据入手的软件设计方法，通过描述系统中的对象、类、继承性和多态性等来解决实际问题。数据相对于功能而言，具有更强的稳定性，这样设计出的系统模型往往能较好地映射问题域模型。对象、类、继承性、多态性等的引入使用，显然令面向对象方法具有一定的优势，能为生产可重用的软件构件和解决软件的复杂性问题提供一条有效的途径。

面向对象的设计过程就是指通过建立一些类以及它们之间的关系来解决实际问题，这就需要对问题域中的对象作整体分析，类和类间关系的设计要求较高。

面向对象设计是建立在之前分析模型的基础上，重点是完成各种不同层次模块的设计。其与传统设计最大的区别是面向对象设计与分析没有明显分界，都采用相同符号来表示，并且是反复迭代开展。通过对分析模型进行调整并补充实现方式部分，形成面向对象的设计模型。

面向对象的软件开发过程如图 3.27 所示，一般分为三个阶段，即系统设计阶段、对象设计阶段和领域对象设计阶段。

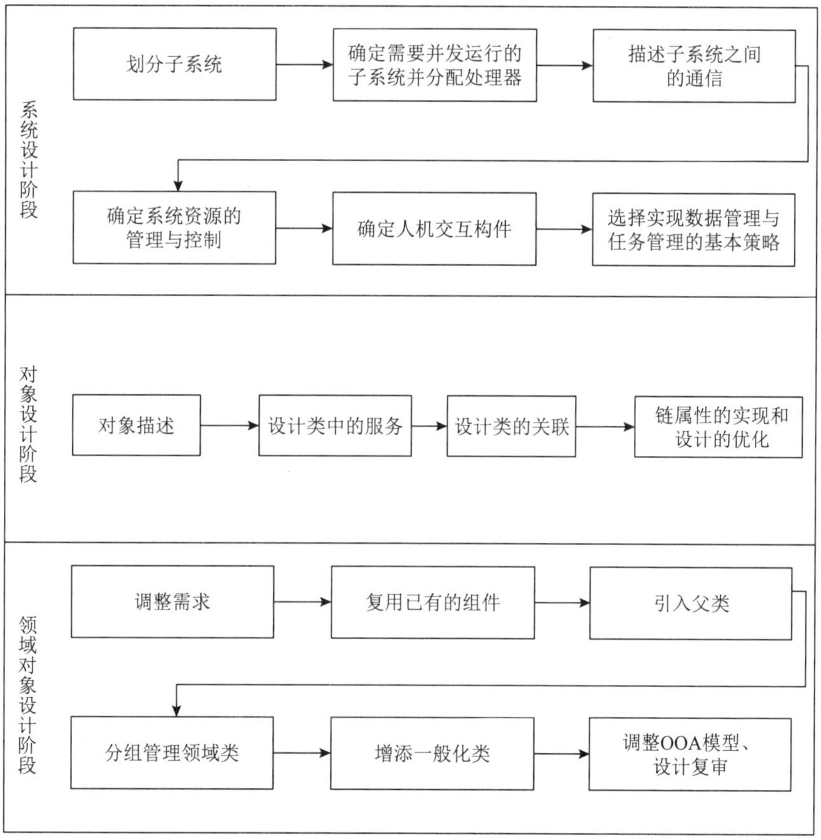

图 3.27　面向对象的软件开发过程

1）系统设计阶段

系统设计确定实现系统的策略和目标系统的高层结构，要将系统分解为若干子系统，在定义和设计子系统时应使其具有良好的接口，通过接口与系统的其余部分进行通信。主要步骤有划分子系统、确定需要并发运行的子系统并分配处理器、描述子系统之间的通信、确定系统资源的管理与控制、确定人机交互构件、选择实现数据管理与任务管理的基本策略。

2）对象设计阶段

对象设计阶段是扩充、完善和细化对象模型的过程，设计类中的服务。实现服务的算法是：面向对象设计重要任务，还要设计类的关联、接口形式及进行设计的优化。一般步骤是：对象描述、设计类中的服务、设计类的关联、链属性的实现和设计的优化。

3）领域对象设计阶段

领域对象设计阶段的一个重要内容是从实现角度对领域模型做补充或修改。例如，增添、合并或分解类对象、调整继承关系等。领域对象设计一般包括：调整需求、复用已有的组件、引入父类、分组管理领域类、增添一般化类以及调整 OOA 模型、设计复审。

3. 模型驱动架构

模型驱动架构（model-driven architecture，MDA）是对象管理组织（Object Management Group，OMG）于 2001 年 3 月提出的一种新的软件体系结构方法学，它基于统一建模语言（unified modeling language，UML）以及一系列工业标准，支持基于可视化模型驱动的软件设计、内容存储与交换，是一种基于模型的软件开发架构。MDA 的终极目标是把针对特定计算平台的编码工作交由机器自动完成，以此将业务逻辑与实现技术解耦，实现二者的相对独立变化，从而使模型的价值在包容已有技术的条件下被最大化。从软件开发人员的观点来看，就是使软件复用由组件复用扩展到模型复用，从而最大限度地提升软件开发效率和质量、降低开发成本、延长软件寿命，实现工厂化开发软件[9]。MDA 开发流程如图 3.28 所示。

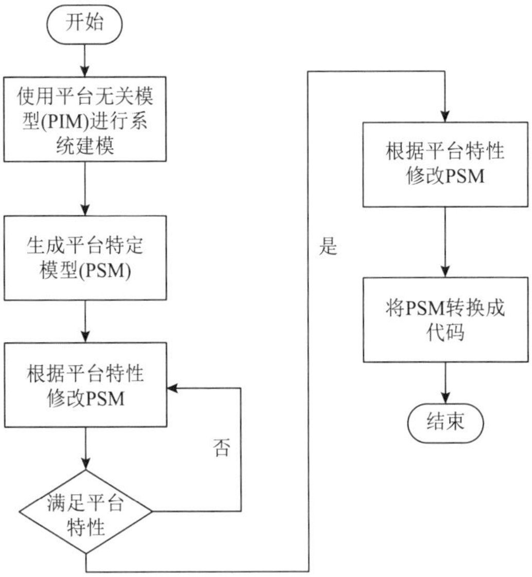

图 3.28 MDA 开发流程示意图

（1）使用平台无关模型（platform independent model，PIM），以最好的方式支持商业逻辑的角度来对系统进行建模。在此过程中，开发人员会不断根据客户需求和其他因素对 PIM 进行精化，以使得它能够更加精确地描述系统。

（2）将 PIM 转换成一个或者多个平台特定模型（platform specific model，PSM）。对于每种特定的技术，平台都会生成独立的 PSM。由于现今的很多系统都跨越多种技术，所以一个 PIM 拥有多个 PSM 是很正常的。这是 MDA 中最复杂也是最重要的一步。

（3）从 PIM 中自动生成的 PSM 有时并不能使挑剔的程序员满意，他们会根据平台的特性对 PSM 加以修改，对 PSM 的改变也能够反映到 PIM 中去。

（4）对 PSM 进行不断精化，以指导生成器生成质量更高的代码。

（5）最后一步就是将每个 PSM 都转换到代码，由于 PSM 和具体的系统实现技术已经很接近，因此这种转换比较直接。

3.3.3　软件开发环境

嵌入式操作系统面向特定的应用需求，能够有针对性地进行设计、优化，进而提高效率、降低成本。当前主流的通用型嵌入式操作系统主要有 Linux、VxWorks、Windows CE .net 等，其中面向控制、通信等领域的实时嵌入式操作系统有 Wind River 公司的 VxWorks 等，国内主要的嵌入式操作系统有锐华（ReWorks）、天脉、中标麒麟等。

1. 锐华嵌入式实时操作系统

锐华嵌入式实时操作系统及开发环境（ReWorks/ReDe）是中国电子科技集团公司第三十二研究所自主研制的嵌入式实时操作系统及开发环境，组件可裁剪，同时兼容 VxWorks。其体系结构如图 3.29 所示。

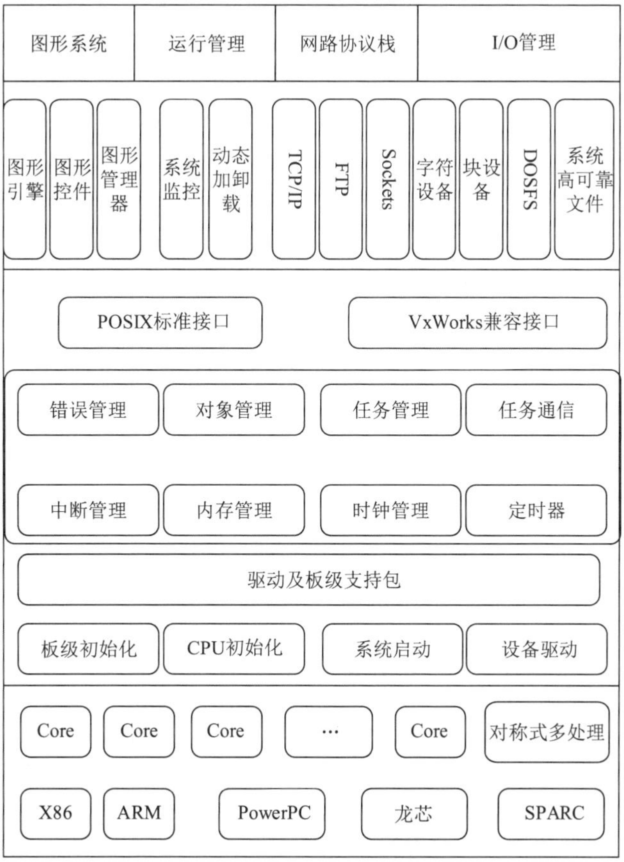

图 3.29　ReWorks 体系结构图

ReWorks 嵌入式操作系统具备以下特点：

（1）强实时性。ReWorks 能够及时响应中断和高效率的线程调度，同时还具备了线程的优先级切换。系统响应时间达到微秒级，内核可抢占，中断延迟短，任务上下文切换迅速、确定。

（2）可裁剪性。ReWorks 组件可裁剪，用户可根据自己的需求进行内核优化，微内核和内核可裁剪、可扩充，最小配置小于 100k byte，支持 ROM 化。

（3）适用性。ReWorks 支持 x86、ARM7、ARM9、SPARC v8、PowerPC、龙芯 2F、ADI Blackfin 等多种目标机硬件平台，提供了与设备相对应的板级支持包。

（4）易用性。ReWorks 支持 C/C++，提供符合规范的系统接口，保证了可移植性。支持分布式处理；支持 OMG RT-CORBA、SCA 核心框架；集设计、开发、配置、调试、仿真于一体，提高应用开发效率。

（5）VxWorks 兼容性。封装了 VxWorks 底层接口，能够兼容 VxWorks 源代码。类似于 Tornado，ReWorks 也有自己的一套嵌入式集成开发环境 ReDe。

2. 天脉嵌入式实时操作系统

天脉嵌入式实时操作系统系列产品由中国航空工业集团公司西安航空计算技术研究所研制，包括天脉 1 嵌入式实时操作系统、天脉 2 嵌入式实时操作系统、配套集成开发环境三款主要产品，以及可扩展功能组件、板级支持包等附属产品。天脉嵌入式实时操作系统结构如图 3.30 所示。

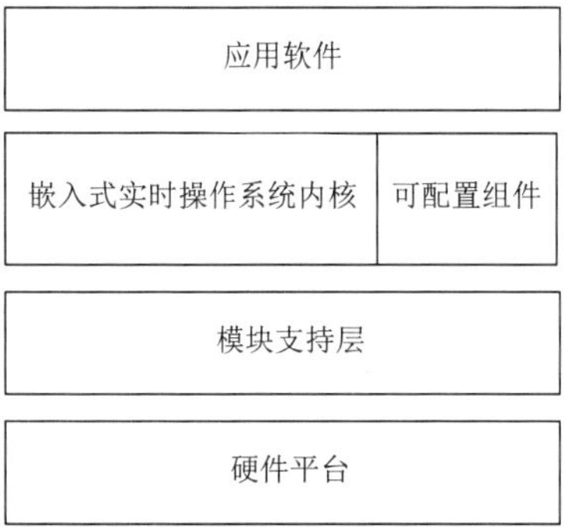

图 3.30　天脉嵌入式实时操作系统结构图

天脉操作系统均采用层次化的系统结构，将嵌入式系统中的软件从上到下分为应用软件层、操作系统层和模块支持层。通过合理定义层间接口，层与层之间得到了较好的隔离，有效降低了应用软件更新、系统移植和硬件升级等的复杂程度，具备以下特点。

（1）采用微内核的架构设计，具有多任务的调度处理能力，支持中断异常管理，支持任务间通信等，并且为用户提供多种 API 接口，适用于通用强实时的应用场景。

（2）分区式操作系统，符合 ARINC 653 标准，能够提供对分区的时空隔离保护，并提供基于责任链的健康监控机制，适用于对系统综合化有较高要求的应用场景。

（3）配套集成开发环境基于 Eclipse 架构，支持中文图形用户界面，支持 C/C++语言编程，支持 GDB 行命令调试，支持目标系统的远程状态浏览，并提供虚拟环境，允许开发者在没有目标机硬件的情况下进行应用软件开发。

3. 中标麒麟操作系统

中标麒麟操作系统采用强化 Linux 内核，分成桌面版、服务器通用版、服务器高级版和安全版等，已经广泛应用在能源、金融、交通、政府、央企等行业领域。

中标麒麟通用服务器操作系统是中标软件有限公司设计开发的国产 Linux 操作系统，针对关键业务和数据负载构建高可靠、易管理的 Linux 服务器操作系统。中标麒麟通用服务器操作系统提供中文化的操作系统环境和常用图形管理工具；支持多种安装方式，提供完善的系统服务和网络服务；集成多种易用的编译器并支持众多开发语言，全面兼容国内外的软硬件厂商；在安全方面进行了加强，确保关键应用能安全、可控、稳定地对外提供服务。中标麒麟通用服务器操作系统良好地兼容国产处理器和服务器，将 X86 结构下的系统服务及应用技术在龙芯版本上实现，全面兼容国产数据库及中间件软件，具备以下特点。

（1）系统具有强大的设备管理和多任务管理能力，出现崩溃或宕机的情况极少。

（2）系统对硬件需求很低，在较低的设备上可以获得较好的性能体验。

（3）中标麒麟可以分享 Linux 的生态系统。有数以百万计的应用程序可以替代 Windows 应用程序。一些应用程序是开源的，用户可以根据自己的意愿修改这些应用程序。

（4）由于 Linux 系统开源，当发现系统漏洞时会及时得到更新，安全风险得以降低。

（5）丰富的开源网络服务方便构建企业级应用，完整的开发平台提供对主流开发工具、开发语言的支持。

4. VxWorks 嵌入式操作系统

VxWorks 是美国 Wind River 公司开发的一种实时操作系统（real time operate system，RTOS），被广泛应用于各种嵌入式系统、航空航天、网络设备、医疗设备、工控自动化、测试和测量设备、机器人等领域。VxWorks 嵌入式操作系统结构如图 3.31 所示。

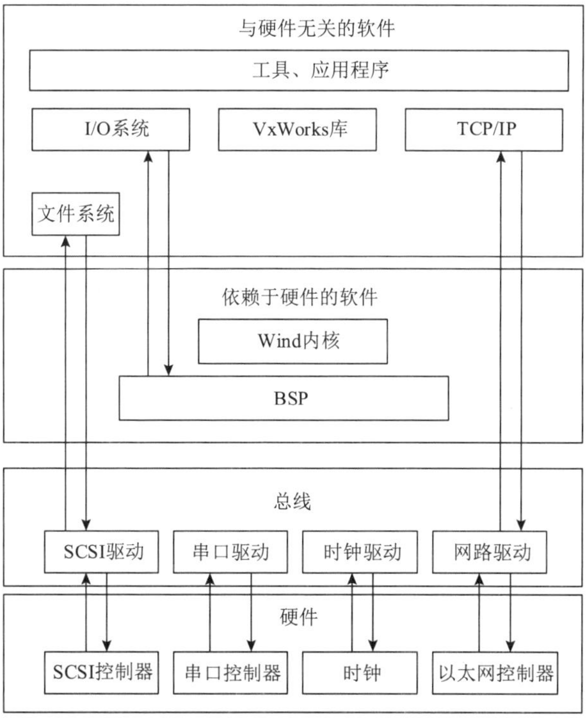

图 3.31　VxWorks 嵌入式操作系统结构图

SCSI（small computer system interface，小型计算机系统接口）

VxWorks 具有响应时间快、时效性好、可靠性高的特点，采用分层的软件结构，支持多种硬件平台和编程语言，能够兼容 VxWorks 源代码。

（1）支持响应时间短和精确性高的实时应用，能够支持以毫秒为单位的抢占式调度。

（2）其内核源代码是高度模块化，运行时只需加载必要的模块即可。

（3）基于微内核的体系结构设计，采用了多种安全、可靠的设计技术，如内存保护、异常处理机制和任务处理等，以确保系统运行过程中出错率极低。

（4）允许用户开发包括自定义驱动程序、协议栈、文件系统和应用程序在内的各种扩展模块，支持开发各种领域特定的扩展功能。

3.3.4　人机交互界面

为解决传统的航空电子系统设备测试软件存在的问题，综合检测系统人机交互界面软件提出了一种高度复用、内聚性和低耦合性强、并行开发的检测设备软件组件化设计方法，如图 3.32 所示。

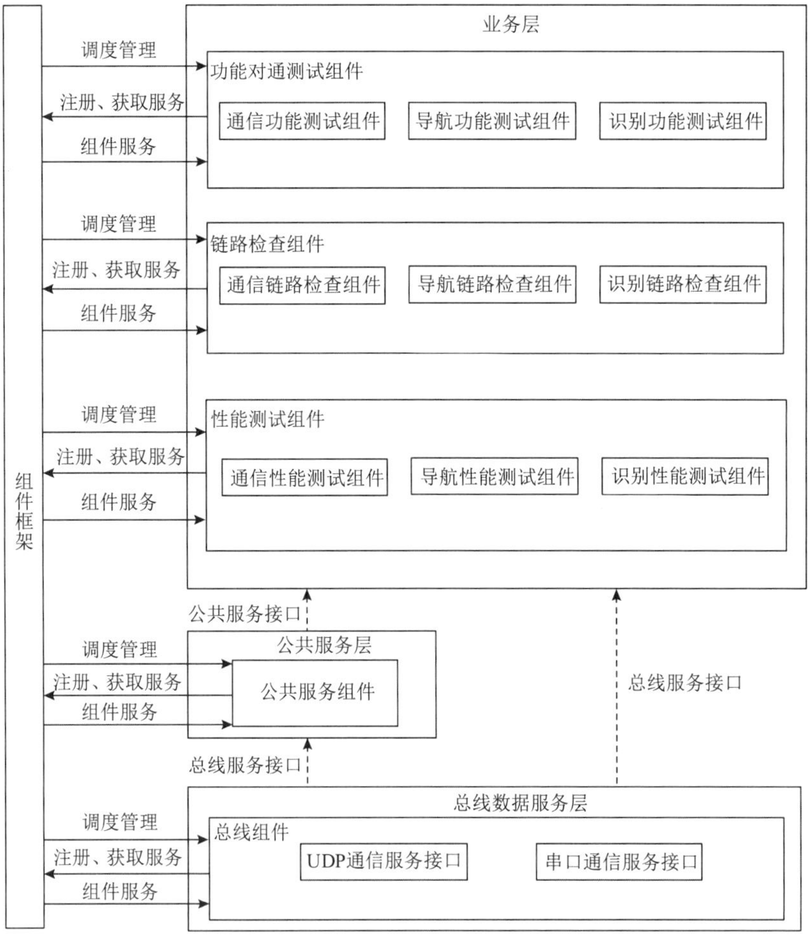

图 3.32　软件组件化设计方法

整个航空电子系统设备测试化软件架构分为业务层、公共服务层和总线层，具体如下。

（1）业务层实现软件主要逻辑功能，包括功能对通测试组件、链路检测组件和性能测试组件。

（2）公共服务层提供公共服务，响应业务层的公共服务请求。

（3）总线层向公共服务层、业务层提供包括用户数据报协议（user datagram protocol，UDP）通信服务、串口通信服务的数据通信服务。

组件框架由内核以及内核实现的一系列接口组成，负责动态加载和卸载组件，在组件的生命周期内管理组件，为各组件提供服务接口和服务注册接口，获取并运行组件的控制接口、调度组件运行，控制组件的生命周期。启动程序时，业务组件向组件框架申请获取总线服务接口、公共服务接口；结束程序时，业务组件释放已获取的总线服务接口、公共服务接口。

各个组件与组件框架之间的接口调用关系如下。

（1）功能对通测试组件、链路检测组件、性能测试组件和公共服务组件通过卸载组件接口、获取总线服务接口与组件框架发生接口调用关系。

（2）总线组件与组件框架的接口调用关系：启动程序时，总线组件和公共服务组件分别通过注册服务接口、注销服务接口调用组件框架的注册服务接口、注销服务接口，向其他组件提供数据通信服务；结束程序时，总线组件调用注销服务接口，向组件框架注销数据通信服务。

（3）公共服务组件与组件框架的接口调用关系：启动程序时，公共服务组件调用组件框架的注册服务接口，向其他组件提供公共服务，同时，向组件框架申请获取总线服务接口；结束程序时，公共服务组件调用注销服务接口，向组件框架注销公共服务，同时，释放已获取的总线服务接口。

参考文献

[1] 童大鹏，周靖宇，黄泽贵. 机载 CNI 系统外场原位性能检测技术[J]. 电讯技术，2022，62(8): 1112-1119.
[2] 黄贤浪. 基于 ASAAC 标准穿通风冷模块结构设计[J]. 科技与创新, 2019(11): 150-151.
[3] 陈旭. 一种基于 ASAAC 标准的风冷机架的设计[J]. 环境技术, 2021, 39(02): 150-154.
[4] 童大鹏. 机载通信导航识别系统综合检测设备设计与实现[J]. 电讯技术, 2021, 61(9): 1080-1086.
[5] 楼才义，徐建良，杨小牛. 软件无线电原理与应用[M]. 2 版. 北京：电子工业出版社, 2014.
[6] 黄永葵，吴建民，谷涛，等. SAE AS4893《通用开放式结构(GOA)框架》评析[J]. 航空电子技术, 2007, 38(1): 40-46.
[7] 张薇. 分布式航空电子系统通用开放式软件架构研究[D]. 成都：电子科技大学, 2013.
[8] 王庆海. 浅谈结构化软件开发方法[J]. 电脑知识与技术, 2010, 6(33): 9289-9291.
[9] 蒲小勃. 现代航空电子系统与综合[M]. 北京：航空工业出版社, 2013.

第4章　综合检测软件动态重构技术

航空电子系统是从功能单一的专用系统朝着多功能的通用开放式系统方向发展的。与之相适应，综合检测系统也采取软件无线电技术，朝着开放式体系架构、模块化综合集成方向发展。航空电子综合检测系统的软件架构基于动态重构技术，根据不同检测需求，灵活地配置硬件资源和软件组件，提供与检测任务匹配的软硬件组合，不仅实现了硬件资源的复用，而且实现了软件组件的复用，提高了系统的可重用性、灵活性、适应性和容错性。本章在介绍软件动态重构概念、特征、方法及算法的基础上，针对航空电子系统综合检测软件部署环境特点以及软件动态重构实现难点，重点介绍软件动态重构应用于嵌入式环境中涉及的关键技术。

4.1　概　　述

4.1.1　软件动态重构定义

“可重构”这一概念是在20世纪60年代末被提出的[1]。重构技术通过改变系统内部的代码或结构，不仅提高了系统对多样化应用需求的适应性，而且降低了开发成本。可重构技术主要分为硬件可重构技术和软件可重构技术两大部分。其中，根据硬件层次的差异，硬件可重构技术分为门级、部件级、指令级和芯片级四类；软件可重构技术通过改善软件的结构，降低各个组件之间的耦合性，从而提高软件的可扩展性和可重用性[2]。

软件动态重构是指在运行过程中改变系统的组成模块、组织结构、配置参数等属性[3]。动态重构本质上是解决带约束条件的任务能力分配问题[4]。通常，重构发生在资源失效或者任务切换时。当运行过程中资源失效时，及时隔离失效或故障部件及其影响区域，通过替换和删除等方式恢复系统的正常运行，满足系统可用性和可靠性的需求；当运行过程中任务需要切换时，及时移除不需要的任务，并将需要的任务添加到系统中。在综合检测系统中，重构解决检测系统中资源的共享与可重用需求，是在任务切换时发生的。

软件动态重构有面向任务切换和面向资源失效两种重构决策方法[5]。综合检测软件的动态重构是属于面向任务切换的重构，其采用了共享资源，减少了资源的类型，从而降低了资源维护成本，减少了硬件冗余，降低了硬件成本。基于动态重构的综合检测软件不仅可以减小航空电子综合检测设备的体积并降低其功耗，而且可以使综合检测系统的通用性和灵活性得到大幅提升。

面向任务切换的软件动态重构本质上是软件动态重配置。软件重配置一般是指对构成系统的组件组成、组件的物理分布和组件间的映射连接关系等重新进行配置，以满足用户需求的变化。软件动态重配置是指在系统运行过程中实施配置项修改，且运行过程中的配置项修改不能影响系统整体的运行。软件动态重配置技术最早提出于 20 世纪 70 年代，最初的动态重配置是针对进程和代码对象，这种动态重配置级别很低，对象耦合程度高，并且涉及操作系统和编译器等底层细节，因此配置效果很差，正确性很难保证。20 世纪 90 年代，随着面向组件技术的蓬勃发展，动态重配置技术再次被提及并进一步发展。随着面向服务架构（service-oriented architecture，SOA）时代的到来，更强的互操作性、更松的耦合度和更清晰的构造性为动态配置跨越到应用级别提供了一条可行的路径。动态重配置技术的日渐成熟，反过来又为软件的自适应、自管理、自修复和自演化等重要技术奠定了基础[6]。若无特别说明，本章后续部分重配置指重构，动态配置指动态重构。

4.1.2　软件动态重构分类

软件的动态配置方法多种多样，从系统配置信息的描述上可分为形式化动态配置方法和非形式化动态配置方法[7]。

形式化动态配置方法是一种使用形式化方法来描述和验证软件系统的行为和性质的方法，主要通过数学模型和符号化表示来描述软件系统的结构和行为，并使用数学证明来验证系统的正确性和可靠性。这种方法通常需要使用特定的数学语言和工具，如 Z、Larch 等，需要高度的数学和逻辑能力。形式化动态配置方法侧重于系统构成、语义描述和一致性约束条件的描述和验证，例如使用软件体系结构描述语言、π 演算、通信顺序进程（communication sequential process，CSP）、通信系统演算（calculus of communicating systems，CCS）等形式化工具描述系统语义行为，以确保系统的精确性和一致性。

非形式化动态配置方法是一种更加灵活和实用的方法，主要通过自然语言和图形化表示来描述软件系统的结构和行为，并使用模拟和测试来验证系统的正确性和可靠性。这种方法通常可以使用通用的编程语言和工具，如 Java、Python 语言等，因此更加易于实现和使用。非形式化动态配置方法通常采用可扩展置标语言（extensible markup language，XML）等非形式化工具来描述系统的相关配置，通过约束动态配置的操作来保障系统的一致性，可以基于 XML 的体系结构描述语言或自定义方式描述系统，最终实现一个通用的动态配置模型。

非形式化的动态配置方法可以分为恢复式方法和避免式方法。恢复式方法在系统一致性被破坏时，通过回到之前的特定检测点来保证系统的一致性。这种方法的研究主要集中在系统容错和恢复机制，但实现过程复杂，适用范围有限，使用代价较大，应用不广泛。避免式方法在编写动态配置算法时考虑系统一致性原则，即在实施动态配置操作之前保证系统进入可以安全操作的状态。这种方法为了保证系统的一致性需要暂停正在运行的构件，使得系统被动态配置影响的部分冻结在一致性状态。避免式方法的执行过程通常包括选择出在动态配置操作范围内的构件，并借助外力使这些构件进入静止状态，然后实施动态配置，最后恢复系统正常运行。避免式动态配置的性能较强，适用范围广泛。

避免式动态配置方法又可以分为等待式和驱动式。等待式是一种被动的方法，主要依赖系统自身的运行，而驱动式则是主动的，通过策略来推动系统达到安全配置状态。驱动式方法在实际应用中更为有效，因为它可以确定在某一时间内达到安全配置状态，从而实现动态配置。

航空电子综合检测系统软件体系结构一般采用软件组件服务技术。软件组件是软件系统可替换的、物理的组成部分，它封装了实现体并提供了一组接口的实现方法。软件构件是可重复使用的软件组件。航空电子综合检测系统的动态配置一般采用非形式化方法中的驱动式方法进行，这种方法使与动态配置相关的部分暂停运行，同时不妨碍其他与之无关的部分的正常运行，等到配置完成后，使暂停运行的构件重新开始运行，促使系统达到安全配置的状态。

4.1.3　软件动态重构一般过程

软件构件是可重复使用的软件组件，软件构件化可以降低开发成本和提高系统的可维护性。航空电子综合检测系统动态配置的粒度一般是构件，基于构件的动态配置的一般过程如图 4.1 所示[8]。

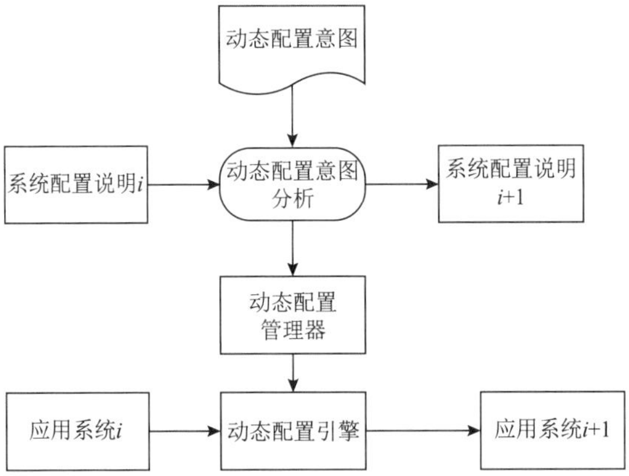

图 4.1　基于构件的动态配置的一般过程

动态配置流程包括三大步骤：触发动态配置意图、生成动态配置算法、实施动态配置。

第一步，通过人为触发或者系统自身更新需求触发生成相应的动态配置意图。

第二步，根据动态配置意图及相关的系统约束生成动态配置算法，以保证系统一致性为前提，以正确实施系统配置的更新为目的。

第三步，动态配置平台通过检测构件状态、控制构件行为、执行动态配置算法，最终实现动态配置意图。

4.2　软件动态重构特征

4.2.1　重构架构

航空电子综合检测系统包含了许多功能与结构各异的子系统软件，这些软件部署在CPU、GPU、DSP、FPGA 等不同类型的处理器上，采用基于软件组件服务技术的软件体系结构，解决了异构平台之间的互联互通问题，以及 CPU、GPU、DSP、FPGA 等混合计算板卡的组件复用问题。为了屏蔽硬件、系统、语言等因素引起的各层之间的差异性，采用分层结构，通过层间接口连接实现组件的可移植性和可重构性。软件动态可重构的航空电子综合检测系统大致分为硬件层、板级支持包、操作系统层、硬件抽象层、核心服务层、应用层六部分，如图 4.2 所示。

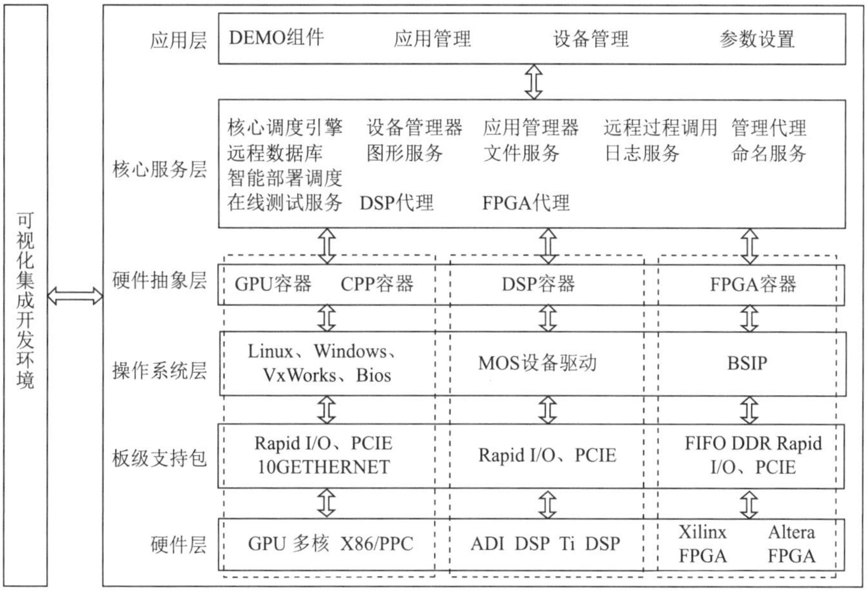

图 4.2　软件动态可重构的航空电子综合检测系统框架

4.2.2　重构基本流程

重构基本流程包括生成初始工作流、生成初始工作方案、动态重构、基于能力的综合效能评估、循环和并发执行工作流五个步骤，如图 4.3 所示[9]。

（1）生成初始工作流。根据用户需要的系统功能，在函数-工作流库中查询与用户需求匹配的工作流，如果有匹配结果则直接输出工作流，否则工作流生成引擎根据服务注册中心提供的服务类功能描述生成初始工作流。初始工作流由服务节点及其连接关系组成，表示用户需要的系统功能由哪些服务类按照何种业务流程执行能够实现。

（2）生成初始工作方案。服务组合引擎应用系统集成的优化方法是在保证用户需求功能实现的基础上，为初始工作流中的每个服务节点选择服务实例，生成综合性能最优的服务组合方案作为初始工作方案。

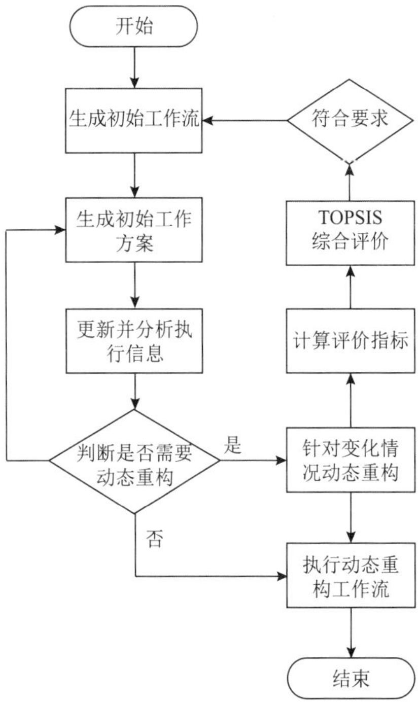

图 4.3　重构基本流程
TOPSIS 为优劣解距离法

（3）动态重构。系统动态重构，首先更新服务数据和系统运行信息，综合分析条件变化，如果条件变化对方案影响不大，则继续实施计划；如果条件变化到某个阈值，例如需要调整的服务节点数或连接数达到阈值，任务目标发生变化，或者某些调整不能满足需求或代价过大，则选择重新生成初始工作计划；否则，将根据动态重构策略对初始工作方案进行动态重构。

（4）基于能力的综合效能评估。计算动态重构工作流的评价指标，应用综合评价方法在函数-工作流库中对本功能对应的工作流进行综合排序，如果库中该功能对应的工作流总数小于设定的阈值，则按照排序结果直接将工作流存储在库中；如果库中与此功能对应的工作流总数已达到设置的阈值，则用此动态重构的工作流替换综合效能低于它的工作流。动态重构后，根据变化条件和优化原则调整工作流的组件节点和连接结构，根据综合评估结果更新函数-工作流库，确保在最优状态集中选择初始工作流。

（5）循环和并发执行工作流。系统具有多个功能，每个功能的操作对应一个工作流的执行，系统依次运行同一个功能对应同一个工作流的循环执行，系统同时运行多个功能对应多个工作流的并发。因此，系统在操作过程中通过循环和并发执行工作流来实现功能。

4.2.3　重构触发机制

系统动态重构是针对系统条件的变化动态组合服务、优化结构的过程，动态重构是由系统条件的变化触发的。根据对系统运行中内外条件变化的分析，系统动态重构是由服务实例变化、外部条件变化、任务目标变化三个方面的变化触发的[3]。

1）服务实例变化

服务节点或服务实例的功能失效、非功能属性变化，导致工作流中的功能需求无法完成或不满足约束条件，或者使得工作方案不再最优。

2）外部条件变化

环境变化，如设备故障、网络问题等，导致服务实例不可用，或者使得解决方案不再满足约束条件，如响应时间、执行时间、服务成本等超过设定的阈值。

3）任务目标变化

由于用户的需求变化或者对工作流和工作方案的期望调整，需要重新执行动态重构流程，生成新的工作流和工作方案，或者调整工作方案执行结果的非功能属性，如服务组合方案的综合评价值阈值。

航空电子综合检测系统软件定义检查设备的设计目标决定了其系统重构触发机制主要是任务目标变化，例如从检测塔康（TACAN）功能切换到检测精密测距（DMEP）功能。

4.2.4　重构颗粒度

航空电子综合检测系统重构触发机制主要是任务目标变化，重构的触发行为包括有效的检测模式转换请求、检测人员的维护和测试行为等涉及应用程序动态加载的情况。

按照配置范围的大小，重构分为部分重构和全局重构[4]。顾名思义，部分重构只在系统的局部范围内执行相关的重构操作，而不会影响其他部分；全局重构会更改整个系统配置。所有重构技术旨在尽可能地限制影响范围，但在某些条件下需要进行全局重构。

按照所处的层次，重构可以分为综合区域重构和资源单元重构[4]。资源单元是具体物理硬件的组合。综合区域是将功能应用软件与其相应的硬件资源相结合的逻辑分组。每个综合区域执行功能应用的特定方面，如果特定任务阶段不需要该部分功能，则可以通过执行重构操作将这部分功能的逻辑配置信息更改为其他功能的逻辑配置信息。

4.2.5　重构策略

根据动态重构条件的变化，动态重构策略可分为四种：服务实例调整、服务节点调整、连接结构调整、工作流结构优化[3]。

1）服务实例调整

当初始工作方案中的服务节点对应的服务实例失效或不可用时，选择其他具有相同功能的服务实例来替换，确保替换服务实例使工作方案的综合性能优于其他服务实例。如果服务实例的性能参数发生变化，则在服务类中选择具有最优解决方案的服务实例。

2）服务节点调整

根据具体情况，通过添加、删除或替换服务节点来调整工作流中的服务节点。当服务节点对应的服务实例全部不可用或工作流结构失灵或需要优化时，可以进行服务节点调整。

3）连接结构调整

连接结构调整是指调整工作流的连接关系，包括去除无效结构、简化复杂结构、创建新的连接结构等。对于串行结构，可以修复故障或进行优化；对于并行结构，可以修复故障或进行优化（如果改进可以提升系统效能）；对于选择结构，根据结构变化情况进行调整；对于循环结构，可以修复故障或进行优化（如果改进可以提升系统效能）。

4）工作流结构优化

根据具体情况，对工作流结构进行优化，以提升系统的综合性能。可以根据选择概率转换为概率较大的串行结构，或者根据实际情况将并行结构转换为其他结构。

4.3 软件动态重构方法及算法

4.3.1 形式化动态配置方法

1. 基于进程代数的方法

进程代数是一种用于研究并发系统行为的数学方法，它可以用形式化的方式描述复杂并发系统的行为，并支持并发系统的组合描述和性质证明。主要的进程代数包括通信进程代数（algebra of communicating processes，ACP）、通信顺序进程（CSP）、通信系统演算（CCS）和 π 演算等。利用进程代数，研究者们可以提出不同的方法来表达动态软件体系结构，研究对软件动态配置技术的支持，主要包括 Wright 方法、Darwin 方法、LEDA（lightweight extensible dynamic architecture，轻量级可扩展动态结构）方法和 PiLar（皮拉尔）方法[9]。

Wright 方法是一种将软件体系结构表达成图的形式，它可以表达系统的动态配置行为，其形式语义基础是 CSP。定义风格和配置是 CSP 的两个基本概念，其中风格定义了构件类型、连接子类型和系统约束集，配置描述了项目和连接器在系统中的交互方式。

Darwin 方法是一种基于 π 演算的声明式体系结构描述语言（architecture description language，ADL），最早由马吉（Magee）和克莱默（Kramer）提出。Darwin 将系统视为由基本构件和复合构件组合而成，其中基本构件是通信对象的集合，通常使用某种程序设计语言进行定义，其接口由 Darwin 进行描述；复合构件则仅在 Darwin 中进行描述。通信对象分为提供者和需求者两种类型，Darwin 允许构件间简单连接绑定，并支持延迟实例化和直接动态实例化两种动态配置方式。

LEDA 方法由卡纳尔（Canal）和皮门特尔（Pimentel）等提出，使用 π 演算作为形式方法。在 LEDA 中，构件由接口、组装结构和连接描述。接口使用角色实例定义，角色定义了构件与其他构件的交互行为。构件行为描述为构件功能和连接关系。连接可以是静态的，也可以是可配置的，LEDA 通过该概念支持动态配置技术的实现。

PiLar 方法由奎斯特尔（Cuestal）等提出，使用 CCS 作为形式化方法，可以对层次化系统的动态配置进行表达。PiLar 方法认为系统中存在两种构件：简单构件和复合构件。简单构件包含一个或多个可与外界交互的接口。复合构件既包含接口，又包含简单构件或其他复合构件。构件还有一套约束条件，约束条件能表达相应构件的动态配置。

2. 基于图的方法

基于图的方法是一种用于表示和分析软件体系结构的技术，它可以表示静态和动态的软件体系结构，主要包括多重集图方法、COMMUNITY（群落）方法和 CHAM（chemical abstract machine，化学抽象机）方法[9]。

多重集图方法使用图的上下文无关文法表示软件体系结构，构件是图中的节点，连接是图中的边。图可以定义为一个多重集，节点映射到构件内部，并通过有条件的图重写规则进行描述，以便对体系结构进行重配置管理。

COMMUNITY 方法是一种基于分类图和双推送图变换的动态配置方法，用于形式化表示系统结构和行为。COMMUNITY 方法通过构件和连接子定义系统结构和行为，而动态配置命令则包含在层次化脚本中。COMMUNITY 方法使用动态配置解释器来管理系统的协作和交互。

CHAM 方法是一种基于化学抽象机的形式化方法，用于描述和分析动态软件架构。它将化学中的反应规则应用于软件架构，以实现动态配置和形式化。创建 CHAM 是形式化体系结构样式的过程，而进化 CHAM 则用于动态配置和转换解决方案（架构）。简而言之，CHAM 方法是一种将化学原理应用于软件架构的形式化方法。

3. 基于逻辑的方法

逻辑也是一种形式化表达动态软件体系结构的基础方法，主要包括 Gerel 方法、时态逻辑方法、ZCL（component-connector model based on Z language，基于 Z 语言的组件-连接器模型）方法[9]。

Gerel 方法是一种基于一阶逻辑的配置语言，用于编程构件和配置构件。Gerel 将动态变化表达成配置构件中的变化脚本，配置管理工具 gerel 基于变化脚本执行系统动态配置。变化脚本不仅可以预定义动态配置操作，也能被用户和应用程序所调用。

时态逻辑方法将构件类型表达成类，连接子类型表达成联系（association），整个体系结构表达成一个子系统。构件类型由一个类名 C 和定义在 C 上的公理集组成。公理用于管理构件行为和动态配置操作。连接子类型表达成联系，它标识在一个交互过程中具体的连接子类型，还有构件间的连接。连接被表达成一个动作同步定义。子系统用于定义系统拓扑的初始状态和动态配置操作。

ZCL 方法使用 Z 语言进行形式化表达，并基于 CL 模型进行分布式系统的重配置和组装。在 ZCL 方法中，Z 语言用于表达 CL 模型抽象如构件、端口、连接子和配置等。ZCL 能区别两种类型的动态体系结构描述概要（schemas）：状态概要，表达体系结构的拓扑；操作概要，表达作用于体系结构上的动态配置操作。

4.3.2　非形式化动态配置方法

1. 恢复式方法

恢复式方法在预计有可能影响系统一致性的动作时不先加以限制，而是在系统中定义一些特定检测点，在检测点时刻检查系统一致性是否跟动态配置之前一致，如果系统的一致性遭到破坏就回到之前的特定检测点，以此来保证系统的一致性。这种方法主要研究系统容错和恢复机制，但实现过程比较复杂，适用范围相对狭隘，使用代价较大，应用不是很广泛。

2. 避免式方法

避免式方法在编写动态配置算法时要考虑系统一致性这一原则，即实施动态配置操作之前要保证系统进入可以安全操作的状态，以此确保系统一致性。这种方式为了保证系统的一致性通常需要暂停正在运行的构件，使得系统被动态配置影响的部分冻结在一致性状态。基于这种理念，避免式方法的执行过程通常分为三个阶段：首先，选择出在动态配置操作范围内的那些构件，借助外力促使这些构件进入静止状态；然后，对这些构件实施动态配置；最后，恢复系统正常运行。这种方式适用范围广泛。避免式方法可以分为等待式方法和驱动式方法。等待式方法使用方便，过程简易，但效率低下。驱动式方法是为了满足系统的动态配置请求，使用某种策略促使系统达到安全配置的状态，这种方法能确定在某一时间内达到安全配置状态，因此它可以有效实施动态配置。国内外都是以驱动式方法的研究为主。

3. 通用框架式方法

恢复式和避免式方法都是为了保证特定的一种或几种系统一致性而实现的，而通用框架式方法为动态配置提供个性化定制，使动态配置更加灵活，具有编程式动态配置方法的特点。美国伊利诺伊大学的 Fabio（法比奥）等在 2K 项目中提出以 configuration（配置）对象为核心的通用的动态配置框架，而美国罗格斯大学的 Minsky（明斯基）等则为构件提供内存其当前状态和约束规则的控制器，从而提供通用动态配置框架。缺点就是这种方式耗费大量的人力，而且由于系统的一致性随框架的确定而确定，不能灵活用于其他系统，所以这种方式无法自适应。

4.3.3 构件动态配置算法

动态配置的算法主要关注系统运行时的调整和优化，以适应不断变化的需求，主要包括构件的添加、删除、替换[10]。

1. 添加构件算法

1）算法介绍

随着需求的增加，软件系统在使用过程中会越来越难以满足用户的需求，可通过添加构件的方式来扩充系统功能，使系统的功能变得更齐全。添加构件前后变化对比如图 4.4 所示。

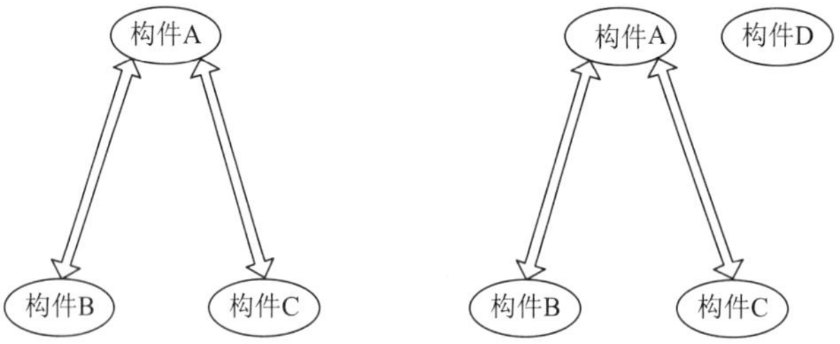

图 4.4 添加构件算法

2）算法流程描述

添加构件算法流程描述如图 4.5 所示。

在解析构件描述文档过程中，可以获取构件的名称、构件的版本以及构件内外接口，在构件加载的过程中，API 是主要帮助文件，如果被成功加载，则通过构件的外部信息对构件进行内部通信，然后把前面得到的解析信息和构件的有效信息保存到信息库中，若加载不成功则直接记录到日志中。

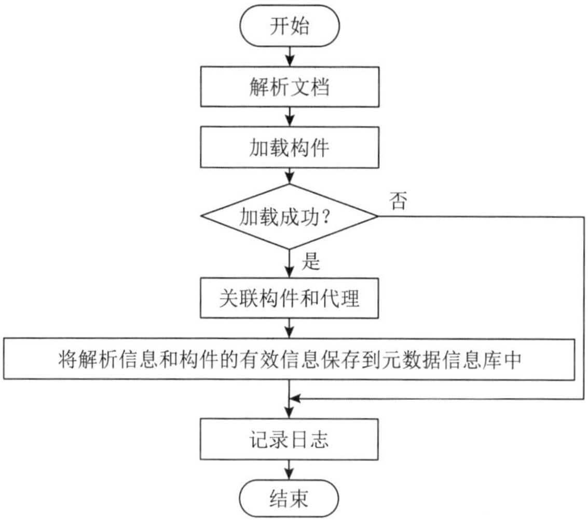

图 4.5　添加构件算法流程

2. 删除构件算法

1）算法介绍

软件系统运行时，用户需求或内外环境的变化都会导致系统的某些模块不再适合系统，这时候就需要删除这些无用的构件，使系统更加适合用户。删除构件前后变化对比如图 4.6 所示。

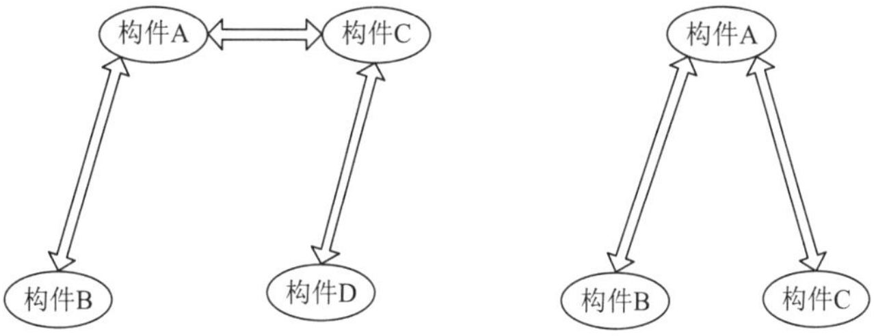

图 4.6　删除构件算法

2）算法流程描述

删除构件算法流程描述如图 4.7 所示。

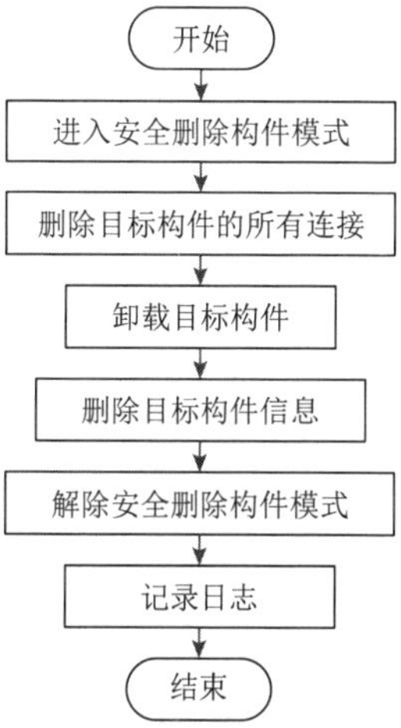

图 4.7　删除构件算法流程

删除构件时可能会遇到待删除构件正好被使用或者将要被使用的情况，因此不能在此时做删除动作，而是要等到系统处于安全删除构件的状态时再做操作。由流程可以看出，系统进入安全删除构件模式后，首先删除与目标构件相关的连接，然后删除目标构件，在删除目标构件时要注意几个问题：要确保不会切断与等待删除的构件有关的且已经执行完成的请求，还要切断那些在收到请求之后与等待删除的构件有关的请求，同时把目标构件保存在信息库中的相关信息删除，之后就可以解除系统当前模式。具体算法如下：在解析构件描述文档过程中，可以获取构件的名称、构件的版本以及构件内外接口，在构件加载的过程中，API 是主要帮助文件，如果被成功加载，则通过构件的外部信息对构件进行内部通信，然后把前面得到的解析信息和构件的有效信息保存到信息库中，若加载不成功则直接记录到日志中。

3. 替换构件算法

1）算法介绍

所谓替换构件就是用新构件代替原来的构件，使系统符合用户更多的需求。替换构件前后变化对比如图 4.8 所示。

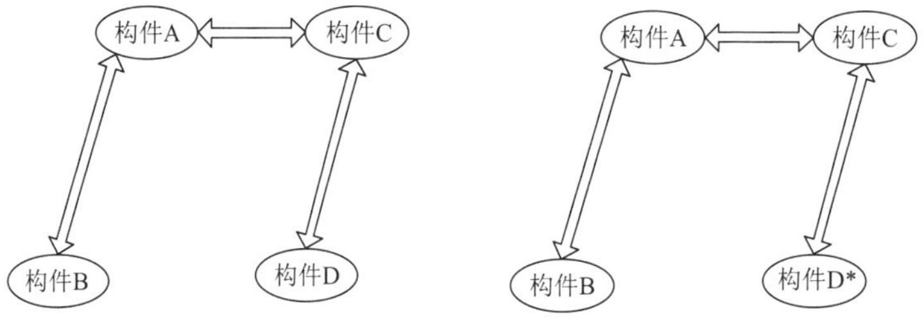

图 4.8　替换构件算法

2）算法流程描述

替换构件算法流程描述如图 4.9 所示。

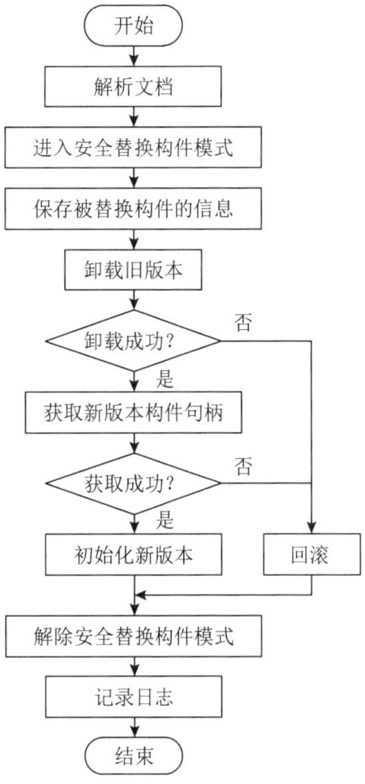

图 4.9　替换构件算法流程

替换构件时可能会遇到待替换构件正好被使用或者将要被使用的情况，因此不能在此时做替换，而是要等到系统处于安全替换构件的状态时再做操作。由流程可以看出，系统进入可以安全替换构件的状态后，首先保存将要被代替的构件的信息，然后把原来的版本构件删除，如果成功删除则加载新版本的构件，获得新版本构件的句柄，如果失败就回到起点，继续使用原版本构件。加载新版本构件时，如果成功就把之前解析得到的结果和新版本构件句柄保存到信息库中，如果失败就回到起点，继续使用原版本构件。在替换构件时要注意几个问题，首先要暂停那些与待替换构件有关联的且在收到替换构件请求之后发起的请求，而且等到全部进行中的与备用构件相关的请求完成之后，再执行构件的替换操作。在替换过程中保存原版本构件状态信息的部分由序列化方法实现，替换完成后新构件的初始化操作由反序列化方法实现。替换过程中的回滚机制指的是当构件替换过程失败时，不执行新版本构件，仍然使用原来版本的构件，以配合系统的请求。

4.3.4　连接动态配置算法

构件的开发需要有一定的规则来支持动态配置操作，因此构件不仅要实现自身逻辑，还需要实现一个接口。在构件的接口信息中描述了构件要实现的功能，这些信息一般都用接口编号的方式，且每个接口描述文档只针对一个接口信息，代表同样的功能分类[10]。

接口包括基本信息、方法信息两部分。基本信息描述了接口的名称、编号以及说明等非功能部分，其中编号是接口的唯一识别标志；方法信息展示了接口的具体功能。

构件连接方法是接口中定义的重要方法，负责连接构件，目的是连接两个不同的构件，使它们可以交互。构件连接前后变化对比如图 4.10 所示。

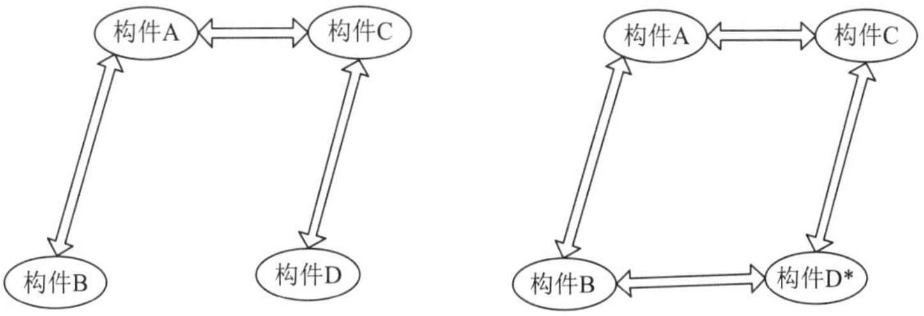

图 4.10　构件连接算法

构件连接算法流程描述如图 4.11 所示。

连接构件时可能会遇到待连接的构件正好被使用或者将要被使用的情况，因此不能在此时做连接动作，而是要等到系统处于安全连接构件的状态时再做操作。当某个构件需要的方法接口在另一个构件中得到实现时，就可以把这两个构件连接起来，使接口匹配，两个构件之间的连接是通过代理处理完成的。

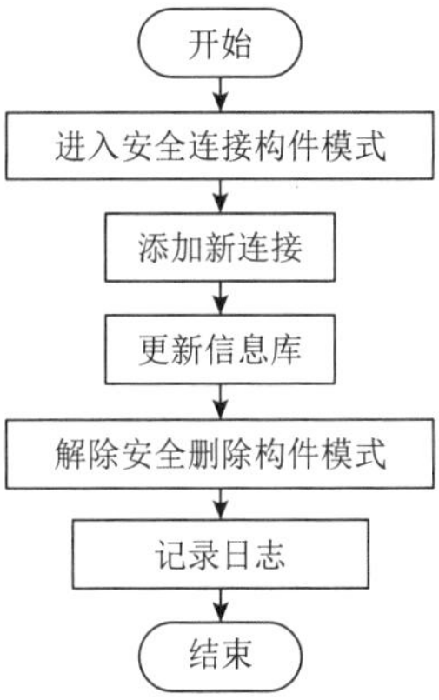

图 4.11　构件连接算法流程

4.4　软件动态重构关键技术

航空电子综合检测系统包含许多功能与结构各异的子系统软件，部署在 CPU、GPU、DSP、FPGA 等不同类型的处理器上。软件动态重构技术在 X86 等能运行大型操作系统的 CPU 上已经非常成熟，但是在嵌入式系统中应用还有许多关键技术需要突破。本节重点介绍软件动态重构技术应用于嵌入式环境中涉及的关键技术。

4.4.1　基于蓝图面向任务变化的重构策略

1. 基于功能线程与物理资源的蓝图表征及关联方法

传统的航空电子系统检测系统以各个独立设备为基本单元，这种系统一旦建成，就很难加入新的功能，系统不具备扩展、升级、成长能力。而综合化检测系统构建开放式体系结构，通过软件或扩展硬件模块的方式实现系统的升级、扩展、重构能力。但这种能力的实现是以技术的先进性为前提的，传统的设计思路、设计手段很难满足这种技术要求，必须采用新的设计理念、新的设计思路及新的设计手段。

针对航空电子综合检测系统一张硬件蓝图部署多张功能蓝图、一张功能蓝图描述多张部署蓝图的需求，提出一种适合于航空电子综合检测系统实现灵活部署的蓝图表征及关联方法。

功能蓝图、硬件蓝图及部署蓝图表征及关联方法如图 4.12 所示，包括以下内容。

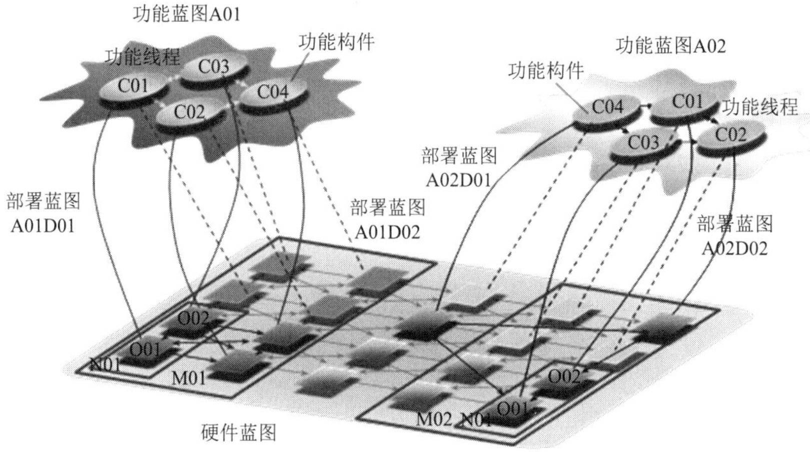

图 4.12　蓝图关联方法

硬件蓝图采用 M*xx*N*xx*O*xx* 的形式表征系统中机箱、模块、芯片的层级关系及编号，其中 M 表示机箱，N 表示模块，O 表示芯片，*xx* 表示各类型的编号，范围为 1～99。

功能蓝图采用 A*xx*C*xx*P*xx* 的形式表征系统需要加载的功能线程、功能构件及构件通信端口，其中 A 表示功能线程，C 表示功能构件，P 表示功能线程内各功能构件之间数据通信的端口，*xx* 表示各类型的编号，范围为 1～99。

部署蓝图中用 A*xx*D*xx* 的形式建立功能蓝图 A*xx*C*xx*P*xx* 与硬件蓝图 M*xx*N*xx*O*xx* 的映射关系。

进一步地，硬件蓝图与当前系统的硬件状态一一对应，一般一个系统有且仅有一套硬件蓝图，系统一旦建设完成，硬件蓝图不再变更。

功能蓝图与系统需要加载的功能一一对应，有多少功能就有多少张功能蓝图，而且系统建成之后，允许增加新的功能蓝图。

部署蓝图建立了功能蓝图与映射蓝图的映射关系，一张功能蓝图可以有多张部署蓝图，即表征同一个功能在系统中有多种部署关系，其功能构件可以部署到不同的模块芯片上。

功能蓝图部署过程如图 4.13 所示，包括以下步骤。

S100，系统初始化时，读取表征系统硬件资源的硬件蓝图，获得对硬件资源的抽象表征。

S200，需要在系统中部署某功能时，发起该功能对应的功能蓝图和部署蓝图指令，根据部署蓝图描述的功能构件与硬件模块芯片的映射关系，一一加载相应的功能程序。

S300，判断功能蓝图对应的功能程序是否加载正常，如果正常，则进行步骤 S400，否则，检查或更换部署蓝图，返回步骤 S200。

S400，根据功能蓝图给出的功能构件通信端口和链路信息，一一建立功能线程中各功能构件之间的链路关系。

S500，判断功能蓝图中描述的功能构件之间链路建立是否正常，如果正常，则进行步骤 S600，否则，检查功能蓝图，返回步骤 S200。

S600，完成功能蓝图部署并返回部署结果。

当需要切换不同功能，发起指令时，更换不同功能对应的功能蓝图和部署蓝图即可。

当需要加入新的功能时，用新的功能蓝图和部署蓝图重新表征出该新功能，同样，发起指令时，更换为该新功能对应的功能蓝图和部署蓝图即可。

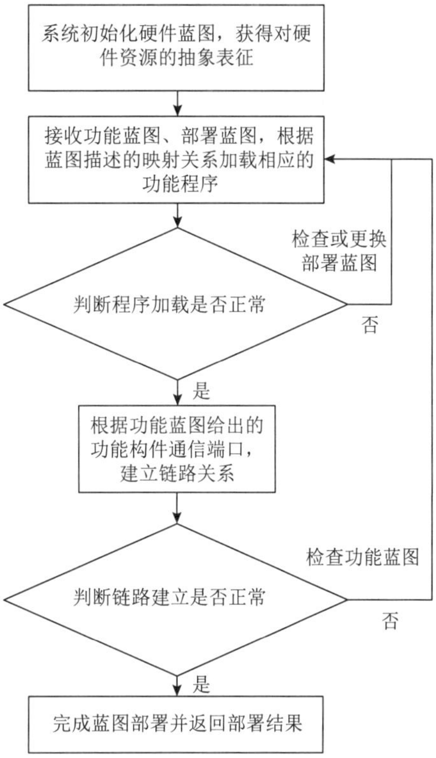

图 4.13　功能蓝图部署过程

当系统中某个硬件模块或芯片发生故障时，更换该功能蓝图对应的另一张部署蓝图，确保该部署蓝图不包括该故障硬件模块或芯片即可。

相比于现有技术，功能物理部署蓝图的表征及关联方法具有灵活部署、在线升级和故障规避的优点。

1）灵活部署

针对综合检测系统中部署多功能应用程序的需求，采用一套统一表征系统硬件、功能线程及其映射关系的蓝图描述方法，实现一张硬件蓝图部署多张功能蓝图，一张功能蓝图对应多张部署蓝图的表征，支撑在同一套系统中，根据任务需求部署多个功能，同一个功能根据部署硬件位置的不同有多种部署方式。

2）在线升级

针对综合检测系统中新功能插入的需求，利用功能物理部署蓝图的表征及关联方法只需用新的功能蓝图和部署蓝图重新表征出该新功能，并将表征的功能蓝图和部署蓝图在线更新到系统中，发起新任务部署时替换为该新功能对应的功能蓝图和部署蓝图即可。整个更新过程不涉及硬件的变更和升级，体现出了综合化电子系统的开放性。

3）故障规避

针对综合化电子系统中高可靠运行的需求，利用功能物理部署蓝图的表征及关联方法只需变更一张部署蓝图，该蓝图规避故障对应的硬件模块和芯片，即可通过重新部署该功能对应的功能蓝图和新部署蓝图，实现不影响功能任务运行条件下的故障处理，大幅提升系统的任务可靠性。

2. 自适应蓝图部署方法

一种自适应蓝图部署方法通常包括以下步骤。

S100，系统完成初始化时，并未加载功能程序，等待接收功能蓝图部署指令。

S200，接收到功能蓝图部署指令后，根据部署蓝图描述的功能程序与加载芯片位置的对应关系，发起加载相应的功能程序。

S300，判断本地是否存在可加载功能程序，如果存在可加载功能程序，则进行步骤S400-1，否则，进行步骤S400-2。

S400-1，通过读取本地存储器将功能程序加载到待执行的处理芯片中，执行相应的功能任务。

S400-2，通过远程读取存储器的方式将功能程序加载到待执行的处理芯片中，执行相应的功能任务。

S500-1，综合判断通过本地加载的功能程序是否正常，如果程序加载正常，则进行步骤S600，否则，进行步骤S700-1。

S500-2，综合判断通过远程加载的功能程序是否正常，如果程序加载正常，则进行步骤S600，否则，进行步骤S700-2。

S600，完成程序加载并返回部署结果，功能蓝图部署任务结束。

S700-1，根据本地加载异常对应的本地存储器位置，更新本地功能程序，将正确的功能程序重新烧写到该本地存储器中替换原功能程序。

S700-2，根据远程加载异常对应的功能程序存储位置，更新存储中心的功能程序，将正确的功能程序重新烧写到存储中心中替换原功能程序。

进一步地，更新本地功能程序时，可以利用存储中心正常的功能程序更新到本地存储，当存储中心的功能程序异常时，需要外部系统提供正常的功能程序进行更新。

一种可对存储器状态进行判断和功能程序存储位置进行选择加载的自适应蓝图部署算法流程如图4.14所示，包括以下步骤。

S100，系统完成初始化时，并未加载功能程序，等待接收功能蓝图部署指令。

S200，接收到功能蓝图部署指令后，根据部署蓝图描述的功能程序与加载芯片位置的对应关系，发起加载相应的功能程序。

S300，判断本地是否存在可加载功能程序，如果存在可加载功能程序，则进行步骤S400-1，否则，进行步骤S400-2。

S400-1，通过读取本地存储器将功能程序加载到待执行的处理芯片中，执行相应的功能任务。

S400-2，通过远程读取存储器的方式将功能程序加载到待执行的处理芯片中，执行相应的功能任务。

S500-1，综合判断通过本地加载的功能程序是否正常，如果程序加载正常，则进行步骤S600，否则，进行步骤S700-1。

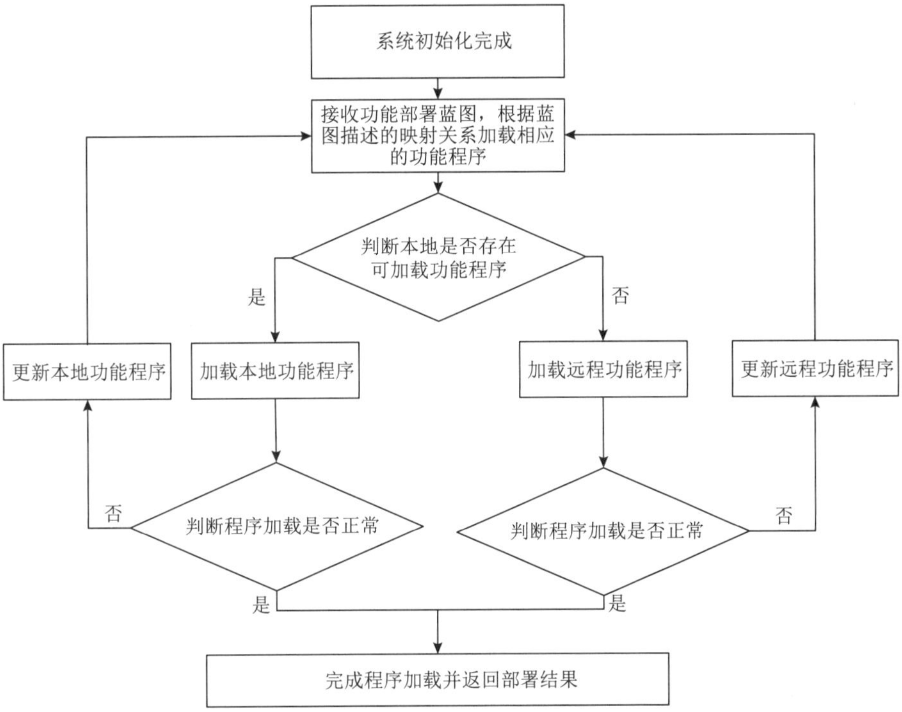

图 4.14 自适应蓝图部署算法流程

S500-2，综合判断通过远程加载的功能程序是否正常，如果程序加载正常，则进行步骤 S600，否则，进行步骤 S700-2。

S600，完成程序加载并返回部署结果，功能蓝图部署任务结束。

S700-1，根据本地加载异常对应的本地存储器位置，更新本地功能程序，将正确的功能程序重新烧写到该本地存储器中替换原功能程序。

S700-2，根据远程加载异常对应的功能程序存储位置，更新存储中心的功能程序，将正确的功能程序重新烧写到存储中心中替换原功能程序。

进一步地，更新本地功能程序时，可以利用存储中心正常的功能程序更新到本地存储，当存储中心的功能程序异常时，需要外部系统提供正常的功能程序进行更新。

支持本地和远程程序加载的多类型处理器节点系统如图 4.15 所示，包括以下内容。

系统由调度/控制中心、远程存储中心、FPGA 类处理节点、DSP 类处理节点和 CPU 类处理节点组成。

FPGA 类处理节点、DSP 类处理节点和 CPU 类处理节点上均具有由 FLASH、SATA 等器件组成的本地存储，用于存储本节点需要加载的功能程序。

远程存储中心一般由大容量的 SATA 盘组成，可以集中存储所有的功能程序。

调度/控制中心，用于解析蓝图部署指令，发起 FPGA、DSP、CPU 等节点的功能程序加载任务。

调度/控制中心，通过判断本地是否存在可加载的功能程序，自动选择本地加载还是远程加载。

调度/控制中心，根据本地程序加载结果，判断是否需要执行本地功能程序更新。

调度/控制中心，根据远程程序加载结果，判断是否需要执行远程功能程序更新。

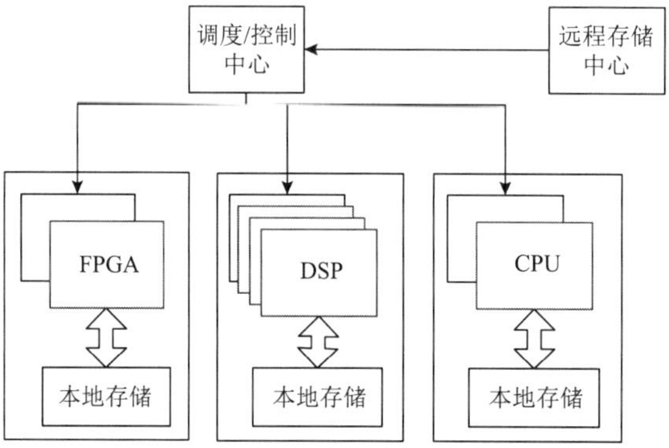

图 4.15　支持本地和远程程序加载的多类型处理器节点系统框图

相比于现有技术，自适应蓝图部署方法具有可靠性高、适应性强的优点。

1）可靠性高

利用通用化、综合化的电子设备支持功能软件可在线定义、灵活部署、持续升级的优势，在系统级进行高可靠性设计。针对敏感的存储类器件，一方面，可以通过对存储器当前状态的判断和存储位置的选择，规避因存储器故障引起的功能程序错误；另一方面，可以通过程序更新，刷新恢复存储器中异常的功能程序，形成高可靠性、高可用性、可修复的自适应平台，大幅提升系统的可靠性。

2）适应性强

除了利用高等级元器件进行保障，利用自适应蓝图部署方法具有更强的容错能力，使得在选择元器件的同时，综合考虑成本、性能等因子，有更大范围的元器件可选用，从而在提高性能、降低成本的基础上，依然具有可接受的可靠性，有利于加快高可靠电子设备的发展。

3. 大规模蓝图并行部署方法

航空电子综合检测系统是典型的综合化电子系统。综合化电子系统为开放式、综合化的通用处理平台，为了在此平台上实现不同功能，系统的蓝图部署显得尤为重要，系统控制模块通过蓝图部署将功能程序远程传输到资源模块的不同芯片上并运行，达到远程加载的目的。完成一个大规模的功能需要该系统中的几十个资源模块共同远程加载程序，协同运行，配合完成目标。传统的串行蓝图部署流程，即系统控制模块串行地对资源模块发布蓝图部署的指令，等一个处理器远程加载完程序之后，再给下一个处理器远程加载程序，最终将所需的功能程序部署到对应的处理器上（图 4.16）。这种方式对于较小的系统比较实用，但是在大型化的综合化电子系统上却不能满足要求，它使蓝图部署异常缓慢，无法满足用户快速部署任务的需求。目前国产化是综合化电子系统的发展趋势之一，在国产 SRIO（serial rapidIO，串行 rapidIO）交换芯片的使用过程中，存在链路状态不佳的情况，这就造成在蓝图部署工程中有些处理器远程加载程序之后 SRIO 入网失败，需要重新上下电再重新加载程序才能恢复，而资源模块上的处理器（例如飞腾6678）采用的是统一供电模式，不能单独上下电，这就需要在远程加载失败之后对特定模块统一下电，再对模块的多个处理器进行重新远程加载。

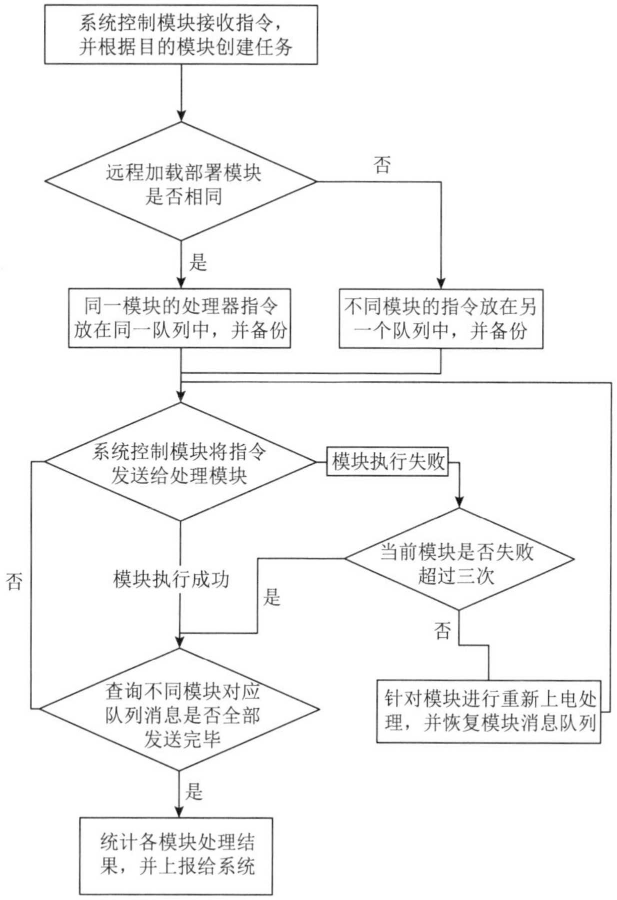

图 4.16　蓝图并行部署方法

针对上述综合化电子系统采用国产化模块模式，根据串行蓝图部署的不足，提出了蓝图并行部署方法，包括以下步骤。

S100，单元控制模块根据不同的国产化模块进行蓝图部署远程加载任务创建。

S200，单元控制模块根据模块 ID 将命令放在对应模块的任务消息队列中并进行备份，如同一个模块需要执行程序远程加载指令则进行步骤 S300，否则进行步骤 S400。

S300，将同一个模块的不同节点的程序远程加载指令放在一个队列中，进行步骤 S500。

S400，将当前接收到的其他模块 ID 的程序远程加载指令，放在另外一个消息队列中，进行步骤 S500。

S500，通过控制总线，将不同模块的程序远程加载指令，发送给不同的模块，返回执行结果成功则进行步骤 S600，否则进行步骤 S700。

S600，查询不同模块 ID 对应的队列消息是否发送完毕，如果全部发送完成则进行步骤 S900，否则进行步骤 S500。

S700，若三次以内相同模块中某一个处理器在远程加载执行中 SRIO 入网失败，进行步骤 S800，否则判定为失败，进行步骤 S600。

S800，单元控制模块针对该模块进行重新下电再上电处理，将备份好的消息队列恢复出来，继续对这个模块进行远程加载处理，返回执行结果成功进行步骤 S600，否则进行步骤 S700。

S900，向系统上报多模块远程加载蓝图部署处理结果。

相比于现有技术，大规模蓝图并行部署方法具有效率高、可靠性高的优点。

1）效率高

针对综合化电子系统国产化资源模块上的远程加载采用蓝图并行部署方法，使多个模块可以同时执行远程加载任务处理，缩短等待时间。在单模块的处理器发生 SRIO 入网异常时，只对单模块进行处理，不影响其他正在处理的模块任务执行。以上两个方面保证了后续的用户应用程序远程加载的高效性。

2）可靠性高

针对综合化电子系统远程加载中某个模块出现 SRIO 链路不稳定的情况，进行相应模块断电恢复机制，通过备份的消息队列恢复系统发送过来的指令，再次进行远程加载任务，通过三次重新执行任务机会，提高了用户应用程序远程加载成功的概率。

4.4.2 数字信号处理器软件构件动态重构技术

数字信号处理器（DSP）是航空电子综合检测系统重要的处理器，用于处理各种信号处理算法。TMS320C6455 是德州仪器（TI）公司生产的高性能数字信号处理芯片，在航空电子综合检测系统中得到了大规模的应用。本节以 TMS320C6455 芯片为例说明 DSP 软件构件动态重构技术。

在绝大多数应用中，都需要将 TMS320C6455 应用程序烧写到 FLASH 中以实现系统自启动。系统上电后，TMS320C6455 会自动将 FLASH 起始位置的 1K 字节的代码加载到内部 RAM[11]，而对于 TMS320C6455 这种高性能的 DSP，应用程序代码会远远大于 1K 字节，为此 TI 提供了二级加载的解决方案。二级加载就是在前 1K 字节空间中存储 EMIF（外部存储器接口）配置和程序拷贝代码，用于将应用程序从片外 FLASH 搬移到片内 RAM 或片外 RAM，搬完后，再跳转到应用程序的起始地址，执行应用程序[12]。二级加载解决大尺寸应用程序代码的加载问题，但是主要应用于程序代码在 RAM 中的地址是连续的或者接近连续的场景。

在实际的典型应用中，TMS320C6455 会外接 64MB 的 DDR（双倍数据速率）存储器，其基地址为 0xE0000000。应用程序一部分置于内部 RAM 中，还有一部分（如通信协议）置于 DDR 存储器中，如图 4.17 所示。

应用程序代码存放在 0x00810000～0x009FFFFF 的片内 RAM 中，协议栈的堆（heap）空间放在 0xE0000000～0xE27FFFFF 的 DDR 存储器内，协议栈代码空间被分配在 0xE2800000～0xE3FFFFFF 的 DDR 存储器内。按照 TI 提供的二级加载，理论上可以有两种实现方案。

（1）**方案一**：直接移植 TI 的 BootLoader（引导加载程序）的示例程序。

TI 的 BootLoader 示例程序采用汇编代码编写，主要分为 EMIF 初始化、代码搬移和程序跳转三部分。代码搬移是从 FLASH 搬移到片内 RAM 中，而本应用还需要搬移一部分代码到 DDR 存储器中，需要增加 PLL（phase-locked loop，锁相环）和 DDR 初始化代码。程序流程如图 4.18 所示。

（2）**方案二**：重写 BootLoader 代码。

重写 BootLoader 程序，依据存储器分段情况进行分段加载。首先初始化 PLL、EMIF 和 DDR，接着将应用程序代码搬入内部 RAM 中，把协议栈和用户数据搬入 DDR 存储器中，最后跳转到 C 代码的入口地址开始执行。程序流程如图 4.19 所示。

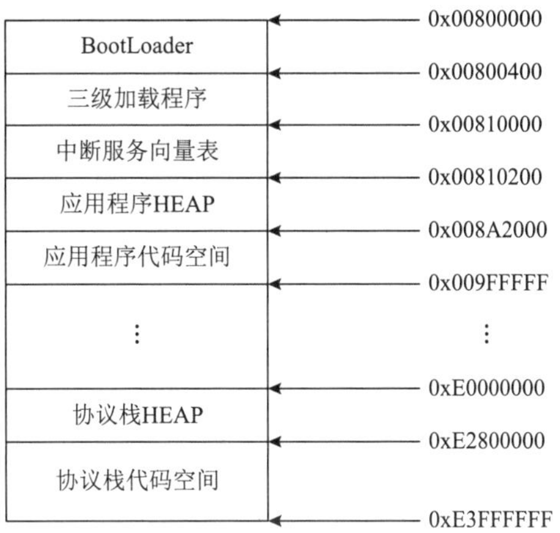

图 4.17　存储器分配图

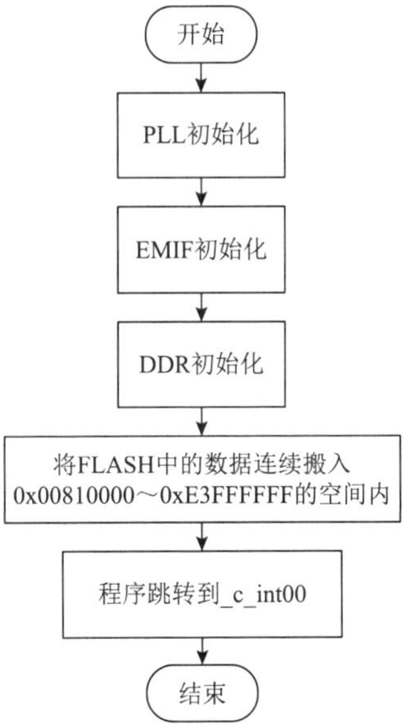

图 4.18　方案一程序流程图

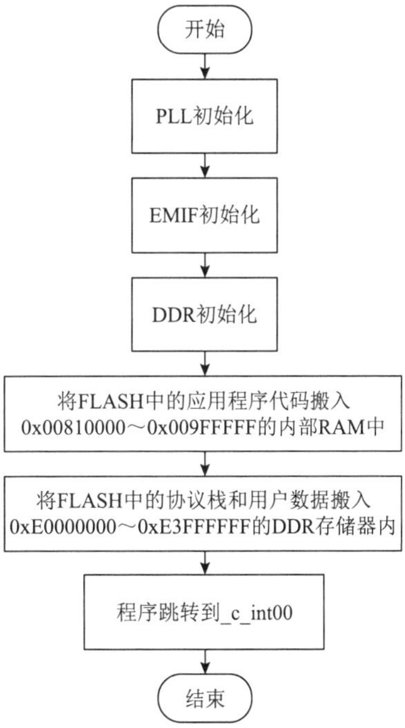

图 4.19　方案二程序流程图

方案一实现起来软件更改较少，实现较容易，但是需要的 FLASH 存储器的资源比较多，按照图 4.18 所示的分配，0xE4000000 − 0x810000 = 0xE37F0000，需要 3.8GB 的 FLASH 来存储代码，显然是不合理的。方案二需要 60 多兆字节的 FLASH 资源，存储器资源开销可以接受，但是由于 1K 程序空间的限制，1K 程序空间内实现 PLL 初始化、EMIF 初始化、DDR 初始化以及分段拷贝功能，代码优化难度巨大。

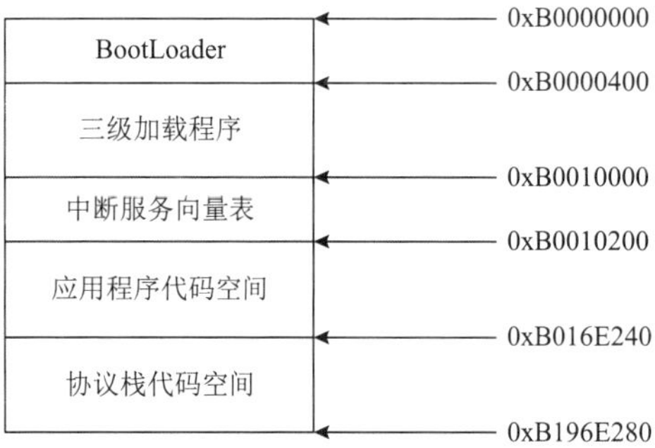

图 4.20　三级加载 FLASH 空间分配图

综上，方案一除了非常浪费硬件资源外，由于加载的无效代码量大，加载速度很慢。方案二对 FLASH 资源的消耗大大减小，启动速度也会相应加快，但是代码本身的开发难度比较大，而且没有可扩展性。

三级加载 FLASH 空间分配如图 4.20 所示，总共需要用到的 FLASH 空间资源为 20 多兆字节。dsp 代码分为三级结构，第一级是 TI 提供的二次加载 BootLoader 解决方案，第二级是三次加载的管理程序 manager，第三级为应用程序代码 app。

1）第一级加载

系统上电后，TMS320C6455 自动加载 1K 字节的 BootLoader 代码到内部 RAM 0x00800000～0x00800400，开始执行 BootLoader 代码。

2）第二级加载

BootLoader 配置 EMIF，将 manager 代码加载到内部 RAM 0x00800400～0x00810000，开始执行 manager 代码，BootLoader 程序流程如图 4.21 所示。

3）第三级加载

manager 代码初始化 PLL、EMIF 和 DDR，接着将应用程序代码搬入内部 RAM 中，把协议栈和用户数据搬入 DDR 存储器中，最后跳转到应用程序的入口开始执行，如图 4.22 所示。

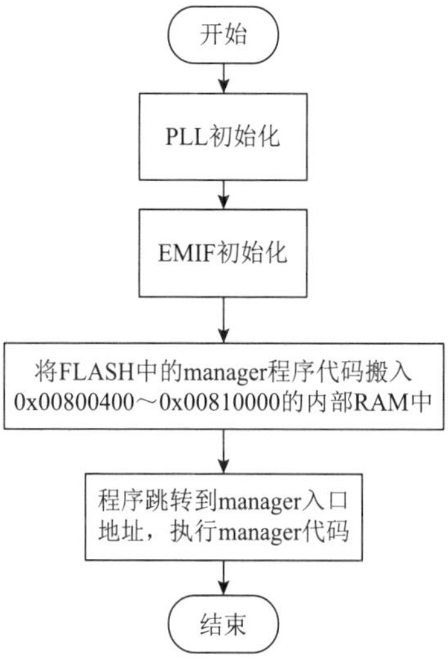

图 4.21　三级加载模式下 BootLoader 程序流程图

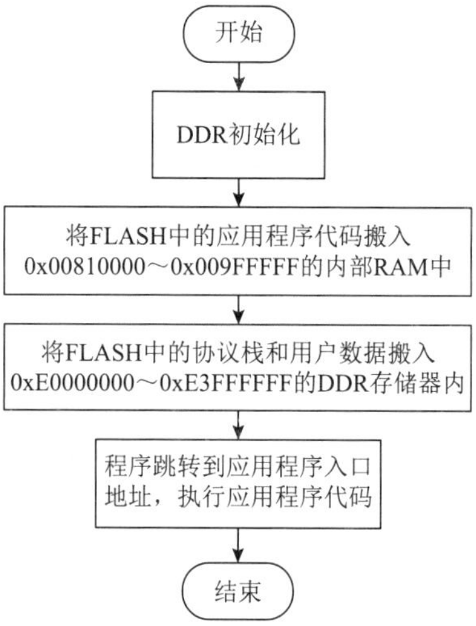

图 4.22　三级加载模式下 manager 程序流程图

基于 TMS320C6455 的大尺寸非连续的代码加载方法，较传统的二级加载方式有更高的灵活性和更高的 FLASH 利用率。连续加载只是分段加载的特殊情况，即分段数为 1，该加载方法对于连续代码加载同样适用。虽然该加载方法是基于 TMS320C6455 设计实现的，但是对于 TI 的其他型号 DSP 以及国产 DSP 也有很好的借鉴作用。这种三级加载方法已在航空电子综合检测系统上基于国产 DSP FT-M6678 得到应用，实践证明该方法是一种使用可靠的加载方法。

4.4.3　现场可编程门阵列动态重构技术

1. 一种基于改进型游程编码的 FPGA 动态重构方法

1）背景

软件无线电设计思想已广泛应用于各种电子设备的研制过程，其核心是基于通用化的硬件平台，通过加载不同软件实现不同功能[13]。因此，FPGA 动态重构的概念被提出，所谓 FPGA 动态重构是指切换 FPGA 其全部或部分逻辑资源功能的应用方法[14]。FPGA 动态重构可分为全局重构和部分重构。全局重构是指重新配置 FPGA 的全部逻辑，重构前后电路相互独立，没有关联。部分重构是指重新配置 FPGA 的部分区域，重构过程中，FPGA 未重构部分的工作状态不受影响[15,16]。

目前，实现 FPGA 全局重构通用的方法有三种：方法一是通过 DSP 或其他 CPU 读取存储器中的 bit 文件对 FPGA 进行串行加载或并行加载[15]，但重构速度一般很慢，不能实现状态的高速切换；方法二是使用 Xilinx 公司的专用配置芯片 XCFxxP 系列[17]，但由于该系列配置芯片存储容量有限，对于功能复杂的系统，FPGA 的软件版本多，需要多片专用配置芯片，不能适应小型化的要求；方法三是基于 CPLD（complex programmable logic device，复杂可编辑逻辑器件）的 FPGA 快速动态重构[18]，克服了方法一和方法二的缺点，是在实际工程应用中 FPGA 动态重构速度最快的方法。但随着 FPGA 芯片规模增大，实现的功能也越来越复杂，bit 文件也在不断增大，方法三在某些场景下已经逐渐不能满足对重构速度的要求。本章在方法三的基础上，提出了采用改进型游程编码进一步提高 FPGA 动态重构速度的方法。

2）基于 CPLD 的 FPGA 快速动态重构

基于 CPLD 的 FPGA 快速动态重构原理框图如图 4.23 所示。FPGA 被配置为被动并行加载模式，CPLD 接收到 bit 文件版本切换信号后，读取对应的 bit 文件并送入 FPGA 的被动并行加载数据端口 D[7:0]，完成对 FPGA 的加载。

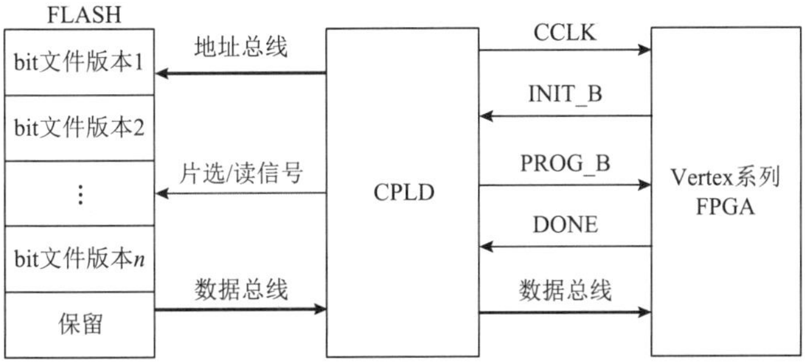

图 4.23　基于 CPLD 的 FPGA 快速动态重构原理框图

基于 CPLD 的 FPGA 快速动态重构流程如图 4.24 所示。首先拉低 FPGA 的 PROG_B 管脚一段时间再拉高 FPGA 的 PROG_B 管脚使 FPGA 复位，以清除配置存储器；接着，等待 FPGA 的 INIT_B 管脚变高，CPLD 开始从 FLASH 相应的地址读取 bit 文件数据写入 FPGA 的被动并行加载数据端口 D[7:0]；最后，待 bit 文件全部写入 FPGA 的端口 D[7:0] 后，等待 FPGA 的 DONE 管脚变高，如果在超时以前变高，则 FPGA 重构成功，FPGA 进入正常工作状态，CPLD 将 FPGA 重构标志寄存器置为成功；否则 FPGA 重构失败，CPLD 将 FPGA 重构标志寄存器置为失败。

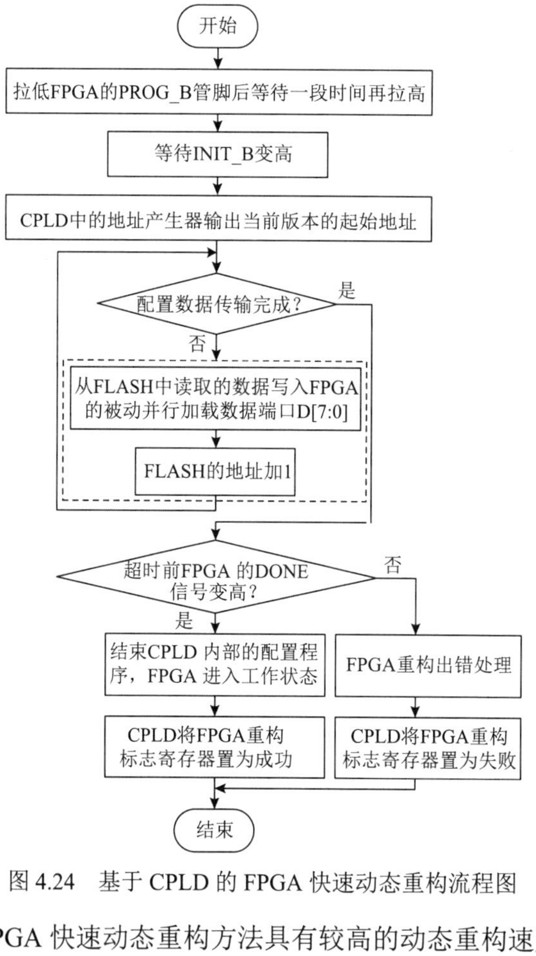

图 4.24　基于 CPLD 的 FPGA 快速动态重构流程图

基于 CPLD 的 FPGA 快速动态重构方法具有较高的动态重构速度，但是特定场景下重构速度还是不能满足系统要求，分析发现其重构速度的瓶颈是 FLASH 的读取时间[17]，而读取时间主要与 FLASH 芯片类型和 FPGA 程序文件的大小有关。因此要提高重构速度，要么选用速度更快的 FLASH 芯片，要么减小存储在 FLASH 中 FPGA 程序文件的大小。选用速度更快的 FLASH 芯片成本较高，而且不适用于已有设备，即使更换速度更快的 FLASH 芯片，还是可通过减小存储在 FLASH 中 FPGA 程序文件的大小进一步提高重构速度，因此，减小存储在 FLASH 中 FPGA 程序文件的大小的方法从经济和技术角度而言具有更广泛的实用性。无损压缩 FPGA 的 bit 文件正是减小存储在 FLASH 中 FPGA 程序文件大小最直接的方法。

3）改进型游程编码的 FPGA 动态重构

游程编码是一种简单、易于实现无损压缩的算法。游程编码的原理十分简单：将一行中数值相同的相邻点用一个计数字节和一个表示该数据值的数据字节来代替[19]。如果连续相同的字节很多，游程编码具有很高的压缩效率，但是孤立字节（与前后相邻字节值均不同的字节）会导致增加一个字节（长度字节）开销，影响压缩效率。

为了减小孤立字节对压缩效率的影响，改进型游程编码的长度字节用 C_0+N（N 为连续相同字节的个数，当 $N>63$ 时需要分多次压缩）表示，对于值为 V 的孤立字节，只有当 $V \geqslant C_0$ 时，才插入长度字节 C_1，编码数据为 C_1V；当 $V<C_0$ 时，不需要长度字节，编码数据为 V。这样就避免了数值小于 C_0 的孤立字节对压缩效率的影响。

基于改进型游程编码的 FPGA 动态重构相对于基于 CPLD 的 FPGA 快速动态重构的主要不同就是存储在 FLASH 中的 bit 文件变成了经过改进型游程编码后的压缩文件，原理框图如图 4.25 所示。FPGA 被配置为被动并行加载模式，CPLD 接收到文件版本切换信号后，读取对应的压缩文件并送入 FPGA 的被动并行加载数据端口 D[7:0]，完成对 FPGA 的加载。

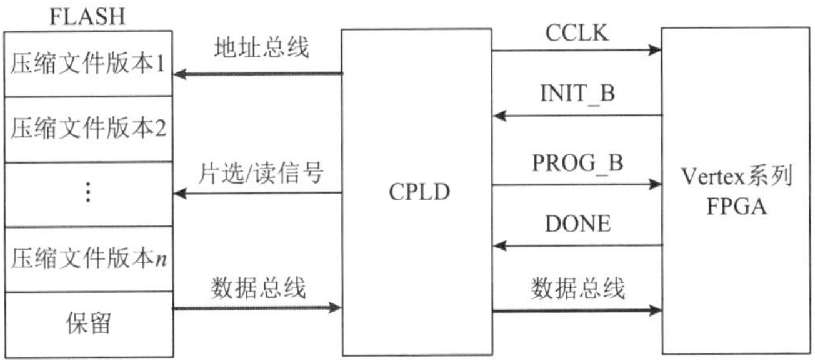

图 4.25　基于改进型游程编码的 FPGA 动态重构原理框图

基于改进型游程编码的 FPGA 动态重构流程与基于 CPLD 的 FPGA 快速动态重构流程除了图 4.24 虚线框中的内容（对从 FLASH 中读取出的数据后续处理）不同外，其他都相同。虚线框中的内容变为改进型游程编码解码过程，流程如图 4.26 所示。初始化时连续数值计数器的值为 0，从 FLASH 中读取一个字节的数据 V，首先需要判断 V 是否大于 0xC0，从而判断该字节是否为长度字节：如果 $V>$ 0xC0，则该字节为长度字节，长度为 $V-$ 0xC0，需要将长度写入连续数据计数器；如果 $V \leqslant$ 0xC0，则需要判断连续数值计数器的值 R 是否大于 0，如果 $R>0$，则需要将该值向 FPGA 的被动并行加载数据端口 D[7:0]连续写入 R 次，否则，直接将该值写入 FPGA 的端口 D[7:0]。每次从 FLASH 中读取一个字节后，FLASH 的地址都要增加 1。

4）性能对比

性能测试选用的 FPGA 目标器件为 Xilinx Virtex IV XC4VLX60，功能文件为各种调制模式的数传或话音功能文件。测试结果如表 4.1 所示，表中快速重构是指基于 CPLD 的 FPGA 快速动态重构，改进型快速重构是指基于改进型游程编码的 FPGA 动态重构。可以看到，基于 CPLD 的 FPGA 快速动态重构方法的重构时间都相同，为 220ms，这是由同一型号 FPGA 的 bit 文件大小一致并且重构处理流程相同造成的。而基于改进型游程编码的 FPGA 动态重构的重构时间波动较大，原因在于压缩后的文件大小不一致以及游程编码的解码复杂度不同，但时间均不大于 87ms，速度提高 60.4%以上。同时，基于改进型游程编码的压缩文件对存储空间占用大幅减小，存储空间利用率提高 61.8%以上。

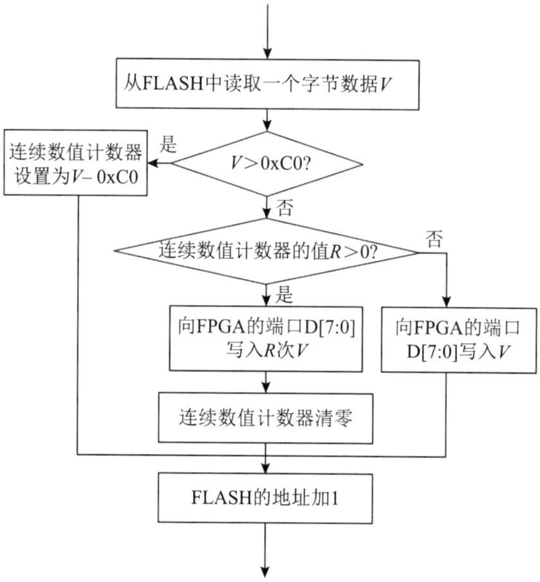

图 4.26　改进型游程编码解码流程图

表 4.1　重构时间测试结果

文件功能	快速重构文件大小/byte	改进型快速重构文件大小/byte	快速重构时间/ms	改进型快速重构时间/ms	备注
MSK_DATA	2 214 974	379 425	220	42	最小移频键控模式数传功能
DS_DATA	2 214 974	824 413	220	85	直接序列扩频模式数传功能
FH_DATA	2 214 974	543 998	220	58	跳频模式数传功能
AMFM_AMFM_AUDIO	2 214 974	788 531	220	82	两通道都为调幅加调频模式话音功能
DS_DS_AUDIO	2 214 974	845 013	220	87	两通道都为直接序列扩频模式话音功能
DS_FH_AUDIO	2 214 974	765 495	220	79	一通道为直接序列扩频模式，一通道为跳频模式话音功能
DS_FMAM_AUDIO	2 214 974	841 247	220	87	一通道为直接序列扩频模式，一通道为调幅加调频模式话音功能
FH_FH_AUDIO	2 214 974	756 414	220	78	两通道都为跳频模式话音功能
NULL_FUNC	2 214 974	134 892	220	18	空功能

5）结论

本节提出了一种基于改进型游程编码的 FPGA 动态重构方法，较传统的 FPGA 动态重构方法有更快的重构速度和更高的 FLASH 存储空间利用率。该加载方法虽然是针对 FPGA 全局重构设计实现，但其是通过减小 FPGA 程序文件大小实现重构速度提高的，因此，对 FPGA 部分重构同样适用。这种 FPGA 动态重构方法已在航空电子综合检测系统上得到应用，实践证明该方法是一种高效可靠的 FPGA 动态重构方法。

2. 嵌入式处理器程序远程加载通用方法

1）背景

航空电子综合检测系统是典型的综合化电子系统。综合化电子系统的特点是系统中大部分功能都是通过对通用硬件模块加注不同的软件来实现的[20]。通用硬件模块常用的嵌入式处理器包括现场可编程门阵列 FPGA、数字信号处理器 DSP、通用预处理器 GPP[21]。FPGA 具有丰富的输入输出管脚和任务并行执行性[22-24]，DSP 具有高效数据处理能力和方便灵活的调试开发环境[23,24]，GPP 能够有效支持这些非数字信号处理类的控制密集型应用[24]，这三类嵌入式处理器各有优势，用于综合化系统中运行不同程序以处理不同类型的任务，其强大的性能通过运行在其中的程序发挥出来[25]。处理器程序加载是程序运行的前提，主要有并行主动加载、并行被动加载、串行主动加载和串行被动加载等加载模式[26-28]。由于并行主动加载模式加载速度最快，当前嵌入式处理器程序加载大多采用这种加载模式从本地存储器加载程序[29-32]，然而，这种嵌入式处理器程序本地加载方式正面临严峻挑战：一方面，功能应用越来越多，越来越复杂，对存储空间要求越来越高；另一方面，小型化印制电路板（printed circuit board，PCB）布局布线越来越困难，而国产化的存储器存储密度较低，很难在每个模块板载足够容量的存储器。随着总线技术的发展，传输速率不再是瓶颈，远程加载解决本地存储难题成为可能，由于 PowerPC 和 ARM 等 GPP 基于操作系统提供的服务能方便地远程加载，相关研究集中在 FPGA 和 DSP 的程序远程加载。文献[33]介绍了一种基于 CPU+CPLD 的可靠的 FPGA 动态加载方法，文献[34]介绍了一种基于 CPLD 技术的 FPGA 快速方案，文献[35]介绍了一种基于 HPI（主机端口接口）的 DSP 任务动态加载方法，文献[36]介绍了一种基于 TFTP（简单文件传输协议）的加载 DSP 镜像的方法。然而，这些现有的嵌入式处理器程序远程加载方案都是基于具体处理器单独设计，在不同处理器之间不具备通用性。

2）远程加载电路

远程加载电路如图 4.27 所示。板级管理 FPGA 通过 SRIO 总线控制器以 SRIO 总线对外连接，用于接收远程加载数据及命令。板级管理 FPGA 通过 DDR 控制器外挂 DDR 用于缓存加载数据。板级管理 FPGA 通过虚拟并行 NOR FLASH 读取接口控制器以并行 NOR FLASH 接口与处理器的并行主动加载接口连接，与板级管理 FPGA 的双口 RAM 一起为主处理器 NOR FLASH 接口相同的数据加载接口。板级管理 FPGA 通过处理器复位信号发生器以离散线方式与处理器复位管脚连接，用于控制主处理器复位以启动自加载。板级管理 FPGA 通过处理器加载状态采集器以离散线方式与处理器加载状态管 DONE/GPIO 管脚连接，用于获取主处理器加载状态以确认是否加载成功。板级管理 FPGA 的管理控制器是远程加载的调度器，用于 SRIO 命令解析及执行调度。

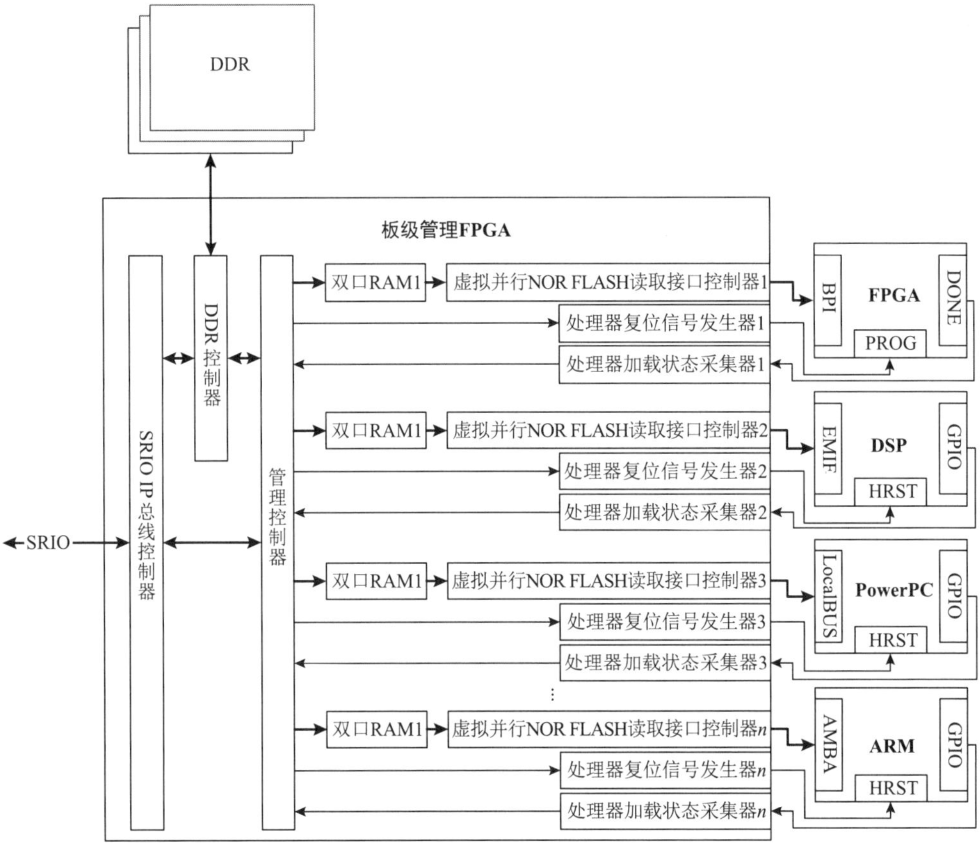

图 4.27　远程加载电路框图

3）远程加载方法

如图 4.28 所示，板级管理 FPGA 的 SRIO 总线控制器从 SRIO 接收程序文件并存储到 DDR 中；板级管理 FPGA 的管理控制器校验 DDR 中程序文件的完整性，如果不完整，板级管理 FPGA 的管理控制器通过 SRIO 上报对应处理器加载失败，否则，继续对应处理器后续加载流程；板级管理 FPGA 的管理控制器将对应的程序文件数据块从 DDR 搬移到对应通道的双口 RAM，板级管理 FPGA 的管理控制器控制复位信号发生器产生处理器硬件复位信号，启动对应处理器执行自加载，处理器将通过虚拟并行 NOR FLASH 读取接口控制器从对应双口 RAM 读取程序文件数据块；板级管理 FPGA 的管理控制器在双口 RAM 非满时持续将程序文件数据块从 DDR 搬移到对应通道的双开 RAM，直到程序文件所有数据块全部搬完；板级管理 FPGA 的处理器加载状态采集器采集对应处理器加载状态，板级管理 FPGA 的管理控制器通过 SRIO 上报对应处理器加载结果。

4）工程应用及性能对比

综合化系统嵌入式处理器程序远程加载方法已在工程实践中 DSP 密集型信号处理模块的 DSP 远程加载和 FPGA 密集型信号处理模块的 DSP/FPGA 远程加载得到应用，系统硬件架构框图如图 4.29 所示。综合管控模块管理通过以太网将待加载的程序文件发送至控制模块的 GPP，控制模块的 GPP 通过 SRIO 将待加载的程序文件转发至待加载目标处理器所在模块的板级管理 FPGA，板级管理 FPGA 基于本章的加载电路及方法将待加载的程序文件加载到待加载的目标处理器，实现 DSP、FPGA 的远程加载。

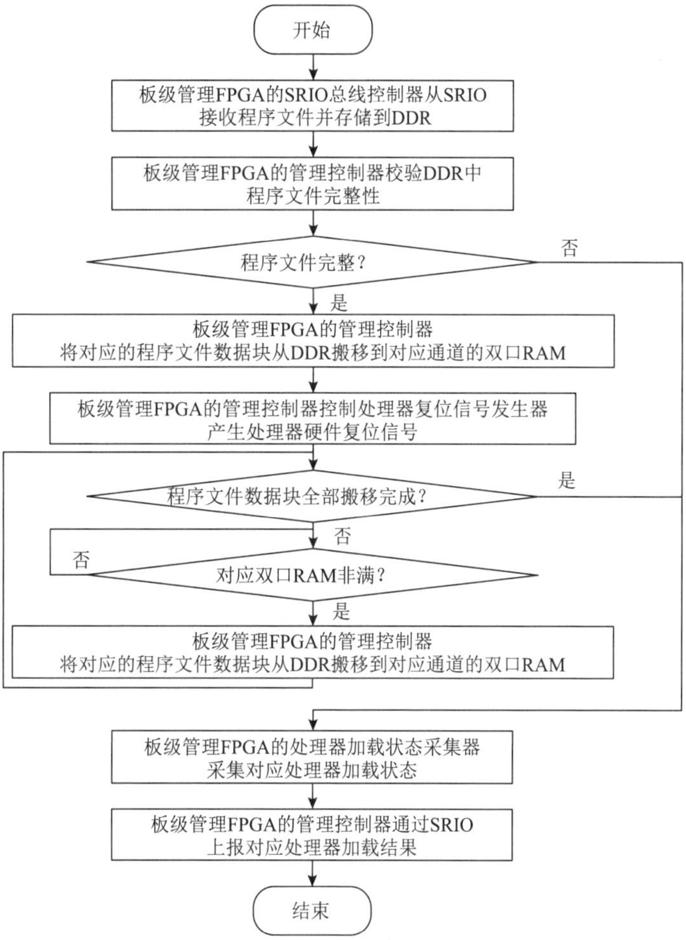

图 4.28　远程加载方法流程图

DSP 密集型信号处理模块和 FPGA 密集型信号处理模块的 DSP 都采用 TI 公司 C6678 芯片。FPGA 密集型信号处理模块的 FPGA 采用 Xilinx 公司 XC7V690T 芯片。DSP 密集型信号处理模块和 FPGA 密集型信号处理模块的板级管理 FPGA 都采用 Xilinx 公司 XC5V95T 芯片，通过 1X 方式接入 SRIO 网络，总线速率为 2.5Gbps。

常规的远程加载方案都是单独介绍 FPGA 加载或者单独介绍 DSP 加载，文献[33]介绍了一种基于 CPU+CPLD 的可靠的 FPGA 动态加载方法，文献[34]介绍了一种基于 CPLD 技术的 FPGA 快速加载方案，文献[35]介绍了一种基于 HPI 的 DSP 任务动态加载方法，文献[36]介绍了一种基于 TFTP 的加载 DSP 镜像的方法，因此，只能将 DSP 和 FPGA 加载性能分开对比。基于本书的加载电路及方法与常规方案的 FPGA 加载性能对比如表 4.2 所示。

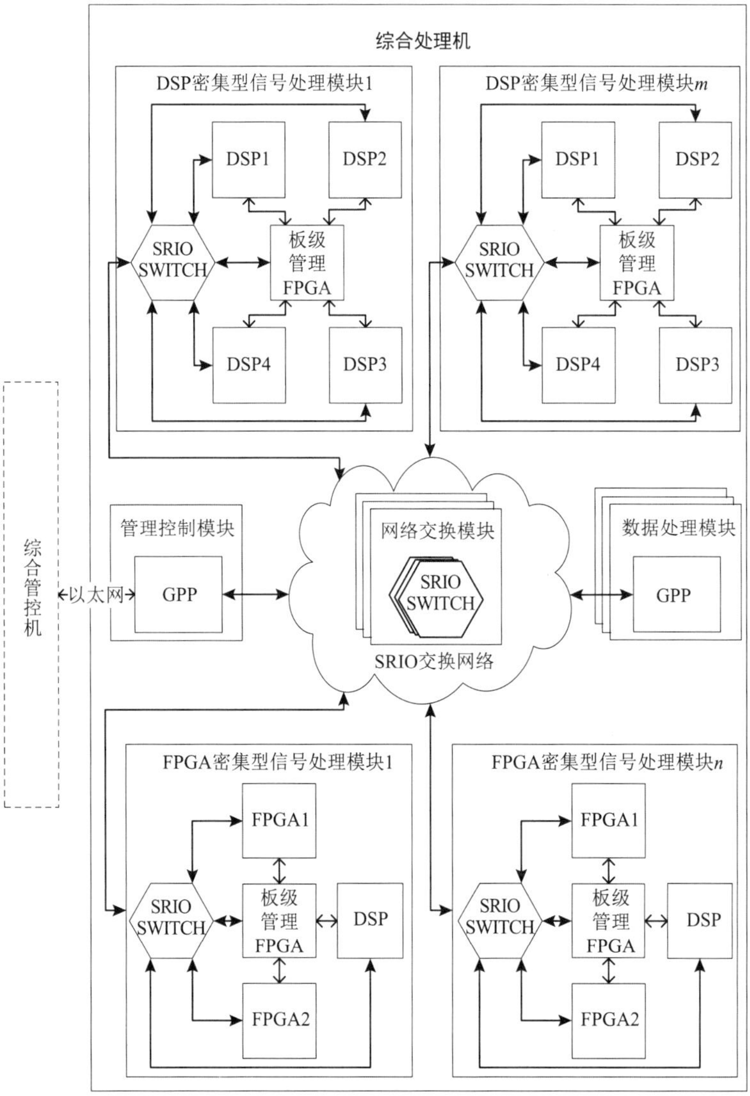

图 4.29　系统硬件架构框图

表 4.2　FPGA 加载性能对比

加载方案	文件大小/MB	加载时间/s	加载速度/Mbps
文献[33]	1.14	3.000	0.38
文献[34]	10.00	10.000	1.00
本书方案	17.55	5.264	3.33

基于本书的加载电路及方法与常规方案的 DSP 加载性能对比如表 4.3 所示。

相对于常规方案，综合化系统嵌入式处理器程序远程加载方法不仅能支持在多种嵌入式数字处理器之间通用，而且加载速度快。

表 4.3　DSP 加载性能对比

加载方案	文件大小/MB	加载时间/s	加载速度/Mbps
文献[35]	0.280	0.135	2.07
文献[36]	10.185	15.000	0.68
本书方案	2.820	1.128	2.50

5）结论

基于虚拟并行 NOR FLASH 技术的嵌入式处理器程序远程加载通用电路及方法，不仅加载速度快，而且能在不同嵌入式处理器之间通用。综合化系统中应用实践证明该电路及方法是一种通用高效的嵌入式处理器程序远程加载方案。

3. 基于动态加载的 FPGA 在线更新电路及方法

1）背景

航空电子综合检测系统是典型的综合化电子系统。综合化电子系统定义了通用信号处理模块（signal processing module，SPM）、通用数据处理模块（data processing module，DPM）等 6 类通用功能模块，每类模块都包括模块支持单元（module support unit，MSU）、处理单元（processing unit，PU）、模块物理接口（module physical interface，MPI）等组成单元[21,37-41]。通用信号处理模块的处理单元由典型信号处理器 DSP/FPGA 组成，单独由 FPGA 组成处理单元的信号处理模块就形成了 FPGA 型信号处理模块。相较于 DSP，FPGA 具备硬件并行优势，拥有更高的运算能力[22,42,43]，提供更快的 I/O 资源，因此，FPGA 型信号处理模块综合化电子系统应用广泛。

FPGA 程序更新通常采用 FPGA 厂家提供的基于边界扫描方式对外挂 FLASH 芯片进行编程实现[44]，但该方法操作烦琐、效率低下[45,46]。采用在线更新的方式，可以解决 FPGA 程序维护更新效率低下的问题。目前，FPGA 在线更新有两种常规方案。常规方案一，FPGA 功能程序内含 FPGA 在线更新模块，通过在线更新模块实现 FPGA 程序更新到 FPGA 外挂存储器中[47-49]。常规方案二，FPGA 程序存储在其他处理器（通用信号处理模块中一般为 DSP）外挂存储器中，通过 DSP 实现 FPGA 在线更新[50-52]。

2）现有解决方案的局限性

现有方案有如下缺点。常规方案一中，由于 FPGA 在线更新模块内置在 FPGA 功能程序中，不仅增加功能应用与在线更新的耦合，占用宝贵的 FPGA 内部资源，而且如果更新失败，还将导致 FPGA 在线更新功能完全失效，只能通过 JTAG 烧写才能恢复。常规方案二中，由于 FPGA 程序存储在 DSP 外挂存储器中，FPGA 的加载就只能采用被动加载模式，加载速度比主动加载模式慢；另外，在没有 DSP 的 FPGA 型信号处理模块中，常规方案二根本就无法实现。

针对现有 FPGA 在线更新技术存在的不足，基于综合化电子系统中每个模块都包括模块支持单元，本书提出一种综合化电子系统中加载速度快、松耦合、不依赖 DSP 的基于动态加载的 FPGA 在线更新电路及其在线更新方法。

3）FPGA 在线更新电路

如图 4.30 所示，综合化电子系统中基于动态加载的 FPGA 在线更新电路包括电连接在综合化系统与 FLASH 芯片之间的 MSU 和 FPGA，其中，MSU 包含处理器系统 PS 和可编程逻辑 PL，PL 内置 PSPLIF 总线读写器、FPGA 程序加载控制器和 FLASH 块选择器。PS 一端通过控制总线接入综合化系统，另一端通过 PSPLIF 连接 PL 的 PSPLIF 总线读写器。PL 的 FPGA 程序加载控制器通过一根输出离散线和两根输入离散线连接 FPGA 的 PROG、INIT 和 DONE 管脚相，PL 的 FLASH 块选择器通过 n 根地址控制线连接 FLASH 高 n 位地址管脚。FPGA 一端通过数据总线接入综合化系统，另一端通过 FPGA 并行加载接口 BPI 连接 FLASH 的控制接口、数据接口和除高 n 位地址管脚以外的地址接口。

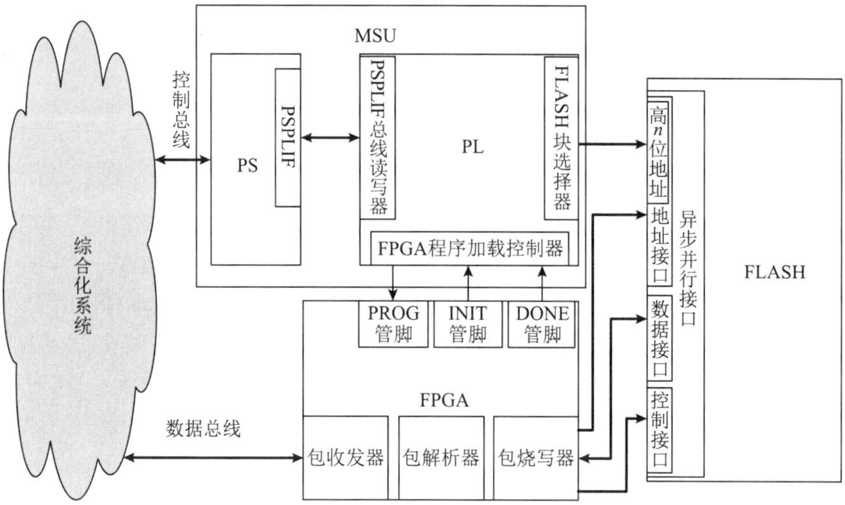

图 4.30　FPGA 在线更新电路框图

在线更新时，PL 的 FLASH 块选择器选中 FPGA 在线更新程序所在的 FLASH 块，通过 PL 的 FPGA 程序加载控制器动态加载 FPGA 在线更新程序。FPGA 在线更新程序内部电路包括包收发器、包解析器和包烧写器，包收发器通过数据总线接入综合化系统数据总线，包烧写器通过 BPI 与 FLASH 连接。包收发器用于数据总线有 FPGA 程序数据包到达时，接收数据包并将数据包输出到包解析器；或者，接收到包解析器输出的包传输结果时，将包传输结果输出到综合化系统数据总线；或者，接收到包烧写器输出的包烧写结果时，将包烧写结果输出到综合化系统数据总线。包解析器用于包收发器输入 FPGA 程序更新数据包时，检查包的完整性和有效性，确定传输结果并输出传输结果到包收发器，如果完整有效，提取出待烧写地址、待烧写长度和待烧写数据并将其输出到包烧写器。包烧写器用于包解析器输入待烧写地址、待烧写长度和待烧写数据，将长度为待烧写长度的待烧写数据通过 BPI 写入 FLASH 的待烧写地址中，校验烧写结果，输出烧写结果到包收发器。

4）FPGA 在线更新方法

如图 4.31 所示，综合化电子系统中基于动态加载的 FPGA 在线更新方法主要包括动态加载 FPGA 在线更新程序和执行 FPGA 在线更新程序实现 FPGA 在线更新，细分为 5 个

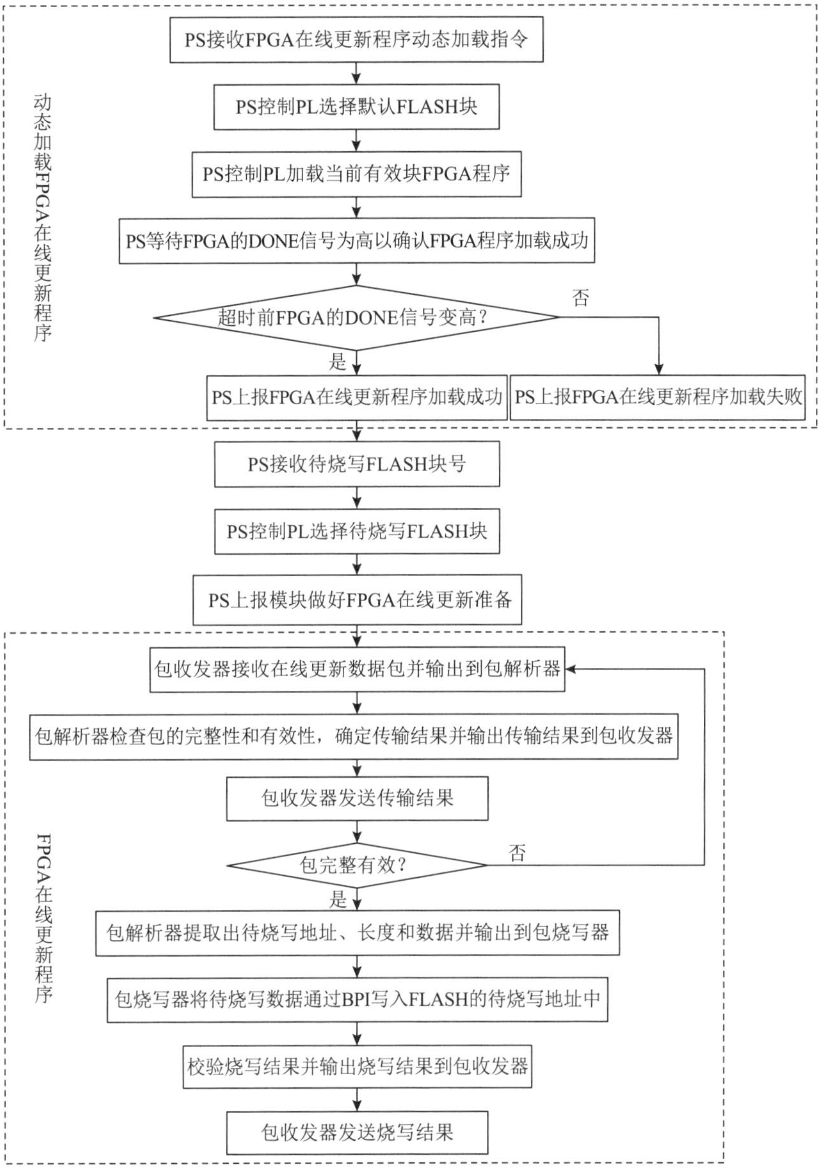

图 4.31　FPGA 在线更新方法流程图

步骤。①FPGA 在线更新电路通过 PS 接收控制总线上的加载 FPGA 程序在线更新程序的动态加载指令，将默认块号（FPGA 程序在线更新程序所在的块）写入 PL 的 FLASH 块选择器，选择 FPGA 程序在线更新程序所在的 FLASH 块为当前有效块；②PS 通过 PSPLIF 总线读写器控制 PL 的 FPGA 程序加载控制器输出低电平脉冲到 FPGA 的 PROG 管脚启动 FPGA 加载流程，加载 FPGA 程序在线更新程序，并通过判断 FPGA 的 DONE 信号确认 FPGA 程序在线更新程序是否加载成功；③PS 通过接收控制总线上报 FPGA 程序在线更新程序加载成功，接收待烧写 FLASH 块号，通过 PSPLIF 总线读写器将待烧写 FLASH 块号写入 PL 的 FLASH 块选择器，选择待烧写 FLASH 块为当前有效块，并通过控制总线上报模块做好 FPGA 在线更新准备；④FPGA 的包收发器接收在线更新数据包，将包输出到包解析器，包解析器检查包的完整性和有效性，确定传输结果并输出传输结果到包收发器，如果完整有效，提取出待烧写地址、待烧写长度和待烧写数据并输出到包烧写器；⑤包收发器发送传输结果，包烧写器将长度为待烧写长度的待烧写数据通过 BPI 写入 FLASH 的待烧写地址中，校验烧写结果，输出烧写结果到包收发器发送烧写结果。

其中步骤①②③在 MSU 中执行，实现 FPGA 在线更新程序的动态加载和待烧写扇区的选取；步骤④⑤属于 FPGA 在线更新程序，在 FPGA 中执行，实现待更新 FPGA 程序接收和烧写。

5）工程应用及性能对比

基于动态加载的 FPGA 在线更新电路及方法已在某综合化系统中 FPGA 密集型信号处理模块（SPM-F）的 FPGA 在线更新中得到应用。

FPGA 密集型信号处理模块硬件框图如图 4.32 所示。MSU 采用 TI 公司 C2000 系列处理器 C28235 作为 PS，选用 Xilinx 公司 Spartan 系列可编程逻辑器件 XC3S1400 作为 PL。C28235 的一端通过 CAN 总线接入综合化系统控制总线，另一端通过外部接口 XINTF 连接 XC3S1400。FPGA 的一端通过 SRIO 总线接入综合化系统数据总线，另一端通过 BPI 与 FLASH 连接。XC3S1400 通过一根输出离散线与 FPGA 的 PROG 管脚连接，PL 通过两根输入离散线与 FPGA 的 INIT 和 DONE 管脚连接，XC3S1400 通过三根地址控制线连接 FLASH 高三位地址管脚，三根地址控制线将 FLASH 分成块号为 0～7 的八块，FPGA 在线更新程序放在块号为 7 的 FLASH 块中。

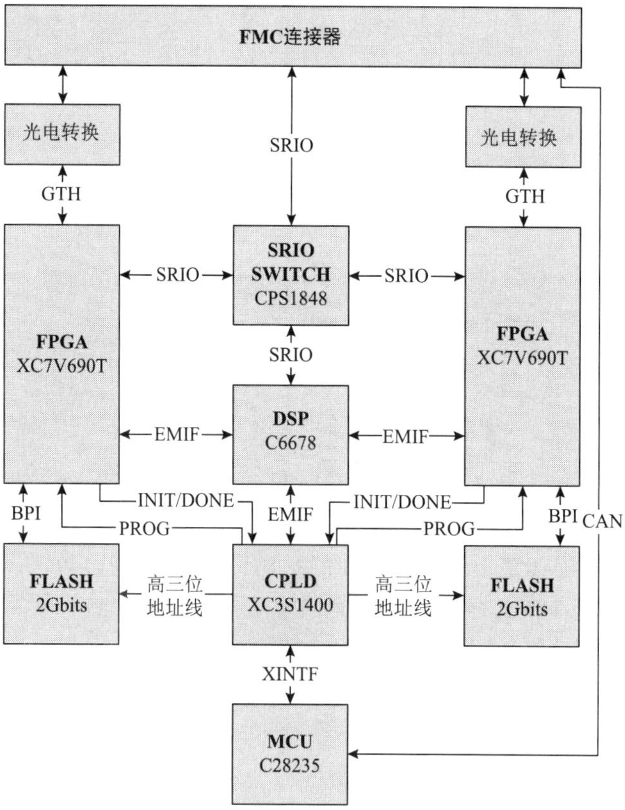

图 4.32　FPGA 密集型信号处理模块硬件框图

系统硬件架构框图如图 4.33 所示。FPGA 密集型信号处理模块通过 SRIO 分别接入主、备 SRIO 网络，通过 CAN 分别接入主、备 CAN 网络。IO 模块通过 CAN 总线发送动态加载指令至 FPGA 密集型信号处理模块 PS，PS 协调 PL 控制 FLASH 块选择和在线更新程序的动态加载，FPGA 在线更新程序通过 SRIO 接收待更新文件并烧入选择的 FLASH 块中，实现 FPGA 的在线更新。

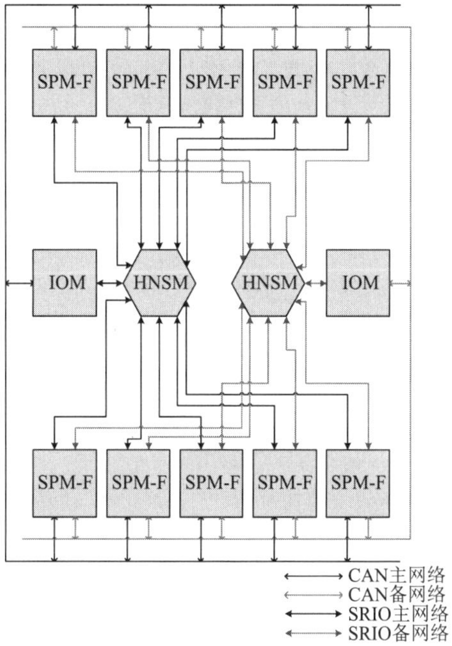

图 4.33　系统硬件架构框图

基于动态加载的 FPGA 在线更新电路及方法与常规方案一和常规方案二的性能对比如表 4.4 所示。相对于常规方案一，基于动态加载的 FPGA 在线更新电路及方法具有功能应用与在线更新解耦、不占用功能应用的 FPGA 处理资源、更新失败时不需要采用 JTAG（Joint Test Action Group，联合测试工作组）下载等优势。相对于常规方案二，基于动态加载的 FPGA 在线更新电路及方法具有加载速度快、不需要额外处理器的优势。

表 4.4　性能对比

项目	常规方案一	常规方案二	基于动态加载的方案
耦合	紧耦合	独立	独立
资源占用	共用	独享	独享
加载模式	主动并行	被动并行	主动并行
加载速度	快	慢	快
额外处理器	不需要	需要	不需要
更新失败处理	JTAG 下载	重新更新	重新更新

基于动态加载的 FPGA 在线更新电路及方法，不仅避免了需要增加 DSP 才能实现

FPGA 在线更新，降低了成本和系统复杂度，而且避免了在线更新模块内置于 FPGA 功能应用程序中，减少了系统耦合和处理资源占用。多个大型综合化系统中应用实践证明该电路及方法是一种在综合化电子系统中实现 FPGA 在线更新的有效方法。

参 考 文 献

[1] 陈雷, 刘强. 重构在框架开发中的研究与应用[J]. 计算机应用与软件, 2007, 24(3): 72-73.
[2] 高峰, 谢瑞云, 王巍. 基于可重构技术的无线通信侦察系统研究[J]. 通信技术, 2015, 48(8): 974-978.
[3] 赵岳. 服务化军事信息系统的动态重构研究[D]. 长沙: 国防科学技术大学, 2014.
[4] 邢培培. 综合化航电系统动态重构策略与可靠性模型分析[D]. 天津: 中国民航大学, 2019.
[5] 张潇. 基于模型驱动的 IMA 资源安全分配与验证方法研究[D]. 南京: 南京航空航天大学, 2016.
[6] 周梁伟. 基于 SOA 的网构软件动态配置系统设计与实现[D]. 杭州: 浙江大学, 2011.
[7] 姜红. 基于构件的软件系统动态配置技术的研究[D]. 青岛: 中国海洋大学, 2012.
[8] 程永红. 面向 DDS 分布式系统的动态配置技术研究[D]. 哈尔滨: 哈尔滨工程大学, 2011.
[9] 殷昱煜. 面向服务的软件动态配置技术研究[D]. 杭州: 浙江大学, 2010.
[10] 张鹏程. 面向信息物理融合系统的软件动态配置模型研究[D]. 长沙: 国防科学技术大学, 2011.
[11] TMS320C6455 Fixed-point digital signal processor[S]. Literature Number: SPRS276C, March 2006.
[12] Texas Instruments. Using the TMS320C6452 bootloader[S]. Literature Number: SPRAAW2A, June 2009.
[13] 杨小牛, 楼才义, 徐建良. 软件无线电原理与应用[M]. 北京: 电子工业出版社, 2001.
[14] 范斌, 常青. 基于 DSP 的 FPGA 动态重构系统研究与设计[J]. 信息与电子工程, 2010, 8(2): 123-127.
[15] 周盛雨, 孙辉先, 陈晓敏, 等. 基于 FPGA 的动态可重构系统实现[J]. 电子器件, 2007, 30(2): 646-650.
[16] 王鹏, 向厚振, 张志杰. 基于 FPGA 的动态可重构边缘检测系统设计[J]. 电视技术, 2012, 36(7): 32-34, 96.
[17] 李燕斌, 李燕春. 用 XCF32P 实现 FPGA 的高速动态配置[J]. 电讯技术, 2006, 46(6): 199-202.
[18] 李燕春. 基于 CPLD 的 FPGA 快速动态重构设计[J]. 电讯技术, 2008, 48(7): 87-89.
[19] 吴乐南. 数据压缩的原理与应用[M]. 北京: 电子工业出版社, 1995.
[20] 段求辉. 综合化系统建模技术及工程化研究[D]. 成都: 电子科技大学, 2010.
[21] 李典. 综合化信号与信息处理平台设计与实现[J]. 电讯技术, 2014, 54(4): 463-467.
[22] 吴艳霞, 梁楷, 刘颖, 等. 深度学习 FPGA 加速器的进展与趋势[J]. 计算机学报, 2019, 42(11): 2461-2480.
[23] 王首礼, 袁媛, 于波. 基于 DSP-FPGA 的通用数字控制器硬件设计[J]. 电气传动, 2011, 41(3): 51-54.
[24] 甘翼, 庄跃迁, 李祥荣, 等. 微处理器发展及应用误区分析[J]. 电讯技术, 2009, 49(3): 92-96.
[25] 李晋惠, 寇立涛, 乔永兴. 用软件来提高多核处理器性能的方法分析[J]. 工业仪表与自动化装置, 2010(1): 81-83.
[26] 王谦, 刘冰. 通过选择加载实现信号处理机的多功能切换[J]. 电子测试, 2016(14): 138-139.
[27] 吴海洲, 刘恒甫, 黄克武. 基于 TMS320C6455 的 DSP 加载模式研究[J]. 电子测量技术, 2008, 31(6): 155-161.
[28] 沈佐峰, 梁文婷. 多片国产 FPGA 加载方式的探讨[J]. 通信技术, 2020, 53(1): 245-250.
[29] 李磊, 张春妹, 赵翠华, 等. 一种 FPGA 配置加载管理电路的设计与实现[J]. 微电子学与计算机, 2015, 32(8): 146-149, 153.
[30] 张乐年, 关榆君. 基于 TMS320C6678 的多核 DSP 加载模式研究[J]. 电子测试, 2013, 21(24): 166-169, 173.
[31] 刘青. 基于 PowerPC＋FPGA 构架的综合信息处理系统设计[J]. 舰船电子对抗, 2015, 38(2): 117-120.
[32] 阎哲, 张力, 张翔南, 等. 基于 FPGA 控制的 ARM 动态启动加载技术[J]. 计算机工程与设计, 2018,

39(4): 999-1005.
[33] 陈 曦, 沈佐峰. 一种可靠的 FPGA 动态配置方法及实现[J]. 通信技术, 2012, 45(3): 105-107, 110.
[34] 陆礼红, 尹焕亭. 基于 CPLD 技术的 FPGA 快速加载方案研究[J]. 电子技术与软件工程, 2013(22): 43.
[35] 陆振林, 赵元富, 兰利东, 等. 基于可重构技术的 DSP 任务动态加载方法研究[J]. 电子技术应用, 2015, 41(10): 24-26, 33.
[36] 白维学, 江华, 郑重. SDR 波形运行中加载 DSP 镜像的方法[J]. 通信技术, 2017, 50(4): 737-740.
[37] STANAG 4626 Part 1, Modular and open avionics architectures part 1—architecture[S]. ASAAC, 2011.
[38] STANAG 4626 Part 2, Modular and open avionics architectures part 2—software[S]. ASAAC, 2011.
[39] STANAG 4626 Part 3, Modular and open avionics architectures part 3—common function modules[S]. ASAAC, 2011.
[40] STANAG 4626 Part 4, Modular and open avionics architectures part 4—packaging[S]. ASAAC, 2011.
[41] STANAG 4626 Part 5, Modular and open avionics architectures part 5—networks and communication[S]. ASAAC, 2011.
[42] 朱怀宇, 冯雪, 姜群兴. 一种基于 FPGA、DSP 和 ARM 的异构运算构架及实现方案[J]. 工业控制计算机, 2019, 32(11): 20-21.
[43] 王占超, 张耀天. 一种基于 FPGA+DSP 的处理机硬件架构[J]. 太赫兹科学与电子信息学报, 2018, 16(5): 902-906.
[44] 李强, 罗超, 夏威, 等. FPGA 远程更新系统[J]. 仪表技术与传感器, 2014(7): 72-74.
[45] 刘剑, 李赛辉, 周邦华, 等. 一种基于 Nand Flash 多版本程序的 FPGA 智能加载方法[J]. 雷达与对抗, 2015, 35(3): 68-70.
[46] 于乐, 王嘉良. 易于移植的 FPGA 在线更新控制器设计[J]. 航空电子技术, 2015, 46(4): 47-50.
[47] 张永乐, 王永勇, 郑炜. 一种基于 FPGA 的在线程序升级方案[J]. 电子技术应用, 2017, 43(3): 48-50, 54.
[48] 朱道山. 基于 RapidIO 的 FPGA 远程更新系统设计与实现[J]. 雷达科学与技术, 2017, 15(5): 543-547.
[49] 林天静, 阮翔, 刘春. 基于 Flash 控制器的 FPGA 在线加载功能设计[J]. 电子技术应用, 2019, 45(1): 88-91.
[50] 王刚. 基于 DSP+FPGA 架构的在线升级实现[J]. 中国战略新兴产业, 2018(14): 107, 109.
[51] 郑百衡, 朱慧惠, 刘盛利, 等. 新型多通道通用信号处理平台设计[J]. 电子技术应用, 2019, 45(10): 109-111.
[52] 郑百衡. 基于 UltraScale 架构的 FPGA 配置方法及实现[J]. 电子设计工程, 2020, 28(2): 185-188, 193.

第5章　检测激励信号产生技术

航空电子系统电性能检测是依据“激励-响应”基本原理来实现的。这个过程中，地面综合测试系统向被测航空电子系统发送激励信号，航空电子系统对该激励信号做出响应，并将响应信息传回地面综合测试系统进行分析。地面综合测试系统根据设计要求对响应结果进行判定，以评估航空电子系统功能的正确性和性能是否符合要求。因此，激励信号的产生及响应信号的处理是实现航空电子系统综合检测的关键。本章首先介绍航空电子系统常见的通信、导航、识别、雷达功能的基本原理，在此基础上对以上功能的信号特征进行详细分析，最后给出航空电子系统测试激励信号的几种典型产生方法。

5.1　通信信号特征分析

5.1.1　原理概述

通信是指在两个或多个设备之间传输信息的过程。在通信过程中，信息可以通过各种不同的媒介进行传输，包括声音、电信号、无线电波、光信号等。

航空通信是指飞机在起飞、巡航、着陆等整个飞行过程中，飞机与地面站之间、飞机与其他飞机之间以及飞机与卫星之间的通信，其通信原理与常规通信类似，但由于航空环境的特殊性，航空通信的技术和安全性要求更高。航空通信主要包括语音通信和数据通信两种形式，其中语音通信主要指飞机编队之间以及飞机与地面之间的语音通信，数据通信主要是通过数字信号传输各种数据信息，如飞机位置、高度、速度等。航空通信的重要性在于其对飞机控制和航空安全的影响[1]。航空通信的传输必须满足高速、可靠和安全的要求，实现航空通信的技术手段包括以下几个方面。

（1）信号传输方式：航空通信使用的信号传输方式主要有模拟方式和数字方式两种，数字方式较为先进和安全。

（2）通信类别：航空通信主要采用无线电技术进行信号传输，其频段、功率、调制等方面均有特殊规定。

（3）编码技术：航空通信编码是指用于航空通信中的一种特定编码方式，主要应用于飞行导航、空管指挥、气象信息等方面。

（4）数据链传输技术：航空数据通信采用互联网技术，通过 ATN（aeronautical telecommunication network，航空电信网）以及 ACARS（aircraft communications addressing and reporting system，飞机通信寻址与报告系统）等方式实现数字化的点对点数据通信。

航空通信依赖数字信号处理、无线电、互联网等技术的应用。同时，航空通信的安全性和可靠性要求比较高，因此采用的技术必须满足相关的标准和规定，以确保航空飞行的安全。

以下将对航空通信所涉及的技术手段做进一步阐述。

1. 信号传输方式

按照在信道中传输的信号类别，可以将通信系统分为模拟通信系统和数字通信系统。

模拟通信系统是利用模拟信号来传递信息的通信系统。在进行模拟通信时，由于幅度失真与相位失真的存在，模拟通信的信号质量不是很理想，即在通信过程中，信息发送端发出的信息，不能被有效、准确地传送到接收端，要改变这种情况，就必须对通信信号进行变换，以提高通信质量[2]。模拟通信系统的基本结构框图如图 5.1 所示。

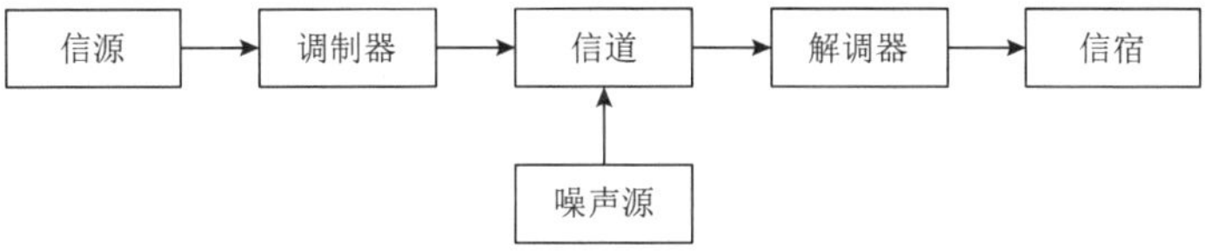

图 5.1　模拟通信系统结构框图

信源是信息的发送端，可以分为模拟信源和数字信源，其作用是将需要传送的物理信息（如语音、报文、数据、图像等）转变为初始电信号。信宿是信息传输的终点，它将初始电信号转换为相应的消息，如耳机、扬声器将恢复出的电信号转换为语音。信源和信宿可以是分开的设备，也可以合成在一起，例如电话进行双向通信的复合装置。

由信源输出的电信号（基带信号）由于具有频率较低的频谱分量，一般不能直接作为传输信号送到信道中去，调制器的作用就是将基带信号转换成适合在信道中传输的信号。调制方式可分为调频、调相和调幅三种。经过调制后的信号通常被称为已调信号。在接收端需要将已调信号还原成原来的信号，这一逆变换需要利用解调器去完成。

信道是信号传输的通道，信道按照传输介质的不同种类分为有线信道和无线信道。有线信道常用的传输介质是对称电缆、同轴电缆和光导纤维，由此可构成电缆通信系统、光纤通信系统。无线信道中电信号沿空间（大气层、对流层、电离层等）传输，无线信道按所使用的频段和通信手段，可分为短波通信系统、微波中继通信系统、移动通信系统、卫星通信系统几种。

从模拟通信系统的工作过程可以看出，信号有两种重要的变化，一种是连续信号到初始电信号，另一种是基带信号到已调信号。应该指出从信息的发送到信息的恢复，信号并不只有这两种变换。在通信系统中可能还有滤波、放大、天线辐射和接收、控制等过程。对信号传输而言，这两种变换对信号形式的变化起决定性作用，而其他处理过程对信号变化来说没有发生质的作用，只是对信号进行了放大和特性改善等处理[3]。

模拟通信系统本身有一些缺点，例如保密性不强，模拟信号本身的波形已经反映了信号的变化，只要得到了模拟信号就可以获取其中的信息。并且模拟通信系统抗干扰能力弱，电信号在传输过程中会受到外界和通信系统内部的各种噪声干扰，使得通信质量下降。同时为了调制解调，需要用到较多的电感器件和滤波器，这些器件不易集成，导致模拟通信系统的集成度低。

随着电子计算机技术和大规模/超大规模集成电路技术的飞速发展，信息处理的方法更加丰富多样，实现了把原始信号转换为数字形式，再进一步处理的通信方式。所构成的数字通信系统就是利用数字信号来传递信息，数字通信系统结构框图如图 5.2 所示。

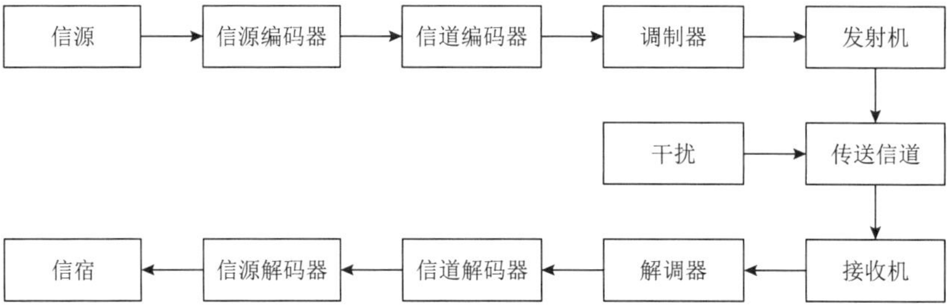

图 5.2　数字通信系统结构框图

在数字系统中产生数字信号的源头是数字信源，数字信源可以是任何类型的数字数据，例如数字音频、数字视频和数字文本等。在数字通信中，信号被编码为数字格式，通过数字通信链路进行传输，并在接收端进行对应的解码以还原为原始信号。

编码器分为信源编码和信道编码两部分。信源编码的主要目的是将信源送出的信号经过采样、量化、编码转化为数字信号，并且在保证传输质量的前提下，用尽可能少的数字脉冲来表示信源产生的信息，提高数字信号的有效性。信道编码是指在数字通信中，为了增强数据传输的可靠性和抗干扰性，在数据中添加一些冗余信息，以便在接收端进行校验和纠错[4]。

2. 信号通信类别

在通信系统中，信号和信息是紧密相关的概念，信号是信息的载体，信息则是要传递的内容，通过信号的传递，实现信息的传输与交流。根据信号传递媒介的不同，通信系统可分为有线通信及无线通信两种模式。当前，航空通信系统主要采用无线电子技术进行信号的传输。无线电信号主要以电磁场形式存在，利用电场和磁场相互作用的原理，将电信号转换为电磁波，然后在特定介质中（对流层、电离层等）的空间传感器或各种无线电系统之间传播[1]。

科学家们将电磁波按频率高低排列成电磁波族，进一步形成了电磁频谱。电磁频谱范围广泛，各种不同形式的电磁波占用不同的频率范围，包括无线电波、红外线、可见光、X 射线和 γ 射线等[5]。电磁波频谱从低频到高频依次排列，频率越高，波长越短。各种电磁波在不同的领域有着不同的应用，电磁波的发现和应用对现代科技的发展有着深远的影响。

航空电子信号的工作频段主要有短波、超短波两个频段，具体划分如下。①短波频段：2～30MHz。②超短波频段：30～80MHz、100～150MHz、150～175MHz、225～400MHz。

短波频段主要用于飞机实施远程或超低空飞行时飞机与地面的通信联络，这些频段的传输距离远，可以在飞机和地面站之间传输语音和数据信息。

超短波频段主要用于飞机实施近程飞行时（飞行距离 400km 内范围），飞机与地面的通信联络、视距传输、空中交通管制、数据链传输等方面，是当前航空通信的主流。

3. 通信编码技术

通信编码技术是指对待传输的数据进行一定的处理（如添加冗余、映射等），以增强数据传输的可靠性和抗干扰性的技术。通信编码由编码器和解码器组成，编码器将原始数据编码成数字信号，解码器将接收到的数字信号解码为原始数据[6]。

航空通信编码主要的作用是为航空通信的高效性、可靠性和安全传输提供保障。

航空通信编码的主要方式如下。

（1）ACARS：一种基于 7 位 ASCII 码的字母数字编码方式，用于在飞行中进行机上、机地通信和数据传输，具有简单、快速、可靠、安全等优点。

（2）AMSS-1（aeronautical mobile-satellite service，航空移动卫星业务）：一种基于 8 位 ASCII 码的字母数字编码方式，用于在机载导航系统中传输数据，具有良好的纠错能力和数据完整性。

（3）VDL（very high frequency data link，甚高频数据链）mode 2（模式 2）：一种基于复杂调试和多级纠错的编码方式，具有高速率和高可靠性的航空业务通信编码方式，被广泛应用于空管和飞机之间的通信，具有灵活、实时、互动性强等特点。

（4）LDPC 码（low density parity check code，低密度奇偶校验码）：一种基于低密度奇偶校验码的编码方式，被广泛应用于卫星通信和航空电台中，具有良好的纠错性能和高效率。

（5）ADS-B（automatic dependent surveillance-broadcast，自动相关监视广播）：一种自动相关监视广播的编码方式，用于飞机定位和自动跟踪，以提高空中交通的安全性和效率。

以上是航空通信编码中常用的几种方式，不同的编码方式适用于不同的应用场景，可以根据具体需求进行选择。航空通信编码的应用不仅提高了航空业务的效率和可靠性，也保障了航空安全。

4. 数据链传输技术

航空数据链传输技术是一种用于航空领域的无线通信技术，主要用于飞机与地面控制中心、其他飞机以及地面设施之间的数据通信。航空数据链传输技术采用了一种数字化的通信方式，与传统的语音通信相比，航空数据链传输技术具有传输速度快、信息量大、准确性高以及保密性好等优点[7]。

航空数据链传输技术主要包括以下几种类型。

（1）VHF（very high frequency，甚高频）数据链（VDL）：基于 VHF 频段的数字通信系统，用于在起降等接近机场时实现短距离数据通信。

（2）高频数据链（high frequency data link，HFDL）：基于 HF 频段的数字通信系统，用于在远距离飞行、海洋区域和极地地区等无法使用卫星通信的情况下实现长距离数据通信。

（3）ADS-C（automatic dependent surveillance-contract，自动相关监视-合同式）：一种基于卫星通信的飞行管理系统，用于自动上传飞机的位置、高度和速度等信息，并接收地面控制中心的指令和建议，以实现更好的飞行控制。

除了上述技术外，航空数据链传输技术还包括其他的数字通信方式如航空电信网（ATN）、飞行员空管员数据链通信（controller-pilot data link communications，CPDLC）等数据链传输技术。航空数据链传输技术的不断发展和应用，将为航空通信提供更多的优越性能和服务，提高通信效率和安全性，更好地满足航空安全的需要。

5.1.2 调制与解调

调制是指在发送端将基带信号（包含传输信息的有效信号）加载到某个载波（通常为高频的正弦波或余弦波）的过程，得到的信号称为已调信号。解调是调制的逆过程，在接收端通过某种信号处理手段从已调信号中得到基带信号。

调制技术通常分为两种类型：模拟调制和数字调制。模拟调制是将数字信号转换为模拟信号的传统方法，常见的模拟调制技术有调幅（amplitude modulation，AM）、调频（frequency modulation，FM）和调相（phase modulation，PM）等。数字调制则是将数字信号直接转换为调制信号的方法，常见的数字调制技术有振幅移位键控（amplitude shift keying，ASK）、频率移位键控（frequency shift keying，FSK）、相移键控（phase shift keying，PSK）和正交振幅调制（quadrature amplitude modulation，QAM）等。解调则是调制的逆过程，因此，相应的解调方式取决于采用的调制方式。通信调制与解调是数字通信中非常重要的两个过程，它们是数字通信系统中的基础技术，也是数字通信系统能够实现高速、高效传输的关键。

1. 信号调制

与传统通信领域相比，航空通信系统的调制需要满足高效率、高可靠性、强抗干扰能力、适应不同频段和被地面站接收等多方面的需求。当前，常用的航空通信系统调制方法主要如下。①幅度调制：在航空频段（航空电台发射和接收的频率范围）内，使用单边带 AM 调制技术，由于其抗干扰能力强，因此被广泛采用。②频率调制：在一些特殊应用场合如导航设备中也会使用 FM 调制，但在航空语音通信中没有广泛采用。③相移键控调制：是以相位差异为基础的数字调制方式。在航空通信中，常用的调制方式包括 BPSK（binary phase shift keying，二进制相移键控）、QPSK（quadrature phase shift keying，四进制相移键控）等，由于其具有简单的硬件实现和高效率的数字信号处理优势，因此被广泛采用。

1）幅度调制

幅度调制技术是通过改变载波信号的幅度传输信息，将模拟信号与高频载波信号相乘，使得载波信号幅度随着模拟信号变化而变化。当信号传输到接收端时，接收器可以通过测量幅度变化来恢复原始模拟信号[1]。幅度调制模型如图 5.3 所示。图 5.3 中，$m(t)$为基带信号，即调制信号；k_a为比例常数，一般由调制电路的参数所决定。

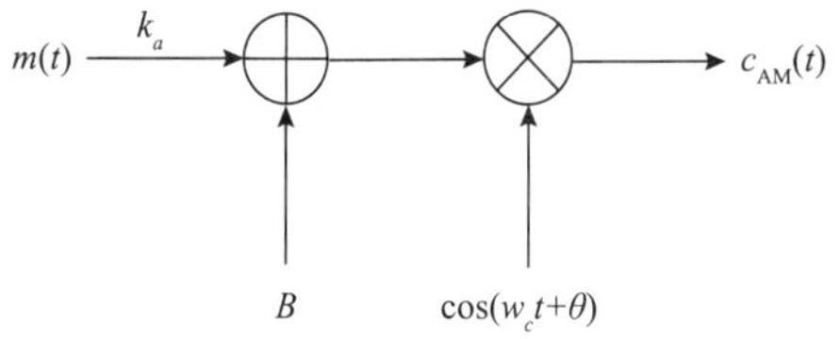

图 5.3 幅度调制系统模型

$c(t)$为载波信号，其表达式为

$$c(t) = B\cos(w_c t+\theta) \tag{5.1}$$

式中，B 为载波的信号幅值；w_c 为载波的角频率；θ 为载波的初始相位。根据幅度调制的定义，调幅信号时域表达式可以表示为

$$c_{\text{AM}}(t) = \left[k_a m(t) + B\right]\cos(w_c t + \theta) \tag{5.2}$$

幅度调制信号时域波形图如图 5.4 所示。

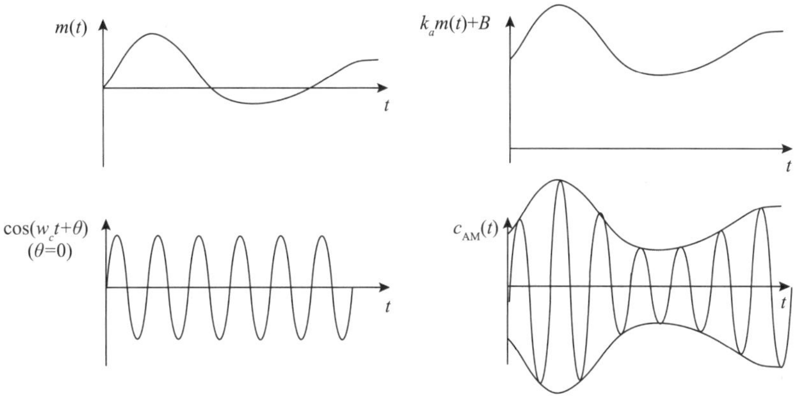

图 5.4　幅度调制信号时域图

由时域波形图可知，对基带信号进行相应的线性变换后，当满足条件 $k_a|m(t)|\leqslant B$ 时，已调制信号的包络与调制信号成比例，可以采用包络检波法恢复出原始的调制信号；当 $k_a|m(t)|\geqslant B$ 时，出现“过调幅”现象导致包络失真。

在单边带幅度调制中，载波信号的振幅被调制成与语音信号（或数据信号）的振幅成正比的模拟信号。然后，通过抑制或过滤掉其中的一侧带，产生只保留一个偏移侧带的单边带信号。这种调制方式具有抗干扰能力强、传输质量高等特点，因此被广泛应用于一些需要长距离通信、吞吐量不大且具有较高的语音及数据传输质量要求的系统中，例如民用和军用航空通信系统。

2）频率调制

频率调制技术是通过改变载波信号的频率来传输信息的，由于已调信号的频谱相比于原调制信号将产生新的频率成分，不再是原调制信号的线性搬移，因此，频率调制属于非线性调制的一种。频率调制是将模拟信号与高频载波信号相乘，使得载波信号频率随着模拟信号变化而变化。当信号传输到接收端时，接收器可以通过测量频率变化来恢复原始模拟信号。

频率调制系统模型如图 5.5 所示，基带信号经过积分器后与载波信号一起输入调相器，在调相器中基带信号控制载波的频率，实现频率调制，并输出最终调频信号 $c_{\text{FM}}(t)$。基于频率调制对噪声和失真的敏感性相对较低，并且可以提供比幅度调制更高的信号质量和抗干扰能力，在航空通信领域中，频率调制常被用于语音通信。此外，航空雷达中也会使用频率调制技术来检测远距离目标。

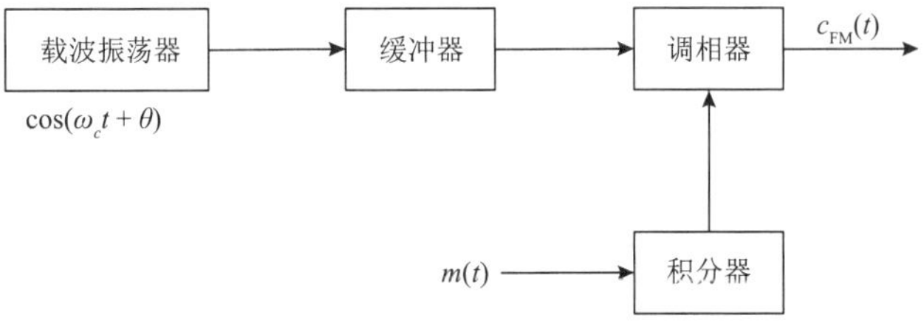

图 5.5　频率调制系统模型

3）相位移位键控调制

PSK 调制是一种数字调制技术，它将数字信号转换为相位调制的信号。在 PSK 调制中，数字信号被编码为不同的相位状态，然后与载波信号进行相位调制，以便传输和处理。航空通信中使用的 PSK 调制方式主要有 BPSK 和 QPSK 两种[1]。

BPSK 又称为二进制相移键控，是一种最简单的 PSK 调制方式，适用于数字通信。在 BPSK 调制中，每个点代表一个比特，0 对应于 0°相位差，而 1 对应于 180°相位差。

QPSK 又称为四进制相移键控，同样适用于数字通信。在 QPSK 调制中，每个符号传输两个比特，如以下四个点：00、01、10 和 11，分别对应着不同的相位值：0°、90°、180°和 270°。

利用 PSK 调制方式的航空通信技术可以提供高效、可靠的通信服务，BPSK 调制主要用于飞机与地面的数据链路通信，例如传输自动相关监视广播（ADS-B）等数据。而 QPSK 调制主要用于卫星通信和一些特殊应用场合，例如一些需要高速传输但频率资源有限的情况。

2. 信号解调

信号解调（demodulation）是指将经过调制的信号还原成原始模拟信号或数字信号的过程，它是信号调制的逆过程。在航空通信中，解调技术主要用于语音和数据通信两个方面。针对调制信号的不同，信号解调分为模拟信号解调和数字信号解调。

1）模拟信号解调

模拟信号解调是将经过调制的模拟信号还原为原始基带信号的过程。模拟信号的解调通常分为两个步骤：检波和滤波。

（1）检波：检波是将经过调制的信号转换为其原始的基带信号的过程。检波通常使用二极管检波器或放大器检波器来实现。二极管检波器将信号整流并平滑处理，而放大器检波器则将信号放大并滤波，以便还原原始的基带信号。

（2）滤波：滤波是将检波后的信号中的高频成分去除，以还原原始的基带信号。滤波通常使用低通滤波器来实现。低通滤波器将高频成分去除，并将信号平滑处理，以还原原始的基带信号。

模拟信号的解调通常用于模拟调制技术中，如调幅（AM）、调频（FM）、调相（PM）等。

2）数字信号解调

数字信号解调是将经过调制的数字信号还原为原始数字信号的过程。数字信号解调通常分为两个步骤：信号采样和数字信号处理。

（1）信号采样：数字信号的解调需要对接收到的信号进行采样，以将连续的模拟信号转换为离散的数字信号。采样率需要满足奈奎斯特采样定理，即采样率要大于信号带宽的两倍。

（2）数字信号处理：常见的数字信号处理技术包括数字信号滤波、数字信号匹配滤波、数字信号锁相环等。

数字信号滤波是将数字信号中不关注的信号频率成分滤除，以还原原始数字信号的过程。数字信号滤波通常使用数字滤波器来实现。

数字信号匹配滤波是将接收到的数字信号与已知信号进行匹配，以还原原始数字信号的过程。数字信号匹配滤波通常使用相关器来实现。

数字信号锁相环是将接收到的数字信号与本地参考信号进行比较，以还原原始数字信号的过程。数字信号锁相环通常使用相位锁定环路（PLL）来实现。

数字信号的解调通常用于数字调制技术中，如二进制相移键控（BPSK）、四进制相移键控（QPSK）、八进制相移键控（8PSK）等。在解调过程中，需要根据不同的调制方式选择相应的解调方法和解调器件。

5.1.3　扩频通信

扩频通信技术是一种将信号在频率上进行扩展的通信技术。它通过在发送信号中引入较高的频率扩展码，将信号的频谱分散到较宽的带宽范围内。这种扩展的信号在传输过程中具有较低的功率密度，使得信号更难被干扰和窃听，提高了通信系统的容量、抗干扰性和安全性。

1. 基本原理

扩频通信原理结构如图 5.6 所示，下面将详细阐述扩频通信的原理。

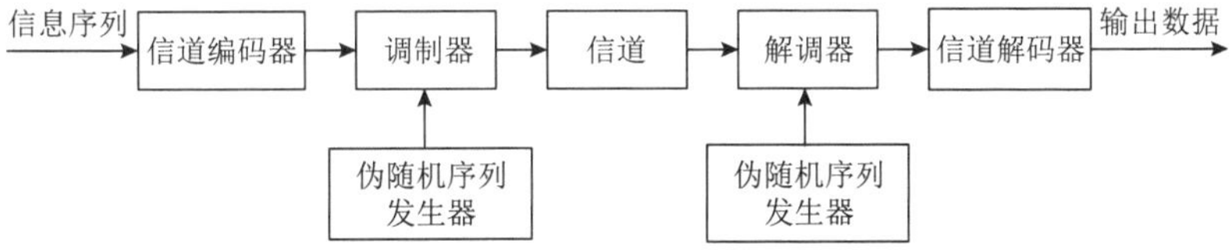

图 5.6　扩频通信原理框图

（1）扩频码生成：扩频通信使用的扩频码是一种伪随机的序列，通常由一个特定的算法生成。这个算法可以保证扩频码具有良好的相关性和随机性，以及在频域上的展宽特性。扩频码的比特率远高于原始信号的比特率。

（2）调制：发送端将原始信号进行数字化，并将其转换为比特序列，然后，发送端使用扩频码对比特序列进行调制。调制的方式可以是直接序列扩频（direct sequence spread spectrum，DSSS）或频率跳变扩频（frequency hopping spread spectrum，FHSS）。

DSSS 调制：发送端将扩频码与比特序列逐比特进行逻辑运算，得到扩展后的信号。具体来说，发送端将比特序列中的每个比特与扩频码中的对应比特进行逻辑运算，例如使用 XOR（异或）运算。这样，每个比特都被扩展成一个扩频码的序列，从而形成扩展后的信号。

FHSS 调制：发送端根据预定的频率跳变序列，周期性地改变信号的传输频率。具体来说，发送端将比特序列分为若干个时间窗口，在每个时间窗口内，使用不同的载波频率进行调制。接收端需要与发送端事先约定好相同的频率跳变序列，以便正确解调接收到的信号。

（3）信道传输：经过调制后的扩频信号通过无线信道进行传输。在传输过程中，扩频信号的能量被分散到较宽的频带范围内，使得信号对窄带干扰具有较强的抵抗能力。此外，扩频信号的能量在频域上的展宽也使得信号更加难以被窃听或干扰。

（4）解调：接收端首先对接收到的扩频信号进行解调，解调的方式与发送端的调制方式相对应，可以是 DSSS 或 FHSS。

DSSS 解调：接收端使用与发送端相同的扩频码对接收到的信号进行解调，恢复原始信号的比特序列。具体来说，接收端将接收到的信号与扩频码进行逻辑运算，例如使用 XOR 运算。这样，接收端可以恢复原始信号的比特序列。

FHSS 解调：接收端根据与发送端相同的频率跳变序列，按照相同的频率顺序进行接收，接收端需要在每个时间窗口内使用正确的载波频率进行解调，以恢复原始信号的比特序列。

（5）解调后处理：接收端解调后得到的比特序列经过解码和滤波等处理，最终恢复为原始信号。

扩频通信允许多个用户在相同的频带上同时进行通信，提高了通信系统的容量，同时，扩频信号具有较强的抗干扰能力和较高的安全性，使得扩频通信技术在无线通信领域得到广泛应用。

根据香农公式：

$$C = W\log_2\left(1+\frac{S}{N}\right) \tag{5.3}$$

式中，C 为信道容量（用传输速率度量）；W 为信号频带宽度；S 为信号功率；N 为噪声功率。由式（5.3）可知，如果保持信道容量 C 不变，增加频带宽度可以换来信噪比 S/N 的减小，即可通过增加频带宽度的方法，在较低的信噪比情况下传输信息，这就是扩频通信的理论基础。如果展宽信号频谱，单位频带内的功率就会变小，即信号的功率谱密度将变低，甚至低于噪声的功率谱密度，使敌方难以在背景噪声中检测出信号，所以扩频技术在军用测控中得到广泛应用[8]。

扩频通信技术主要有两种实现方式：直接序列扩频和频率跳变扩频，下面对其进行详细说明。

2. 直接序列扩频

直接序列扩频是直接将窄带信号的带宽扩展，图 5.7 是直接序列扩频系统的原理框图，发送端将原始信号通过一个伪随机序列（也称为扩频码）进行调制。扩频码的比特率远高于原始信号的比特率，将原始信号的每个比特扩展为多个扩频码比特。这样，原始信号的能量在频域上被分散到更宽的频带中，使得信号在频域上分布更广，接收端通过与发送端使用相同的扩频码进行解调，将扩展后的信号恢复为原始信号[9]。

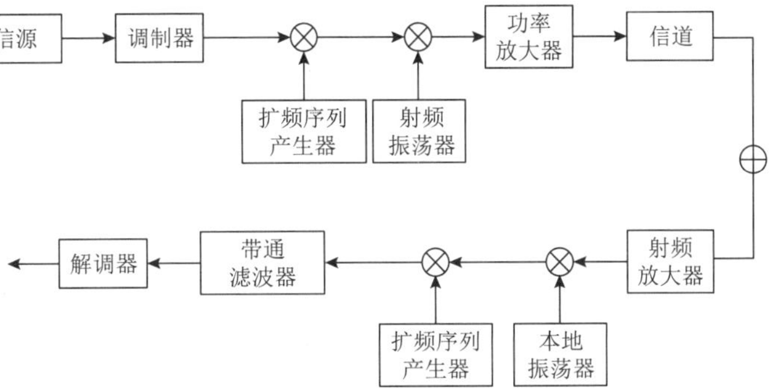

图 5.7　直接序列扩频系统原理

扩频通信的能力取决于扩频增益，又称处理增益，即相对于未扩频的信号，带宽增加的倍数。采用的扩频序列越长，频谱扩展的倍数越大，扩频增益越大，扩频系统的性能越好。

直接序列扩频的特性包括：①抗窄带干扰，窄带干扰宽带化，落在信号带宽内的能量大幅减小；②抗多径，直接序列扩频有路径分离的能力，接收的信号包含了多个路径信号的叠加，解扩器同步到最强路径，其他路径当作干扰；③抗截获性好，如果在接收机输入端，直扩信号的功率谱密度低于接收机热噪声功率谱密度或与之相当，则接收机一般检测不到直扩信号。

3. 频率跳变扩频

传统的无线通信系统，发射机和接收机工作在单次通信过程中，载频一般是保持不变的。跳频系统则是在单次通信中，载频在多个频率上跳变。如图 5.8 所示是跳频系统的组成。

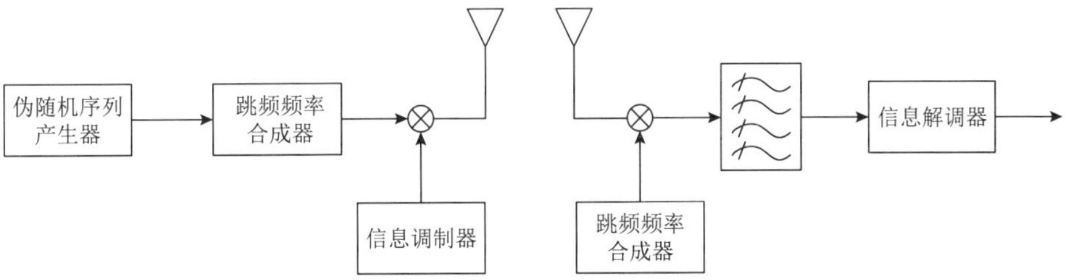

图 5.8　跳频系统的组成

跳频系统中的频率合成器由伪随机序列产生器进行控制，使得载频按一定规律跳变。接收端和发射端是相同的本地伪随机序列，控制本地频率合成器对接收信号进行下变频，得到中频信号后进行解调，可以恢复发送的数据信息。只要发送端和接收端的频率合成器控制频率跳变的规律相同且同步，就可以将接收到的跳频信号转换为固定频率的中频信号[10]。

频率跳变扩频的特点是抗干扰性强，以一定的频率跳变载波频率，使得信号对窄带干扰具有较强的抵抗能力。即使某个频率上发生了干扰，信号也可以快速跳变到其他频率上，从而避免受到干扰的影响。频率跳变扩频信号具有较高的安全性，由于跳变频率的序列是事先约定好的，只有知道正确的跳变规律的接收方才能正确地解调信号，这样可以有效防止未经授权的用户窃听或干扰通信。频率跳变扩频技术允许多个用户在相同的频带上同时进行通信。每个用户使用不同的跳变序列进行跳变，从而实现多用户的接入。

5.2　导航信号特征分析

导航信号是卫星导航系统的核心组成部分，同时是实现定位、导航和定时等功能的重要基础。导航信号的产生需要通过发射机和天线进行协同操作，将信号传输到接收机并进行解调解码，从而获得定位和导航等信息。

5.2.1　卫星导航

卫星导航信号由三种信号分量构成，包括载波信号、测距码信号和导航消息信号[11]，导航信号工作过程如图 5.9 所示。

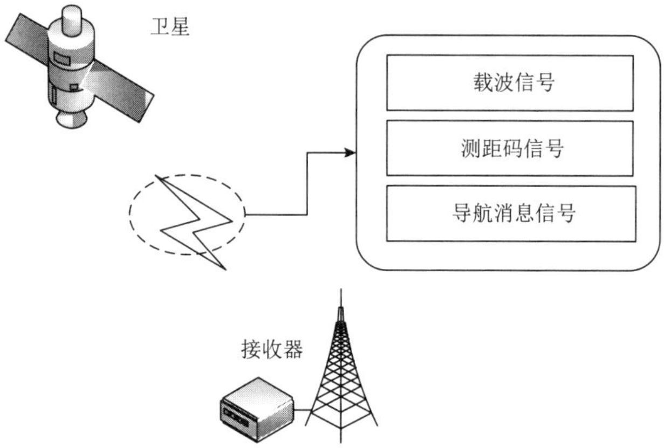

图 5.9　导航信号工作示意图

载波信号对应的关键要素是载波频率和调制方式。载波频率是由卫星基准时钟按一定的比例关系控制而产生的，卫星导航系统通常使用多个频段来传输不同类型的信号，常见的包括 L1、L2、L5、E1、E5 等频段。调制方式是表达信息的方式，主要包括 BPSK、QPSK、连续相位调制（continuous phase modulation，CPM）、二进制偏移载波（binary offset carrier，BOC）调制等。其中 BPSK 和 BOC 调制最为常用。

测距码信号对应的关键要素是扩频码率、码型和码长，它是一种高速率的伪随机噪声码（pseudo random noise，PRN），常用的有 C/A 码（coarse/acquisition code）和 P 码（precise code）。C/A 码是用于进行粗略测距、捕获 P 码的粗码，相应的码元宽度为 293.05m，使用 C/A 码来定位得到的定位精度约为码元宽度的 1%，即±(2～3)m。P 码是精确测定从卫星到用户接收机距离的测距码，也称精码。相应码元宽度为 29.3m，P 码测距精度为 0.3m。

导航消息是描述卫星与接收机之间距离、速度、位置等信息的有效载荷，也是实现卫星导航系统的关键组成部分。导航消息信号是一种低速率的信号码，用于传送卫星星历、卫星时钟修正参数、卫星工作状态、遥测信号、时间系统参数、群延迟改正参数、完好性信息等导航数据。卫星通过广播方式将导航消息传输到接收机，接收机通过解码来获取导航消息。

目前，主要的卫星导航系统包括全球定位系统（global positioning system，GPS）、格洛纳斯卫星导航系统（global orbiting navigation satellite system，GLONASS）、伽利略卫星导航系统（Galileo navigation satellite system）和北斗卫星导航系统（Bei Dou navigation satellite system，BDS）等，下面通过介绍北斗卫星导航系统的相关参数来介绍导航信号的特征。

北斗卫星导航系统是中国自行研制的全球卫星导航系统。于 2017 年开始建设的全球卫星导航系统——北斗三代卫星导航系统，目前已经基本构建完成并投入使用，标志着我国成为世界上第四个拥有全球卫星导航系统的国家或地区[12]。

北斗三代卫星导航系统目前提供公开服务的信号主要有 B1I、B1C、B2a、B2I 和 B3I 导航信号。其中，B1C 信号是北斗三代新播发的信号；B2a 信号将逐渐取代 B2I 信号，成为北斗卫星导航系统的主要公开服务信号；B1I 信号和 B3I 信号将分别作为 B1、B3 频点的公开服务信号保留。这些导航信号主要通过载波、扩频码、导航电文等以复包络的形式调制生成[13]。

$$s(t) = A_d C_d(t) D(t) \cos(2\pi f t + \phi) + A_p C_p(t) \sin(2\pi f t + \phi) \tag{5.4}$$

式中，A_d 为数据信道的幅值；A_p 为导频通道的幅值；C_d 为数据信道的扩频码；C_p 为导频通道的扩频码；D 为导航电文；f 为载波频率；ϕ 为初始载波相位。图 5.10 为北斗三代卫星导航系统信号的生成示意图[13]。

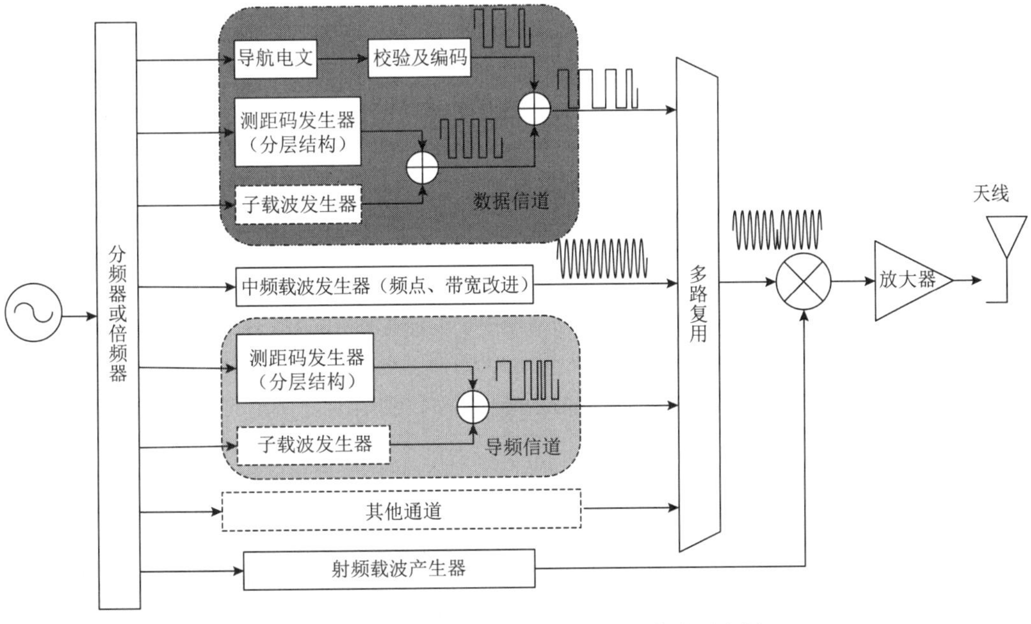

图 5.10　北斗三代卫星导航系统信号生成示意图

B1I 信号的载波频率为 1561.098MHz，B1C 信号的载波频率为 1575.42MHz，均采用数据与导频正交的信号结构。数据分量由导航电文和测距码经子载波调制产生，采用正弦 BOC(1,1)调制。导频分量由测距码经子载波调制产生，采用 QMBOC(6,1,4/33)调制[14-17]，QMBOC 在时域上将 BOC(1,1)信号与 BOC(6,1)的子载波分别调制在两个彼此正交的相位上，这样可以有效避免两分量之间相关分量的影响。QMBOC 调制作为我国自主研发的一种新的调制方式，为北斗卫星导航系统的建设作出了重要贡献。

B2a 信号的载波频率为 1176.45MHz，采用数据与导频正交的结构（QPSK），数据分量由导航电文数据和测距码调制产生，采用 BPSK(10)调制。导频分量仅包括测距码，也采用 BPSK(10)调制。导频分量与数据分量的功率比为 1∶1。B2b 信号的载波频率为 1207.140MHz，是军用信号，采用 QPSK(10)调制方式，并使用精密加权码（PD）编码。

B3I 信号的载波频率为 1268.52MHz，带宽为 20.46MHz，采用 BPSK 调制，测距码的速率为 10.23Mcps，码长为 10230，由两个线性序列 G1 和 G2 截短、模二和生成 Gold 码后再截短产生。

B1C 信号和 B2a 信号的测距码结构相同，均由主码和子码异或构成。主码速率为 1.023Mcps，码长为 10230，由长度为 10243 的 Weil 码通过截断获得。主码共有 126 个，即数据码和导频码各 63 个。B1C 导频分量的子码长度为 1800，由长度为 3607 的 Weil 码通过截断得到，生成方式与主码相同，共 63 个。

根据速率和结构的不同，北斗卫星导航系统的导航电文分为 D1 导航电文和 D2 导航电文。D1 导航电文速率为 50bps，并调制有速率为 1Kbps 的二次编码，内容包含本卫星基本导航信息、全部卫星历书信息、与其他系统时间同步信息等基本导航信息；D2 导航电文速率为 500bps，内容包含基本导航信息、差分及完好性信息和格网点电离层信息。

北斗 B1C 信号的频点与 GPS L1C 信号和 Galileo E1 OS 信号的频点相同，而 B2a 信号和 B3I 信号的频段与其他卫星导航系统的信号频段均有部分重叠，有利于增强北斗与其他卫星导航系统之间的互操作性。

北斗卫星导航系统采用 CDMA（code division multiple access，码分多址）技术进行信号传输，因此其信号带宽比 GPS 系统更宽。在 B1 频段，北斗导航系统的信号带宽为 24.576MHz，其中包含了 2048 个伪随机噪声码；在 B3 频段，信号带宽为 30.72MHz，其中包含了 3072 个伪随机噪声码，这样的带宽设计可以提高北斗卫星导航系统的抗干扰能力和多路径效应抑制能力。

北斗卫星导航系统采用了动态功率控制技术，可以根据用户需求和信号传输环境的变化，调整信号的发射功率。在北斗卫星导航系统的信号分配方案中，导航信号和数据信号的功率分配比例为 3∶1，这样可以保证导航信号的优先传输，提高导航精度和可靠性。

5.2.2 塔康导航

战术空中导航系统（tactical air navigation system），简称塔康（TACAN），是一种飞机无线电近程导航设备，采用极坐标体制定位，能在一种设备、一个频道上同时测向和测距。系统工作时，机载设备指示器自动而连续地显示信标台磁方位角及信标至飞机的斜距。塔康系统由于其测距精度高、可靠性高等优势，已经成为重要的军用飞机导航设备，在美军的部队，主要的作战飞机几乎都配备了塔康机载设备。在我国，主要的作战机种也基本上配备了塔康机载设备，塔康系统是我国国防系统中不可或缺的组成部分[18]。

塔康系统有两个重要组成部分：地面信标台（地面台）和机载设备。地面信标台和机载设备分别有发射机和接收机，通过无线电信号传输进行测距和测角。地面台也可以设置在航空母舰上，与惯性导航系统、卫星导航系统等一起，共同为舰载机提供空中定位和归航引导。

机载设备与塔康地面信标台构成塔康系统。塔康系统是一种采用脉冲调制计数的极坐标（ρ, θ）系统。其距离（ρ）测量基于二次（有源）雷达测距原理。方位（θ）测量是通过旋转地面信标天线得到一个旋转的多波瓣方向性图，提供粗测、精测方位信息。图 5.11 表示飞机在塔康系统中根据地面信标台提供的方位信息和参考脉冲测量出的塔康方位角 θ 和飞机与地面台的距离 D[19]。

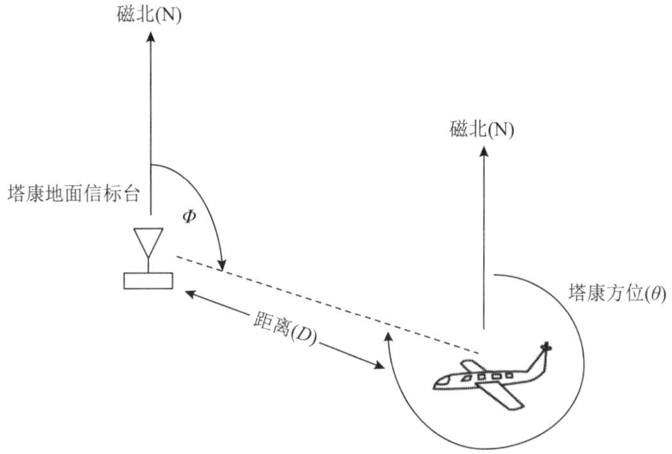

图 5.11　距离和方位测量

1. 距离测量原理

机载设备以 80～120Hz（距离搜索状态）或 20～30Hz（距离跟踪状态）的速率发射询问脉冲信号，塔康地面信标台接收到询问脉冲信号，延时一个固定时间后，向机载设备发射应答脉冲信号。机载设备接收到地面信标台发射的应答脉冲信号，测量出询问脉冲与应答脉冲之间的时间间隔，通过式（5.5）即可计算出机载设备与地面信标台之间的距离。

$$D = \frac{1}{2}C(t - T_0) \tag{5.5}$$

式中，C 为电波在自由空间中的传播速度，取光速 3×10^8 m/s；T_0 为地面信标台固定延时时间（μs）；t 为询问脉冲和应答脉冲之间的时间间隔（μs）。由于飞机在距地球表面一定的高度飞行，机载设备测量出飞机相对于地面信标台的距离是斜距，在远区（飞行高度<<斜距）可将 D 近似认为是飞机在地面的投影点与地面信标台的距离。

2. 方位测量原理

方位信息的测量是飞机将塔康地面信标台当成一个灯塔，机载设备向周围进行全方位光线发射，并且完成自磁北方向顺时针旋转光束的发射。如果能完成从全方位光线到旋转光束发射的时间间隔记录，同时知道光束旋转速度，便可完成飞机方位角的计算。塔康设备发射的信号为低频信号，分为脉冲包络信号和测角基准信号。脉冲包络信号随径向方位变化而变化。测角基准信号和脉冲包络信号的相位差由飞机方位决定，飞机与地面信标台间的方位角与机载塔康设备所接收到的测角基准信号和脉冲包络信号之间存在的相位差呈对应关系，经过解算处理就可以获得飞机相对于地面信标台的方位角[19]。

塔康导航系统的射频载波频率为 960～1215MHz，提供 X、Y 两种波道模式，一共有 252 个波道，编号：1X～126X、1Y～126Y。塔康导航系统产生钟形脉冲，脉冲宽度为（3.5±0.5）μs。塔康导航系统由两个脉冲群组成，分别为主基准脉冲群和辅基准脉冲群。

主基准脉冲群对 X 波道由 12 个脉冲对组成，脉冲对间隔为(30±0.1)μs；对 Y 波道由 13 个单脉冲组成，脉冲间隔为(30±0.1)μs。主基准脉冲群重复频率为(15±0.03)Hz。

辅基准脉冲群对 X 波道由 6 个脉冲对组成，脉冲对间隔为(24±0.1)μs；对 Y 波道由 13 个单脉冲组成，脉冲间隔为(15±0.1)μs。辅基准脉冲群重复频率为 135Hz。

X 波道脉冲间隔为(12±0.1)μs，Y 波道脉冲间隔为(30±0.1)μs。图 5.12 为 X 波道询问模式脉冲示意图。

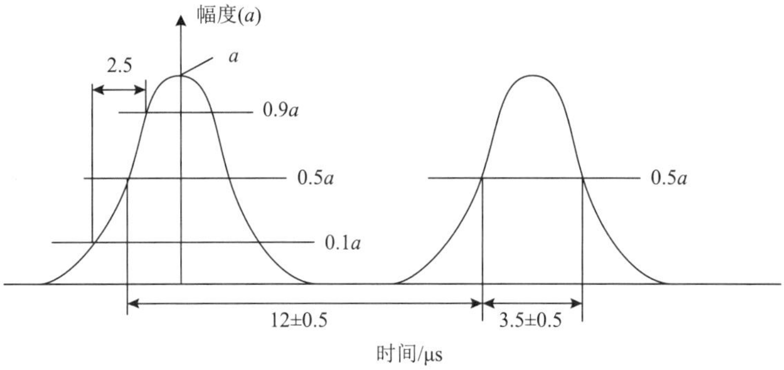

图 5.12　X 波道询问模式脉冲示意图

询问模式和应答模式的地空模式下，X 脉冲间隔为 12μs，Y 脉冲间隔为 36μs；空空模式下，X 脉冲间隔为 12μs，Y 脉冲间隔为 24μs。

在信号结构上，时间上主、辅基准群重合位置，只出现主基准群，而不出现辅基准群。主、辅基准群之间插入询问脉冲对、应答脉冲对、随机填充脉冲对等信号。

5.2.3　仪表着陆系统

仪表着陆系统（instrument landing system，ILS）是目前应用最广泛的飞机精密进近和降落导引系统，它是一种可以在低云、低能见度气象条件下，使用无线电信号以及高强度灯光阵列来为飞机安全进近降落提供精密引导的陆基仪表进近系统。为了保证一定的精确度，需要飞行校验组织每隔一定时间使用特别改装的飞机对 ILS 的关键参数进行校准和验证。ILS 主要是通过地面发射的两束无线电信号实现航向道和下滑道的指引，建立一条由跑道指向空中的虚拟路径，飞机通过机载接收设备确定自身与该路径的相对位置，使飞机沿正确的方向飞向跑道并且平稳下降，最终实现安全降落。

仪表着陆系统通常由一个甚高频（VHF）航向信标台、一个特高频（UHF）下滑信标台和几个甚高频（VHF）指点标组成。航向信标台给出与跑道中心线对准的航向面，下滑信标台给出仰角为 2.5°～3.5°的下滑面，这两个面的交线即仪表着陆系统给出的飞机进近着陆的准确路线。

ILS 主要有两个子系统：一个提供水平引导（航向台，localizer/LOC），另一个提供垂直引导（下滑台，glide slope/glide path/GS）。通过两个子系统的配合，飞机可以准确降落在跑道上。航向台天线一般都是水平排列的，下滑台是垂直的。

航向台的天线一般是多定向天线，频段为 108.10～111.95MHz，间隔 0.05MHz，但十分位为奇数。使用时发送两个信号，一个调制成 90Hz，另一个调制成 150Hz，由独立且安装在一起的天线发送。每个天线都发送一束狭窄的波束，一个在跑道中心线略左边，另一个在中心线略右边，如图 5.13 所示。

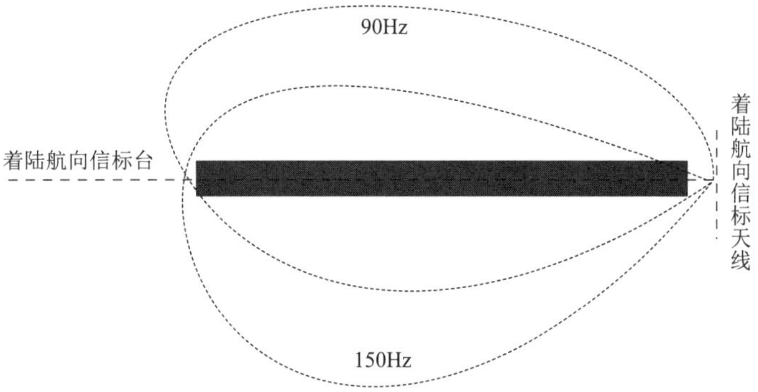

图 5.13　航向台波束

下滑台天线安装在跑道的接地区，其信号使用频段为 328.6～335MHz，与航向台一一对应。下滑台信号的中心线一般设为与跑道呈 3°，波束深 1.4°。与航向台相似，一束比下滑道高 0.7°，另一束比下滑道低 0.7°。这些信号被显示在驾驶舱的仪表盘上。飞行员通过控制飞机使得仪表指针显示在正确的位置来保证飞机飞在 ILS 引导的航迹上，如图 5.14 所示。很多先进的飞机直接将 ILS 的信号输入自动驾驶系统，使得飞机能够自动进近[20]。

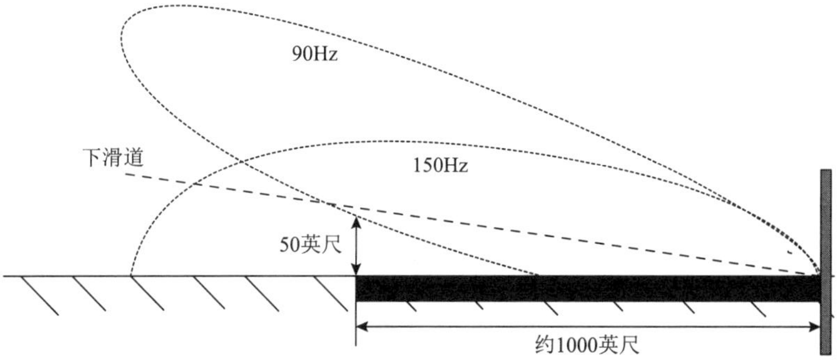

图 5.14　下滑台波束

1 英尺≈0.3m

有些机场还会安装有接收频率为 75MHz 的指点标，指点标的信号是灯光以及音响的提醒，分为外指点标（outer marker，OM）、中指点标（middle marker，MM）和内指点标（inner marker，IM）。

OM 安装在距离跑道入口 6.5～11.1km 处，调制频率为 400Hz，连续拍发每秒 2 划。驾驶舱中的指示是一个蓝色的闪烁灯，并且播放接收到的音频。该设置的目的是在中间以及最后进近阶段提供高度、距离以及设备运行情况的检查。OM 时常与机场远台安装在一起，叫作 LOM（locator outer marker，航向外指点标）。

MM 安装在距离跑道入口 0.9～1.2km 处，调制频率为 1300Hz，交替拍发点划，每秒 2 划，每秒 6 点。驾驶舱中的指示是一个琥珀色的闪烁灯，并且播放接收到的音频。MM 的作用是指示低能见度下的复飞点。MM 时常与机场近台安装在一起，叫作 LMM（locator middle marker，航向中指点标）。

IM 安装在距离跑道入口 75～450m 处，调制频率为 3000Hz，连续拍发每秒 6 点。驾驶舱中的指示是一个白色的闪烁灯，并且播放接收到的音频。IM 通常安装在Ⅱ类精密进近的决断高处[20]。

距离测量设备（distance measurement equipment，DME）为飞行员提供一个以海里为单位的距跑道的斜距。DME 在很多地方替代了指点标。DME 为飞行员在 ILS 下滑道时提供了更精确并且连续的监控信息，并且不需要在机场额外安装设施。当它和 ILS 合装时，DME 通常并不是安装在跑道头，而是考虑到各种误差，将其安装在一个能提供距跑道头距离误差最小的地方。当 DME 用于取代指点标时，必须有至少一台 DME 工作飞机才可以实施进近，而且对 DME 可用的要求必须标注在精密仪表程序中。

5.2.4　DME/P

DME 是国际民航组织批准的近程导航系统之一，它由机载询问器和地面应答器组成。DME 通过测量脉冲信号的发射和接收时差而获得飞机到地面的斜距。当飞机的飞行高度远小于到地面台的斜距时，可将 DME 测得的斜距作为飞机到地面台的平距[21]。

精密测距装置（DME/P）是微波着陆系统（MLS）的一个必要组成部分，提供精密测距功能。精密测距装置是与微波着陆系统配合使用的无线电着陆导航设备，为每架进场飞机提供相对于引导点的飞机三维位置信息，保障飞机按要求轨迹进场、着陆和滑跑，实现自动进场着陆。

DME/P 测距采用“询问/应答”式双程脉冲测距原理，系统工作时，机载设备发出询问脉冲对，并开始计时，询问信号以光速 c 通过距离 R 到达地面信标天线，进入接收机，地面信标台收到信号后，经过系统固定延时由发射机发出回答脉冲对，回答信号又通过距离 R 到达机载设备天线，进入机载设备接收机。如图 5.15 所示，机载设备从发出询问脉冲对至接收到相应的回答脉冲对所测得的总时间 t_T 为信号往返距离 $2R$ 所需的传播时间 $2t_R$ 与系统固定时间延迟 t_0 之和，即 $t_T=2t_R+t_0$，又因为 $R=ct_R$，所以飞机到地面信标台的距离如式(5.6)所示：

$$R = \frac{1}{2}c(t_{\mathrm{T}} - t_0) \tag{5.6}$$

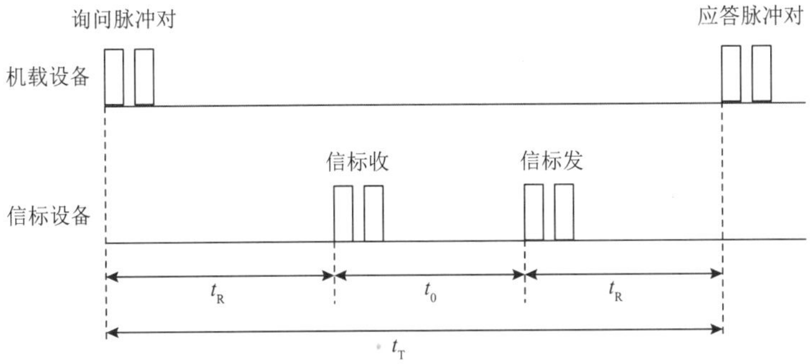

图 5.15　DME/P 测距原理图

DME/P 系统由地面应答设备和精密测距机载询问器组成，它改进了 DME 在多路径影响下的信号跳变精度问题，增加新的信道与 C 波段的 200 个 MLS 工作波段严格配对使用，并与 DME 兼容[21]。

典型的 DME/P 地面信标应答器的结构如图 5.16 所示，可将它看作是由两个独立的应答器组成：一个用于回答固定询问（fixed answer，FA）方式询问，另一个则用于回答交互询问（interactive answer，IA）方式询问。每个应答器均由接收机、信号处理电路和发射机组成。两个应答器共用一个接收机，用于接收 IA 方式和 FA 方式询问。

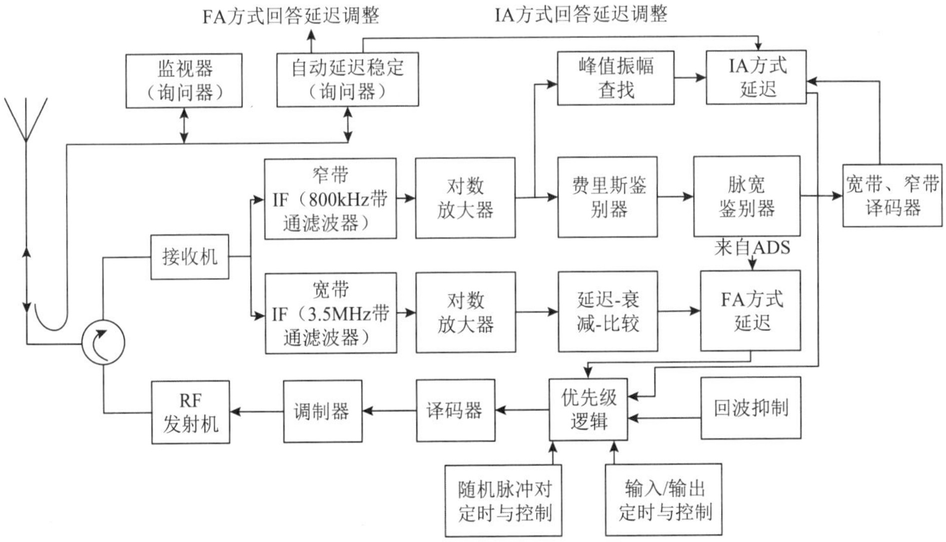

图 5.16　DME/P 地面信标应答器的结构图

典型的 DME/P 系统机载询问结构如图 5.17 所示，它由接收机、信号处理电路、发射机及其 IA、FA 方式编码器等组成。

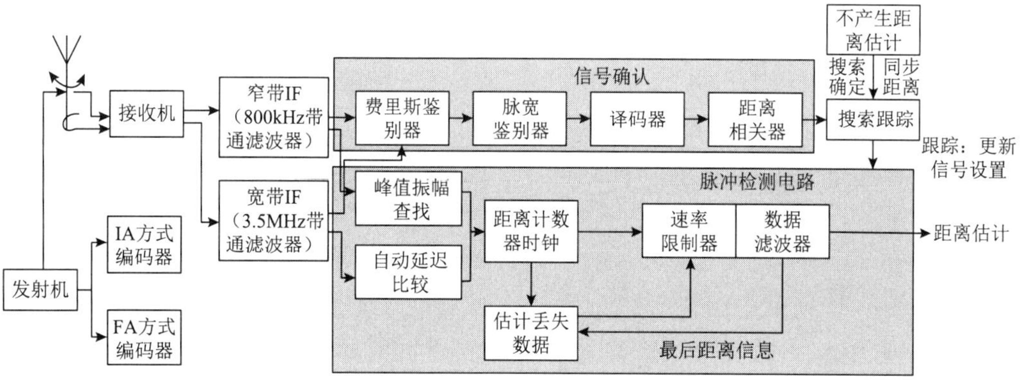

图 5.17　DME/P 系统机载询问结构图

5.2.5　微波着陆系统

微波着陆系统（MLS）是时基扫描波束微波着陆系统的简称，用于加强飞机的进场着陆引导功能，实现飞机在复杂气象条件下的安全着陆。1928 年，国际民用航空组织制定 MLS 标准，和 ILS 一样，对于飞机相对跑道位置的数据都采用空中导出方法，就是指飞机的制导信息是通过机载接收机接收和处理空中信号后，计算出其相对于跑道的坐标位置关系而获得的。在这种系统中，位于跑道附近的地面台向空间定向发射经过某种角度编码的射频信号。信号覆盖区内的飞机接收到这一信号，通过处理后得到其所在空间的角位置数据。这些数据被送到专门的指示器，提供飞机进近着陆指示，也可以送到飞机的自动驾驶仪，操纵飞机实现自动进近着陆。

为了弥补 ILS 的不足，微波着陆系统应有更高的制导精度和更大的工作覆盖区，航空无线电技术委员会和国际航空运输协会制定的微波着陆系统的工作覆盖区要求如图 5.18 所示[22]。

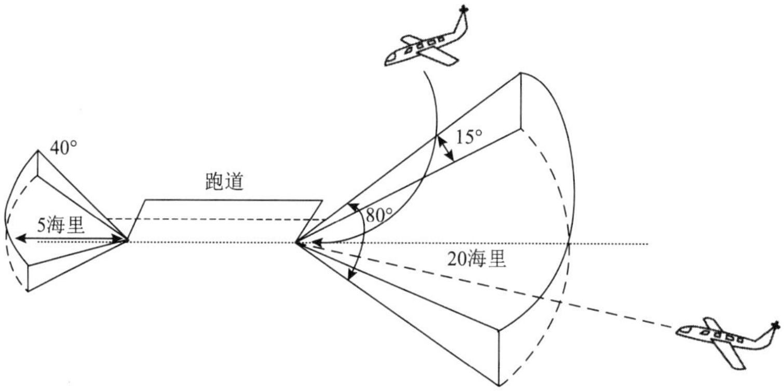

图 5.18　微波着陆系统的工作覆盖区

1 海里≈1852m

微波着陆系统由机载设备和地面台站组成，具体由方位制导台、仰角制导台、拉平制导台、精密测距装置和基本数据传送系统组成。典型微波着陆系统组成示意图如图 5.19 所示[23]。其中，方位制导和仰角制导统称为角度制导，是功能实现的主体，也可以增加扩展功能，如增设复飞和飞机离场时的反方位制导、拉平制导，以及增宽方位制导扇区和增加辅助数据传送系统。

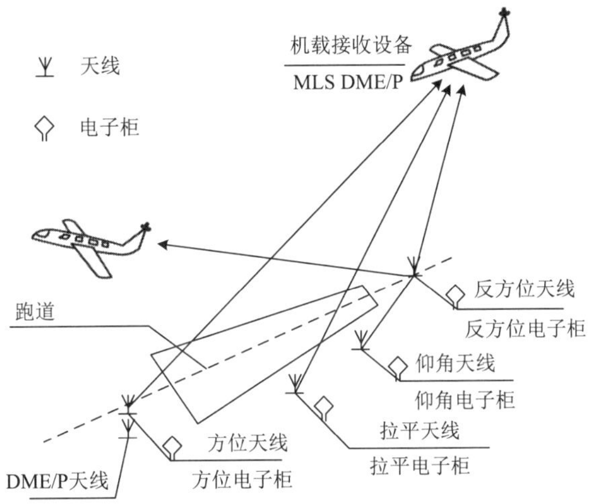

图 5.19 微波着陆系统组成

方位制导由方位电子柜和方位天线柜组成，方位天线一般和精密测距装置应答器一起安装在跑道终端跑道中心线的延长线上，用于提供进近飞机在水平面的引导。方位制导设备的功能与 ILS 航向台的功能相同，但它所提供的方位覆盖范围相对于扫描中心线通常有±40°。

仰角制导由仰角电子柜和仰角天线柜组成，一般安装在跑道入口处的跑道一侧，用于提供进近飞机在水平面的引导，可提供驾驶员选择的下滑角范围宽至±15°。在方位覆盖区域内，飞机可以在仰角制导的范围内任何下滑航道上得到精密的引导。

角度制导功能和数据传送功能都工作在 C 频段的 5031～5090.7MHz 范围内，共有 200 个间隔为 300Hz 的频道，每条跑道上的 MLS 选定某一频道工作。方位制导信号、仰角制导信号和数据字信号都安排在同一信号格式内，飞机上只需安装一部接收机便可以将角度制导的全部功能和数据字解码后识别出来。

反方位台与方位台的工作原理一样，只是安装在跑道的另一端（跑道入口处），用来从背向制导飞机起飞、复飞或离场。国际民用航空组织把反方位台的最小工作距离规定为 5 海里①，一般设计为 10 海里。

拉平制导台用来保证飞机进入跑道拉平至主轮接地的着陆过程，一般用于Ⅲ类进近着陆，这种条件下能见度为零。拉平制导台的作用是提供进近飞机在拉平阶段离地面的高度信息，其工作原理与仰角台近似。不同的是，拉平制导台的水平覆盖范围为±10°，垂直覆盖区延伸到 7.5°处，作用距离为 5 海里。拉平制导台工作频率处于 Ku 波段，为 15400～15700MHz。

① 1 海里≈1852m。

机载微波着陆设备用于接收地面发射的引导信息，精确测量飞机的到台距离，引导飞机按正确的下滑路径进近着陆。机载微波着陆设备在各型飞机上的组成大同小异，主要是在具体型号上的差异，在飞机上的主要配置为：接收机、控制盒、航向下滑天线、耦合器、转换盒等。

飞机在进近着陆时，由机场地面台中方位台和仰角台的天线分别发出左右和上下扫描的扇形波束，机载接收设备收到相应波束信号后，测量两个波束信号经过飞机的时间间隔，这个时间间隔与飞机偏离飞机跑道中心线和离地的仰角成正比，由此得到飞机相对于跑道的方位角、俯仰角等信息，以引导飞机安全着陆。

5.3 识别信号特征分析

识别信号是一种在航空领域电子系统中普遍存在的信号，其可用于对自身相关信息的识别、航空环境信息的识别、敌我识别等方面。本节从最常见的机载识别设备出发，介绍识别信号的工作原理以及信号特征。

5.3.1 原理概述

在航空领域，机载识别系统分为两大类。第一类是应用于与“友方”通信的设备，这种设备主要是用于飞机与地面控制中心的通信，控制中心可以发射相关的询问信号，飞机通过机载识别设备捕捉到信号后进行回应，报告地面控制中心当前飞机的状态。第二类是应用于识别“危险”的设备，这里的识别设备主要有两种，第一种是用于飞机自我保护的设备，第二种是用于敌我识别的设备[1]。

1. 二次雷达应答机

地面控制中心通过雷达信标系统来完成对飞机的管控，雷达信标系统分为一次雷达和二次雷达。一次雷达的作用是提供飞机距离、方位等信息，但一次雷达只能捕获其覆盖范围内反射信号的目标，没有办法分辨是我方飞机还是敌方飞机。二次雷达则是配合机载的应答机完成飞机代码、飞行高度、飞机状态等信息的获取，其可以通过获取飞机代码的方式进行相关识别。二次雷达作为空中交通管制的一种设备被广泛使用，是实现航空管制监视的主要手段[24]。

二次雷达应答机是最常见的一种“友方”通信识别设备，它用来接收、识别地面二次雷达的询问信号，并做出相应的回答。二次雷达应答机是一种全固态化的 A/C 模式应答机，它可以在各种复杂的气候条件下，在 1.85～370km 范围内，快速、稳定、连续地与地面二次雷达完成通信。整个通信过程采取问答的工作方式，地面二次雷达发射机产生对应的询问脉冲信号，再由天线辐射到空中，机载应答设备接收到询问信号后，经过相关的信号处理，针对询问信号产生对应的应答信号并发送到地面，地面的接收机接收到信号后，对信号进行相关的处理分析，即可获得飞机代码、飞行高度等信息，最后将数据发送到显示系统，即可直观地观察飞机相关信息。二次雷达工作于 L 波段，其询问信号的发射频率为

1030MHz，接收频率为 1090MHz，图 5.20 为二次雷达应答机工作过程图。

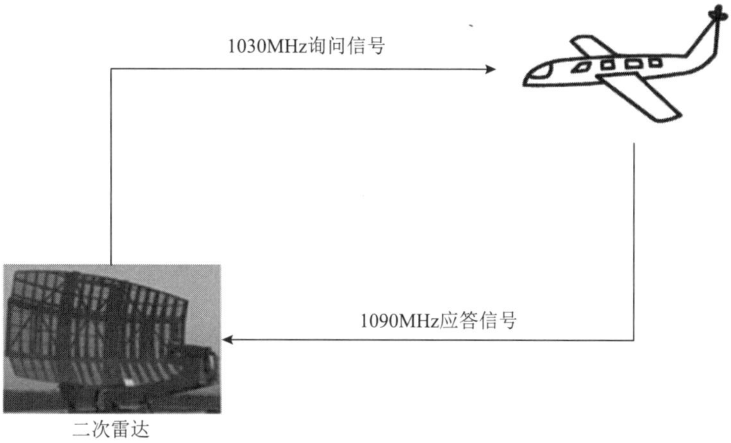

图 5.20　二次雷达应答机工作过程图

2. 空中告警与防撞系统

空中告警与防撞系统是一种常见的用于自我保护的机载识别系统，该系统最主要的功能是显示在飞机自身一定范围内其他飞机的飞行情况，并在处于危急状态时发出语音或视频警告，提醒机组人员要进行相应的避险操作，从而防止飞机撞机的发生。

防撞系统主要由空地通信交流收发机、S 模式应答机、决断显示器等部件构成，系统利用所装备的 S 模式应答机可以完成与地面管控中心通信的任务，应答机可以把飞机的代码、飞行高度，以及其他相关的飞行信息发送给控制中心，同时应答机还可以与周围的飞机进行信息的交互，通过与周围的飞机进行询问应答，以此来判断是否会有危险情况的出现。

防撞系统是一套能够完全独立于地面管控中心的机载设备，与二次雷达应答机相比，防撞系统是一套针对自身的保护系统，它通过与周围的飞机进行信息交互来确定当前的飞行是否处于安全状态。防撞系统是以飞机自身位置为参考建立了一个“保护区域”，并且该区域不是恒定不变的，而是根据周围飞机的飞行速度、飞行方向以及与我方飞机的相对位置来决定的。图 5.21 为简要的防撞系统示意图。防撞系统向周围发出 S 模式的询问信号，周围飞机的应答机接收到询问信号后进行回答，防撞系统收到回答信号后，获得周围飞机的相关信息，同时建立关于周围飞机的轨迹信息，将轨迹与飞机自身的信息进行对比分析，判断周围飞机对本机的危险级别，并进行精密计算，判断两架飞机会不会相撞以及如何规避，最后反馈给机组人员。表 5.1 为各种危险级别的对应表[25]。

表 5.1　危险级别对应表

危险类别	危险等级
NOPA	无威胁
PA	接近威胁
TA	交通警告
RA	决断警告

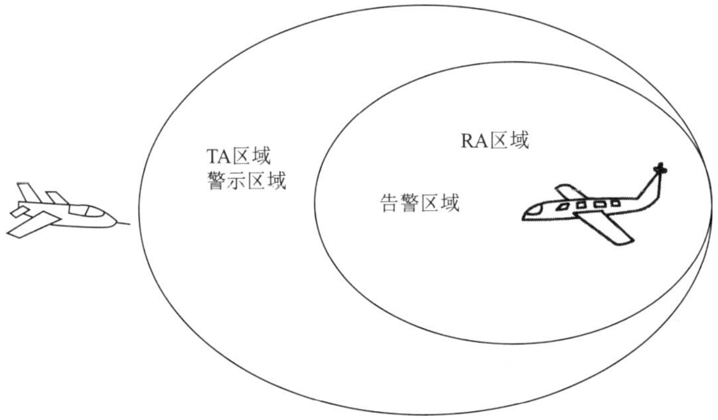

图 5.21　防撞系统示意图

3. 敌我识别系统

敌我识别系统也是常见的识别系统，在各种军事活动中，敌我识别是非常重要的一个环节，只有分清楚敌方和友方，才可以进行之后的作战部署和相关的行进指挥，同时敌我识别系统作为电子侦察领域的一个重要内容，是获取军事情报的重要渠道[26]。敌我识别有两种方式。第一种是协同式敌我识别系统，这种识别方式要求待识别目标有很好的配合能力，我方向其发送询问脉冲信号，被识别方接收后做出回答，如果回答与预先设定好的回答信号相同，则可判断为友方，反之为敌方。第二种是非协同式敌我识别系统，这种识别方式不需要被识别方的配合，只是从识别方单方面进行识别分析来判断是否为友方。与协同式敌我识别系统相比，非协同式敌我识别系统的精确度较低，目前使用较广的是协同式敌我识别系统。

机载敌我识别器是一种协同式敌我识别系统，它由两部分组成，分别是问询器和应答器，图 5.22、图 5.23 分别为问询器和应答器的结构图。问询器用来向被识别对象发送询问信号，通过待识别目标的应答信号来识别是否为友方；应答器适用于自身成为被识别对象时应答信号的产生。以 MARK-Ⅻ敌我识别器为例，在敌我识别的过程当中，敌我识别器的问询器通过天线向待识别目标发送频率为 1030MHz 的问询信号，被识别目标收到后进行分析处理，然后发送 1090MHz 的应答信号，如果应答信号与预定的信号相同，则可判断为友方，如果问询信号被敌方接收，其无法回复相关的应答信号，从而可以判定为敌方。

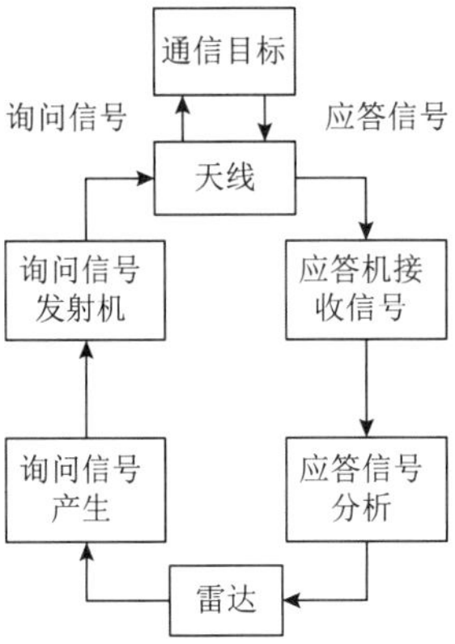

图 5.22　敌我识别系统问询器结构

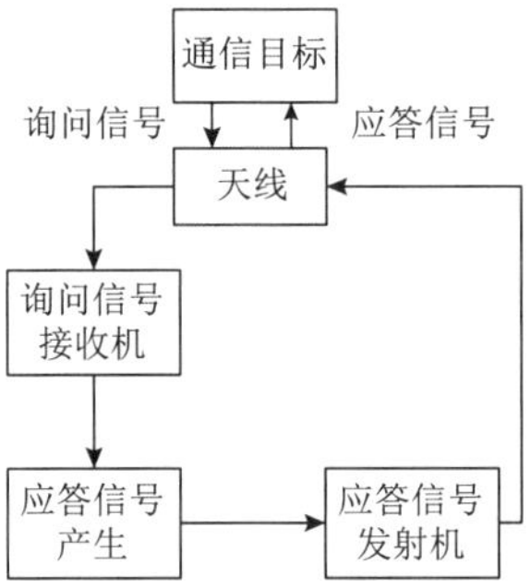

图 5.23　敌我识别系统应答器结构

5.3.2　识别信号特征

机载识别系统包含各种识别信号的传输和接收。从发射机到应答机，不同的询问信号对应不同的应答信号，下面将以二次雷达应答机和敌我识别器的识别信号为例，介绍识别信号的特征。

1. 二次雷达应答机

二次雷达应答机共有两个处理识别信号的过程，第一个是应答器接收地面二次雷达的询问信号，对收到的信号进行分析处理；第二个是针对询问的模式做出相应的回答，产生含有信息的脉冲信号。

地面二次雷达发射射频脉冲信号作为询问信号，这种脉冲信号由多个时间间隔不同的脉冲信号组成，此时的脉冲编码方式是询问模式。二次雷达主要获取的是飞机的代码以及飞行高度信息，所以常见的询问模式有两种，一种是 A 模式，用于询问飞机的代码；另一种是 C 模式，用于询问飞机飞行高度。图 5.24 和图 5.25 分别为两种不同询问模式的脉冲示意图。A 模式的脉冲间隔为 8μs，C 模式的脉冲间隔为 21μs，A、C 模式的脉冲间隔时间误差为±0.2μs，脉冲的宽度为 0.8(±0.1)μs。在询问信号发射的过程中，A 模式和 C 模式的询问信号是循环交替进行的，这样空管人员可以不断地获取最新的飞机情况，以完成对飞机的控制。

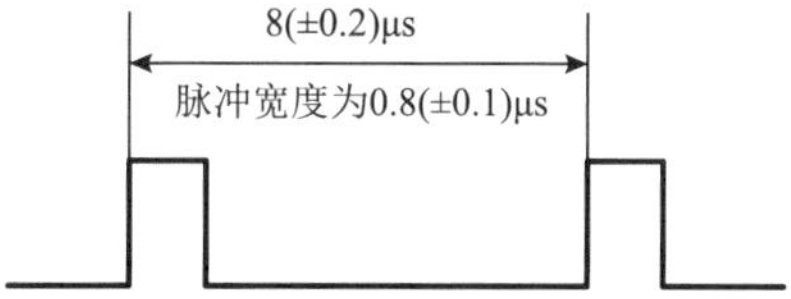

图 5.24　模式 A 询问脉冲示意图

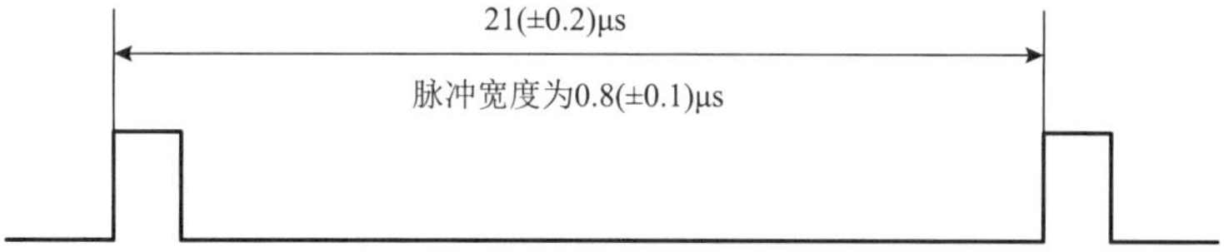

图 5.25　模式 C 询问脉冲示意图

图 5.24、图 5.25 所示的脉冲信号是最原始的脉冲信号，其反映了不同询问模式下二次雷达发射的不同脉冲信号，在实际应用当中，还需考虑信号的传输干扰。在理想的情况下，应答机只有在被二次雷达天线的主波瓣照射到时，也就是飞机位于天线主波瓣法线的方向时才产生相应的应答信号。但是，二次雷达天线在工作时会产生电平旁瓣，在管制区域内，飞机与二次雷达距离较近，电平旁瓣照射到飞机后，也会使应答机产生应答信号，这样就会造成错误，控制中心无法准确地显示当前的飞机状态，所以在询问信号产生时要克服旁瓣干扰。

地面二次雷达在发送询问脉冲信号时，采用了三脉冲的旁瓣抑制系统。雷达发射的询问信号由三个脉冲组成，如图 5.26 所示，其中两个脉冲是由定向天线辐射的，另一个脉冲是由全向天线辐射的。其中 1 号脉冲与 2 号脉冲的间隔为 2μs，通过控制 1 号、3

号脉冲辐射的功率比例，使在定向天线主波瓣范围内的飞机接收到的 1 号、3 号脉冲幅度高于 2 号脉冲幅度，而在旁瓣范围内接收到的 1 号、3 号脉冲幅度低于 2 号脉冲幅度。应答机通过比较 1 号、3 号与 2 号的脉冲幅度，就可以判断飞机接收到的询问信号是主瓣还是旁瓣，以此来进行询问信号的回应或者忽略[27]。

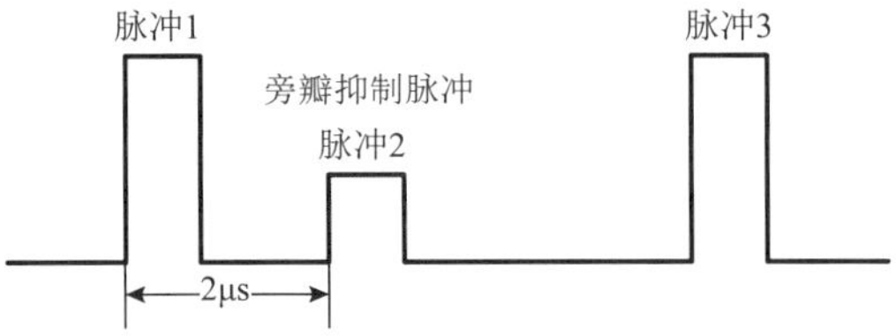

图 5.26　旁瓣抑制脉冲示意图

飞机的应答机在接收到主瓣辐射的询问信号后，对信号进行处理，然后根据不同的询问信号产生不同的应答信号。当询问信号为 A 模式时，应答机以飞机的代码为信号作为应答；当询问信号为 C 模式时，应答机以飞机的飞行高度为信号作为回答。

应答机产生的应答信号也是脉冲编码信号，与询问信号的 1030MHz 频率不同，应答信号的频率为 1090MHz，应答机产生的飞机代码信号以及飞行高度信号的格式是完全相同的，区别在于二者的脉冲编码方式。图 5.27 所示为应答信号的编码格式。F1、F2 脉冲是信号的开端与结束，信号脉冲由 F1、F2 之间的信息脉冲以及 SPI 识别脉冲组成，信息脉冲最多为 12 个，可以分为 4 组，分别是：A1，A2，A4；B1，B2，B4；C1，C2，C4；D1，D2，D4。

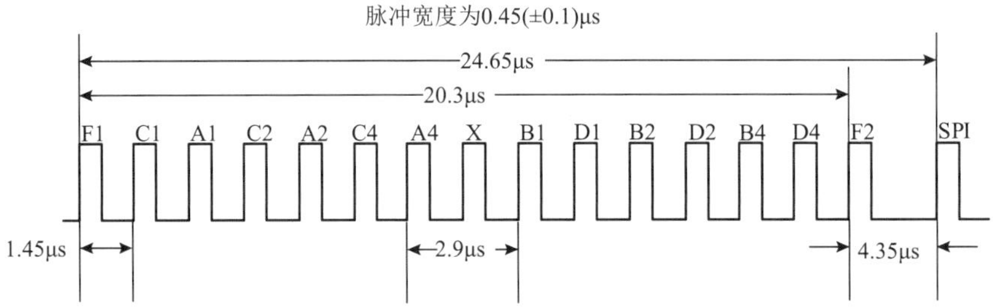

图 5.27　应答信号编码格式

对于整个应答信号，其开端、结束脉冲 F1、F2 恒定为逻辑“1”并一直出现，与它们中间的信号脉冲无关，F1、F2 脉冲的间隔为 20.3μs，其间的信号脉冲间隔为 1.45μs，各个应答脉冲的宽度为 0.45(±0.1)μs，并且幅度相等。在信号脉冲间隔的中间还存在一个 X 脉冲，该脉冲恒为逻辑“0”，所以 A4、B1 脉冲的间隔为 2.9μs，如图 5.27 所示。在信息信号结束后，会存在一个识别脉冲 SPI，作为应答信号。SPI 脉冲不是一定需要的，只有机组人员完成 SPI 脉冲的相关配置时，SPI 脉冲才会产生。SPI 脉冲可以使传输到控制中心的信号更加明显，便于管制人员识别与控制。

应答机的回答信号由开端信号、信息信号、识别信号组成，其中不同编码方式的信息信号可以向地面传达飞机的不同相关信息，根据接收到的询问信号，应答机通过改变信息信号的编码方式来回答对应的询问。

信息信号由 12 个脉冲组成，可以分为 A、B、C、D 四组脉冲，每组中有三个脉冲。此时可以将脉冲与二进制数进行联系，二进制数有“1”“0”两种，信息信号的脉冲也有逻辑“1”、逻辑“0”两种。A、B、C、D 四组脉冲可以看成四位数，其中 A 组为第一位，B 组为第二位，C 组为第三位，D 组为第四位，这四位数的大小是由其组内的三个脉冲来决定的，将组内脉冲与二进制数相对应，即 A1 的权为 1，A2 的权为 2，A4 的权为 4，其他组与 A 组相同。将信息信号代表的数字与进制联系起来，信息信号可以看作一个四位的八进制数，其中每一位由三位二进制数构成。表 5.2 为 A 脉冲组内权值与脉冲所代表的码数对应表。

表 5.2 脉冲与码数对应表

A4（权值为 4）	A2（权值为 2）	A1（权值为 1）	A
0	0	0	0
0	0	1	1
0	1	0	2
0	1	1	3
1	0	0	4
1	0	1	5
1	1	0	6
1	1	1	7

飞机的代码信息、高度信息以及状态信息都可以由上述脉冲所组成的四位码来表示。当地面的询问模式为 A 时，应答机可以通过改变脉冲向控制台回应飞机的代码，假设飞机的代码为“0607”，此时“0607”四位数分别对应 A、B、C、D 四组脉冲，也就是说：

（1）A 组脉冲对应的数为 0，根据计算，$0 = 0\times A1+0\times A2+0\times A4$；

（2）B 组脉冲对应的数为 6，根据计算，$6 = 0\times B1+1\times B2+1\times B4$；

（3）C 组脉冲对应的数为 0，根据计算，$0 = 0\times C1+0\times C2+0\times C4$；

（4）D 组脉冲对应的数为 7，根据计算，$7 = 1\times D1+1\times D2+1\times D4$。

飞机代码“0607”对应的脉冲应该为“F1 0 0 0 0 0 0 X 0 1 1 1 1 1 F2”，如图 5.28 所示，其中实线波形代表“1”，虚线波形代表“0”。

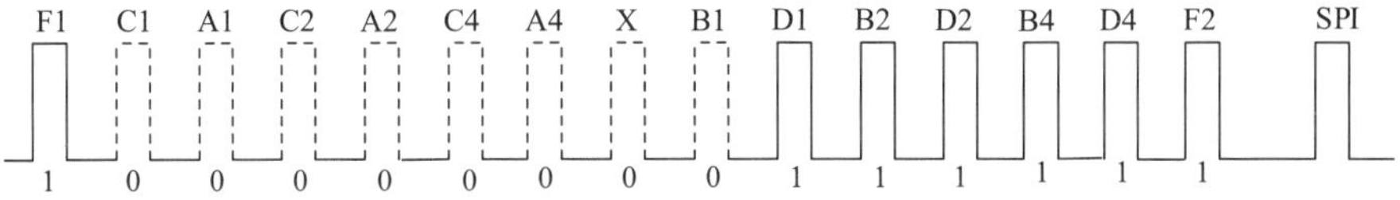

图 5.28 “0607”编码示意图

应答码中存在一些预定的紧急代码，当地面控制台收到紧急代码时，就意味着飞机目前处于一个危急状态，它们是：7500——飞机被劫持；7600——无线电通信失效；7700——飞机出现紧急故障。

当地面控制台以 C 模式发送询问信号时，应答机要回答飞机飞行高度的信息。飞机飞行高度是通过周围的气压进行计算得到的。高度信息的编码与飞机代码的编码方式不同。当信息信号代表飞机高度时，其高低位顺序为：D、A、B、C。

国际民用航空组织规定高度编码的范围是−1000～126700ft，也就是−304～38618m。因为飞机获取周围气压信息的精度有限，所以高度编码的增量采用 100ft，通过计算，需要 1078 组高度编码，所以不需要用全部的 12 组脉冲信号。在高度信号编码的过程中，规定 D1 脉冲恒为“0”，C1、C4 脉冲不能同时为“1”，C 脉冲组必须有一个为“1”。总结出来就是 D 组脉冲有 2 个，A、B 组脉冲有 3 个，C 组根据规则有 5 种组合方式，总共可以得到 1280 组高度码。

总体来说，二次雷达识别信号具有非连续性、持续时间短、信号格式随着不同状况改变的特点[28]。

2. 敌我识别器

敌我识别器是一种协同式的识别系统，我方向待识别目标发送询问信号，目标收到后做出相应的回答，如果回答与预定的信号相同则可确定是友方，反之为敌方。

我方发送的询问信号也是脉冲编码，以广泛应用的 MARK 系统为例，其编码的基础模式如图 5.29 所示，脉冲宽度为 0.8（±0.1）μs，同时设有旁瓣抑制脉冲，以抑制旁瓣电平引起的应答机应答[29]。询问器可以通过设置不同的延时发出 6 种询问信号，其中与二次雷达系统有联系的就是 8μs 以及 21μs 的延时。询问器发送相应类别的询问信号，友方需要回应对应类别的应答码，这样就可以正确地进行身份识别。

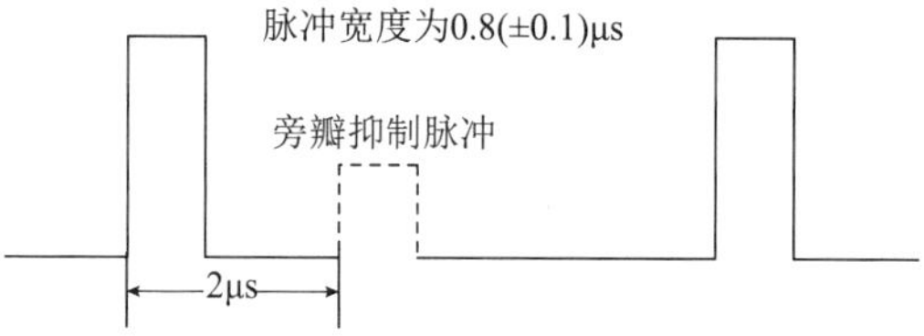

图 5.29　编码基础模式图

随着信号技术和雷达技术的发展，敌我识别器的询问器和应答器有了很大的变化，询问和应答使用了更为复杂的信号，这样可以保证识别的准确性，防止电子对抗设备对识别的影响。

图 5.30、图 5.31 分别为 MARK-Ⅻ系统的询问信号与应答信号的模式图。询问码有 32 位，其中有 4 位随机延迟位、12 位询问位和 16 位随机填充位，将 32 位的询问码再经过加密后发出，这样可以大幅提高询问信息的复杂度，提高系统的可靠性。

该系统中的应答码是由随机产生的询问码规定的，当被识别目标收到符合要求的同步信号后，开始接收 32 位信息信号，收到后对信号进行解密分解，获取 4 位延迟位和 12 位询问位。将提取的询问位与预定的询问码进行比较，当二者相同时，应答机发出相关的应答信号，对方询问器收到应答信号时再进行相关的比较，确定是友方的回答，这样就完成了一个识别过程。在不同的询问应答周期中，询问码与应答码都不相同，随机性高，保证了识别的准确性。

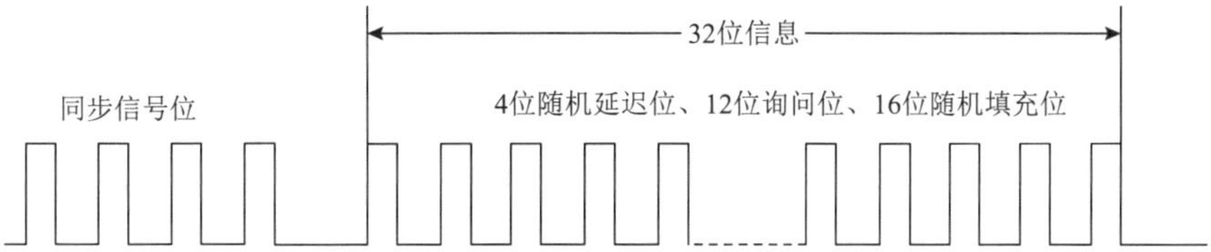

图 5.30　询问信号模式图

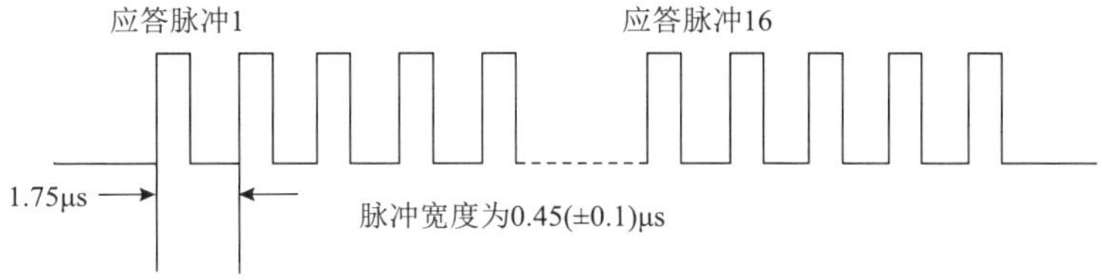

图 5.31　应答信号模式图

识别信号穿插在各种航空设备的通信中，不管是自身情况的反馈还是周围情况的获取，都涉及识别信号的发送与接收。随着通信技术、雷达技术的发展，识别信号也变得越来越复杂，复杂度的提升也意味着安全性的提高，敌方无法轻易获取我方飞机的相关信息，这样在电子对抗领域就可以有很大的优势。识别信号的产生与分析将在未来有很大的发展空间，识别信号的模式也将变得更加多样化。

5.4　雷达信号特征分析

雷达(radar)是一种依赖无线电波进行探测和测量的技术。它的全称是 radio detection and ranging，意为“无线电探测和测距”。雷达发射无线电波并接收回波信号，通过分析回波信号的特征来判断目标的距离、方位、速度等信息。雷达技术广泛应用于民用和军事领域，如气象预报、航空导航、交通监控、侦察、预警、武器指示等。雷达技术的不断创新和发展，将为人类社会的发展和进步提供广阔的空间和更多的机遇。

5.4.1　原理概述

雷达能够探测目标，其最基本的原理是利用了电磁波在空间自由传输的特性。雷达发射无线电波，接收回波信号，通过分析回波信号的特征来判断目标的距离、方位、速度等信息[30]。一个典型的雷达系统主要由发射器、天线、接收器、信号处理器和显示器五个部分组成，其工作过程如图 5.32 所示。

雷达的发射器产生和发射电磁波，由天线向自由空间进行辐射，其中一部分电磁波经过目标反射后由接收天线接收。雷达接收器对接收到的电磁波也就是目标的回波信号进行处理，提取目标的相关信息，最后将分析得到的目标信息在显示器上进行显示，供操作人员进行判断和决策。

使用雷达需要解决三个问题。

第一，确定目标是否存在。在实际的雷达接收系统中，当目标的回波超过一定强度时就可以判断目标的存在。

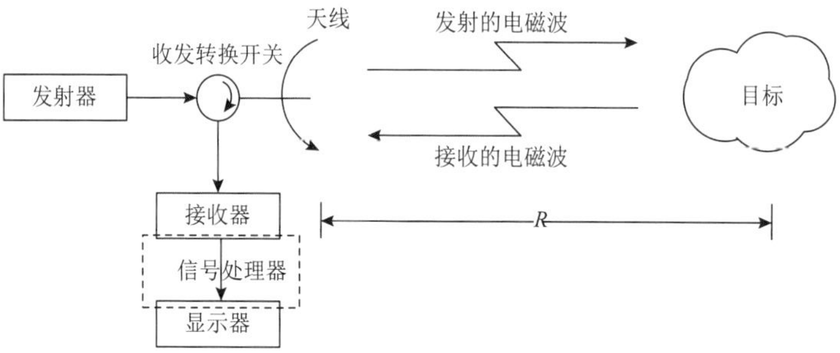

图 5.32　雷达工作过程示意图

第二，确定目标的位置。如图 5.33 所示，一般采用距离和方向来表示目标在空间中的位置。距离可以根据电磁波往返雷达与目标之间的时间来计算，方向可以根据最大目标回波信号的强度所对应的天线的波束指向得到。此外还要获得目标的速度信息，一般用径向速度表示，它表示目标运动速度在雷达和目标连线方向上的速度分量。

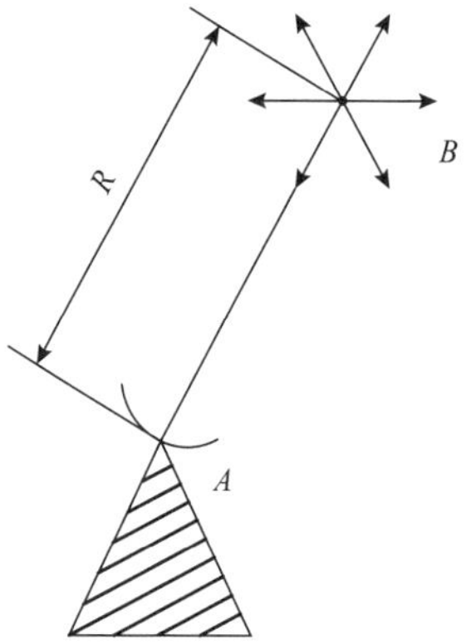

图 5.33　雷达探测目标示意图

第三，目标识别，即要确定探测到的是什么样的目标，获取目标特性，可以根据目标回波信号的幅度、起伏特征、极化特征、微动特征、持续时间、频谱特性等来获得。

综上所述，雷达的基本任务就是距离测量、角度测量、速度测量和目标特性测量。距离测量是测量发射脉冲和回波脉冲之间的时间差；角度测量是用天线的方向性来实现的；速度测量是雷达根据自身与目标之间相对运动所产生的多普勒效应来进行测量，从多普勒频率中可以提取的主要信息有雷达与目标之间距离的变化率，而距离的变化率实际上就是目标相对于雷达的径向速度。对于用于成像的高分辨雷达而言，除了能够实现测距、测角、测速的功能外，还能获得有关目标形状和尺寸的信息。

目标在空间（陆地、海上或者空中）中的位置可以用多种形式来表示，其中最常见的是直角坐标系，在雷达的实际应用中多采用极坐标的形式，如图 5.34 所示，目标的位置可以用斜距 R、方位角 α、仰角 β 来确定[31]。

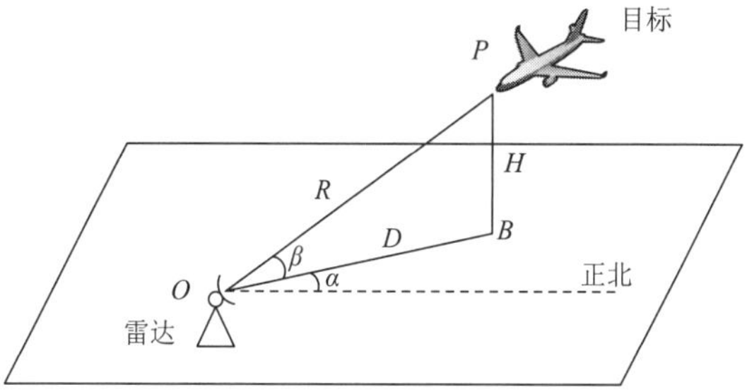

图 5.34　用极坐标确定目标位置

斜距 R 是雷达和目标之间的直线距离 OP；方位角 α 是斜距在水平方面的投影 OB 与某个起始方向的夹角，一般以正北作为起始方向；仰角 β 是斜距 OP 与其水平面投影 OB 在铅锤面上的夹角，三者的数学关系如下：

$$\begin{cases} D = R\cos\beta \\ H = R\sin\beta \end{cases} \tag{5.7}$$

这种简单的数学关系仅当雷达和目标距离较近时才适用，因为这种数学模型中水平面是平的，但是地球是球体，参数关系要做适当的修正。实际应用中，雷达的位置是固定的，在确定目标相对于雷达的位置后，可以将相对位置转换到使用的坐标系中[31]。

1. 雷达对目标距离的测量

在雷达对目标距离测量的过程中，发射机经过天线向空间发射一串有一定重复周期的高频脉冲，如果目标存在，则雷达可以接收到目标反射的回波，如图 5.35 所示。可以看出目标的回波一定是滞后于发射脉冲信号的，目标回波滞后于主波的时间即 t_R，发射脉冲的周期为 T，脉冲宽度为 τ。

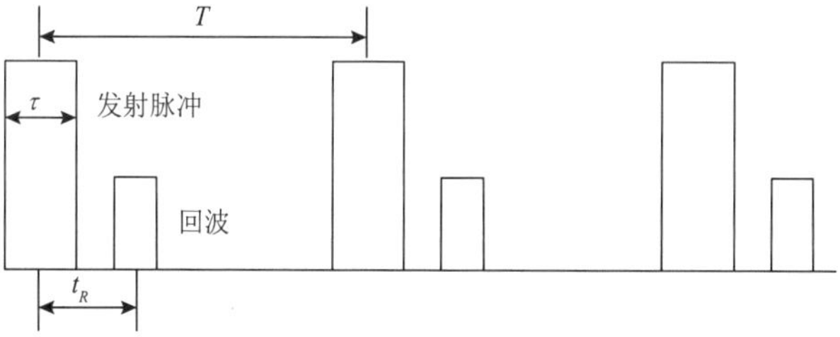

图 5.35　发射脉冲与回波示意图

设雷达与目标之间的距离为 R，则有数学关系：

$$R = \frac{1}{2} c t_R \tag{5.8}$$

将光速 $c = 3\times10^5\text{km/s}$ 代入式（5.8），t_R 单位为 μs，R 单位为 km，则得到计算公式：

$$R = 0.15 t_R \tag{5.9}$$

在早期的雷达中，在显示器画面上，通过扫掠的量程和回波的位置直接读出延迟的时间。在现代雷达中已经不采用这种人工的方式，一般是采用电子设备自动测读回波到达延迟时间 t_R 。

雷达对目标距离进行测量的性能高低体现在测距范围和测距精度两个指标上。测距精度指的是同一方向上两个大小相等的点目标之间的最小可区分距离，用 ΔR 表示，有如下关系：

$$\Delta R = \frac{c\tau}{2} = \frac{c}{2B} \tag{5.10}$$

可以看出发射脉冲的宽度 τ 越小，信号的带宽 B 越大，则可以实现的测距精度越高。

2. 雷达对目标角度的测量

雷达确定目标在空间中的角位置主要是通过测量目标的方位角和俯仰角来实现的。角度测量的基本原理如图 5.36 所示。雷达天线将电磁能汇聚在一个比较窄的天线波束里，当天线对准目标时，回波信号的能量最强；当目标偏离天线波束轴线时，回波信号会相应减弱，此时根据接收回波信号能量最强的天线波束指向就可以确定目标的方向。

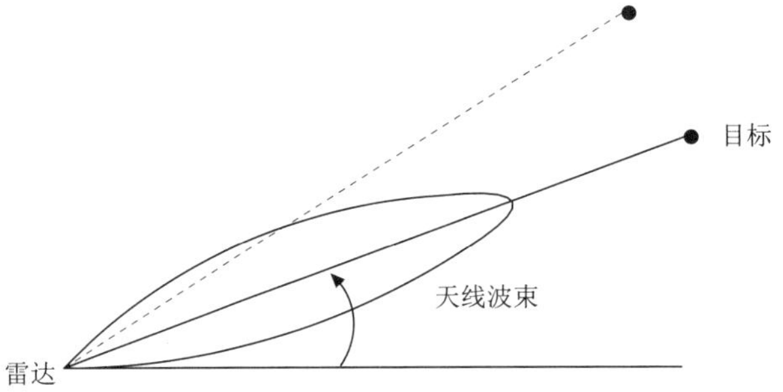

图 5.36 角度测量原理示意图

测角精度 $\Delta\varphi$ 和天线口径 D 与发射电磁波的波长 λ 有关，有如下关系：

$$\Delta\varphi=\frac{k\lambda}{D} \tag{5.11}$$

从式（5.11）中可以看出，天线口径 D 越大，天线的波束越窄，测角精度越高，在相同口径的天线下，电磁波的波长越短，即频率越高，测角精度越高。

3. 雷达对目标速度的测量

速度测量利用目标相对雷达运动产生多普勒频移现象。多普勒频移是指当雷达和目标之间有相对径向运动时，接收到的信号的频率将发生变化。径向速度是指目标实际速度在雷达与目标连线方向上的速度分量，并不是目标实际的速度。多普勒频率 f_{d} 与信号波长 λ 、径向速度 v_{r} 的关系如下：

$$f_{\mathrm{d}} = \frac{2}{\lambda} v_{\mathrm{r}} \tag{5.12}$$

从式（5.12）中可以看出，多普勒频率 f_{d} 正比于径向速度而反比于信号波长 λ，当目标向着雷达运动时，径向速度为正值，回波载频升高；当目标远离雷达运动时，径向速度为负值，回波载频降低。多普勒频移除可用于测速外，还广泛应用于动目标显示及检测领域，基于运动目标与地面固定物体产生的多普勒频移差异，通过区分这两类回波的频谱特征，能够有效分离运动目标回波与杂波，从而实现杂波抑制并完成运动目标检测。

4. 雷达对目标特性的测量

对于高分辨率雷达，涉及对目标的特性测量，要获得目标的形状、尺寸、表面粗糙度等参数。对目标进行特性测量，前提是雷达要有足够高的分辨率，雷达探测的目标都在 10m 或者数十米量级，因此雷达在距离向和方位向的分辨率应该是米级或者更小。

目前，雷达在距离向的分辨力足够，但在方位向的分辨力是不够的。产生该现象的原因是物理天线的尺寸限制，单纯增大天线的孔径是不现实的。当目标与雷达存在相对运动时，考虑利用多普勒频率域的分辨率来提高距离向和方位向的分辨率，比如常见的有两类雷达，一类是装在飞机或者卫星上的孔径雷达，另一类是实现高分辨率成像的逆合成孔径雷达。

目标特性除了目标的大小、尺寸、形状以外，还包括雷达目标截面积，以及目标的极化特性、运动特性、微动特性等多种描述。

雷达的基本组成如图 5.37 所示。

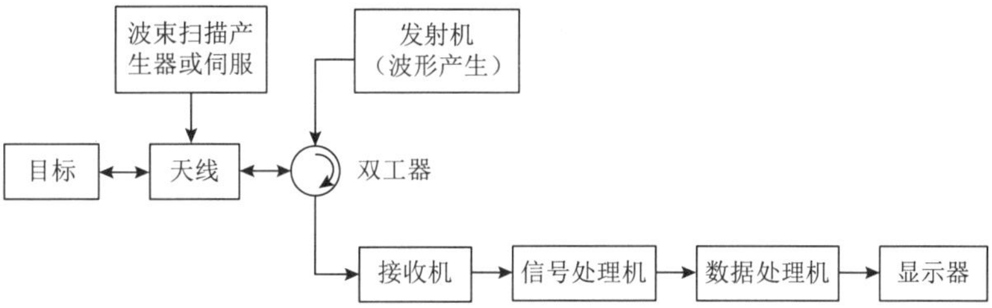

图 5.37　雷达的基本组成框图

发射机负责产生复杂的雷达信号，经过天线辐射到空间中，收发转换开关的作用是使收发共用的天线能够时分复用地工作，用于信号的发射和接收。目标截获一部分雷达信号后，少部分信号沿着雷达方向返回到雷达的接收天线，雷达的天线接收到回波信号经接收机放大和滤波后，送到信号处理机进行处理，如果经过信号处理机处理后信号的幅度足够大，那么目标就可以被检测到，这样雷达通过数据处理机就能获得目标的距离、方位和目标特性等信息。显示器就是显示经过雷达接收机和信号处理机处理之后的信号，供雷达操作员去判断目标是否存在，或者采用相应的电子设备去输出相关的数据，根据发现目标后一段时间的检测结果，建立起目标的痕迹，实现对目标的稳定探测。

脉冲雷达是目前应用最广泛的一类雷达，它主要的作用就是实现对目标的高精度测角和测距，图 5.38 为典型的脉冲雷达基本组成。

雷达主要由发射机、接收机和显示器三大部分组成。其中发射机包含高功率的放大电路和收发开关，接收机包括接收的放大电路和信号处理系统。发射机系统负责产生符合特定要求的高功率射频信号，这些信号经过天线向空间辐射。接收机系统则接收来自目标的微弱回波信号，对信号进行混频、滤波和放大，以实现对目标的有效检测，从而实现对目标距离、方位等数据特征的提取。

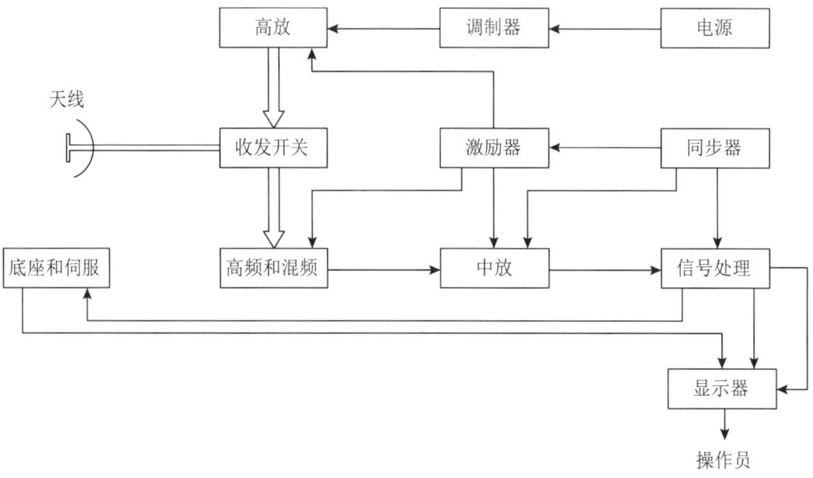

图 5.38　脉冲雷达基本组成框图

雷达发射机部分主要由电源、调制器以及高放（高功率放大器件）组成。发射机的主要任务是产生辐射所需要的高强度和高功率脉冲，脉冲波形由调制器产生，波形具有一定宽度和重复周期的高频脉冲信号，对于某些雷达而言，它可能采用更为复杂的调制波形，比如线性调频脉冲波形等。发射机中高功率的高放器件可以是功率放大器，如速调管、行波管、正交场放大器等，也可以是一些功率振荡器件，如磁控管[32]。

对于发射机功率而言，典型的对空监视雷达平均功率为千瓦量级，一般的近程探测雷达平均功率在毫瓦量级，用于探测空间目标或者是超远程的雷达，其平均功率可以达到兆瓦量级[33]。

对于发射机而言，除了要产生大功率高稳定的波形，还要求在很宽的频率范围内能够高效、可靠、长时间地工作。发射机产生输出的能量，用波导方式经过收发开关传到天线，再由天线辐射到空间中去。

雷达的天线部分是将发射机能量汇聚在一个窄的波束辐射空间，所以一般脉冲雷达天线都具有很强的方向性，以获得更远的观测距离。与此同时，天线波束越窄，方向性越强，雷达测角的精度和分辨率也就越高。目前的雷达天线一般采用机械控制抛物面的反射天线和电子扫描的平面相控阵天线两种形式。

脉冲雷达天线是收发共用的，天线的发射和接收信号是依靠收发开关来进行控制的。在发射时，天线与发射器接通，与接收机断开，避免强大的发射功率进入接收机后使其烧毁；在接收信号时，天线与接收机接通，与发射机断开，避免微弱的接收功率因为发射机旁路而减弱。天线收发开关一般采用环形器或隔离器来实现。

雷达接收机接收来自目标采集的回波信号，接收机一般都是采用超外差的接收体制，所谓超外差就是指接收机的混频器利用本振信号将来自信号天线的射频信号转成中频信号，在中频对信号进行放大、滤波等处理[34]。

雷达接收机通常由高频放大、混频、中频放大（中放）、检波、视频放大等电路组成，它的主要任务是把微弱的回波信号放大到足够强度，以进行后期信号处理，同时还要保证接收机的噪声能量尽量小，以保证接收器的高灵敏度。接收机的第一级通常采用低噪声放大器件，这样可以最大限度降低接收机内部噪声系数。在检波之前，为了获得更高的输出信噪比，中频放大一般设计成发射信号的匹配滤波器，这样中频放大器的输出端就能实现峰值信号噪声的功率比最大[35]。

在信号中频放大之后，还要进行检波。检波器通常是包络检波器，它会消除中频的载波，并让信号的调制信号包络通过，但在一些相参雷达中，由于需要进行多普勒处理，以获得相位信息，所以一般是用相位检波器来代替包络检波器。相位检波器主要的作用就是提取目标回波的多普勒频率信息。

通过包络检波器的信号称为视频信号，视频放大器将信号电平放大到便于显示和处理的程度。在视频放大器的输出端，建立一个监测判决门限，如果接收机输出超过门限则判断目标存在，如果没有超过则判断目标不存在。

在现代的雷达中，以相差雷达为例，需要在接收机包络检波前先进行相位检波，检波之后的信号分成同相支路（I 通道）和正交支路（Q 通道）来进行信号处理。信号处理的主要作用是消除不需要的信号，比如杂波和干扰，并且增强目标的回波信号，信号处理要在检测判决之前完成。

雷达的工作时序如图 5.39 所示。

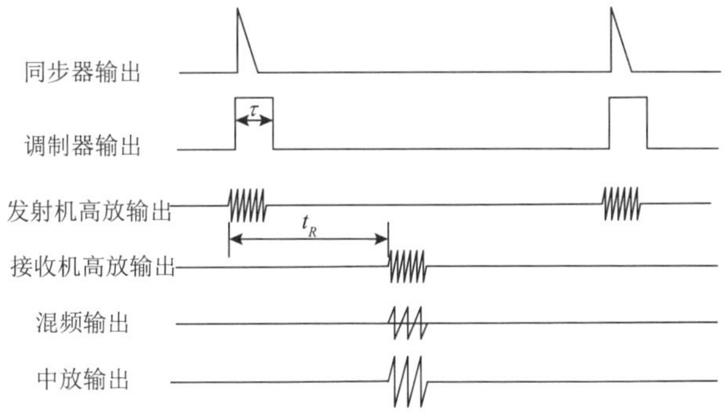

图 5.39　雷达工作时序图

同步器负责产生时钟，为整个系统提供一个时间的参考。

调制器负责产生符合一定测量精度的调制脉冲，脉冲调制器在同步器的控制下产生符合参数要求的大功率视频调制脉冲。

高功率放大器在调制脉冲的激励下产生高频振荡射频信号。

在发射信号状态下，射频信号经过馈线传输到收发开关，在收发开关的控制下，由天线发射到空间。收发开关的主要作用就是防止发射机的信号泄漏到接收机中，造成接收机饱和不能工作。接收信号的状态下，在脉冲的间歇时期，接收机接收处理来自目标的回波信号。高功率放大器将信号放大到足够的强度。混频器将信号变为中频信号，以便于接收机将信号进行数字化。中频信号经过再次放大之后，就被输入信号处理系统进行信号的检测与处理工作。通过测量目标回波信号与发射脉冲之间的时延，实现对目标距离测量和其他信息的获取。

5.4.2 雷达信号特征

不同的雷达工作频段不同，雷达测距测角测速的基本任务就是基于不同频段电磁波实现的。雷达的工作频率从低到高可以划分为相应的频段，如表 5.3 所示，每一个频段都对应相应的频率范围。雷达的工作频率范围受国际电信联盟的分配和雷达组件性能的双重限制，雷达工作在其中心频率附近 10%的范围内。

表 5.3　雷达工作频段表

频段名称	频率	国际电信联盟分配的雷达频段
UHF	300～1000MHz	420～450MHz，890～940MHz
L	1000～2000 MHz	1215～1400MHz
S	2000～4000MHz	2300～2500MHz，2700～3700MHz
C	4000～8000MHz	5250～5925MHz
X	8000～12000MHz	8500～10680MHz
Ku	12～18GHz	13.4～14.0GHz，15.7～17.7GHz
K	18～27GHz	24.05～24.25GHz
Ka	27～40GHz	33.4～36.0GHz
mm	40～300GHz	

注：远程预警雷达：UHF、L 波段；单脉冲测量雷达：C、S 波段；星载 SAR 雷达：L、C、X 波段；精密成像雷达：X、Ku 波段。

雷达的工作频率是按照雷达的用途确定的，雷达工作频率的确定是整个雷达系统设计的基础。工作频率对雷达性能的影响体现在如下几个方面：物理尺寸、发射功率、波束宽度、大气衰减、环境噪声和多普勒频移。

雷达最佳工作频率的选择受到物理条件和成本方面的限制，下面从陆基雷达应用、海基雷达应用和空基雷达应用三个方面进行简要说明。

陆基雷达应用可以考虑几乎所有平台内的信号，如远程预警雷达，由于它不受尺寸限制，可以做得很大很重，功耗也会很高，这样便于在比较低的频率上工作，同时还能够实现比较高的角分辨率。如超视距雷达，它工作在 HF 频段。在这个频段上，空间目标监视雷达具有非常好的反射特性，可以控制在 UHF、VHF、P 和 L 波段上，在这些波段上，环境的噪声影响比较小，大气的衰减可以忽略。在对一些作用距离要求不太高的对空搜索雷达上，可以把工作频率升高到 S 频段或 C 频段，这样可以减小地面雷达的尺寸，便于机动部署。

海基雷达应用中雷达的物理尺寸和功耗是比较显著的影响因素，因为海基雷达要求在比较恶劣的环境中工作，这样对雷达的工作频率选择也进行了限制。如果不考虑远的作用距离，相应的限制可以放宽。为了探测海面上的目标和低仰角目标，必须使用比较高的频率，广泛采用波长比较短的 S 频段和 X 频段雷达。

空基雷达应用中，飞机对雷达尺寸的限制比较严格，一般是 UHF 频段和 S 频段；还有稍微高一点的频率，比如 C 频段的电磁波，它有非常好的穿透云层的能力。如果雷达同时需要比较强的方向性，可选择更高频率的 X 频段或者 Ku 频段雷达。比如大多数战斗机、攻击机和侦察机的雷达，大多工作在这个频段。这个频段的大气衰减比较小，并且可以实现高功率的窄波束，同时将其安装在战斗机的机头上，能够提供非常好的角分辨率。

同一用途的雷达系统可以由不同的技术体制来实现，不同体制的雷达，在雷达的工作方式、信息处理及信号形式上有显著的区别。雷达体制按照信号形式分为脉冲雷达和连续波雷达。脉冲雷达又可分为一般的周期性矩形窄脉冲雷达、脉冲压缩雷达、频率捷变雷达以及脉冲多普勒雷达。连续波雷达又可分为相位雷达、调频雷达和连续波多普勒雷达。

脉冲雷达的优点在于脉冲的能量大，可以探测到更远距离的目标，捕获到的信息也更丰富；缺点是检测速度较慢，不适合检测快速移动的目标，在近距离段存在探测盲区。连续波雷达的优点是检测速度快，可以捕获快速移动目标的信息；缺点是探测距离短，不适合探测远距离目标，并且存在信号泄漏和背景干扰的问题。

随着电子技术、雷达理论的发展，新的雷达体制逐渐形成。西方学者和国内学者在 20 世纪 90 年代陆续提出了准连续波雷达的概念。准连续波雷达是一种新型的雷达体制，其把连续波雷达技术和脉冲雷达技术结合起来，采用占空比接近 50%的脉冲波形发射、接收分时工作的方式，增加了雷达的作用距离，解决了连续波雷达发射信号的泄漏问题，同时克服了脉冲雷达峰值功率高的缺点，具有低截获率能力和抗有源干扰的能力。但准连续波雷达由于信号的占空比大，发射脉冲的遮挡效应严重，特别是近距离段的目标回波不能完全进入雷达接收机，影响雷达检测性能[36]。

脉冲雷达中以脉冲多普勒雷达为例，表 5.4 给出脉冲多普勒雷达、连续波雷达和准连续波雷达的性能比较。

表 5.4　三种雷达体制性能比较

性能	脉冲多普勒雷达	连续波雷达	准连续波雷达
占空比	0.001～0.2	1	0.4～0.5
最大作用距离	不存在收发隔离问题，最大作用距离主要取决于平均发射功率，可达几百千米	最大作用距离受收发隔离限制，小于 50km	同脉冲多普勒雷达
设备复杂程度	需要高峰值功率发射机，重量大，体积大	不需要高峰值功率发射机，重量小，体积小	同连续波雷达
信噪比	较低	劣于准连续波雷达，优于脉冲多普勒雷达	较高
测速测距精度	劣于连续波雷达，更劣于准连续波雷达	劣于准连续波雷达，优于脉冲多普勒雷达	优于连续波雷达，更优于脉冲多普勒雷达
频率	多普勒频率谱线数量等于脉冲周期除以脉冲宽度，可有几十到几百根	多普勒频率为单根谱线	利用最大熵谱外推法，使多普勒频率成为单根谱线
调制方式	调频、调相、调幅	调频、调相	以调相为主
速度模糊	速度模糊，对同时检测多个目标很不利	无速度模糊，对同时检测多个目标极为有利	同连续波雷达

不同类型雷达的信号特征主要取决于其工作原理和应用场景，以下是常见雷达类型及其信号特征。

（1）脉冲雷达：脉冲雷达发射短脉冲信号，然后接收反射回来的信号。信号特征包括脉冲宽度（决定分辨率）、脉冲重复频率（决定最大探测距离和最小距离消隐区）和峰值功率（决定最大探测距离）。

（2）连续波雷达：连续波雷达发射一定频率的连续波信号，然后接收反射回来的信号。信号特征包括频率（决定探测距离和分辨率）和功率（决定探测灵敏度）。

（3）多普勒雷达：多普勒雷达利用目标相对于雷达运动产生的多普勒频移来确定目标的速度。信号特征包括频率（决定探测距离和速度测量精度）和带宽（决定速度分辨率）。

（4）合成孔径雷达（synthetic aperture radar，SAR）：SAR 通过对运动中的雷达平台发射和接收的信号进行合成，实现高分辨率成像。信号特征包括脉冲宽度、脉冲重复频率、带宽（决定距离分辨率）和合成孔径长度（决定方位分辨率）。

（5）相控阵雷达：相控阵雷达利用多个天线元件发射和接收信号，通过调整相位实现波束的电子扫描。信号特征包括波束宽度、扫描角度范围和天线元件间距。

（6）FMCW（frequency modulated continuous wave，调频连续波）雷达：FMCW 雷达通过发射频率调制的连续波信号、测量频率差来确定目标距离。信号特征包括调制带宽（决定距离分辨率）和调制速率（决定最大探测距离和速度分辨率）。

这些雷达的信号特征可能会有所重叠，但它们在实际应用中针对不同的任务和场景进行优化。根据应用场合不同，雷达可以选择不同的信号形式，按照调制方式可以将信号分为规则信号和随机噪声两大类，具体分类如图 5.40 所示。

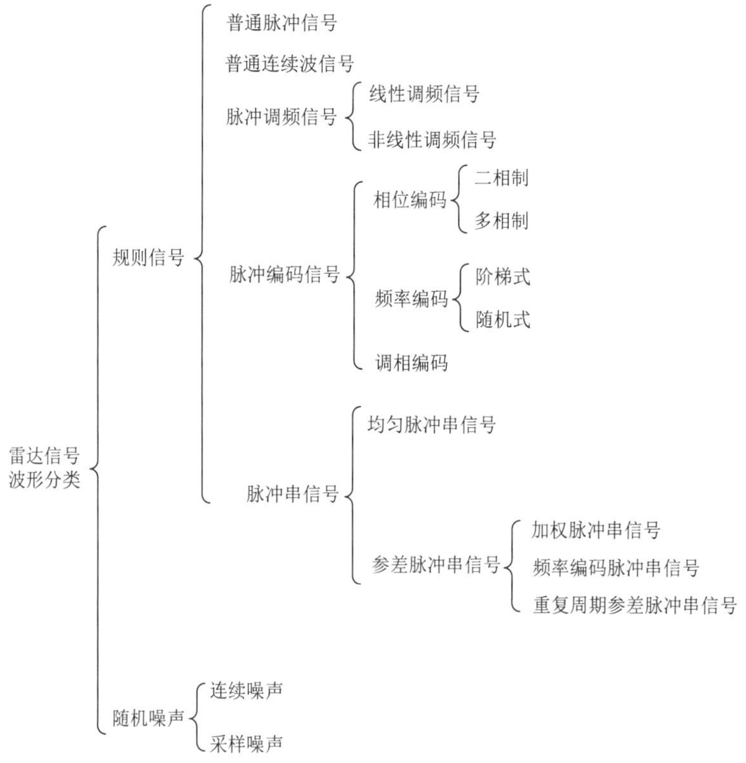

图 5.40　雷达信号波形分类

不同类型雷达的信号特征主要取决于其工作原理和应用场景。总体而言，雷达信号可以分为脉冲信号和连续波信号两类。连续波雷达是指雷达连续发射电磁波，同时接收反射的回波信号。与之相对应的是脉冲雷达，它是以窄脉冲形式间隔向外发射电磁波，在两次发射间隔时间内接收目标的回波，目前应用最广泛的是脉冲雷达。

脉冲雷达分为两类，一类是能够测量多普勒频率的脉冲多普勒雷达，另一类不能测量多普勒频率，简称为脉冲雷达。脉冲雷达的波形有一些基本参数，如载频、脉冲宽度、脉冲调制方式和脉冲重复频率等。

图 5.41 给出了目前应用较多的三种脉冲雷达的信号形式及其调制波形。图 5.41(a)表示简单的固定载频矩形脉冲调制波形，图 5.41(b)表示脉冲压缩雷达中所使用的线性调频信号，图 5.41(c)表示相位编码脉冲压缩雷达中使用的相位编码信号。随着雷达技术不断发展，还有很多不同信号形式的表达[32]。

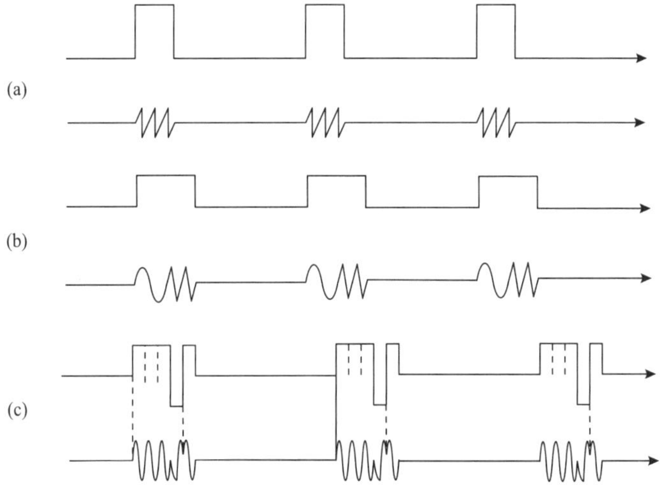

图 5.41　常见的脉冲雷达的信号形式及其调制波形

载波频率，即载频，也就是雷达的工作频率。载频不是固定不变的，可以采用不同的方式去改变载频，以满足特定的系统或特定的工作要求。从一个脉冲到下一个脉冲，载频可以增加，可以减少，可以随机地改变，也可以按照某种特定的规律去改变，甚至可以在每一个脉冲期间以某种特定的规律去改变，即所谓的脉内调制，载频变化的目的是抗干扰。

脉冲宽度指单个脉冲信号持续的时间，通常用 τ 表示。脉冲宽度一般是几分之一微秒到几毫秒不等。它也可以用物理长度表示，指一瞬间的脉冲通过空间时前沿和后沿之间的距离，实际上就是 c（光速）乘以 τ 。如果脉冲内部没有调制，脉冲宽度就决定了雷达分辨目标距离的能力，经过脉冲压缩处理的信号，脉冲的宽度会变窄，距离分辨率也会变高。

脉内调制是一种在单个脉冲内对信号进行调制的技术。在脉冲雷达中，脉内调制通常用于改善雷达的性能，如提高距离分辨率、抗干扰能力等。脉内调制通过在一个脉冲周期内改变信号的频率、相位或幅度，以实现信号的编码和解码。

脉冲重复频率（pulse repetition frequency，PRF）指雷达每秒钟发送脉冲的次数，也可随时变化。PRF 的大小决定了雷达的探测能力和距离分辨率等性能，PRF 与雷达的工作频率、脉冲宽度、最大探测距离等参数有关。一般来说，PRF 越大，雷达的探测能力越强，但距离分辨率越低，因为高 PRF 意味着雷达发送脉冲的时间间隔更短，导致脉冲之间的重叠程度增加，从而使得距离分辨率变差。另外，PRF 还与雷达的最大探测距离有关。当雷达的最大探测距离较大时，需要降低 PRF，以保证接收到的回波信号能够被完整地接收和处理。否则，会导致回波信号被截断，从而影响雷达的探测性能。

相参性指雷达接收回波信号与发送脉冲信号之间的相位关系。雷达接收到回波信号时，由于信号在传播过程中可能会受到多种干扰和衰减，回波信号的相位会发生变化。因此，为了正确地检测和分析回波信号，需要对回波信号进行相位补偿，使其与发送的脉冲信号相位相同。

为了实现相位补偿，雷达系统通常会采用相参器或同步器等技术。相参器可以对接收到的信号进行相位调整，使其与发送的脉冲信号相位一致；同步器则可以将接收信号与发送脉冲信号进行同步，以保证它们的相位一致。

相参性对雷达性能有着重要的影响，如果回波信号相位与发送脉冲信号相位不同，会导致信号能量分散，从而降低雷达的探测性能。相反，如果回波信号相位与发送脉冲信号相位一致，可以使信号能量集中，从而提高雷达的探测性能。

对于固定载频的矩形脉冲信号，其时宽 τ 和带宽 B 的乘积是约等于 1 的，在峰值功率受限条件下，要提高雷达发射机的能量，可以增加脉冲宽度，这样可以使雷达平均功率增加，测速精度也会得到提高，信号带宽降低，距离分辨率下降。

为了解决这个矛盾，可以使用线性调频信号，即脉冲压缩信号。这类信号具有很高的时宽带宽积，其时宽带宽积远大于 1。雷达发射比较宽的脉冲信号，调制一个载频受到线性变换的正弦信号，经过脉冲压缩匹配滤波处理后，在时域中会形成非常窄的脉冲，这样既增加了平均功率，也获得了较高的测速精度和测距精度。

雷达实际发射的信号不是理想的矩形脉冲，而是有一定上升沿和下降沿的脉冲，并且在脉冲的顶部还有波动和倾斜，脉冲信号波形示意图如图 5.42 所示。脉冲宽度为脉冲上升沿幅度的 0.9 倍处到下降沿幅度的 0.9 倍处脉冲信号的持续时间；脉冲上升沿宽度 τ_r 是脉冲上升沿幅度的 0.1～0.9 倍处的持续时间；脉冲下降沿宽度 τ_f 是脉冲下降沿幅度的 0.9～0.1 倍处的持续时间；顶部波动为顶部振铃波形幅度 Δu 与脉冲幅度 A 之比；脉冲顶部倾斜为顶部倾斜幅度与脉冲幅度 A 之比。

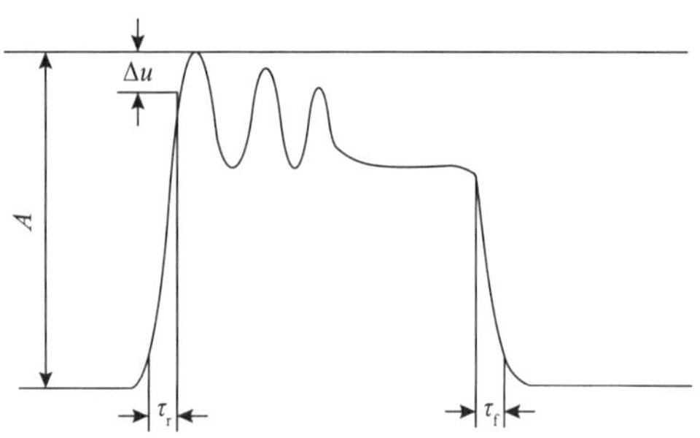

图 5.42　脉冲信号波形示意图

5.5　测试信号产生技术

5.5.1　标准波形合成技术

直接数字频率合成（direct digital frequency synthesis，DDFS）将先进的数字处理技术与方法引入信号合成领域，其特点是计算机参与频率合成，将数字信号通过数模转换器转换成模拟信号，在时域中进行频率合成，产生标准波形[37]。

DDFS 的基本原理是基于采样和计算技术，从相位的概念出发，将预先存于数表中的波形根据不同的相位取出对应的样本数据，经数模转换器转换为模拟波形，通过数字合成来生成频率和相位对于固定参考频率可调的信号。DDFS 系统主要由固定参考时钟、相位累加器、波形查找表、数模转换器和低通滤波器等部分构成，如图 5.43 所示。

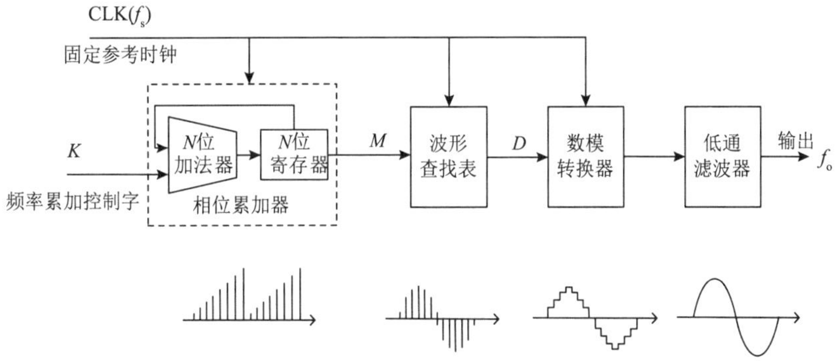

图 5.43　DDFS 的原理结构

N 位的相位累加器在每一个参考时钟周期来临时，与频率累加控制字 K 决定的相位增量 $\Delta\varphi$ 累加一次，每次累加后的 N 位数字量存在 N 位寄存器中，计数大于 2^N 时则自动溢出；然后将溢出的结果做高 M 位截断处理，作为地址送入波形查找表中进行查找，输出 D 位量化后的幅度编码，实现从相位累加器输出的相位值到幅度值的转换；最后经过 DAC 将数字编码转换为阶梯模拟电压波形，DAC 输出的模拟波形经过低通滤波器做平滑处理，得到频谱纯净的波形。

输出信号频率 f_o 与参考时钟频率 f_s 及频率累加控制字 K 的关系为

$$f_o = \frac{K}{2^N} f_s,\quad 1 \leqslant K \leqslant 2^N - 1 \tag{5.13}$$

频率分辨率 f_{res} 为

$$f_{res} = \frac{1}{2^N} f_s \tag{5.14}$$

由式（5.13）和式（5.14）可知，当 DDFS 的参考时钟频率 f_s 和相位累加器位数 N 一定时，通过改变输入累加器的频率累加控制字 K 可实现输出频率的变化。

如图 5.44 所示，用相位圆表示正弦波一个完整周期的相位（即 0～2π）。假设波形查找表的地址线位数为 4，相位圆分割为 2^4 份，每份之间相差为 $2\pi/2^4$。可见，相位圆上的每一个分隔点均对应一个特定的幅度值，因此，通过相位累加器产生相应的相位值对波形查找表寻址，即可获得一个正弦信号的相应幅度值[38]。

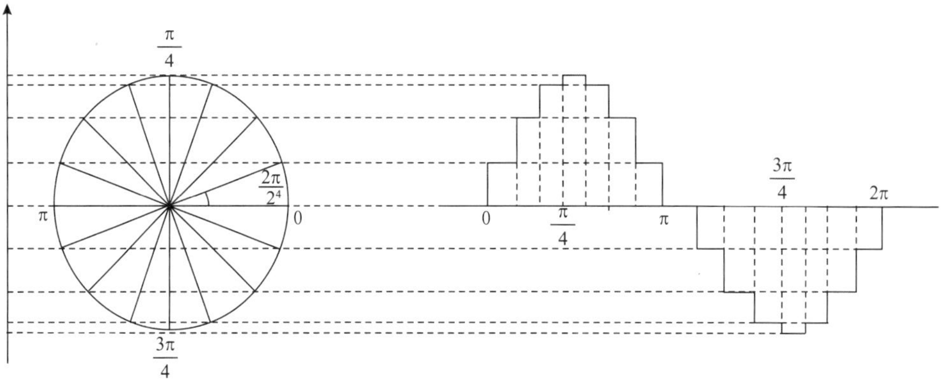

图 5.44 通过相位圆表示相幅转换的工作原理

直接数字频率合成的主要优点如下。

（1）输出频率相对带宽范围大。输出频率带宽理论值可达 50% f_s，但在实际应用中，考虑低通滤波器的特性和设计难度以及对输出信号杂散的抑制，一般为 40% f_s。

（2）频率转换速度快。DDFS 是一个开环系统，无反馈环节，这种结构使得 DDFS 改变频率累加控制字之后，只需一个时钟周期之后便按照新的相位增量进行累加，时钟频率越高，转换速度越快，转换时间可达纳秒数量级。

（3）频率分辨率高，为参考频率的 $1/2^N$（N 为相位累加器的字长）；相位变化连续，改变输出频率，实际上是改变每一个时钟周期的相位增量，相位函数曲线是连续的，只是在改变频率的瞬间其频率发生突变。

（4）输出波形灵活。标准的周期信号均可合成，如锯齿波信号、方波信号、脉冲信号、三角波信号、正弦信号等。

（5）具有输出正交信号的能力。当波形查找表中分别存放正弦和余弦函数表时，即可得到正交的两路输出。

（6）数字调制能力强。在 DDFS 系统中加上相应控制如调频控制（FM）、调相控制（PM）和调幅控制（AM），即可灵活地实现调频、调相和调幅功能，产生 FSK、PSK、ASK 和 MSK（minimum shift keying，最小频移键控）等信号。

（7）DDFS 系统几乎所有部件都属于数字电路器件，易于集成，功耗低，体积小。

直接数字频率合成的缺点是相位截断、幅度量化误差、数字转换器产生的阶梯波波形通过非理想的低通滤波器形成的噪声等因素导致杂散大，同时由于 DDFS 是通过相位累加控制字实现输出频率的改变，实质是对从波形查找表中量化的数据进行离散抽取，并没有完全使用到查找表中所有的波形数据，因此存储资源的利用率较低。

5.5.2　脉冲波形合成技术

脉冲波形合成技术主要分为两类：序列脉冲发生技术和数字合成脉冲发生技术。

序列脉冲发生技术将脉冲波形的脉冲和间隔分别作为数据 1 和 0，通过计算机编辑脉冲波形数据，将波形数据存入数据存储器内，然后外触发信号到来时依次在每个时钟周期读出，同时通过并串转换电路将输出转换为脉冲串，经过信号调理电路后输出波形。

序列脉冲发生技术以数字信号 1 和 0 表示脉冲信号的高电平状态和低电平状态，因此可通过设置数据列中连续 1（正脉冲）的个数或 0（负脉冲）的个数来调整脉冲宽度。信号延迟则通过在产生脉冲波形的数据列前添加若干个 1/0 数据来控制，脉冲宽度的设置和信号延迟的控制均在“脉冲波形数据编辑”中实现。脉冲输出频率或最小脉冲宽度则由系统时钟频率决定。脉冲幅度和直流偏置的控制在“信号调理”电路中实现。序列脉冲发生技术工作原理如图 5.45 所示[39]。

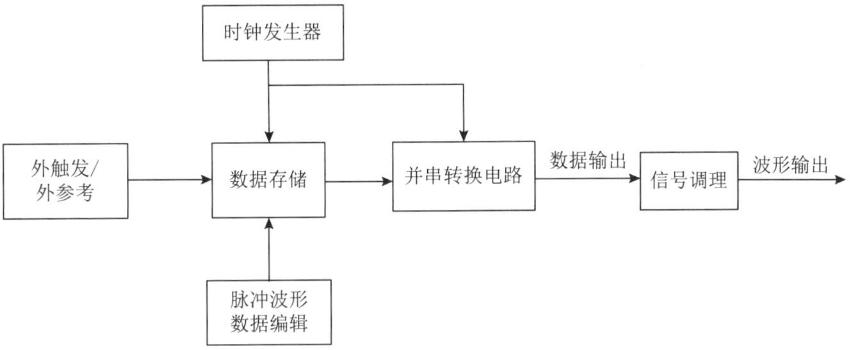

图 5.45　序列脉冲发生技术的工作原理

序列脉冲发生技术的优点是容易产生高速的序列脉冲信号，序列脉冲的编辑十分灵活，信号延迟控制方便，具有多种脉冲宽度的脉冲序列输出功能，可以通过采用大容量的存储芯片得到长序列的脉冲信号。该技术的缺点是序列脉冲信号的脉宽无法连续可调，脉宽的分辨率也相对比较低（一个系统时钟周期），难以产生极窄脉冲信号。

数字合成脉冲发生技术利用高速数字电路来控制脉冲波形的参数，合成多样化脉冲波形，在现代数字测试系统中，由于参数控制灵活、分辨率高、波形合成多样化和数字电路易集成的优点，该技术在双脉冲、群脉冲、极窄脉冲等脉冲波形的合成中得到广泛应用。下面介绍几种典型脉冲信号的数字合成原理。

（1）双脉冲合成。如图 5.46 所示，双脉冲合成技术将两路周期脉冲波形通过数字波形相叠加的方法实现，数字波形的叠加通过射极耦合逻辑（emitter-coupled logic，ECL）电路或门来实现。其中，两路信号的相对延迟 T_D 决定双脉冲的间隔时间，合成的双脉冲保持了两路单脉冲的脉宽。

（2）群脉冲合成。群脉冲合成技术是基于计数器的方式产生脉冲的技术，这种技术的主要特点是脉冲控制灵活，可以改变脉宽、改变群脉冲的个数等。如图 5.47 所示，群脉冲合成技术通过在每一个系统时钟到来时对其进行计数，产生一个门控信号来控制合成群脉冲的个数和周期。其中，系统时钟的周期和占空比决定了群脉冲波形的初始脉宽，门控信号的宽度和周期则控制群脉冲波形的脉冲个数和群脉冲的周期[40]。

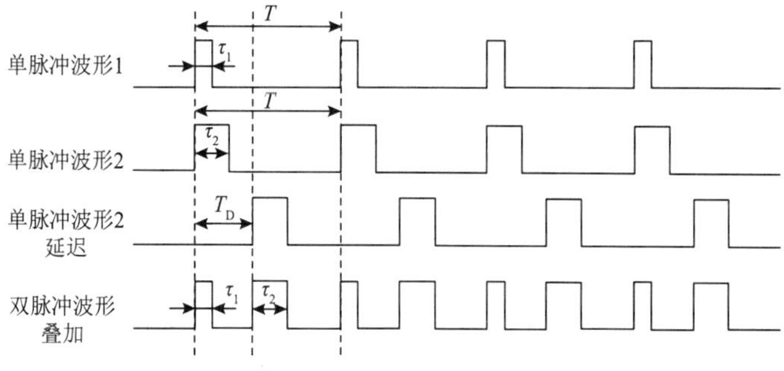

图 5.46　双脉冲合成原理

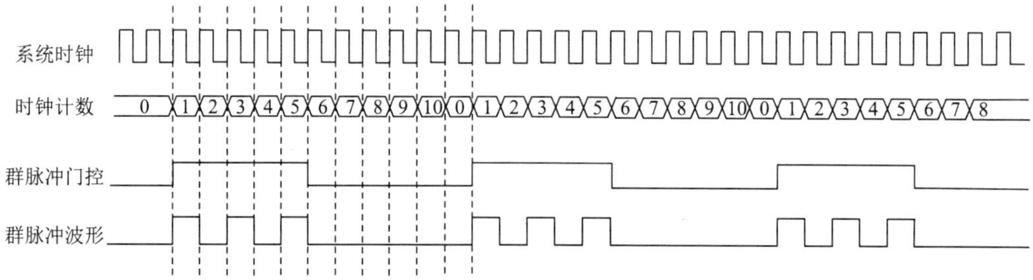

图 5.47　群脉冲合成原理

（3）极窄脉冲合成。如图 5.48 所示，极窄脉冲合成技术是采用数字信号扇出的方法得到两路波形相同、有相对延时的数字信号，分别作为上升沿触发信号和下降沿触发信号。上升沿触发信号到来时，脉冲输出经 D 触发器置高；下降沿触发信号到来时，脉冲输出经 D 触发器置低，合成窄脉冲信号。该技术通过控制两路触发信号的相对延时来控制脉冲宽度，其最小脉宽取决于延时技术的分辨率和数字 D 触发器的建立保持时间。随着高速数字器件和延时技术的进步，数字合成极窄脉冲技术已经可以产生皮秒级脉宽的脉冲信号[41]。

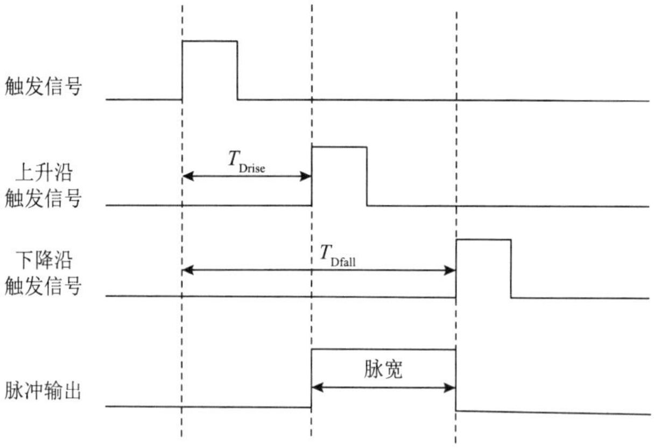

图 5.48　极窄脉冲合成原理

5.5.3 任意波形合成技术

1. 任意波形合成技术原理

在数据采集与复现系统应用中，要求任意波形合成的采样率随采集系统的采样率变化而变化，便于进行系统环境或现场信号的复现。由于 DDFS 存在相位截断，容易遗漏波形细节，产生波形失真的问题，故难以实现合成任意波形信号。直接数字波形合成（direct digital waveform synthesis，DDWS）技术是目前任意波形发生器中信号产生的常用波形合成方法[42]。DDWS 由地址发生器、高速波形存储器、数模转换器、低通滤波器等部分组成，结构如图 5.49 所示。

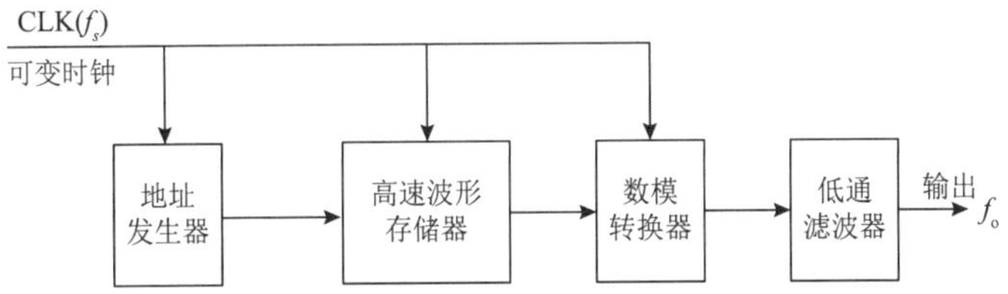

图 5.49　DDWS 的原理结构

DDWS 的工作原理是根据所需信号的频率或预定的采样频率及波形长度等参数，由信号的数学表达式计算出各信号点幅度值，并按采样顺序预先存储在波形查找表中。合成信号时，通过对采样时钟进行计数产生地址，从波形查找表中逐点读出波形样本数据，数模转换器将样本数据转换为阶梯模拟波形，经低通滤波器作平滑连续处理，最后产生所需的模拟信号。设可变时钟频率为 f_s，若周期波形每个周期由 n 个采样点构成，则该波形输出频率为

$$f_o = \frac{1}{T_o} = \frac{1}{nT_s} = \frac{f_s}{n} \tag{5.15}$$

式中，T_o 为输出波形的周期；T_s 为可变时钟的周期。

由式（5.15）可知，DDWS 输出波形频率取决于可变时钟频率 f_s 和每个周期波形的采样点数 n。

DDWS 产生任意波形信号时逐点输出波形数据，产生的波形可以最大限度地保证信号的细节不被遗漏，波形还原效果好。

2. 任意倍率数据重采样技术

作为数字化的信号合成方式，DDWS 的误差类型较多，主要误差来源有波形存储器的幅度量化误差、DAC 的非理想特性误差、滤波器引入的误差，以及时钟相位噪声引入的误差等[43]。DDWS 系统主要误差来源的误差模型如图 5.50 所示。

由于 DAC 非理想的线性特性，采样输出会产生基波和相关谐波的镜像频率，在信号重构中引入误差，影响信号产生的质量。由 DAC 非线性导致的镜像频率主要存在于 $nf_s \pm mf_o$ 频点处，以 $f_s \pm f_o$ 两处频点最为严重，故由 DAC 产生的模拟信号需要经过低通

滤波器滤除镜像频率分量。

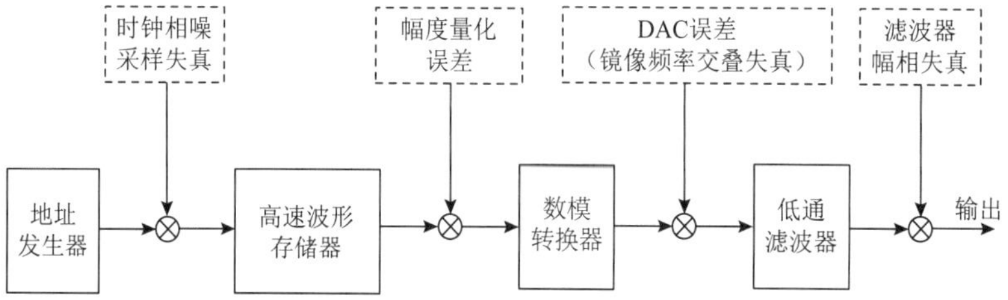

图 5.50　DDWS 系统误差模型

镜像频率 $f_s - f_o$ 和产生的信号频率 f_o 距离过近，导致模拟滤波器的设计困难，同时，由于采样时钟设定范围涵盖整个采样时钟频段，在每个频段内不可能同时设计出适当的模拟滤波器。

为了解决多频段的模拟滤波器设计困难的问题，通过任意倍率数据重采样技术，在 DDWS 结构中加入采样率转换模块，将 DDWS 可变采样时钟频率下的数据转换为固定采样率下的数据，使数据速率与 DAC 转换速率相同。设计固定截止频率的低通滤波器滤除镜像频率分量，可以有效地克服由 DDWS 采样频率可变引起的低通滤波器设计困难的问题。任意倍率数据重采样技术，就是根据一组有序数据的信息内插出另一组有序数据信息的过程[44]。

采样率转换的实质是在一条已知的曲线上，根据已知的等间隔采样点和转换比率，计算出曲线上未知的另一组等间距采样点，也相当于计算原采样点延迟整数或小数单位后的值。假设采样率转换前后采样周期分别为 t_1 和 t_2，采样率转换的理论模型如图 5.51 所示。

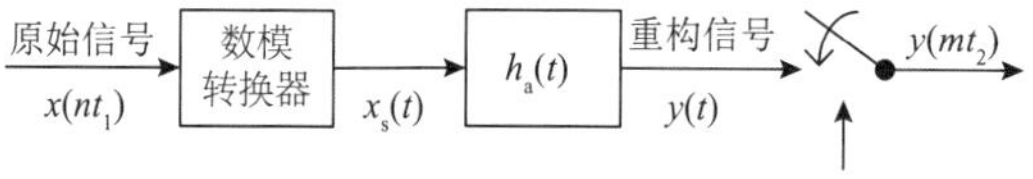

图 5.51　采样率转换理论模型

转换流程为：将采样率为 $1/t_1$ 的数字信号 $x(nt_1)$ 通过 DAC 转换为冲击脉冲串 $x_s(t)$，再通过一个理想的模拟低通滤波器滤除镜像频率分量和干扰噪声，得到重构信号 $y(t)$，最后再以期望的采样率 $1/t_2$ 对其进行重新采样，最后得到按转换因子 t_2/t_1 转换后的新信号。转换公式如下：

$$y(mt_2) = \sum_{n=-\infty}^{\infty} x(nt_1) h_a(mt_2 - nt_1) \tag{5.16}$$

理想采样率转换频谱变化如图 5.52 所示。由于 $h_a(t)$ 为理想模拟低通滤波器，其频谱标准为 $H_a(f) = \mathrm{e}^{-\mathrm{j}2\pi ft}$，其中 t 为转换后采样点相对于原采样点的延迟参数。$h_a(t)$ 的单位冲击响应为无限长的 sinc（辛格函数）波形，在实际中无法实现。因此，在实际中使用一个近似 $h_a(t)$ 的有限长冲击响应滤波器 $h(t)$ 对信号进行低通滤波。

假设 $h(t)$ 的计算有效区间为 $[-N_1, N_2]$，则转换公式为

$$y(mt_2)=\sum_{n=-N_1}^{N_2}x(nt_1)h(mt_2-nt_1) \tag{5.17}$$

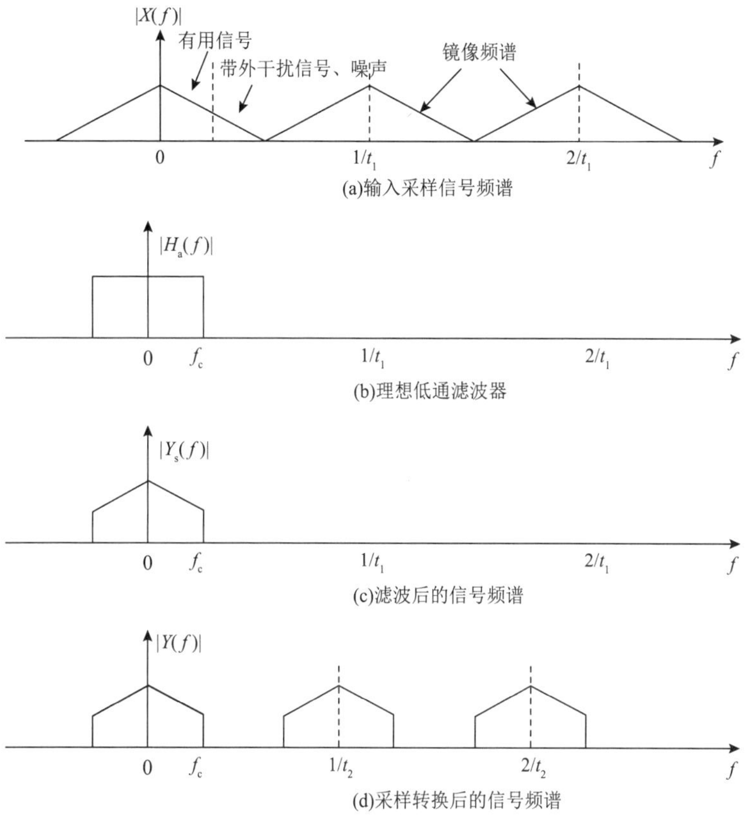

图 5.52　理想采样率转换的频谱变化

假设 $mt_2=(m_k+u_k)t_1$，其中 m_k 为正整数，表示与第 k 个输出样本最近的输入样本标号；$0\leqslant u_k<1$，表示输出样本与最近的输入样本之间的时间间隔，对应关系如图 5.53 所示，假设 $t_2=1.25t_1$。

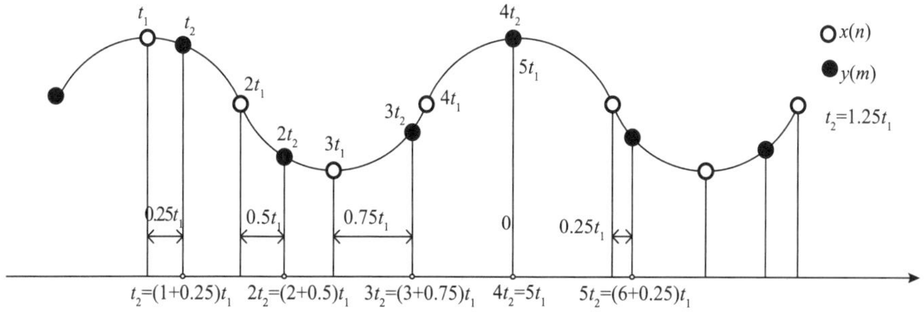

图 5.53　采样率转换前后采样点对应关系图

假设采样率转换前后的采样周期分别为 t_1 和 t_2，则 m_k 与 u_k 的值分别为

$$m_k(m)=(mt_2)\mathrm{mod}(t_1) \tag{5.18}$$

$$u_k(m) = \left[(mt_2) - (mt_2)\bmod(t_1)\right] / t_1 \tag{5.19}$$

由以上关系式，可得

$$y(mt_2) = \sum_{n=-N_1}^{N_2} x(nt_1)h\left((m_k + u_k - n)t_1\right) \tag{5.20}$$

简化为

$$y(mt_2) = y\left[(m_k + u_k)t_1\right] = \sum_{n=-N_1}^{N_2} x\left((m_k + n)t_1\right)h\left((u_k - n)t_1\right) \tag{5.21}$$

当进行 M 倍抽取、L 倍插值、L/M 倍采样率转换时，转换后序列如下。

M 倍抽取：

$$y(m) = \sum_{n=-N_1}^{N_2} x(n)h(Mm - n) \tag{5.22}$$

L 倍插值：

$$y(m) = \sum_{n=-N_1}^{N_2} x(n)h(m / L - n) \tag{5.23}$$

L/M 倍采样率转换：

$$y(m) = \sum_{n=-N_1}^{N_2} x(n)h(Mm / L - n) \tag{5.24}$$

由采样率转换的公式可知，采样率转换的过程是插值抽取的过程，也是一个系数时变的小数延迟滤波过程。滤波器的系数与小数延迟参数 u_k 相关。采样率转换后的每一个输出样点与最近输入样点的延迟单元 u_k 不同，低通滤波器的系数也会随着输出样点同步变化。因此，采样率转换技术的关键是插值滤波器的设计以及插值抽取期望位置的控制。实时计算 u_k 和 m_k 就可以实现分数倍采样率转换的比例。

由以上采样率转换基本公式可知，采样率转换公式可以改写为

$$y(m_k, u_k) = \sum_{n=-N_1}^{N_2} x(m_k - n)h_n(u_k) \tag{5.25}$$

式中，m_k 表示与输出样本最近的输入样本的位置 k；u_k 表示输出样本与最近输入样本之间相差的小数间隔值。输出样本由 m_k 与 u_k 两个参数决定，其中 m_k 决定用于参与采样率转换计算的输入样本，u_k 决定插值滤波器 $h(n)$ 的系数值。插值滤波器可以用泰勒展开式表示为

$$h_n(u_k) = \sum_{l=0}^{M} c_l(k)u_k{}^l \tag{5.26}$$

将式(5.26)代入采样率转换公式可得

$$y(m) = \sum_{l=0}^{M}\sum_{k=-N_1}^{N_2} x(m_k - k)c_l(k)u_k{}^l \tag{5.27}$$

由于采样率可以任意变化，所以采样率转换倍数也应该是任意倍率可调，可采用一种灵活高效的实现结构——Farrow 滤波器结构。Farrow 滤波器由多个 FIR（有限长单位冲激响应）滤波器构成，滤波器的系数保持不变，只通过改变延迟参数的值来改变采样率，使采样率的转换变得简洁，大幅减少计算量，提高了运行效率[45]。该结构所占用的主要资源为 FIR 滤波器所需的乘法器与加法器，所需的乘法器个数为 $(N+1)\cdot(M+1)$，其中 FIR 滤波器系数由拉格朗日插值计算得到，它是一种特殊的时域插值方法，利用多项式来逼近原来的曲线，计算该多项式在对应小数间隔处的值就可以得到输出采样点。Farrow 滤波器的原理结构如图 5.54 所示。

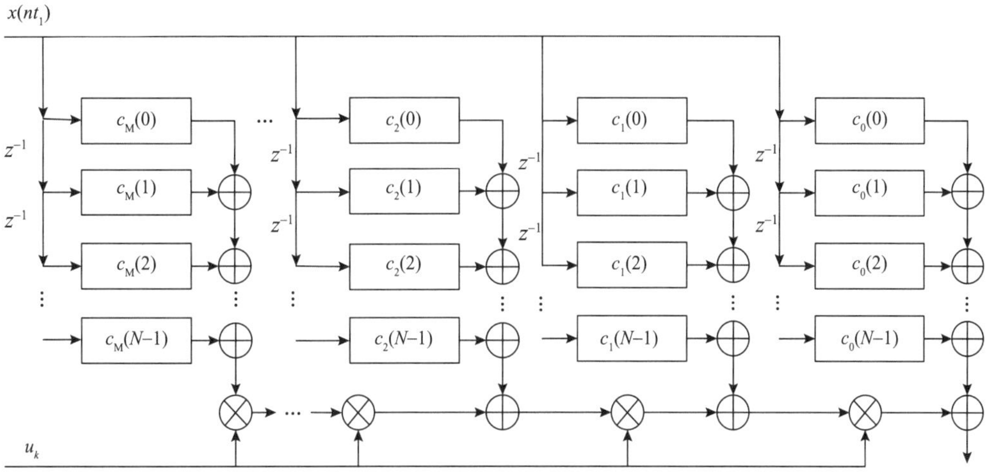

图 5.54　Farrow 滤波器的原理结构

基于 Farrow 滤波器结构的数字滤波器传递函数表示为

$$H(z,u_k)=\sum_{n=-N}^{N}h(n,u_k)z^{-n}=\sum_{n=-N}^{N}\sum_{m=0}^{M}c(n,m)z^{-n}u_k{}^{m} \tag{5.28}$$

由以上的分析可知，Farrow 滤波器的系数固定，采样率转换倍数由计算得到的 m_k 和 u_k 共同控制，其中 m_k 控制输入的采样点，u_k 与 FIR 子滤波器的输出结果进行相应计算，得到输入采样点延时 u_k 小数间隔的输出采样点，m_k 和 u_k 可由一个位宽为 w 的累加器确定。由于要实现采样率的提高，所以假设输入输出采样周期分别为 T_1 和 T_2（$T_1>T_2$），转换因子为 $nf=T_2/T_1=f_1/f_2<1$，将 T_1 表示为 1，T_2 归一化表示为 nf，则初始小数间隔表示为 $\Delta_1=nf-nf\bmod(1)$，下一小数间隔为 $\Delta_2=(\Delta_1+nf)-(\Delta_1+nf)\bmod(1)$。假设将原周期 T_1 量化为 2^{11}，用一个 11 位的累加器储存小数间隔 u_k 的值。其中 u_k 的值可由以下公式计算得到：

$$u_k=(u_{k-1}+nf\cdot 2^{11})\bmod(2^{11}) \tag{5.29}$$

将 11 位累加器的溢出值作为 m_k 对输入采样样本进行控制，表示新样点与原采样点相隔的周期数，如果周期数等于或大于 1，则在下一时钟减 1，输出使能为 0，不对子滤波器卷积结果进行处理，直到周期数为 0 再继续进行累加运算，此时输出使能为 1，如此可对原采样点进行选择并得到小数间隔值。

如图 5.55 所示，用一个 16 位寄存器存储 m_k 和 u_k 的值，每次计算得到的值低 11 位表示 u_k，高 5 位表示 m_k。Farrow 滤波器采样率转换实现结构如图 5.56 所示。

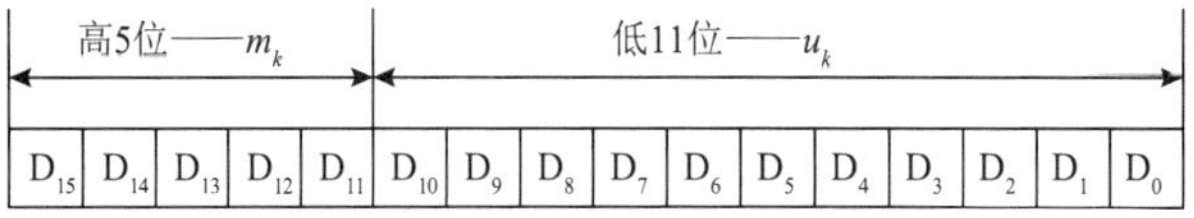

图 5.55　16 位累加器

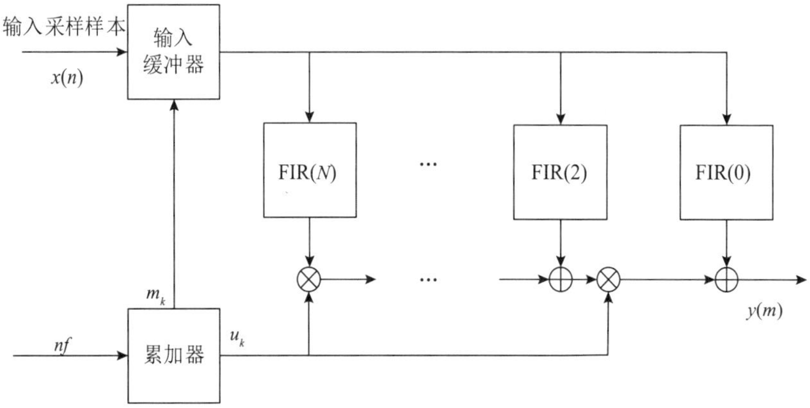

图 5.56　基于 Farrow 滤波采样率转换的实现结构

采样率转换的实现过程为：首先缓存输入的样本，用一个移位寄存器存储一定长度的输入样本；每一个 FIR 子滤波器对输入信号进行滤波处理，其实质是将 FIR 系数与输入数据进行卷积运算，如图 5.57 所示，可以得到每个子滤波器的卷积结果。将各个卷积结果与小数间隔 u_k 进行相应计算就可以得到转换后采样点的值。其中，累加器在每个输出时钟上升沿累加采样率转换因子为 nf，将所得结果低 11 位作为小数间隔 u_k 的值与子滤波器输出的卷积结果相乘。将累加器每个时钟的溢出结果作为判断信号，对输入样本进行选择。当累加器溢出时，控制移位寄存器进行一次移位，更新移位寄存器中的数据。

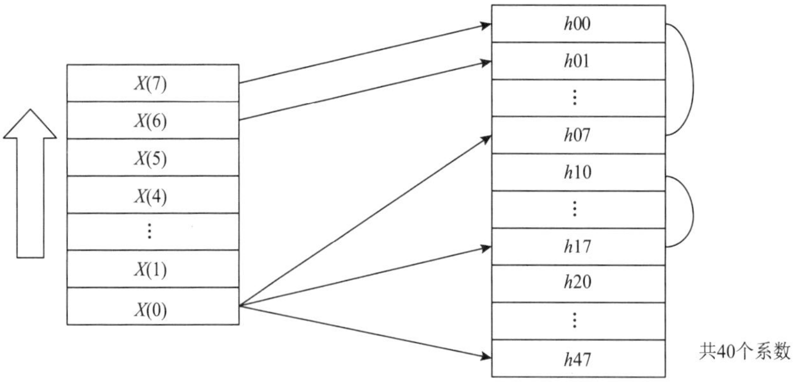

图 5.57　输入信号与 Farrow 滤波系数卷积

若要实现采样率等效提高 4 倍，则 nf=1/4，u_k=0、1/4、2/4、3/4；u_k 在这 4 个数之

间循环，每经过 4 个时钟周期，累加器溢出一次，控制移位寄存器按顺序进行移位。图 5.58 为输出 4MHz 正弦波时采样率为 200MHz 和 800MHz 时的转换对比仿真，图 5.58（a）实际采样率为 200MHz，输出信号频率为 4MHz，此时一个波形周期为 50 个采样点；图 5.58(b)采样率等效转换为 800MHz，输出信号频率仍为 4MHz，此时一个周期的采样点数由 50 个变为 200 个，图 5.58(c)和图 5.58(d)分别为实际采样率为 200MHz 和采样率等效转换为 800MHz 时，在频域中对镜像频点的仿真。

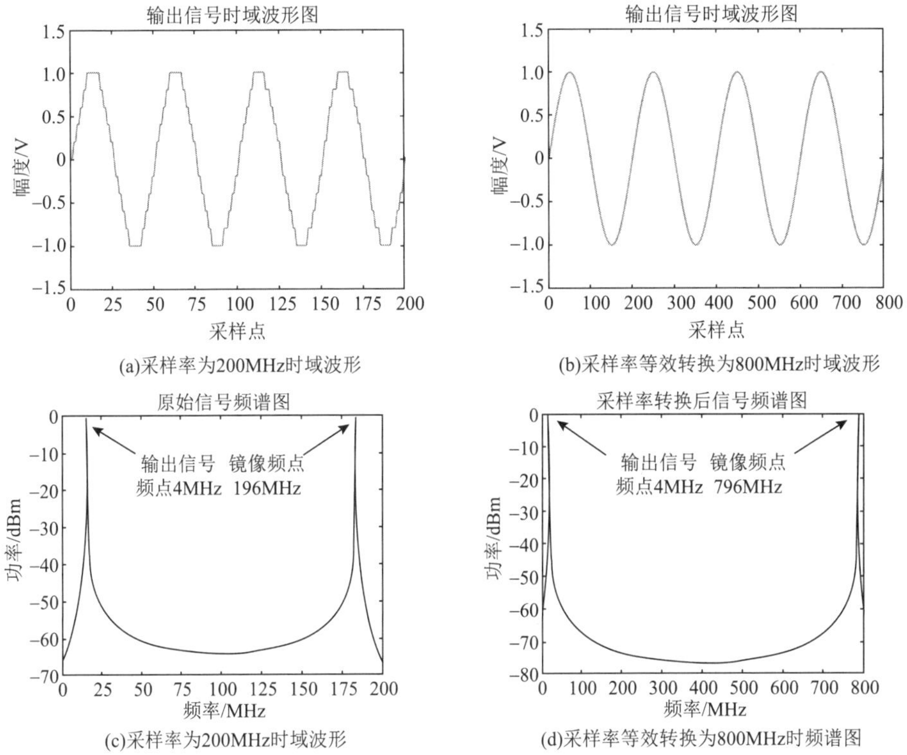

(a)采样率为200MHz时域波形　(b)采样率等效转换为800MHz时域波形

(c)采样率为200MHz时域波形　(d)采样率等效转换为800MHz时频谱图

图 5.58　输出 4MHz 信号时采样率转换时域和频域仿真

由图 5.58 可知，正弦波信号经采样率等效转换后，镜像频点远离实际采样率产生的镜像频点位置，使得 DAC 输出后的模拟滤波器的设计变得简单且有效。

参 考 文 献

[1] 常硕. 航空信息设备原理[M]. 北京：航空工业出版社, 2020.
[2] 倪宝童，马海军. 计算机网络标准教程(2013-2015 版)[M]. 北京：清华大学出版社, 2013.
[3] 张会生. 通信原理[M]. 北京：高等教育出版社, 2011.
[4] 吕辉，贺正洪. 防空指挥自动化系统原理[M]. 西安：西安电子科技大学出版社, 2003.
[5] 卢文全. 一种全新的“电磁波频谱表”[J]. 物理通报, 2012(4): 121-123.
[6] 邹星，李金喜，丁勇飞，等. 航空通信系统中信道编码理论及应用分析[J]. 电光与控制, 2015, 22(10): 68-72.
[7] 余晓刚，王华，龚诚. 美军主要战术数据链介绍[J]. 航空电子技术, 2002, 33(3): 25-28.
[8] 刘嘉兴. 飞行器测控与信息传输技术[M]. 北京：国防工业出版社，2011.

[9] Molisch A F. 无线通信[M]. 2 版. 田斌, 帖翊, 任光亮, 译. 北京: 电子工业出版社, 2015.
[10] Rappaport T S. 无线通信原理与应用[M]. 2 版. 周文安, 付秀花, 王志辉, 等, 译. 北京: 电子工业出版社, 2006.
[11] 徐菁. “北斗”卫星导航系统空间信号接口控制文件解读[J]. 国际太空, 2013(4): 26-32.
[12] 陆明泉, 姚铮, 张嘉怡, 等. 北斗卫星导航系统信号设计的进展及发展趋势[J]. 卫星应用, 2015(12): 27-31.
[13] 聂光皓, 申亮亮, 王新龙, 等. 北斗卫星信号结构及其特性分析[J]. 航空兵器, 2020, 27(5): 73-80.
[14] Liu Z, Li B Y, Tang X M, et al. Unambiguous s-curve shaping for multipath mitigation for MBOC modulated signals in GNSS[C]//2015 International Conference on Wireless Communications & Signal Processing (WCSP). October 15-17, 2015, Nanjing, China. IEEE, 2015: 1-5.
[15] 姚铮, 陆明泉, 冯振明. 正交复用 BOC 调制及其多路复合技术[J]. 中国科学 G 辑, 2010, 40(5): 575-580.
[16] 王屹伟. 北斗导航系统 B1C 频点 QMBOC 调制信号跟踪技术研究[D]. 西安: 西安电子科技大学, 2018.
[17] 刘睿琦. QMBOC 信号不同跟踪方式码跟踪性能的比较[J]. 电子技术与软件工程, 2018(5): 103-104.
[18] 谢力元. 塔康导航机载设备自动测试系统的研究与实现[D]. 西安: 西安电子科技大学, 2005.
[19] 乔方林. 浅析塔康系统在国防建设中的重要作用[C]//天津市电子工业协会. 天津市电子工业协会 2021 年年会论文集. 天津七六四通信导航技术有限公司, 2021: 2. DOI: 10. 26914/c. cnkihy. 2021. 005890.
[20] 蔡琪, 曹博, 任龙昊. 仪表着陆系统[M]. 北京: 中国民航出版社, 2022.
[21] 温浩, 许家栋, 韦高, 等. DME/P 精度评估[J]. 系统工程与电子技术, 2003, 25(9): 1065-1067.
[22] 孙鹏. 微波着陆系统中频接收机时差提取算法的研究与实现[D]. 西安: 西安电子科技大学, 2008.
[23] 李勇军, 朱林寰, 赵鹏飞. 微波着陆系统(MLS)机场应用研究[J]. 长沙航空职业技术学院学报, 2018, 18(3): 63-65.
[24] 荀玉玲, 曾湘洪. 二次监视雷达应答重叠处理研究[J]. 现代雷达, 2022, 44(9): 39-46.
[25] 龙泓宇, 刘永刚, 郭小杰. 空中防撞与近地告警综合系统的研究[J]. 电子世界, 2020(18): 42-43.
[26] 吴昊, 赵巾卫, 刘志武, 等. 对敌我识别信号的主被动侦察定位技术研究[J]. 航天电子对抗, 2022, 38(2): 44-46, 58.
[27] 徐海. 基于地面多径的飞机航管二次雷达应答概率下降的研究[J]. 现代电子技术, 2009, 32(11): 22-24.
[28] 张旭伟. 一种二次雷达信号载频测试技术研究与实现[J]. 自动化与仪器仪表, 2021(7): 200-202.
[29] 聂鑫. Mark-Ⅻ协同敌我识别系统存在的缺点[J]. 电子技术与软件工程, 2019(11): 91-93.
[30] 丁鹭飞, 耿富录, 陈建春. 雷达原理[M]. 5 版. 北京: 电子工业出版社, 2014.
[31] Карташкин А С. 航空无线电系统与机载雷达信息处理技术(上): 航空无线电系统[M]. 滕克难, 译. 北京: 国防工业出版社, 2017.
[32] 强伯涵, 魏智. 现代雷达发射机的理论设计和实践[M]. 北京: 国防工业出版社, 1985.
[33] 郑新, 李文辉, 潘厚忠, 等. 雷达发射机技术[M]. 北京: 电子工业出版社, 2006.
[34] 王星. 航空电子对抗原理[M]. 北京: 国防工业出版社, 2008.
[35] 张建华. PD 雷达接收机及信号处理系统仿真研究[D]. 成都: 电子科技大学, 2003.
[36] 禾刚, 谭贤四, 王红, 等. 三种不同体制雷达的比较[J]. 舰船电子对抗, 2008, 31(1): 82-84.
[37] 田书林, 王厚军. 电子测量技术[M]. 北京: 机械工业出版社, 2012.
[38] 李鹏. DDS 直接数字频率合成技术的研究[J]. 甘肃科技纵横, 2021, 50(5): 20-22.
[39] 付在明. 高速脉冲波形合成关键技术研究[D]. 成都: 电子科技大学, 2010.
[40] 赵虹兵. 脉冲发生器信号合成模块设计[D]. 成都: 电子科技大学, 2016.
[41] 张志诚. 高速极窄脉冲合成技术[D]. 成都: 电子科技大学, 2013.
[42] 刘科. 高速任意波形合成关键技术研究[D]. 成都: 电子科技大学, 2010.

[43]万永伦, 姒强, 吕幼新, 等. DDWS 的波形误差校正算法及实现[J]. 系统工程与电子技术, 2006, 28(2): 209-211, 252.
[44]陈玉娟. 并行架构任意倍率重采样及定时校正的综合设计[D]. 成都: 电子科技大学, 2018.
[45]刘艳茹, 田书林, 王志刚, 等. 一种基于 Farrow 滤波器的并行采样时间误差校正[J]. 电子测量与仪器学报, 2010, 24(1): 50-54.

第 6 章　检测数据传输技术

航电系统综合检测过程中获得或产生的检测数据在综合检测系统中通过各种总线进行传输。同时，综合检测系统往往由显控终端、激励主机和机载控制终端等多个终端组成，检测数据在多个终端间传输时还涉及多设备同步技术。本章介绍检测数据常用的CAN 总线、RS-422/RS-485 总线、ARINC429 总线、MIL-STD-1553B 总线、以太网、RapidIO 总线、PCIe 总线 7 类传输技术，以及多设备同步技术，这些技术是航空电子综合检测系统实现总线传输等相关检测功能的关键。

6.1　总线传输技术

6.1.1　CAN 总线

1. CAN 总线现状及发展趋势

控制器局域网（controller area network）即我们通常所说的 CAN 总线，作为自动化热点技术之一的现场总线技术，其融合了现代通信技术、网络技术、嵌入式技术、控制理论等技术，为人类生活、生产的便利性提供了先进的技术保障。CAN 总线作为符合国际标准的现场总线之一，从 1983 年诞生以来一直有着良好的发展前景和广阔的发展空间[1]。

CAN 总线是一种用于实时控制的串行通信总线，广泛应用于汽车、工业自动化、医疗设备等领域。目前，CAN 总线技术已经发展到了高速、高可靠性、高传输速率的阶段，且不断向着更高速、更长传输距离、更高总线容量的方向发展，主要发展趋势包括高速化、无线化、容错能力提升和系统整合。

（1）高速化：随着汽车电子、工业自动化等领域对数据传输速率要求的提高，CAN 总线正在向更高的传输速率发展，例如 CAN FD（CAN with flexible data rate，可变速率的 CAN）标准，最高传输速率可达 1Mbps。

（2）无线化：随着无线通信技术的发展，CAN 总线正在与无线通信技术相结合，例如 CAN-WiN（CAN-based wireless networks，基于无线网的 CAN）技术，实现了 CAN 总线在无线网络中的传输。

（3）容错能力提升：CAN 总线技术将继续提高容错能力，例如通过引入冗余机制、提高总线通信距离等手段，提高系统的可靠性和稳定性。

（4）系统整合：CAN 总线技术将与其他通信技术（如以太网、LIN、FlexRay 等）相结合，形成一个统一的网络架构，实现多种通信技术的共存和互操作。

总之，CAN 总线技术将在现有基础上不断发展和完善，以满足不断变化的市场需求。

2. CAN 总线介绍

CAN 总线是一种多主控（multi-master）的串行通信总线系统，最初由德国 BOSCH（博世）公司开发，用于汽车电子设备的通信。现在，CAN 总线已经广泛应用于工业自动化、船舶、航空等领域。

CAN 总线的主要特点如下。

（1）高速、高可靠性：CAN 总线的传输速率最高可达 1Mbps，且具有多重错误检测机制，如奇偶校验、帧校验、应答错误检测等。

（2）多主控结构：CAN 总线允许多个节点同时发送信息，使用内容优先级的方法解决冲突。

（3）强实时性：CAN 总线采用非同步传输方式，确保了在实时控制系统中传输延迟的可预测性。

（4）扩展性：CAN 总线支持多节点连接，总线长度可达 10km，最多可连接 128 个节点。

（5）成本优势：CAN 总线的硬件成本较低，现有的许多微控制器都集成了 CAN 控制器，使得开发和应用更加便捷。

总之，CAN 总线因其高可靠性、实时性和成本优势，在许多领域都得到了广泛的应用。

3. CAN 总线的基本工作原理

CAN 总线采用线性总线结构，以及广播的通信方式，即网络上一个节点发送信息，多个节点可以同时接收信息。网络上的节点优先级是不同的，总线采用非破坏性总线裁决技术，当两个节点同时要发送数据时，根据其唯一的 11 位标识符判断优先级，优先级高的节点可以传送数据，优先级低的则停止发送数据。当一个节点发送数据时，其他所有的节点都会接收到报文信息并在正确接收后作出应答，但是否要对报文进行处理应取决于节点本身，节点会对报文信息进行滤波，符合其自身的将被保留，不符合的将被丢弃[2]。

基于以上的通信方式，CAN 总线结构可以随时加入新的节点，新的节点加入后不会影响原有节点的正常工作，同时也可以同其他节点一样正常地接收和发送报文，因此，CAN 总线具有很强的灵活性。

4. CAN 总线的特点

CAN 总线通信具有许多其他通信总线所不具备的优良特性，可以概括如下[3]。

（1）报文的优先权，即每个报文都有自身的优先级。

（2）设置灵活，可随时加入新的节点。

（3）节点发送报文碰撞时，高优先级的节点可连续发送数据，不受影响，低优先级的节点会自动退出发送，从而减少了总线冲突仲裁时间。

（4）破坏的报文只有在总线空闲时才能再次传输。

（5）时间同步的多点接收。

（6）错误检测和错误标定。

（7）通信介质可采用双绞线、光纤或同轴电缆。

（8）通信方式通过报文滤波可分为点对点、一点对多点及广播等，不需要专门的管理。

5. CAN 总线帧结构

CAN 总线的报文传输由数据帧、远程帧、错误帧以及过载帧表示和控制[4]。

1）数据帧

CAN 总线数据帧由 7 个不同的字段组成，每个字段都有特定的功能，包括帧起始（start of frame，SOF）、仲裁场（arbitration field）、控制场（control field）、数据场（data field）、循环冗余校验场（cyclic redundancy check，CRC）、确认场（acknowledgment field）、帧结束（end of frame，EOF）。

（1）帧起始：表示一帧数据的开始，由一个显性位（0）组成。

（2）仲裁场：用于确定总线访问优先级。仲裁场包括两部分：标识符字段（identifier field）和远程传输请求（remote transmission request，RTR）字段。标识符字段的长度可以是 11 位或 29 位，用于标识发送节点的消息 ID。RTR 表示该帧是数据帧（RTR=0）还是远程帧（RTR=1）。

（3）控制场：用于指示数据的传输方向和是否进行数据校验。控制场包括两个部分：保留位（reserved bit，RB）和数据长度代码（data length code，DLC）。RB 始终为显性位（0）；DLC 表示数据场的字节数，范围为 0～8。

（4）数据场：包含实际要传输的数据。数据场的长度由 DLC 决定，范围为 0～8 个字节。

（5）循环冗余校验场：用于检查数据传输过程中的错误。CRC 场包括 15 位的校验码和 1 个界定符（delimiter）。界定符可以是显性位（0）或隐性位（1），用于分隔 CRC 场和确认场。

（6）确认场：用于确认数据帧的接收。确认场包括两个位：确认（acknowledgment，ACK）位和界定符（delimiter）。ACK 位为显性位（0）表示接收成功，为隐性位（1）表示接收失败。

（7）帧结束：表示一帧数据的结束，由 7 个隐性位（1）组成。

2）远程帧

远程传输请求字段 RTR 的显隐性决定了 CAN 总线帧是数据帧还是远程帧，远程帧的 RTR 位是隐性的。与数据帧相比较，远程帧没有数据域。

3）错误帧

错误帧包括各站的错误标志叠加和出错界定符。有活动错误标志和认可错误标志两种错误标志。

4）过载帧

过载帧包括超载标志和超载界定符。有三种情况会导致超载标志的发送，连续六个显性位表示过载标志，其形式和活动错误标志相同。

6.1.2　RS-422/RS-485 总线

1. RS-422 及 RS-485 总线标准介绍

在数据通信、计算机网络以及分布式工业控制系统中，设备或者子系统之间的信息交换通常采用的是串行通信。常见的串行总线有 RS-232 总线、RS-422 总线以及 RS-485 总线，其中 RS-422 与 RS-485 总线是在 RS-232 总线的基础上发展而来的，这些总线都是由美国电子工业协会（Electronic Industries Association，EIA）制定发布的。航空机载环境一般不采用 RS-232 总线作为通信总线，而是采用在其基础上发展而来的 RS-422 总线、RS-485 总线以及其他航空总线。RS-232 总线、RS-422 总线和 RS-485 总线的电气参数如表 6.1 所示[5]。

表 6.1　RS-232 总线、RS-422 总线和 RS-485 总线的电气参数

参数	RS-232	RS-422	RS-485
工作方式	单端	差分	差分
最大节点数	1 接收、1 发送	1 发送、10 接收	1 发送、32 接收
最大传输距离	15m	1219m	1219m
最高传输速率	20Kbps	10Mbps	10Mbps

1）RS-422 总线标准介绍

EIA 在 20 世纪 70 年代制定了 RS-422 总线接口标准[6]。RS-422 总线标准是一种用于串行通信的物理层标准，它定义了电气特性、信号传输方式和机械连接方式等方面的内容。RS-422 总线标准适用于在长距离、多点通信的场景中使用，其传输距离可以达到 1.2km，最多可以连接 32 个设备。

在电气特性方面，RS-422 总线标准采用差分传输方式，即信号的正负极性在数据传输过程中始终保持相反的状态，从而可以有效地抵消噪声和干扰。RS-422 总线标准定义了四条信号线，分别是：发送正极（TX+）、发送负极（TX−）、接收正极（RX+）和接收负极（RX−）。

在信号传输方式方面，RS-422 总线标准支持全双工通信，即数据可以在发送和接收两个方向上同时传输。为了实现全双工通信，RS-422 总线标准定义了两种数据传输模式：平衡模式和差分模式。在平衡模式下，发送正极和接收负极、发送负极和接收正极之间的电压差保持恒定；在差分模式下，发送正极和发送负极、接收正极和接收负极之间的电压差保持恒定。

在机械连接方面，RS-422 总线标准定义了两种连接器：DB-9 和 DB-25。其中，DB-9 连接器用于连接设备内部，DB-25 连接器用于连接设备之间。

总之，RS-422 总线标准是一种适用于长距离、多点通信的串行通信标准，其采用差分传输方式，支持全双工通信，并定义了电气特性、信号传输方式和机械连接方式等方面的内容。RS-422 总线支持点对多的双向通信，但不支持多点双向通信，即设备之间不能通信[7]。

2）RS-485 总线标准介绍

RS-485 总线标准是在 RS-422 总线标准的基础上发展起来的，具有许多类似的电气特性。RS-485 总线的通信方式包括全双工、广播和多点通信。全双工通信允许同时进行信号的双向传输，多点通信则允许在一个主设备与多个从设备之间进行通信，最多可设置 32 个从设备。在实际应用中，需要为主设备和从设备分配唯一的标识符，并在发送数据前加入地址标识符，以实现主设备与特定从设备之间的通信。RS-485 总线是一种多发送器的电路标准，广泛应用于工业控制系统和仪器仪表中。它采用平衡发送和差分接收，具有较强的抗干扰能力，传输距离远，可支持多点数据通信。RS-485 总线接口标准有以下特点。

（1）采用平衡发送和差分接收，抗干扰能力强。

（2）传输速率最高可达 10Mbps（通常为 9600bps 或 19200bps）。

（3）传输距离远，最大可达 1200m（取决于传输速率、电缆类型和驱动能力）。

（4）支持多点数据通信，最多可支持 32 个节点。

（5）需要使用终端电阻进行阻抗匹配，以确保信号传输的稳定性。

（6）采用半双工通信方式，即同一时刻只能有一个节点进行发送。

RS-485 总线通常使用双绞线进行传输，例如屏蔽双绞线（shielded twisted pair，STP）或非屏蔽双绞线（unshielded twisted pair，UTP）。为了确保信号传输的稳定性，建议使用屏蔽双绞线。在 RS-485 网络中，通常需要一个主设备（master）和多个从设备（slave）。主设备负责控制整个网络的通信，而从设备则根据主设备的指令进行工作。

RS-485 总线接口通常使用 DB9 或 DB25 连接器进行连接，其中 2 线和 3 线用于数据传输，5 线用于接地。在使用 RS-485 总线进行通信时，需要确保各个设备的电气特性匹配，以免影响通信效果。

2. RS-422 及 RS-485 总线数据字格式

RS-422 或 RS-485 总线在发送或者接收数据时，需要一个通信器件作为串行通信接口，这个器件就是通用异步收发传输器，通常情况下数据字格式如下。

（1）起始位：1 位，表示数据传输的开始。

（2）数据位：8 位，表示数据字节中的 8 位二进制数。

（3）奇偶校验位：1 位，根据数据位中的比特数进行计算，用于校验数据传输的准确性。

（4）停止位：1 位，表示数据传输的结束。

在实际应用中，RS-422 或 RS-485 总线会出现以下三种状态。

（1）空闲状态：总线上没有数据传输时，处于空闲状态。此时，总线电平处于高电平。

（2）数据传输状态：数据位、奇偶校验位和停止位共同构成了一个数据帧，用于在总线上传输数据。

（3）冲突状态：当两个或多个设备同时发送数据时，总线上会出现数据冲突，此时需要采用冲突解决机制，如 CSMA/CD 协议。

在 RS-422 或 RS-485 通信中，通常会使用差分信号进行传输，即数据的正、负电平表示二进制的 1 和 0。在接收端，通过差分放大器对信号进行放大和滤波，以消除共模干扰。

总之，RS-422 或 RS-485 总线数据字格式包括起始位、数据位、奇偶校验位和停止位，以及空闲状态、数据传输状态和冲突状态。在实际应用中，还需要考虑差分信号传输和抗干扰措施。

6.1.3　ARINC429 总线

1. ARINC429 总线标准介绍

20 世纪 70 年代，机载设备的接口、物理结构以及传输协议都不太规范，为了规范机载设备的相关通信标准，美国航空无线电公司于 1978 年发布了机载数据总线标准 ARINC429 标准[8]。ARINC429 标准发展至今已经有三个版本：第一个版本约定了总线的插件物理结构、数据格式以及电气性能；第二个版本给出了离散数据的编码实例；第三个版本则是提出了数据队列传输方式[9]。ARINC429 标准是一种机载数据总线标准，主要用于飞机通信。ARINC429 总线是单工总线，高速传输信息时速率可达 100Kbps，低速传输时速率在 12.5～14Kbps，采用奇校验方式进行数据校验。该总线在军事和民用航空领域都有广泛应用[10]，如 A330/340、波音 737/747 等客机采用的机载总线均为 ARINC429 总线[11]。相对于 CAN 总线，ARINC429 总线有更高的数据可靠性，而相对于 RS-422 总线以及 RS-485 总线，其传输速度并不慢[5]。

ARINC429 标准是一种航空电子设备间通信的数据总线标准，主要用于飞机上的各种系统之间的数据交换。它定义了数据传输的物理层、数据链路层和应用层协议。

（1）物理层：ARINC429 总线使用双绞线作为传输介质，采用平衡传输方式，以减少电磁干扰。数据传输速率为 1Mbps。

（2）数据链路层：ARINC429 总线使用差分曼彻斯特编码进行数据编码，通过信号电平的变化来表示数据。它采用多主控制结构，支持多个数据发送器同时发送数据，通过冲突检测和重传机制来保证数据传输的可靠性。

（3）应用层：ARINC429 标准定义了一系列的应用层协议，包括数据报传输、请求/响应传输和广播传输等。其中，数据报传输是最常用的传输方式，它将数据分成一个个数据报进行传输；请求/响应传输用于支持数据交互式应用；广播传输用于向多个接收器传输相同的数据。

2. ARINC429 总线数据字格式

标准的 ARINC429 数据字由 32 位二进制位构成，是总线传输的最小数据单元[12]。根据其功能的不同，32 位 ARINC429 数据字被划分为五个子区域，从低到高依次划分为标志域、源/目标标识域、数据域、符号/状态域及奇偶校验域[13]。

（1）标志域，用以区别数据类型和相关参数。ARINC429 数据字的第 1～8 位属于标志域。其中第 1 位为最高位，第 8 位为最低位。编码规则为第 1～2 位为最高有效数字，第 3～5 位为中间有效数字，第 6～8 位为最低有效数字。

（2）源/目标标识域，该域的主要功能是在多个接收端的系统中，识别出数据传输的目的地址及目的子设备，或者用于在多个发送端的系统中，根据标识位对发送端进行识别。源/目标标识域占据 ARINC429 数据字的第 9～10 位。

（3）数据域，占 ARINC429 数据字的第 11～29 位，需要发送或者接收的数据存在数据域中。

（4）符号/状态域，其主要作用是记录数据字的符号（正/负）、系统中设备的状态

（故障/正常）或者 ARINC429 数据字内容的有效性（验证的/非计算数据）。

（5）奇偶校验域，接收设备在接收数据时会对收到 ARINC429 数据字的奇偶校验位进行判断，根据判断结果决定 ARINC429 数据字的有效性。ARINC429 总线中数据字使用的是奇校验，即 32 位数据字中含有奇数个 1。

6.1.4　MIL-STD-1553B 总线

1. MIL-STD-1553B 总线协议概述

MIL-STD-1553B 是一种用于军事和航空航天领域的串行通信总线协议，全称为“飞机内部时分制指令/响应型多路传输数据总线”，它定义了在单个总线上传输、接收和控制信息的方式。该协议于 1973 年首次发布，并于 1988 年进行了修订，目前在航空电子总线网络中占有重要地位[14]。MIL-STD-1553B 总线协议的主要特点如下。

（1）高速：最高传输速率可达 1Mbps。

（2）高可靠性：通过使用冗余总线结构、数据校验和自动重传机制来保证数据传输的可靠性。

（3）多主控制结构：允许多个设备同时发送数据，使用冲突解决机制来确保数据传输的有序性。

（4）强实时性：通过预测和控制传输延迟，确保实时数据传输的需求得到满足。

MIL-STD-1553B 总线终端按功能需要可分为总线控制器（bus controller，BC）、远程终端（remote terminal，RT）和总线监控器（bus monitor，BM）[15]。总线控制器是总线上唯一指定的可以控制总线传输过程的终端；远程终端是在 BC 的控制下参与传输过程的终端，子系统通过此终端与总线相连；总线监控器负责监控并保存总线上的信息，它本身只能够听取消息，并不参与总线的信息传输。

终端传输方式有数据传输、广播传输和控制指令传输三种方式，传输方向有 BC 到 RT、RT 到 BC、RT 到 RT 三种方向，传输速率为 1Mbps。为了提高 MIL-STD-1553B 总线传输的可靠性，通常采用双冗余方式。数据传输信号采用曼彻斯特 II 型码，编码方式是将信号由低电平向高电平的跳变表示为逻辑“0”，将信号由高电平向低电平的跳变表示为逻辑“1”[16]。MIL-STD-1553B 数据总线典型拓扑结构如图 6.1 所示，最多有 31 个通信终端，每个终端最多提供 30 个子系统。终端与子系统之间有两种接口形式，一种是外挂式，子系统通过终端与总线互连；另一种是内嵌式，将终端嵌入子系统中[14]。

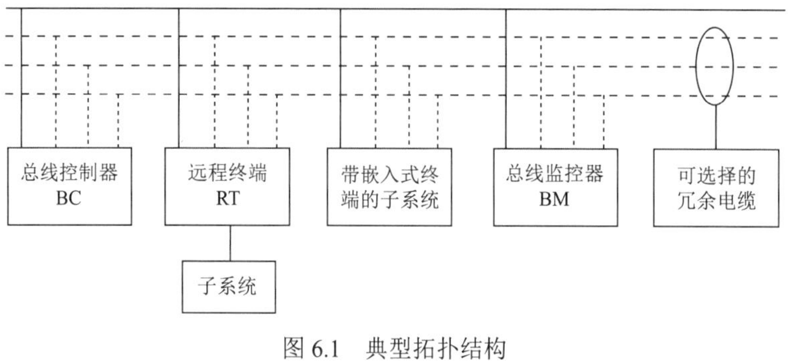

图 6.1　典型拓扑结构

2. MIL-STD-1553B 系统硬件连接

MIL-STD-1553B 标准规定了传输介质的类型和组成，以及主总线和短截线的最大长度。传输介质应为屏蔽双绞线，由主总线和短截线组成。主总线是传输数据的主电缆，两端需有与其传输阻抗相匹配的电阻器进行端接。主总线长度一般可达 100～300m。短截线是将终端连接到主总线的电缆，其最大长度取决于它与总线的耦合方式。标准中规定的主总线耦合方式有直接耦合和变压器耦合两种，变压器耦合方式采用耦合变压器与主总线互连，而直接耦合方式则无[16]。直接耦合方式下，短截线最大长度为 0.3m，而变压器耦合方式下，短截线最大长度可达 6m。

3. MIL-STD-1553B 协议规范

1）信号编码

数据总线上的信息流由消息组成，所有的消息字都采用曼彻斯特 II 型码。曼彻斯特 II 型码的编码方式是逻辑“1”由正向电压跳变到负向电压，逻辑“0”与逻辑“1”反相，如图 6.2 所示。由于码元中间位置会发生跳变，意味着时钟信息包含在码元内，这样就可以在接收端提取位同步时钟，它不需要额外增加导频信息，因而具有自同步能力。曼彻斯特 II 型码既是一种相位编码，也是一种自同步编码，由于不存在直流分量，可以降低发送功率[16]。

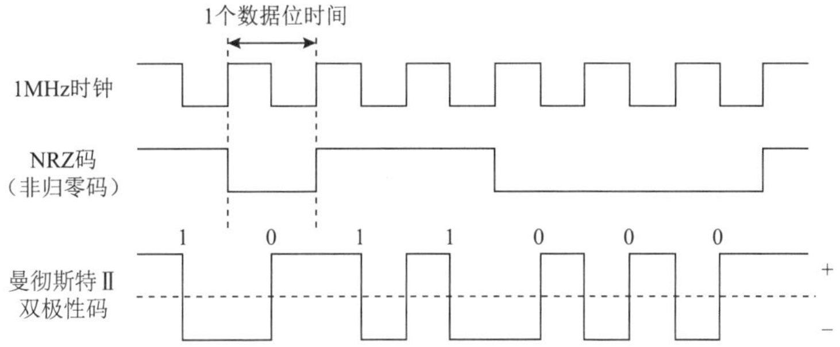

图 6.2 曼彻斯特 II 型码的编码

2）MIL-STD-1553B 字格式

MIL-STD-1553B 标准中定义了三种字格式，即命令字（command word，CW）、数据字（data word，DW）和状态字（status word，SW），如图 6.3 所示[16]。每个字 20 位长，其中前 3 位作为同步头，中间 16 位是有效消息，第 20 位是奇偶校验位。

（1）命令字。

命令字是由 BC 发出的控制 RT 的消息，规定了远程终端要完成的操作，包括同步头、远程终端地址、发送/接收（T/R）位、子地址/方式字段、数据字计数/方式代码字段，以及奇偶校验位（P）[16]。

①同步头：3 个位宽的曼彻斯特 II 型码，前 1.5 位为正，后 1.5 位为负，用于解码器在接收到的每一个字的开头处重新获得同步。

②远程终端地址：对应 31 个远程终端，其中 11111 为广播地址位。

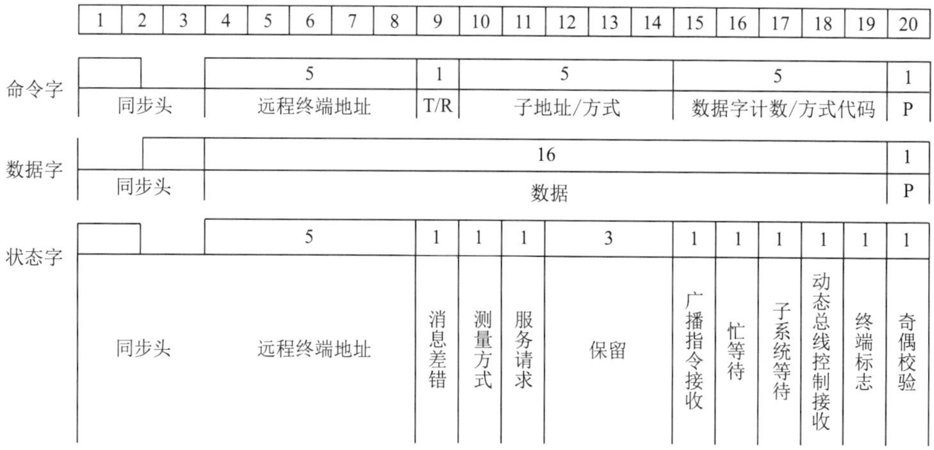

图 6.3　MIL-STD-1553B 字格式

③发送/接收（T/R）位：表示需要远程终端完成的操作，即数据流向，“1”表示发送，“0”表示接收。

④子地址/方式字段：当为 00000 或 11111 时表示方式控制，其余 30 个用来指示远程终端的子地址。

⑤数据字计数/方式代码字段：用来指示远程终端应发送/接收的数据字的数量，最多有 32 个数据字，00000 表示 32 个字。当子地址/方式字段为 00000 或 11111 时，此字段表示具体的方式代码。

⑥奇偶校验位：用作前 16 位的奇偶校验，标准规定只采用奇校验。

（2）数据字。

数据字是消息中要传输的信息，可以双向传输，既可由远程终端发出，也可由总线控制器发出，由以下各个字段组成[16]。

①同步头：3 位，为了在传输过程中能够区分数据字与命令字、状态字，它的相位与命令字、状态字的相反。

②16 个数据位：用来传输有用信息，这部分可由用户自行定义，一般规定高位在前、低位在后。

③奇偶校验位：采用奇校验。

（3）状态字。

状态字由被寻址的远程终端发出，用于响应命令字操作，一方面用来通知总线控制器消息是否正确接收，另一方面告知远程终端状态。状态字由同步头、远程终端地址、状态位和校验位组成，具体状态字各位定义和功能见表 6.2[16]。

表 6.2　状态字各位定义

特定状态位	意义
消息差错位	用来表示本远程终端在已收到的消息中，有一个或多个未通过 1553B 标准规定的测试。逻辑 1 表示消息有差错，逻辑 0 表示消息无差错
测量方式位	通常条件设置为 0，使用时设置为 1，用来区分状态字和命令字
服务请求位	表示本远程终端有无服务；逻辑 1 表示有服务请求，逻辑 0 表示无服务请求

续表

特定状态位	意义
广播指令接收位	表示本远程终端收到的上一个指令字是广播指令；未采用广播指令时，该位设置为 0
忙等待位	逻辑 1 表示远程终端处于忙状态，不能按照指令要求从子系统中存取数据
子系统等待位	用来向总线控制器提供本远程终端所下设的子系统的健康状态
动态总线控制接收位	若置为 1，表示本远程终端接受动态总线控制命令，进而取代现在的总线控制器：逻辑 0 表示不接受
终端标志位	用来通知总线控制器此地址的远程终端存在错误或故障，请求总线控制器采取措施：逻辑 1 表示有故障，逻辑 0 表示无故障

3）消息格式和传输方式

MIL-STD-1553B 总线传输采用时分制、半双工、命令/响应的方式，RT 通过响应 BC 的指令字来实现数据的传输，构成了一种可靠的集中式传输控制机制[16]。BC 通过检查 RT 对指令字的响应，了解数据传输是否正确以及 RT 的状况。对于不正确的响应可以结合上层应用程序设计采用数据重传等措施来应对。MIL-STD-1553B 协议规范规定了十种类型的消息传输格式，大致可分为三种主要类型。①数据传输，用于在 RT 和 BC 之间传输数据。②方式控制传输，用于控制总线的操作模式和状态，如设置传输速率、错误检测等。③广播消息传输，用于向所有 RT 发送相同的消息，如系统状态更新等。

（1）数据传输消息格式。

数据传输消息格式有三种，分别是 BC 到 RT、RT 到 BC 和 RT 到 RT，如图 6.4 所示[16]。其中，BC 到 RT、RT 到 BC 的传输完成总线控制器和远程终端之间的数据交互，RT 到 RT 的传输是在 BC 控制下的 RT 间的数据交互。其中“#”表示消息间隔，“***”表示响应时间。

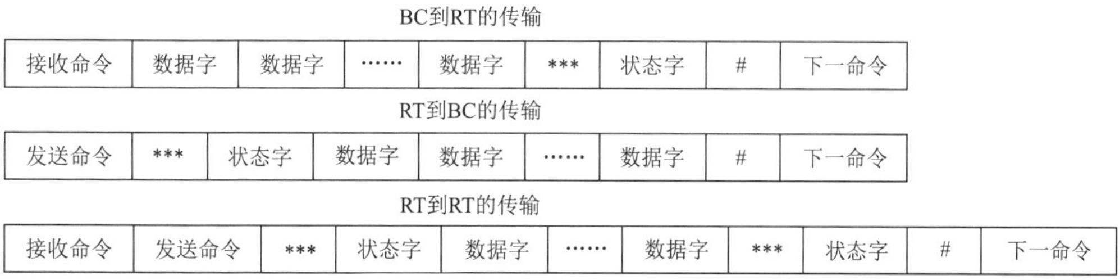

图 6.4　数据传输消息格式

（2）方式控制传输消息格式。

如图 6.5 所示，方式控制传输消息格式有三种[16]。

①不带数据字方式：这种方式下，BC 发送控制指令，RT 给出响应，例如同步。

②带数据字方式（发送）：这种方式下，BC 发送指令并携带相关数据，例如矢量字，RT 接收到指令后除了给出响应，还需要返回一个包含相关信息的数据字。

③带数据字方式（接收）：这种方式下，BC 发送指令时，除了指令本身，还会携带一个字的相关信息，例如带数据字的同步。

不带数据字的方式命令

方式命令	***	状态字	#	下一命令

带数据字的方式命令（发送）

方式命令	***	状态字	数据字	#	下一命令

带数据字的方式命令（接收）

方式命令	数据字	***	状态字	#	下一命令

图 6.5　方式控制传输消息格式

（3）广播消息传输消息格式。

广播消息包括广播数据和广播方式指令，有四种格式，如图 6.6 所示[16]。这些传输操作与单个终端之间的操作类似，只是 BC 指令发往所有的 RT，RT 不能返回状态字。不过当执行 RT 向 RT 广播操作时，发送数据的 RT 要先返回状态字。

BC到RT的广播传输

接收命令	数据字	数据字	……	数据字	#	下一命令

RT到RT的广播传输

接收命令	发送命令	***	状态字	数据字	……	数据字	#	下一命令

不带数据字的方式命令（广播）

方式命令	#	下一命令

带数据字的方式命令（广播）

方式命令	数据字	#	下一命令

图 6.6　广播消息传输消息格式

4）方式指令

方式指令是用于总线控制器对总线系统进行管理的指令。当指令字中的子地址为 00000 或 11111 时，该指令表示为方式指令，紧接的后 5 位表示方式码。这种方式码最多可以有 32 种，如表 6.3 所示，已定义的方式操作有 15 种，其余方式代码由设计者自行定义[16]。常用的方式控制操作如下：①复位远程终端（方式代码 01000）；②启动自测试（方式代码 00011）；③发送自检测字（方式代码 10011）；④不带数据字的同步（方式代码 00001）；⑤带数据字的同步（方式代码 10001）；⑥发送矢量字（方式代码 10000）；⑦动态总线控制（方式代码 00000）。

表 6.3　方式码传输方式

方式代码	传输方向	是否带数据字	是否广播
动态总线控制　（00000）	发送	不带数据字	不广播
不带数据字的同步（00001）	发送	不带数据字	广播
发送上一状态字（00010）	发送	不带数据字	不广播
启动自测试（00011）	发送	不带数据字	广播

续表

方式代码	传输方向	是否带数据字	是否广播
发送器关闭（00100）	发送	不带数据字	广播
取消发送器关闭（00101）	发送	不带数据字	广播
禁止终端标志位（00100）	发送	不带数据字	广播
取消禁止终端标志位（00111）	发送	不带数据字	广播
复位远程终端（01000）	发送	不带数据字	广播
保留（01001 到 01111）	发送	不带数据字	待定义
发送矢量字（10000）	发送	带数据字	不广播
带数据字的同步（10001）	接收	带数据字	广播
发送上一指令字（10010）	发送	带数据字	不广播
发送自检测字（10011）	发送	带数据字	不广播
选定的发送器关闭（10100）	接收	带数据字	广播
取消选定的发送器关闭（10101）	接收	带数据字	广播
取消选定的发送器关闭（10101）	发送	带数据字	不广播
保留（10110 到 11111）	发送	带数据字	广播

6.1.5　以太网

随着以航空航天为代表的高端装备对网络通信的可靠性、实时性要求不断提高，以及通信数据量逐渐增大，传统的低传输率总线如 ARINC429 和 MIL-STD-1553B 等总线技术，已逐渐不能够满足高端装备中控制系统的发展需求，需要从商用成熟技术中寻找解决方案。现有的以太网通信技术发展已达到 100Gbps，以太网应用拥有着无可比拟的庞大应用群体和领域，以太网以及其改进型网络技术的应用已经逐渐扩展到各行各业。未来的高端装备必将应用以太网技术的研究成果，通过提升现有以太网技术的可靠性、确定性满足特定领域的应用需求[17]。

1. 时间触发以太网

时间触发以太网（time-triggered Ethernet，TTE）是一种实时以太网技术，为适应混合安全关键应用，在以太网技术基础上增加强实时性、低通信延迟和对各种传输介质的高兼容性等设计。TTE 已经是公开的行业标准（SAE AS6802），采用了时间触发的通信机制，网络上所有的通信活动都按照全局统一的时间基调度[17]。TTE 将传统以太网的灵活性和动态性特点与时间触发传输的实时性、确定性和容错能力相结合。TTE 与 IEEE 以太网 802.3 协议完全兼容，适用于各种带宽速率网络。在 TTE 中，数据传输与交换采用时间触发机制和事件触发机制并存的方式，以充分利用带宽并提高通信网络的效率。此外，TTE 具备容错机制，可限制个别端系统的错误在整个网络的蔓延，并防止黑客对系统资源的非法访问。TTE 具有系统可扩展性，当传输网络因功能需要而扩展时，已有的电子应用无须做出任何改变。它还可用于安全优先的载错运行应用，即系统在有错误出现时仍可保持全功能运行。总之，TTE 是一种具有实时性、确定性、容错能力等特点的网络技术，适用于需要高可靠性和实时性的应用场景，作为主干网络以及分系统网络已在航天、航空、车载、能源等多个领域有具体的应用和系统解决方案[17]。

TTE 是一种具有高精度时钟同步算法和容错能力的网络设计，可在同一传输介质上支持实时和非实时消息的传输，网络带宽划分示意如图 6.7 所示。TTE 通过精确的时间同步和容错机制，确保了关键传感器和设备的数据传输延迟时间和数据响应时间的准确性，以及数据网络关键接口的可靠性和安全性。采用 TTE 技术的知名案例包括美国通用电气 GE 公司的航空电子 DIMA 应用平台、NASA 的猎户座号多用途载人飞船、F16 发动机控制系统、空客 A380 机舱压力系统、波音 787 环控和电源系统、Audi 的全自动驾驶汽车、Vestas 的大型风机主干网络。

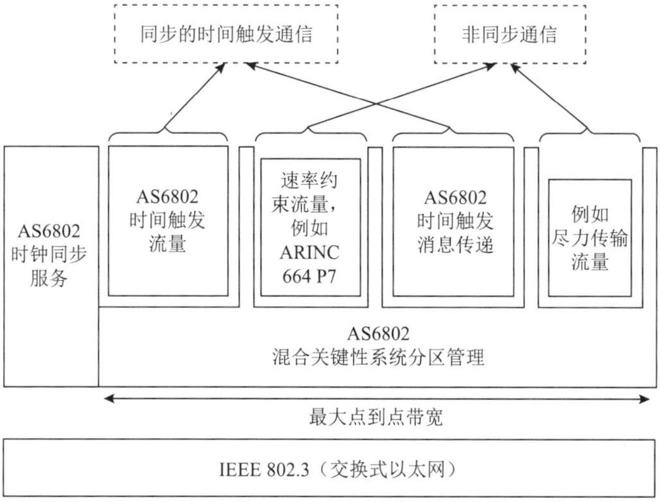

图 6.7　TTE 网络带宽划分示意图

2. TTE 基本原理和特点

TTE 是一种在标准以太网基础上开发的时间确定性、安全关键性实时网络协议，是由奥地利的 TTTech 公司针对工业控制和航空航天等高安全系统的特殊应用研发的网络通信新技术，它具备最高等级的安全性、可靠性及确定性，同时具备强有力的冗余容错机制，可以提供微秒级的分布式时钟同步服务。TTE 协议支持 100Mbps 和 1Gbps 的通信速率，不但完全兼容标准以太网，同时符合 ARINC664 P7（AFDX）和 SAE AS6802 标准。TTE 网络并存时间触发（time-triggered，TT）机制与事件触发（event-triggered，ET）机制，与事件触发机制相比较，时间触发机制在特定情况下在系统确定性、可靠性、实时性方面都有很大优势。TTE 协议栈如图 6.8 所示，支持三种类型的业务流量，分别为时间触发流量，即遵从时间触发机制的周期性流量；速率受限（rate-constrained，RC）流量，即遵循 ARNIC664 P7 标准的 AFDX 流量；尽力发送（best-effort，BE）流量，即 IEEE 802.3 标准的传统以太网流量。TTE 的应用优势主要体现在下述四个方面[18]。

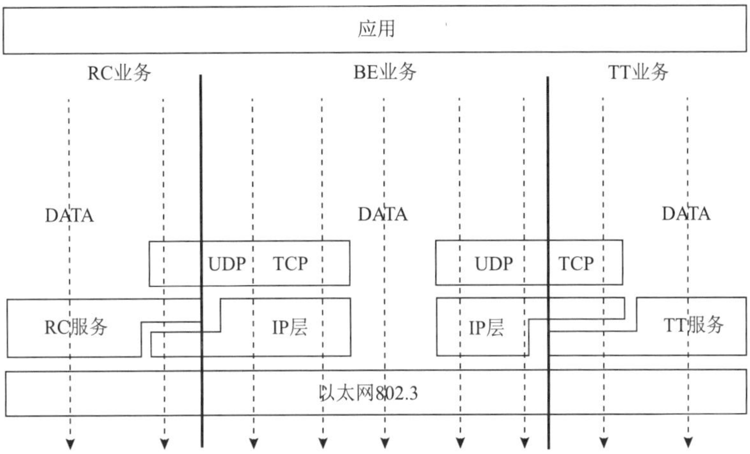

图 6.8　TTE 协议栈

1）系统集成

TTE 主要在以太网标准的基础上提供可预测的实时性，现有的以太网应用程序无须修改软硬件，便可直接移植到 TTE 中，更加符合市场的需求。

2）消息传输的确定性

TTE 消息通过离线调度方式保证完全的确定性且消息传输延迟最小化，TTE 可以更好地满足航空电子系统强实时性的要求。

3）故障隔离

TTE 的冗余配置和时钟同步，实现了系统的误差传播消除，当一个节点出现破坏事故时，系统能保证其他节点不受影响，避免网络的破坏。

4）可扩展性

一个集群内的设备具有相同同步优先级，不同集群可独立运作，亦可通过多个集群构成更大的网络，使网络系统具有适应用户企业未来发展的能力。

6.1.6　RapidIO 总线

新一代航空嵌入式计算在追求高性能处理能力的同时，依然大量使用稳定可靠的低速航空总线，如 ARINC429 总线、MIL-STD-1553B 总线。嵌入式计算机中高性能处理器的普遍使用，使得处理器间数据通信向大吞吐量趋势迅猛发展。RapidIO 通信接口以其高传输速率、低传输延时的特性被广泛地应用于新一代嵌入式计算机的设计中[19]。

1. 协议概述

RapidIO 是一种具有开放式特点的互连技术的标准规范，是基于报文交换、低引脚数的新型的高性能的互连体系结构，可以满足目前和未来高性能嵌入式系统的独特需求，能够广泛满足嵌入式系统的应用规范和要求，包括微型处理器、网络设备中的存储器映射 I/O 器件、存储子系统和通用计算机平台的互连。RapidIO 为满足高性能需求的主要目标包括以下几个方面[20]。

（1）解决系统内或机箱内器件间的互连问题，包括印刷电路板上器件间的互连、夹层板互连和子系统间的背板互连。

（2）限制对软件的影响。许多应用基于大量既有的存储器映射 I/O 器件，在这些应用中互连必须对软件透明。

（3）限制协议开销。延时和带宽是体现系统性能的两大指标，因此除非那些必不可少的开销，尽量减少协议开销有着举足轻重的作用。

（4）划分规范。使层次更加清楚规范，减少系统设计的复杂性，增加技术重用的机会，使以后对系统的升级以及功能的增强变得更加简便而不需要作其他的改动。

（5）管理硬件错误。RapidIO 技术利用严格的协议规定、编/解码技术和 CRC 技术等，不但可以侦测出所有可能存在的错误，而且可以利用硬件机制使错误自动恢复，而不需要软件或高级系统干预，满足了互联技术的高可用性。

（6）限制硅片封装尺寸。嵌入式系统的应用越来越向着高性能、低引脚数的方向发展，所以，RapidIO 的低引脚和使用少量的晶体管实现所需的系统功能的特性具有深远意义，适用于低成本、完全定制的专用集成电路（application specific integrated circuit，ASIC）或以现场可编程门阵列（FPGA）为基础的设计。

（7）利用现有的 I/O 驱动器/接收器技术，因为接口用来作为系统内部通信，所以我们使用广泛应用的互补金属氧化物半导体（complementary metal oxide semiconductor，CMOS）技术来代替分立的物理层硬件，从而实现系统间通信的所有逻辑和电路，与此同时，此接口还利用现有的标准 I/O 技术并支持相关的基础设施。

2. 规范体系

RapidIO 协议作为一种高速板内或者板间互联协议，采用三层分级体系结构。RapidIO 协议的分层形式如图 6.9 所示[20]。

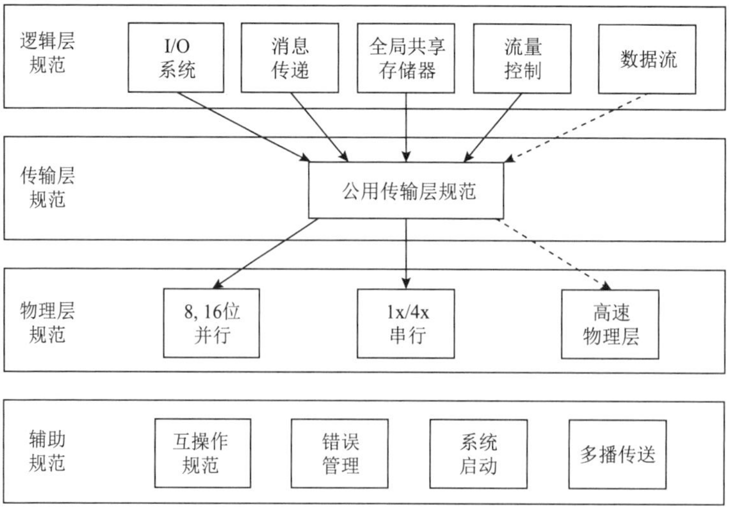

图 6.9　RapidIO 协议的分层形式

物理层是 RapidIO 规范中的最底层，先后定义了并行 RapidIO 和串行 RapidIO，包含包传输机制、流量控制、电气特性和低级错误管理等内容。

传输层在中间层，定义了 RapidIO 地址空间和在端点器件间传输包所需的路由信息。

逻辑层位于 RapidIO 的最高层，定义全部协议和包的格式，它们为端点器件发起和完成事务提供必要的信息，根据 RapidIO 1.3 协议所定义的逻辑层规范主要包括 I/O 系统、消息传递、全局共享存储器、流量控制和数据流。

6.1.7　PCIe 总线

传统航空电子系统主要传输的是状态数据和控制数据，这类数据量相对较小，对传输速率的要求并不高[21]。比如，ARINC429 和 MIL-STD-1553B 这两种最流行的航空总线，其传输速率分别是 100Kbps 和 1Mbps。但是，随着综合化航电系统的发展，以及高性能处理器的普遍使用，对高性能处理器的海量存储和数据高速传输都提出了更高的要求。在这种情况下，PCIe 总线是一个很好的选择。它既有高速的数据传输能力，又有良好的外设接口，有利于大容量信号的实时传输。

PCIe 是一种高速串行计算机扩展总线标准，用于连接各种高速外设，如显卡、网络接口卡、固态硬盘等。PCIe 的出现主要是为了解决 PCI 总线的局限性，如带宽不足、传输速率低等。PCIe 采用高速串行接口、基于交换器（switch）的交换式通信方式和基于包的传输协议，其具有更高的传输速率和更低的延迟。因此，PCIe 迅速得到了广泛应用，成为各种通信平台的主流接口。

1. PCIe 简介

PCI express，简称 PCIe 或 PCI-E，是第三代 I/O 互连标准，沿用了原有的 PCI 编程概念及通信标准，并且消除了 PCI 在数据传输速率和带宽等方面的弊端，具有高速率、高带宽的特点。因为 PCIe 系统基于 PCI 系统，所以修改物理层后即可把原有的 PCI 系统更新为 PCIe 系统，软件层次可以不必修改。与 PCI 相似，PCIe 既可以实现板内芯片间的互连，也可以实现板间互连[22]。PCIe 通过 PCIe 链路完成两台设备之间的高速数据传输，通过交换器来完成多个 PCIe 设备的连接，使用基于数据包的协议来实现串行互连上的通信，根联合体与 CPU 连接并代表其发出事务请求，而向下连接的各个端点设备是事务的完成者[22]。

2. PCIe 链路

PCIe 链路是实现两个 PCIe 设备互连的高速数据通路，如图 6.10 所示，PCIe 为两台设备互连提供了很多条这样的通路，通过配置，实现 x1、x2、x4、x8、x12、x16 或 x32 等多种模式。这些通路共同工作实现了两台设备的物理连接[21]。

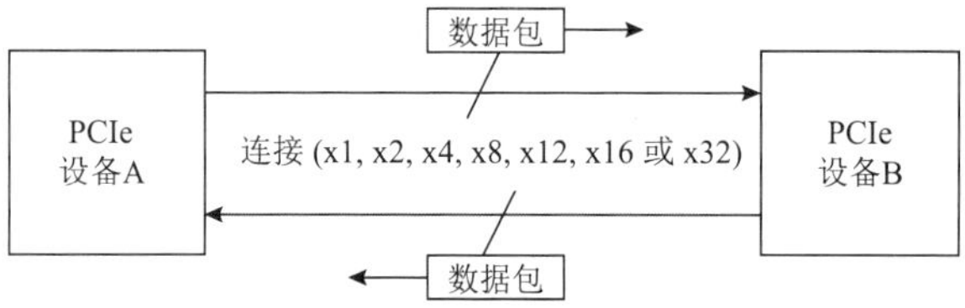

图 6.10　PCIe 链路

3. PCIe 拓扑结构

图 6.11 给出了典型的 PCIe 拓扑结构，一条完整的互连链路包括一个根联合体、若干端点设备和连接根联合体与端点的交换器[21]。根联合体（root complex，RC）是连接中央处理器、存储器以及端点设备的设备，有多个接口可供连接，每个接口都可以和一个交换器或端点设备连接。事务操作由根联合体代替中央处理器发出，根联合体起主设备的作用来配置各个端点的功能状态，其还可以发出 MEM（存储器）或 I/O 请求。根联合体通过发送接口发送数据到交换器或者端点设备，通过接收接口接收返回的数据然后发送到存储器。根联合体完成 PCIe 系统的配置功能，比如电源管理状态控制、链路功能控制、热插拔控制、错误检测等。链路训练时，根联合体完成系统的初始化，它会检查有多少个接口连接多少个交换器和端点设备，并且为每个端点设备编号。根联合体的设备号等的初始化值为全 0。

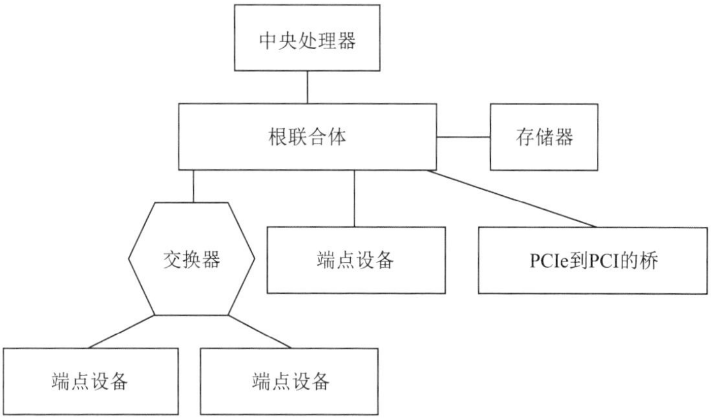

图 6.11　典型的 PCIe 拓扑结构

4. PCIe 系统模块结构

图 6.12 描述的是一种采用 PCIe 链路实现的系统模块结构[21]。它替代了传统的北桥设计中的显卡专用 AGP（加速图像接口）链路，用于连接北桥和显卡图形控制器。同时，连接北桥和南桥的中心链路也采用 PCIe 链路。南桥除了与北桥通过一条 PCIe 总线连接外，还支持四条向下的 PCIe 链路，供以太网等外设连接。这些链路既可以连接主板上的设备，也可以连接外设卡的连接器。

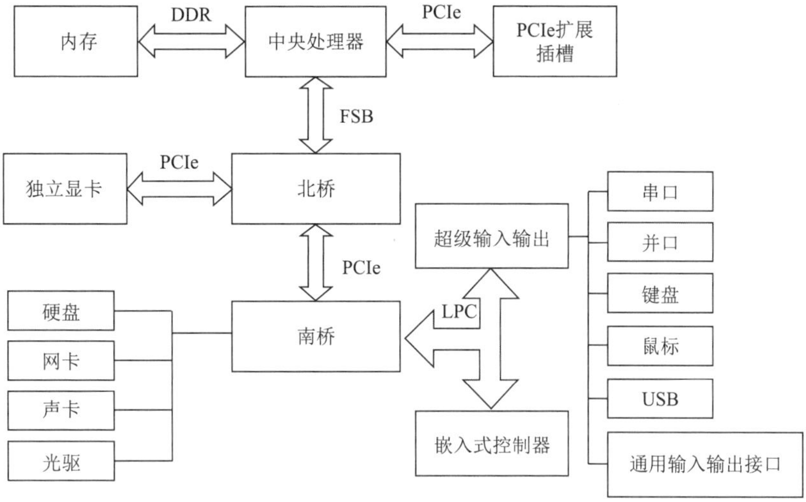

图 6.12　基于 PCIe 的系统模块结构图

6.2　时钟同步技术

网络时钟同步是指在现代通信网络中，保证全网设备的频率或时间差异在可接受的误差范围内的技术。时钟同步通常分为相位同步和频率同步，其中相位同步要求信号的频率和相位完全一致，频率同步要求信号的频率或相位满足严格的特定关系。

目前分布式测试系统中主要采用 PTP（precision time protocol，精确时钟同步协议）（遵循 IEEE 1588 标准）[23,24]。PTP 是基于主节点/从节点模型的时钟同步协议，其时钟同步精度可以达到亚微秒级。

1. PTP

PTP 是 IEEE 1588 标准定义的一种协议，可用于测量与自动化系统中的时钟同步。该协议最初由 John C. Eidson（约翰 C. 艾德森）等于 2002 年 11 月提出 V1 标准版本，并于 2008 年修订为 IEEE 1588 V2 标准版本。IEEE 1588 V1 标准版本主要规定了时钟的特性、状态转换、数据集、消息包、事件，以及物理特性等。IEEE 1588 V2 标准版本在 V1 标准版本的基础上进行了优化，降低了实现难度，提高了实用性。V2 标准版本改进了消息包的数据结构，增加了点对点网络延时的独立消息模式，同时引入了透明时钟模型和单步时钟模型。

PTP 是一种基于主/从模式的时钟同步协议，协议在网络中选择一个节点作为主时钟（master clock），其余的节点作为从时钟（slave clock）。要实现一个系统的时钟同步，首先要确定当前系统中最佳的主时钟，这就是 IEEE 1588 最佳主时钟（best master clock, BMC）算法的作用。最佳主时钟算法可以判断一个 PTP 域内，哪个时钟应该是 PTP_MASTER（主时钟）状态，哪些时钟应该是 PTP_SLAVE（从时钟）状态。最佳主时钟算法在每个 PTP 系统的时钟上单独运行，并直接决定本地时钟的状态。最佳主时钟算法主要根据网络中传送的 Sync 报文中包含的主时钟属性信息来判断，如果本地时钟的属性信息比网络中其他时钟的属性信息更优，那么本地时钟就比当前域内的主时钟更优，应该成为新的主时钟，并进入 PTP_MASTER 状态。否则，就处于 PTP_SLAVE 状态。最佳主时钟算法由两部分组成，分别是状态决定算法和数据集比较算法。状态决定算法通过比较两个相关时钟的数据集，确定哪个时钟是最优的候选主时钟；数据集比较算法通过比较两个时钟与网络拓扑结构的信息，评估两个时钟的质量。

PTP 通过在主从时钟之间发送和接收时间信息包来进行时钟校准，从而实现网络中时钟同步协议。在 PTP 的网络环境下，主时钟会定期地向从时钟发送同步消息包，其中包含了主时钟的“时间戳”。从时钟收到同步消息包后，会记录收到消息包的时间，并将这个时间作为“时间戳”发送回主时钟。主时钟收到回复后，会记录收到消息包的时间，并将这个时间和之前发送消息包的时间一起发送给从时钟。从时钟收到这两个时间后，就可以根据“时间戳”计算出从时钟与主时钟的时差和网络延迟，并对从时钟进行相应的调整，使其与主时钟保持同步。PTP 的时钟同步模型如图 6.13 所示。

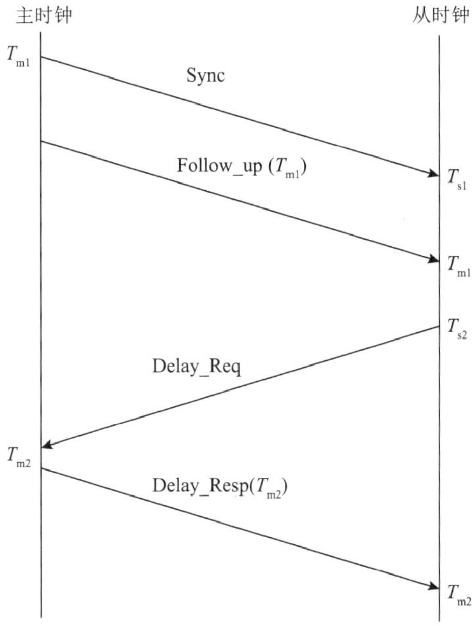

图6.13　PTP时钟同步模型

为了实现时钟同步，主从节点之间需要交换四种类型的时间消息包，分别是：Sync、Follow_up、Delay_Req 和 Delay_Resp。时钟同步的过程主要包括两个部分，即测量主从时钟之间的偏移量和测量同步消息包在网络中的传输延时。在测量时钟偏移量的过程中，主节点向从节点发送同步消息包 Sync，从节点收到该消息包后记录其接收时间 T_{s1}。

在 PTP 中，由于消息包封装时间与准备发送时间不可忽略，因此消息包离开主节点的准确时间无法封装到同步消息包 Sync 中。主节点需要另外发送一个 Follow_up 消息包，告知从节点 Sync 的实际发送时间 T_{m1}。从节点收到 Sync 和 Follow_up 后，可以根据网络传输延时 D_{ms} 和主从时钟偏差 θ，计算出以下时间关系：

$$T_{m1} + D_{ms} + \theta = T_{s1} \tag{6.1}$$

由于网络传输延时未知，根据式（6.1）无法计算时钟偏差θ。为了计算时钟偏差θ，需要对网络传输延时进行测量。网络传输延时测量由从节点发起，首先由从节点发送延时测量请求消息包 Delay_Req 至主节点，同时从节点记录 Delay_Req 消息包的发送时间 T_{s2}。当主节点接收到消息包时记录接收时间 T_{m2}，最后主节点通过延时测量响应消息包 Delay_Resp 将 Delay_Req 消息包的接收时间 T_{m2} 发送至从节点。网络延时测量请求消息包发送接收时间的关系为

$$T_{s2} + D_{sm} - \theta = T_{m2} \tag{6.2}$$

式中，D_{sm} 为消息包由从节点发送至主节点的网络延时。在 IEEE 1588 标准中，无线网络为对称性网络，消息包在主从节点之间任意方向传输的网络延时相等，即 $D = D_{ms} = D_{sm}$。由式（6.1）和式（6.2）可得

$$\theta = \frac{(T_{s1} - T_{m1}) - (T_{m2} - T_{s2})}{2} \tag{6.3}$$

从节点通过式（6.3）计算得到的时钟偏差θ，对从时钟进行修正，实现从时钟对主时钟的同步。

PTP 的时钟同步公式推导基于两个假设：线路延迟对等和节点时钟速率相等。但实际应用中，这两个假设是不成立的，从而影响了时钟同步的精度。

2. PTP 中的时钟模型

在以微处理器为基础的分布式测试系统中，每个终端都有一个计时电路，它可以产生系统内部的逻辑时钟，也就是“时钟”。分布式测试终端的“时钟”一般是通过对晶体振荡器输出的时钟计数来获得时钟读数，称为本地时钟。

测试终端的振荡器通常是一种利用石英晶体的精确性来产生固定频率的正弦波信号的装置，这种信号可以作为时间的标准单位。时钟通过计数晶体振荡器发出的脉冲来测量时间，晶体振荡器的输出可表示为

$$v(t) = V_0 \cos 2\pi (f_0 t + \frac{\phi_0}{2\pi}) \tag{6.4}$$

其中，f_0 为振荡器的一个固有频率；V_0 为正弦波幅度；t 为理想的物理时间；ϕ_0 为 t=0 时刻的初始相位。周期的正弦波形在某一特定的瞬间可产生一系列的事件，相应的事件序列满足：

$$f_0 t + \frac{\phi_0}{2\pi} = k \tag{6.5}$$

式中，k 为整数，定义 t_k 为第 k 个事件对应的时间。

定义 $C(t)$ 为连续的时间 t 对应的时钟。其中式（6.5）中仅考虑有限的时间步进，时钟的增加量为常量并且等于 $1/f_0$。

在实际应用中，真实的时钟有多种因素影响时钟精度，因此式（6.5）中的ϕ_0 用随机变量 $\phi(t)$ 代替，由式（6.5）可得

$$f_0 t+\frac{\phi(t)}{2\pi}=k \tag{6.6}$$

其中，$E[\phi(t)]=\phi_0$，一般情况下，可以假设$\phi_0=0$。由于统一的时钟频率f_0是已知的，根据式（6.5）可以计算出第k个事件对应的时间$C(t_k)=k/f_0$。在式（6.6）中，由于$\phi(t)$的存在，计算得到的时间是不准确的，因此，在实际应用过程中，时钟需要周期性地校准并同步于一个参考的时钟，如主时钟。

参考时钟的一系列事件对应的时间用T_n表示。本地节点的时钟需要实现与参考时钟一致，不考虑外界的不确定性，第k_n个事件对应的本地节点时间为$C(T_n)$。此时，参考节点的时间与本地节点的时间之间的时钟偏差可表示为

$$\theta(T_n)=C(T_n)-T_n \tag{6.7}$$

本地节点与参考节点时钟的不一致主要是由以下两个因素造成的[25]。

（1）晶振的频率相对于它的理论值会有偏差，随着时间的推移，实际的时间读数与理论值会出现偏差。

（2）瞬间相位的变化，可表示为$2\pi f_0\psi(t)$，其中$\psi(t)$为对应的瞬间偏差的浮动。

定义常量T_n为一离散的时间序列，其中$T_0=0$并且$T_1 \leqslant T_i \leqslant T_{n-1}$：

$$T_n=\sum_{i=0}^{n-1}(T_{i+1}-T_i) \tag{6.8}$$

在时间间隔（$T_{i+1}-T_i$）内，晶振的平均频率定义为f_i，并且$f_i \neq f_0$。当$k=k_n$时，根据式（6.6）推导得

$$\sum_{i=0}^{n-1}[f_i(T_{i+1}-T_i)]+f_0\psi(T_n)=k_n \tag{6.9}$$

如果$C(T_n)$的计算用统一的频率f_0，则式（6.9）等价于$f_0[\sum_{i=0}^{n-1}(T_{i+1}-T_i)]=k_n$，式（6.7）中本地节点与参考节点之间的时钟偏差与参考节点晶振以及本地节点时钟之间的关系式如下：

$$f_0[\sum_{i=0}^{n-1}(T_{i+1}-T_i)+\theta(T_n)]=\sum_{i=0}^{n-1}[f_i(T_{i+1}-T_i)]+f_0\psi(T_n) \tag{6.10}$$

定义无量纲量$\gamma_i=(f_i-f_0)/f_0$，式（6.10）中的时钟偏差可表达为由式（6.11）中的两个因素构成：

$$\theta(T_n)=\sum_{i=0}^{n-1}[\gamma_i(T_{i+1}-T_i)]+\psi(T_n) \tag{6.11}$$

由于参考节点的时间可以通过时间戳准确获取，因而时间间隔可以准确得到，在实际应用中，非均匀的时间间隔也具有可行性。考虑时间间隔为一恒定值时的应用情况，即$T_{i+1}-T_i=\Delta T \ \forall i$。

对式（6.11）进行简化，$\theta(T_n)=\theta(n)$，$\psi(T_n)=\psi(n)$ 并且 $\gamma_i=\gamma(i)$，由式（6.11）可以推导得

$$\theta(n+1)=\theta(n)+\gamma(n)\cdot\Delta T+\psi(n+1)-\psi(n) \tag{6.12}$$

当 $\gamma(n)=\gamma$ 为常量时，该模型为简单的时钟漂移模型，时钟漂移模型广泛应用于时钟同步的研究中。因此，$\theta(n)$ 是时钟偏差，即 T_n 时刻参考节点与本地节点之间的时钟偏差；$\gamma(n)$ 是在 T_n 时刻的时钟偏移，是参考节点的时钟频率与本地节点的时钟频率的归一化差异。

参考文献

[1] 饶运涛, 邹继军, 王进宏, 等. 现场总线 CAN 原理与应用技术[M]. 2 版. 北京: 北京航空航天大学出版社, 2007.
[2] 邓小松. 航空电子设备测试系统设计[D]. 成都: 成都理工大学, 2012.
[3] 耿芳新. CAN 总线控制器的设计与研究[D]. 北京: 北京交通大学, 2010.
[4] 梅海霞. CAN 总线与以太网互联关键技术的研究[D]. 长春: 吉林大学, 2010.
[5] 李俊蔚. 航空蓄电池控制器通讯测试软件设计与实现[D]. 绵阳: 西南科技大学, 2016.
[6] 范雯. 自动测试系统的设计与实现[D]. 成都: 电子科技大学, 2014.
[7] 田佳琳. 基于 FPGA 的 422 通信单元设计[D]. 太原: 中北大学, 2010.
[8] Zeng Y C, Zhao J H, Li F. Arinc429 bus-based multi-dsp, fpga component program serial load[C]//Proceedings of 2012 National Conference on Information Technology and Computer Science. November 16-18, 2012. China. Paris, France: Atlantis Press, 2012.
[9] Yi Y H, Pei C X, Chen N, et al. Research and implementation of high-speed aviation bus[C]//2009 4th IEEE Conference on Industrial Electronics and Applications. May 25-27, 2009, Xi'an. IEEE, 2009: 1007-1011.
[10] Liu L S, Zhang L. Research of method for testing ARINC429 bus[C]//2010 Chinese Control and Decision Conference. May 26-28, 2010, Xuzhou. IEEE, 2010: 2203-2208.
[11] 于振华. 基于 PCI 的 ARINC429 机载总线板卡的设计与实现[D]. 成都: 成都理工大学, 2010.
[12] 秦浩, 徐景硕, 李笔锋. 基于 VC++的 ARINC429 总线数据接收系统的设计与实现[J]. 价值工程, 2011, 30(24): 141-142.
[13] 廖治宇. 通用 ARINC429 总线分析测试仪的软件设计[D]. 成都: 电子科技大学, 2013.
[14] 熊华钢, 王中华. 先进航空电子综合技术[M]. 北京: 国防工业出版社, 2009.
[15] 肖隽亚, 刘跃敏. 基于多航空总线的光电控制装置测控平台的研制[J]. 电气自动化, 2008, 30(3): 65-68.
[16] 贾宝奇. 基于 CPCI 的 1553B 航空总线模块的设计与实现[D]. 哈尔滨: 哈尔滨工业大学, 2014.
[17] 王红春. 面向 DIMA 应用的时间触发以太网性能优化与评估技术研究[D]. 西安: 西安电子科技大学, 2019.
[18] 史春燕. 基于 WDM 的未来机载航电网络架构和关键技术研究[D]. 西安: 西安电子科技大学, 2017.
[19] 侯轶宸, 冯毅. 高速串行总线与传统航空总线的混合应用研究[J]. 航空计算技术, 2019, 49(3): 106-108, 111.
[20] 张娟娟. RapidIO 高速串行总线的研究与实现[D]. 长沙: 湖南大学, 2011.
[21] 夏海宝, 向建军, 姜运生, 等. 基于 PCIe 总线的航空视频采集记录系统的设计[J]. 电子技术, 2011, 38(11): 42-45.
[22] 尚云骅. 基于 PCIe 的高速接口设计与验证[D]. 西安: 西安电子科技大学, 2016.

[23] IEEE Standard for a Precision Clock Synchronization Protocol for Networked Measurement and Control Systems: IEEE 1588-2019[S]. Institute of Electrical and Electronics Engineers [ieee], 2019.
[24] IEEE Standard for a Precision Clock Synchronization Protocol for Networked Measurement and Control Systems: IEEE Std 1588-2008[S]. Institute of Electrical and Electronics Engineers [ieee], 2008.
[25] 庄晓燕. 分布式测试系统时钟网络结构与同步算法研究[D]. 成都: 电子科技大学, 2013.

第 7 章　检测数据分析技术

航空电子系统中传感器的飞行能力指标（如飞行故障、通信距离、目标探测等）在地面无法提供检测手段，必须结合飞行数据记录进行检测。因此需要综合检测系统从飞行记录设备中提取数据，以分析航空电子系统的飞行能力指标。由于综合化航空电子系统集成技术复杂、检测数据参数多、试验流程复杂等，检测数据分析过程中面临着数据存储分散、数据共享困难、数据结构复杂等问题，使得检测数据分析工作效率低下并极易产生错误，原有分散的数据采集分析方式已经不能满足日益发展的综合化传感器需求，本章介绍综合化的数据分析技术，完成检测数据积累，进行深层次的数据挖掘，为实现高效的功能性能测试、故障诊断提供帮助（图 7.1）。

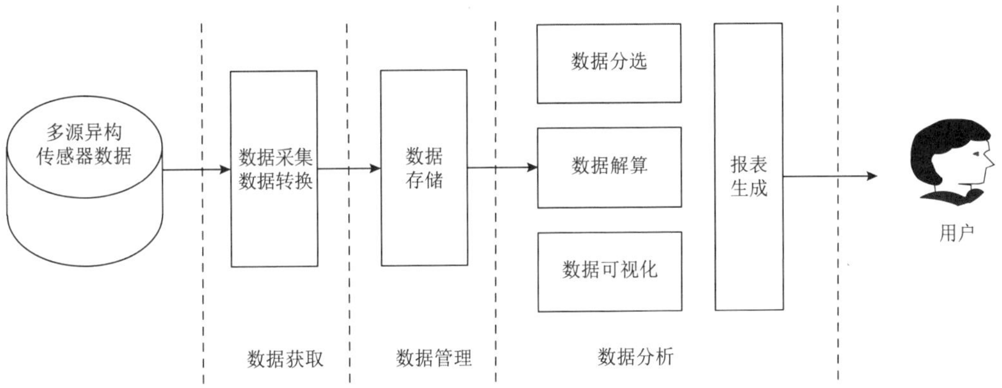

图 7.1　检测数据分析系统流程

7.1　数据分析流程

7.1.1　数据采集存储

检测数据记录技术是指通过机载检测数据记录器，将飞机在飞行过程中采集到的各类数据信息，依照特定的格式压缩保存至存储介质的技术。检测数据记录技术包括数据采集、数据记录、数据存储、数据下载四个过程。数据采集负责提取飞机姿态参数、各系统运行状态参数、交互数据、通信数据、导航数据、识别数据、音视频等大量数据信息；数据记录将采集到的检测数据按照一定的格式进行编码，形成二进制形式的数据流；数据存储将数据流保存至特定的存储介质；数据下载通过高速以太网将存储单元内的大量检测数据转存至计算机中，用于后续数据分析流程。数据采集具体如图 7.2 所示。

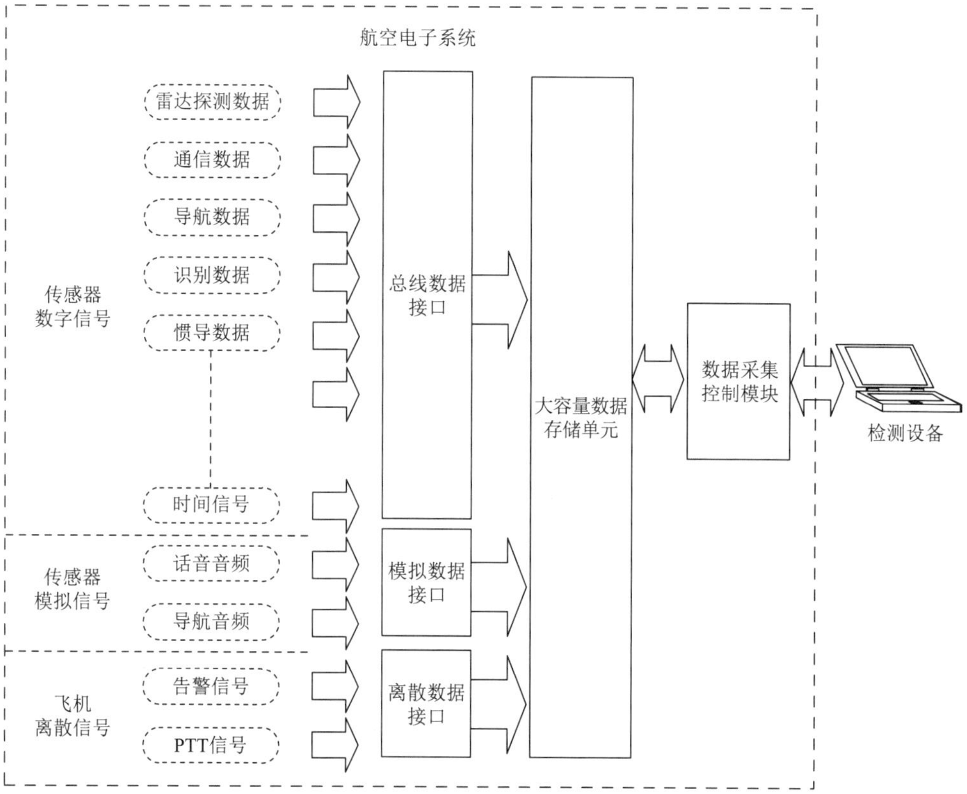

图 7.2　数据采集示意图

传感器数字信号包括雷达、通信、导航、识别、惯导等各类总线接口数据。总线接口模块可适配多种传感器的总线类型，包括 ARINC429、ARINC664、GJB289A、RS422、FC 等总线，以监视模式直接采集总线数据，进行编码后存储。

传感器模拟信号包括话音音频、导航音频等，模拟数据接口通过模数转换形成数据流，进行编码后存储。

飞机离散信号包括告警信号、PTT 信号等，离散信号接口将飞机上各类离散信号通过模拟/数字电平采集转换为数字 01 信号，进行编码后存储。

数据采集控制模块完成与外部通信，提供以太网下载数据接口。

检测设备中数据存储功能将检测数据保存在数据库中，实现数据的“一次处理、处处可用”功能。数据管理功能在软件框架上采用分层架构，从上到下依次为系统应用、数据访问接口单元、数据存储管理单元，系统采用高内聚、低耦合的软件架构，使检测数据分析系统数据管理具备关系数据库的扩展性（图 7.3）。

系统应用集成各类型传感器模型评估单元，调用下层接口进行数据访问，可跟随检测技术的发展不断更新评估模型。

数据访问接口单元采用开放式数据库互联（open database connectivity，ODBC）技术作为不同类型数据存储管理单元的数据访问适配器，ODBC 技术访问数据库系统驱动程序（SQLServer 驱动程序、SQLite 驱动程序），连接对应数据库；数据访问接口单元对 ODBC 再次封装，将复杂的 ODBC 数据库访问接口简化为单一的数据查询接口，既简化了传感器模型评估单元进行数据查询的操作，又使下层关系数据库在选取方面具备扩展性，可以适用于不同的应用场景。

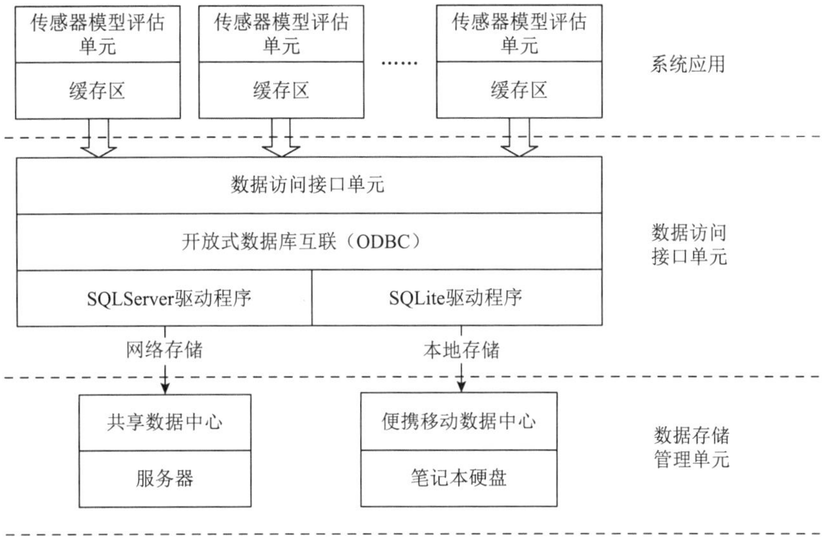

图 7.3　数据管理工作流程图

数据存储管理单元可以配置成为共享数据中心和便携移动数据中心两种形式。共享数据中心存储所有飞机的飞行数据，因其数据量大、用户多、并发性高等特点，需在大型服务器上安装高并发访问能力的 SQLServer 数据库存储飞行数据，满足项目团队成员对数据访问的需求；便携移动数据中心存储单次飞行数据，因其数据量小、单用户、单线程访问等特点，在检测设备上安装嵌入式 SQLite 数据库存储单次飞行数据，满足现场人员便携易用的需求，适用于现场第一时间数据分析。

7.1.2　数据预处理

1. 总线数据提取技术

飞机的接口控制文件会跟随飞机研发过程不断迭代更新，从软件设计模式角度来看需要检测数据分析系统具有高内聚、低耦合的特点，因此需要隔离接口控制文件的迭代过程对检测数据分析系统的影响。本节采用一种接口控制文件定义规范，建立信号-信号组-消息三级组合模型（图 7.4），多个信号组成信号组，多个信号组组成消息。接口控制文件处理单元按照接口定义规范解析飞机通信数据。

信号作为接口控制文件的基础元素，其主要属性是标识符、名称、宽度、偏移字、偏移位，主要操作方法是解析信号，解析信号方法按照信号属性，完成二进制数据偏移位计算及解析信号为逻辑语义值；枚举信号继承于信号，其解析信号方法将该信号数值与枚举描述匹配，计算出枚举值；数值信号继承于信号，其解析信号方法按照数据的编码方式（补码、二进码、十进数、BCD 码等）和最低有效位计算信号数值，为方便数值信号扩展，引入脚本语言属性，在信号描述中嵌入脚本代码，执行复杂计算。

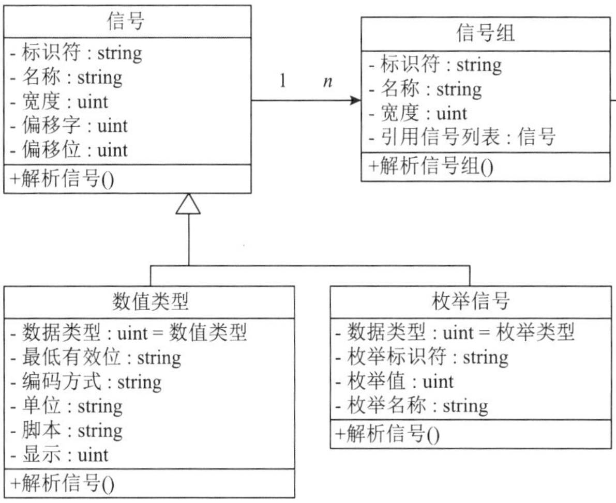

图 7.4　信号-信号组-消息三级组合模型

信号组是接口控制文件的基础复用模块，其主要属性包含标识符、名称、宽度和引用信号列表，其中引用信号列表记录了该信号组包含的所有信号。解析信号组的方法是遍历引用信号列表，调用每个信号的解析方法，实现信号组的解析。

消息是飞机进行数字通信的基本单元，也是接口控制文件的基本单元，飞机的接口控制文件由多条消息组成。其消息属性包括标识符、名称、宽度和引用信号组列表，其中引用信号组列表记录了该消息包含的所有信号。解析消息的方法是遍历引用信号列表，调用每个信号组的解析方法，实现消息的解析。

2. 地理坐标转换技术

地理坐标转换技术将地理坐标系（经纬高）转换为空间的方位、距离信息，在传感器坐标系下形成对比，作为分析传感器测距、测向指标的参考依据。采用差分 GPS 坐标采集数据，已经证明其分辨率达到米级，通常优于航空传感器的精度，因此可以近似传感器分析的真值。

1）空间大地坐标系

空间大地坐标系采用大地纬度、经度和大地高来描述空间位置。纬度 B 是空间中的点与参考椭球面的法线与赤道的夹角；经度 L 是空间中的点与参考椭球的自转轴所在的面与参考椭球的起始子午面的夹角；大地高 H 是空间点沿参考椭球的法线方向到参考椭球面的距离。空间大地坐标系如图 7.5 所示。

2）空间直角坐标系

空间直角坐标系的坐标原点位于参考椭球的中心，Z 轴指向参考椭球的北极，X 轴指向起始子午面与赤道的交点，Y 轴位于赤道面上且按右手系与 X 轴呈 90°夹角。某点在空间中的坐标可用该点在此坐标系各个坐标轴上的投影来表示。空间直角坐标系如图 7.5 所示。

3）平面直角坐标系

平面直角坐标系是利用投影变换，将空间直角坐标或空间大地坐标通过某种数学变换映射到平面上，这种变换又称为投影变换。投影变换的方法有很多，如横轴墨卡托投影、通用横轴墨卡托（universal transverse Mer-cator，UTM）投影、兰勃特投影等。在我国采用的是高斯-克吕格投影，也称为高斯投影。UTM 投影和高斯投影都是通用横轴墨卡托投影的特例，只是投影的个别参数不同而已。

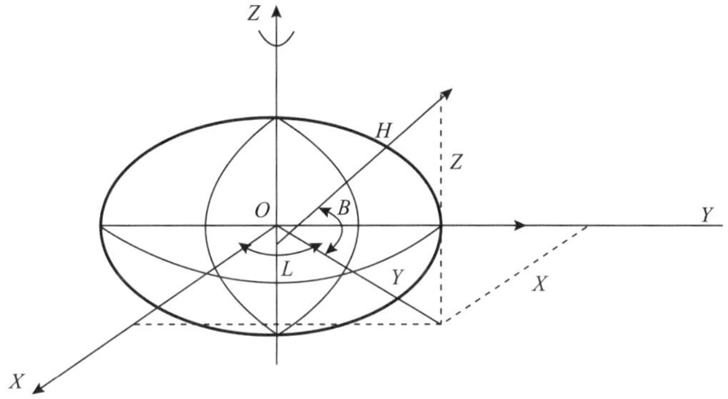

图 7.5　空间坐标系定义

高斯投影是一种横轴、椭圆柱面、等角投影。高斯投影满足以下两个条件：是正形投影；中央子午线投影后应为 X 轴，且长度保持不变。将中央子午线东西经差（一般为 6°或 3°）范围内的地区投影到椭球柱面上，再将此柱面沿某一棱线展开，便构成了高斯平面直角坐标系，如图 7.5 所示，其中 X 方向指北，Y 方向指东。高斯投影存在长变形，为使其在测图和用图时影响较小，应相隔一定的地区另立中央子午线，采取分带投影的办法。

地理坐标转化技术基于飞机经度、纬度和高度的信息，将三种坐标系的转换应用于实际的数据分析中，形成一套行之有效的数据处理方法，直接应用于检测数据分析中，具体计算步骤如下。

第一步，将空间坐标 A_0 和空间坐标 A 实时 GPS 坐标转换为空间直角坐标，转换公式为：

$$\begin{cases} X=(N+H)\cos B\cos L \\ Y=(N+H)\cos B\sin L \\ Z=[N(1-e^2)+H]\sin B \end{cases}$$

$$N=\frac{a}{\sqrt{1-e^2\sin^2 B}} \quad \text{(椭球的卯酉圈曲率半径)} \tag{7.1}$$

$$e^2=\frac{a^2-b^2}{a^2} \quad \text{(椭球的第一偏心率)}$$

式中，B、L、H 分别为空间点的纬度（°）、经度（°和高度 m）；N 为地心到该空间点对应椭球面上位置点的空间距离（m）；a 为 WGS-84 坐标系所采用椭球的长半轴，e 为 WGS-84 坐标系所采用椭球的第一偏心率，它们的取值分别为：a=6378137m，e=0.00669437999014；X、Y、Z 为转换后得到的空间直角坐标值。

第二步，把空间坐标 A_0 和空间坐标 A 实时位置的空间直角坐标转换至平面直角坐标系中，转换公式为：

$$
\begin{cases}
xX = -\sin L_0 \times (X - X_0) + \cos L_0 \times (Y - Y_0) \\
yY = -\sin B_0 \times \cos L_0 \times (X - X_0) - \sin B_0 \times \sin L_0 \times (Y - Y_0) + \cos B_0 \times (Z - Z_0) \\
zZ = \cos B_0 \times \cos L_0 \times (X - X_0) + \cos B_0 \times \sin L_0 \times (Y - Y_0) + \sin B_0 \times (Z - Z_0)
\end{cases} \quad (7.2)
$$

式中，B_0、L_0 为空间坐标 A_0 的实时纬度和经度；（X_0，Y_0，Z_0）、（X，Y，Z）分别为空间坐标 A_0 位置和空间坐标 A 位置对应的空间直角坐标；xX、yY、zZ 为平面直角坐标系中空间坐标 A_0 相对于空间坐标 A 的三个轴向距离。

第三步，通过 相对方位$=\tan^{-1}(\dfrac{xX}{yY})$ 计算得到空间坐标 A_0 与空间坐标 A 连线相对真北的方位。

第四步，通过 相对距离$=\sqrt{xX^2+yY^2+zZ^2}$ 计算得到空间坐标 A_0 与空间坐标 A 连线的空间相对距离。

如图 7.6 所示，通过差分 GPS 坐标 A、B，根据推导公式，计算空间坐标 A 与空间坐标 B 的相对方位、距离。

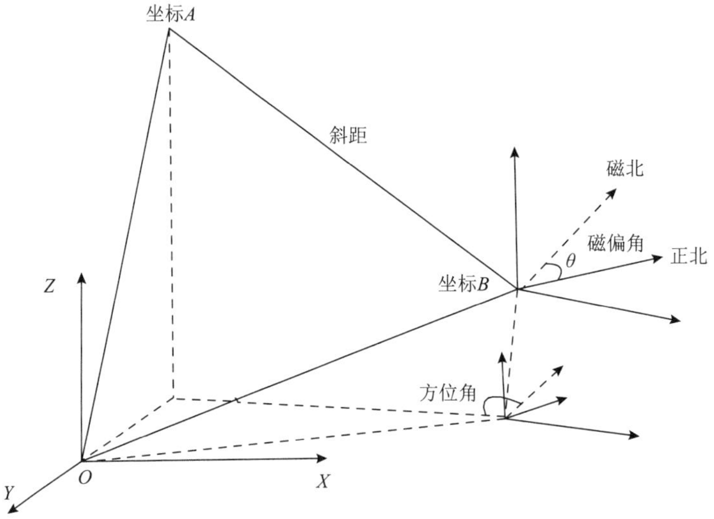

图 7.6　坐标系转换示意图

通过对数据进行预处理，从总线中提取到测量值，经过坐标系转换形成参考值，后续引入异常检测和分析方法，对航空电子系统的飞行能力进行性能指标检测。

7.1.3　数据交互应用

图 7.7 是数据可视化项目中最常见、最基础的元素，它的选择和使用，往往是数据可视化项目进程的第一步。合适地选择图表，不仅能够更加清晰明了地呈现数据之间的态势和逻辑，而且更加符合人体视觉感官的体验。

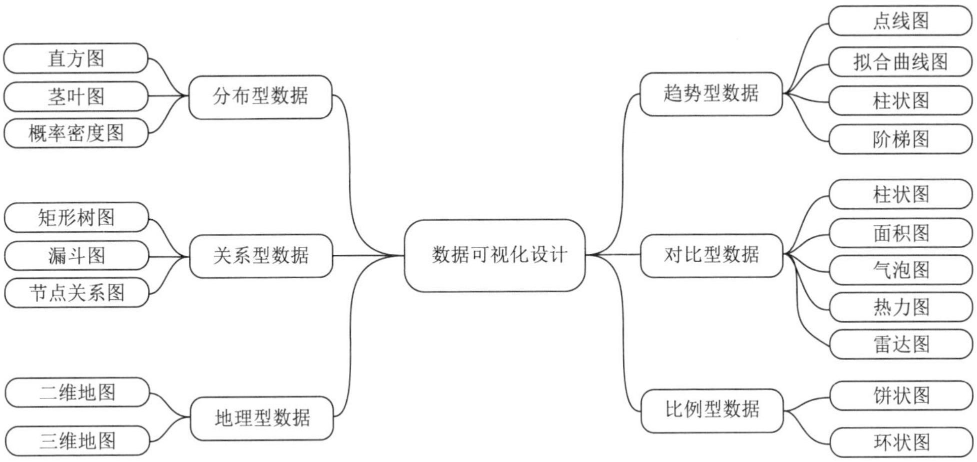

图 7.7　二三维绘图能力

选择图表之前，需要对航空电子传感器数据进行认知和分析，在这里引入六类数据可视化类型：分布型、关系型、地理型、趋势型、对比型、比例型，这是传感器数据分析过程中比较常见的数据类型。

（1）趋势型数据可视化：点线图、拟合曲线图、柱状图、阶梯图等。

柱状图显然更加适合表达离散型类数据，如传感器控制参数数据；而点线图和拟合曲线图更适合表达连续型时间类数据，如传感器周期测量数据。一般来说，一张柱状图能够承载的数据体量不超过 12 条，超过这个体量的数据建议以点线图和拟合曲线图来表达。

（2）对比型数据可视化：柱状图、面积图、气泡图、热力图、雷达图等。

对比型数据的可视化，讲究视觉差异的呈现。因此，往往会用长短、大小的特征来突出数值态势的特点。最常用的图表类型为：高度对比（柱状图）、面积大小（面积图、气泡图、单词云图）、形状差异（星状图、脸谱图）、颜色差异（热力图）。雷达图是对一件事情不同权重要素的呈现，是一体多维数据，其往往表达的是事情在不同维度上的偏向。

（3）比例型数据可视化：环状图、饼状图等。

比例型数据，通常是按照同一领域下的不同项目类别进行划分。通过可视化，可以快速了解整体的构成分布，以及整体的最大构成要素及最小构成要素，如传感器主要工作范围分布、同一传感器不同波道占比情况等。

考虑到对整体性的表达，往往用环状图和饼状图对比例型数据进行可视化呈现。饼状图中，扇形面积代表数值的大小；在环状图中则通过弧形的长度衡量数值大小。当然，由于环状图中间是空心的，其可以呈现更多的数值主题、文本描述等信息。

（4）分布型数据可视化：直方图、茎叶图、概率密度图等。

分布型数据用来观测分布的集中趋势、分布的离散程度、分布的偏态与峰态。集中趋势度量包括众数、分位数、平均数；离线程度度量包括异众比率、四分位差、极差、平均差、方差、标准差、标准分数、离散系数；偏态与峰态度量包括偏态、峰态。

（5）关系型数据可视化：矩形树图（层级关系）、漏斗图、节点关系图。

关系型数据用于直观地展示不同数据之间的关系，这种关系有包含关系、层级关系、分流关系、联结关系等。在故障分析中常用矩形树图构建消息树、故障树等。节点关系图在接口控制文档（interface control document，ICD）描述中，用于表述多个变量的组织关系，直观展示消息流中数据关系及状态。

（6）地理型数据可视化：二维地图、三维地图等。

地理型数据是在一定的载体上，表达地球（或者其他天体）上各种事物在空间中的分布、联系及在时间中的发展变化状态的图形，并且通过与散点图、热力图、线段的结合，可以更加精确、生动地呈现地理特性数据特征。比如我们常常用地图+热力图来反映某一个地区的实时飞机密集程度，飞机流量越大，地图越亮。而地图+飞线，往往可以拟真还原飞行动态，通过飞线的长短、姿态来反映真实飞机飞行情况。

简单易用的作图工具是相关使用人员的帮手，常用的作图工具有 Excel、OriginPro、Matlab、Python、R 语言等。

Excel 具有强大的表格处理能力，并且基于表格数据也可以完成基本的折线图、饼状图、雷达图等，主要缺点在于大量数据处理较慢，并且图表交互式效果一般。

OriginPro 具有强大的图像处理功能，包括去噪、平滑和增强。OriginPro 是由 Origin Lab 公司全新开发的一款科学绘图、数据分析软件，能够为用户提供多样的数据统计、数据处理、数据报告等功能，OriginPro 在图表构建和定制方面提供了更多的功能和工具，例如，它支持图表对象的快速拖放和调整，以及自动生成报告和可交互式图形。有目共睹的是 OriginPro 具有高度的交互性，用户可以自定义鼠标右键菜单和快捷键，实现高效的操作。

Matlab 绘图工具箱支持常用的散点图、折线图、雷达图等，具备良好的图形交互能力，也是使用最多的科研分析工具。

Python 绘图主要依赖 matplotlib 包完成，它能让使用者很轻松地将数据图形化，并且提供多样化的输出格式。matplotlib 可以用来绘制各种静态、动态、交互式的图表，包括线图、散点图、等高线图、条形图、柱状图、3D 图形、图形动画等。得益于 Python 语言的支持，可以很容易地将大量数据处理完成后直接绘图，程序化处理数据效率较高。

R 语言的 ggplot2 绘图拥有丰富的配色方案、主题样式以及学术级的美学风格等，这一点在绘制科技类图表时具有极大的优势。

航空电子系统在数据交互可视化中经常用到的图形如下。

（1）曲线图。可以快速地发现趋势，多曲线图可以对比发掘更多信息。如图 7.8 所示，横轴是时间，纵轴是数值，两条曲线可以将时间走势很好地体现出来。

（2）态势图。也称雷达图，在极坐标系下展示目标的方位、距离信息。如图 7.9 所示，典型态势图采用三角形表示目标，圆圈表示距离，可以很方便地查看中心态势分布情况。

检测数据由于来自不同传感器，数据周期不尽相同，不同来源的数据如果需要计算，则需要同步到同一时刻，因此从统计角度需要插值算法，使数据的时刻一致。从统计角度，数据的均值、误差、超差等均需要使用。航空电子系统在飞行过程中可能会发生异常，但是异常的现象不尽相同，也无法定义，通常飞行员反馈也比较模糊，需要通过数据发现异常，并交由异常检测算法检测导致异常的原因。飞机在长期飞行过程会产生大量数据，通过数据挖掘算法，可以发现隐藏规律性问题，如某一个频段受干扰影响大，可能是周边电磁场对该频段的影响所致，使用中就可以尽量避开该频段。

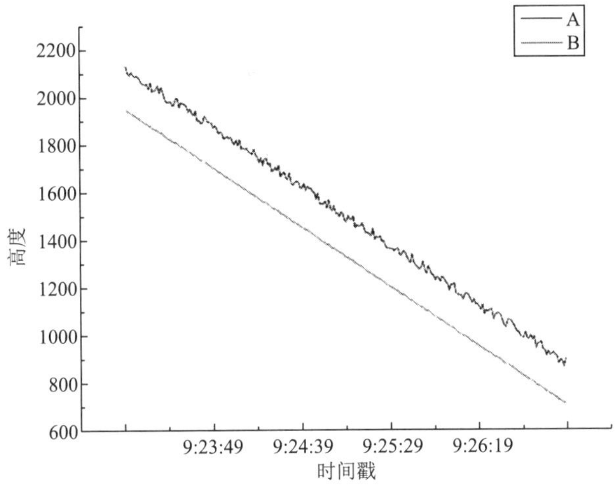

图 7.8　曲线对比图

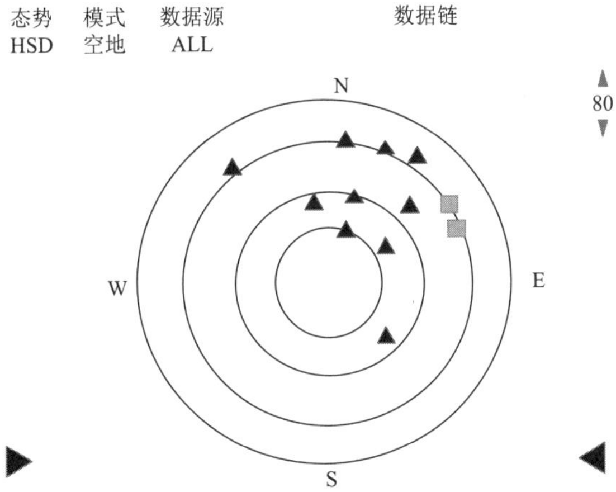

图 7.9　态势图

7.2　数据分析方法

7.2.1　统计分析

线性插值是解决问题的一个数学方法，其输出是一个模型函数。

1. 线性内插算法

无线电导航数据帧周期与惯导数据帧周期不同步，要求采用线性内插算法同步时间戳。已知无线电导航周期数据点时间戳 t，在惯导数据中查找相邻数据点时间戳 t_0、t_1，

并且满足 $t_0 \leqslant t \leqslant t_1$，利用式（7.3）计算 t 时刻的惯导数据（经度、纬度、高度、方位角、俯仰角、横滚角）。

$$y = y_0 + \frac{y_1 - y_0}{t_1 - t_0}(t - t_0) \tag{7.3}$$

式中，t_0 为惯导数据帧时刻；t_1 为惯导数据帧 t_0 时刻后下一时刻；t 为无线电导航数据帧时刻，且满足 $t_0 \leqslant t \leqslant t_1$；$y_0$ 为 t_0 时刻惯导数据；y_1 为 t_1 时刻惯导数据；y 为时间同步后 t 时刻飞机惯导数据。

2. 样条插值算法

样条插值可以看作是一个分段函数估计问题，主要的原理就是连续性和光滑性假设。连续性在数学上的表现就是分段函数相接点处相等，光滑性表现为相接点的低阶导数相等；但光有这些条件还不够组成正定方程组，还要引入边界条件，不同的边界条件导致插值结果也有不同。此外，样条函数的阶数也是权衡计算效率和平滑性的重要参数（图 7.10，X 轴是序号，Y 轴是数值），实际使用时根据需要来选择。

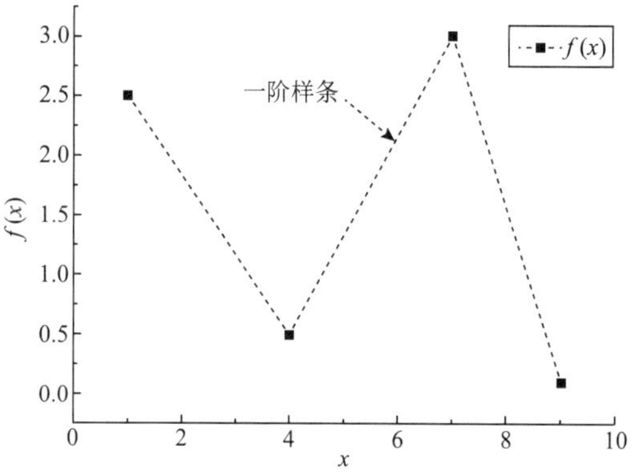

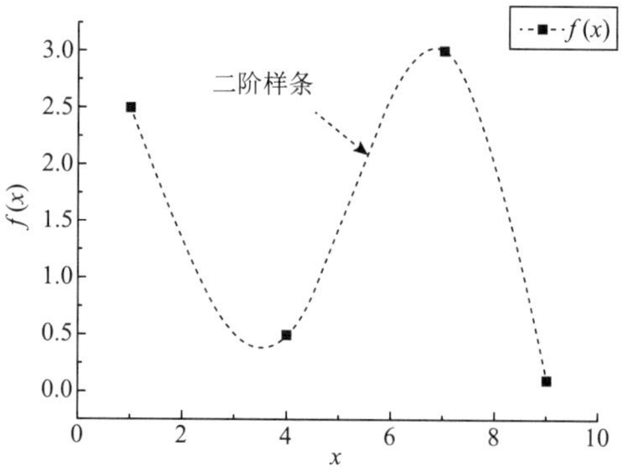

图 7.10　不同阶数样条插值效果

1）样条函数

介绍原理前先了解一下样条函数，在数学上把它定义为一个分段多项式函数：

$$f(x) = \begin{cases} a_1x^3 + b_1x^2 + c_1x + d_1, & x \in [x_1, x_2] \\ a_2x^3 + b_2x^2 + c_2x + d_2, & x \in [x_2, x_3] \\ \cdots\cdots & \\ a_nx^3 + b_nx^2 + c_nx + d_n, & x \in [x_n, x_{n+1}] \end{cases} \tag{7.4}$$

也就是说，每两个点之间用一个多项式来表示，这些多项式的阶数相同，但是系数是不一样的。样条插值的目的就是求这些多项式系数，已知系数，那些中间点的值就能唯一确定了。不难想象，随着多项式阶数的提升，端点处会更加平滑，但计算量也更大。

2）样条插值原理

简单来说样条插值的原理就是产生连续、光滑的曲线。还有一个关键要素：边界条件。以三次样条插值为例，它的样条函数如式（7.5）所示，$(x_1, y_1), \cdots, (x_{n+1}, y_{n+1})$ 是已

知的 $n+1$ 个数据点，整个函数有 $4n$ 个未知数，即 $a_1,b_1,c_1,d_1,\cdots,a_n,b_n,c_n,d_n$，需要建立 $4n$ 个方程计算 $4n$ 个未知系数。

首先，根据连续性原则，每个分段函数都经过其两侧端点，因此可得到 $2n$ 个方程：

$$\begin{cases} a_1x_1^3+b_1x_1^2+c_1x_1+d_1=y_1 \\ a_1x_2^3+b_1x_2^2+c_1x_2+d_1=y_2 \\ a_2x_2^3+b_2x_2^2+c_2x_2+d_2=y_2 \\ a_2x_3^3+b_2x_3^2+c_2x_3+d_2=y_3 \\ \qquad \cdots\cdots \quad \cdots\cdots \\ a_nx_n^3+b_nx_n^2+c_nx_n+d_n=y_n \\ a_nx_{n+1}^3+b_nx_{n+1}^2+c_nx_{n+1}+d_n=y_{n+1} \end{cases} \tag{7.5}$$

其次，根据光滑性原则，相邻的两个分段函数连接处低阶倒数相等，在三次样条函数中，它的低阶倒数有一阶倒数 $\frac{\mathrm{d}}{\mathrm{d}x}f_i(x)=3a_ix^2+b_ix+c_i$ 和二阶倒数 $\frac{\mathrm{d}^2}{\mathrm{d}x^2}f_i(x)=6a_ix+2b_i$，这样又得到 $2(n-1)$个方程：

$$\begin{cases} 3a_1x_2^2+2b_1x_2+c_1=3a_2x_2^2+2b_2x_2+c_2 \\ 3a_2x_3^2+2b_2x_3+c_2=3a_3x_4^2+2b_3x_4+c_3 \\ \qquad \cdots\cdots \quad \cdots\cdots \\ 3a_{n-1}x_n^2+2b_{n-1}x_n+c_{n-1}=3a_nx_n^2+2b_nx_n+c_n \end{cases} \tag{7.6}$$

$$\begin{cases} 6a_1x_2+2b_1=6a_2x_2+2b_2 \\ 6a_2x_3+2b_2=6a_3x_3+2b_3 \\ \qquad \cdots\cdots \quad \cdots\cdots \\ 6a_{n-1}x_n+2b_{n-1}=6a_nx_n+2b_n \end{cases} \tag{7.7}$$

3）边界条件

通过上面的连续、光滑原则得到的式（7.5）～式（7.7）总共包含 $4n-2$ 个方程，还不足以得到 $4n$ 个系数的解。由于在式（7.6）、式（7.7）中，第 1 个点和第 $n+1$ 个点处在边界，只被使用了一次，导致整个方程组还差 2 个方程才能求解。此时，可以假设不同的边界条件来构成 $4n$ 个方程，不同的边界条件会导致插值结果不同。

自然边界：假设第一个和最后一个断点的二阶导数为 0，即满足

$$\begin{cases} 6a_1x_1+2b_1=0 \\ 6a_nx_{n+1}+2b_n=0 \end{cases} \tag{7.8}$$

非扭结边界：假设第一段函数和第二段函数的三阶导数在断点处相等，第 $n-1$ 段函数和第 n 段函数的三阶导数在断点处也相等，即满足

$$\begin{cases} \frac{\mathrm{d}^3}{\mathrm{d}x^3}f_1(x)=\frac{\mathrm{d}^3}{\mathrm{d}x^3}f_2(x) \ \ |x=x_2 \\ \frac{\mathrm{d}^3}{\mathrm{d}x^3}f_{n-1}(x)=\frac{\mathrm{d}^3}{\mathrm{d}x^3}f_n(x) \ \ |x=x_n \end{cases} \tag{7.9}$$

推导计算后等价于

$$\begin{cases} a_1 = a_2 \\ a_{n-1} = a_n \end{cases}$$

周期边界：假设最后一个分段函数的一阶导数和二阶导数与第一个分段函数的一阶导数和二阶导数相等，这种假设特别适合用在周期函数中，尤其是第一个点与最后一个点相等时，即满足

$$\begin{cases} 3a_1x_1^2 + 2b_1x_1 + c_1 = 3a_nx_{n+1}^2 + 2b_nx_{n+1} + c_n \\ 6a_1x_1 + 2b_1 = 6a_nx_{n+1} + 2b_n \end{cases} \tag{7.10}$$

二次样条边界：是最简单的假设，强制第一个与最后一个分段函数的第一个系数为0，也是通常不确定边界情况下选择的方法，即满足

$$a_1 = a_n = 0 \tag{7.11}$$

3. 超差概率

超差概率定义为指标超过误差范围的个数与整个样本个数的百分比。如待分析的系统有多个指标，通常独立计算超差概率，总体指标超差概率按式（7.12）计算：

$$s = \frac{\sum(f > t)}{\sum f} \tag{7.12}$$

式中，s 为总体指标超差概率；f 为指标测量值；t 为指标阈值。

7.2.2 数据异常检测

航空电子系统工作异常通常可以通过以下方式发现。

（1）人为发现：如飞行员反馈某传感器工作不正常。

（2）阈值监测：如某传感器指标超过阈值范围。

在大量的检测数据中，存在隐藏的异常很难被发现，在已知检测数据的情况下，异常模式无法确定，也无法通过固定阈值检测。如图 7.11 是塔康方位数据异常的一段数据，X 轴是序号，Y 轴是方位值，在时间段为[09:23:43, 09:23:47]的子序列中出现了异常，异常检测的目的就是在一个时间序列 T 中查找出其模式发生了异常的子序列，即在给定的时间序列 T 中，根据某种算法和准则，检测出与其他子序列模式不一样的异常序列。

异常通常没有固定的模式定义，也没有一个公认的检测标准，但是异常数据属于时间序列，因而本书在时间序列的最小外接矩形（minimum bounding rectangle，MBR）法表示的基础上，采用基于距离和密度的时间序列模式异常[1]的定义，并用“异常特征值”来衡量时间序列模式的异常程度，用来定义航空电子系统异常。

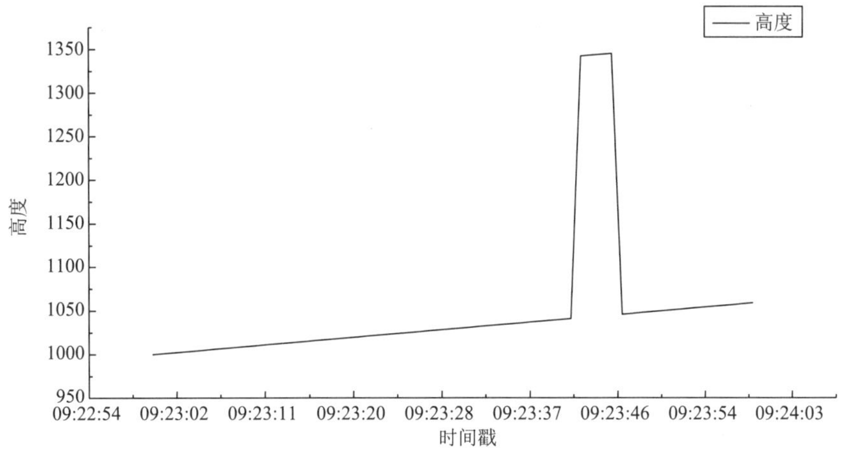

图 7.11　数据跳变的时间序列示意图

1. 异常定义

为了进行时间序列异常检测的定义，首先必须对时间序列进行表示，最小外接矩形法（MBR）[2]是一个应用非常广泛的时间序列表示方法，被众多的研究者所采纳，本书采用基于 MBR 的时间序列表示方法 GMBR[3]对随后的时间序列进行表示，需要指出的是所提出的异常检测定义同样适用于其他的 MBR 表示方法。

（1）时间序列。时间序列$T=t_1,t_2,\cdots,t_n$，是一个有序项队列，其中，n是一个实数集。

（2）子序列。给定一个长度为n的时间序列T，T的长度为$m(m\leqslant n)$的子序列S可以表示为$S=t_p,t_{p+1},\cdots,t_{p+m-1}$，其中，$p$是子序列$S$的起始点，且$1<p<(n-m-1)$。

（3）滑动窗口。给定一个长度为n的时间序列T和一个用户自定义长度为m的子序列W，则滑动窗口的长度为m，所有通过滑动窗口在时间序列T上截取到所有的子序列集合构成S。

（4）GMBR。能够将一个任意长度为n的时间序列T约简为w个 GMBR 窗口，$w\ll n$。GMBR 首先将时间序列T转化成 MBR，再进行一次更深入的转换，即将每一个 MBR 离散化，由于每一个 MBR 中的数据均可以看成一个小的时间序列S，显然S是时间序列T的子序列，将其转换到一个网格空间中。给定一个时间序列$S=\{s_1,s_2,\cdots,s_n\}$，定义时间序列S的网格表示方式为：$S=\{\langle \mathrm{S}_{\mathrm{R}1},\mathrm{S}_{\mathrm{Rb}1}\rangle,\langle \mathrm{S}_{\mathrm{R}2},\mathrm{S}_{\mathrm{Rb}2}\rangle,\cdots,\langle \mathrm{S}_{\mathrm{R}n},\mathrm{S}_{\mathrm{Rb}n}\rangle\}$，其中$\mathrm{S}_{\mathrm{R}i}$为网格的行标（$\mathrm{S}_{\mathrm{R}i}$是一个整数，比如 1, 2, …），$\mathrm{S}_{\mathrm{Rb}i}$的值为 1 或者 0（一个小的网格被分割成相同的上下两部分，若该点落在中线的上方则该点的$\mathrm{S}_{\mathrm{Rb}i}$值为 1，否则为 0）。

（5）欧式距离度量公式。给定两个时间序列：$Q=\{q_1,q_2,\cdots,q_n\}$和$S=\{s_1,s_2,\cdots,s_n\}$，将每个序列看成n维空间中的一个点，这里n为序列的长度，Q和S之间的距离定义为$D(Q,S)=\sqrt{\sum_{i=1}^{n}(Q_i-S_i)^2}$，由于平方根函数单调且为凹函数，所以可以将其移去而同样对时间序列进行比较，改进后的欧式距离公式为$D(Q,S)=\sum_{i=1}^{n}(Q_i-S_i)^2$。

（6）GMBR 距离度量公式。假定 Q 和 S 分别为子序列 q 和 s 的网格表示序列，$Q=\{\langle Q_{R1},Q_{\mathrm{Rb1}}\rangle,\langle Q_{R2},Q_{\mathrm{Rb2}}\rangle,\cdots,\langle Q_{Rn},Q_{\mathrm{Rb}n}\rangle\}$，$S=\{\langle S_{R1},S_{\mathrm{Rb1}}\rangle,\langle S_{R2},S_{\mathrm{Rb2}}\rangle,\cdots,\langle S_{Rn},S_{\mathrm{Rb}n}\rangle\}$，则 Q 和 S 间的距离度 $\mathrm{LBD}(Q,S)$ 定义如下：

$$\mathrm{LBD}(Q,S)=\begin{cases}\sum_{i=1}^{n}(\mathrm{Q}_{\mathrm{R}i}-\mathrm{S}_{\mathrm{R}i}+1)^2 \\ (\mathrm{Q}_{\mathrm{Rb}}-\mathrm{S}_{\mathrm{Rb}})(\mathrm{Q}_{\mathrm{Rb}i}-\mathrm{S}_{\mathrm{Rb}i})>0 \\ \sum_{i=1}^{n}(\mathrm{Q}_{\mathrm{R}i}-\mathrm{S}_{\mathrm{R}i})^2 \\ (\mathrm{Q}_{\mathrm{Rb}}-\mathrm{S}_{\mathrm{Rb}})(\mathrm{Q}_{\mathrm{Rb}i}-\mathrm{S}_{\mathrm{Rb}i})\leqslant 0\end{cases} \tag{7.13}$$

在实际应用过程中，发现时间序列的异常不能单纯用模式间的距离来表示，还需要其他因子进行辅助检测。采用距离和模式异常特征值来共同检测异常子序列，在距离均大于某一给定阈值的基础之上再比较时间序列的异常特征值。异常特征值则根据模式的密度来决定，模式的密度越大，则与该模式相似的模式也就越多，该模式为异常的可能性就越小；反之，模式的密度越小，则与该模式相似的模式也就越少，该模式为异常的可能性就越大。

下面给出与模式异常特征值相关的定义，首先将时间序列转换成 GMBR，然后将其映射成特征空间的特征向量，这样，时间序列 T 的 GMBR 表示就映射到特征空间中的一个对象集合，记为 O，P 为其中的对象。

（7）对象 p 的 k 距离。给定正整数 k 和数据集 $O,\forall p\in O$，p 的 k 距离定义为对象 p 和对象 q 之间的距离 $\mathrm{LPD}(p,q)$，且满足至少有 k 个对象 $m\in O$，使得 $\mathrm{LBD}(p,m)\leqslant\mathrm{LBD}(p,q)$，并且最多有 $k-1$ 个对象 $m\in O$，使得 $\mathrm{LBD}(p,m)\leqslant\mathrm{LBD}(p,q)$。

（8）对象 p 的 k 可达邻域数。给定正整数 k 和数据集 O，$\forall p\in O$，若存在 $q\in O$，满足 $\mathrm{LBD}(p,q)\leqslant k-\mathrm{LBD}(p)$，则 q 为 p 的一个 k 可达邻域数，记 $N(p)$ 为 p 的 k 可达邻域数。一个对象的 k 可达邻域数越多，表明该模式的密度越大；反之，一个对象的 k 可达邻域数越少，表明该模式的密度越小。

（9）对象 p 的密度。给定正整数 k 和数据集 O，$\forall p\in O$，p 的密度 $\mathrm{MD}(p)$ 定义如下：

$\mathrm{MD}(p)=\dfrac{N(p)}{\sum_{p\in O}N(q)}$，其中 q 满足 $\mathrm{LBD}(p,q)\leqslant k-\mathrm{LBD}(p)$。

（10）异常时间序列。给定一个时间序列 T，S 是 T 的子序列，$\mathrm{GMBR_s}$ 是子序列 S 的 GMBR 表示，$\mathrm{GMBR_{sl}}$ 是与子序列 S 最近的 GMBR，$N(\mathrm{GMBR_s})$ 是子序列 S 映射到特征空间后的 k 可达邻域数，S 是异常序列，则 S 满足，对于任意一个 T 的子序列 Q：

$$\mathrm{LBD}(S,\mathrm{GMBR}_{sl})>\mathrm{LBD}(Q,\mathrm{GMBR}_{ql})$$

$$\mathrm{MD}(\mathrm{GMBR}_s)<\mu，\mu\text{ 为给定的密度阈值}$$

2. 强力搜索算法

强力搜索算法在进行时间序列异常检测时是非常简单的，可以很容易地求出与其非自匹配的子序列的距离，而距离值最长者就是异常序列。强力搜索算法流程如下：

（1）定义序列 T 长度为 t；

（2）定义子序列 S 长度为 s；

（3）定义子序列 S=[1，s]；

（4）统计子序列与所有其他非自匹配序列的最小距离，记作该子序列的距离；

（5）按照以上方法循环计算子序列 $S=[2, s+1]$到 $S=[n-s+1, n]$的距离；

（6）统计所有子序列的最大距离，定义为异常。

由以上流程可以看出，该算法由一个嵌套循环组成，最外层的循环是选定由位置 p 开始的所有长度为 n 的子序列，很明显，共有候选子序列 $t-n+1$ 个，而内循环是针对每一个候选序列进行操作，对每一个子序列分别和其所有的非自匹配子序列进行距离度量，直至找到异常序列为止。

3. 距离密度算法

首先，对强力搜索算法进行第一步的优化。对输入的时间序列 T 进行处理，即进行时间序列的字符化表示，GMBR 方法能够将一个任意长度为 n 的时间序列 T 约简为 w 个 GMBR 窗口，$w<n$，在通常情况下，$w \ll n$，这样做的好处是降低时间序列的维度，同时在每一个 MBR 中引入网格的思想，这样每一个网格都可以进行字符表示，在对每一个网格进行距离度量时就可以采用位运算，从而为时间序列异常检测算法效率的提高奠定了基础。

其次，对强力搜索算法的结构进行优化。在进行子序列的对比时只需要比较相应的 GMBR 即可，这样外循环的次数就是一个固定的数值，即时间序列 T 表示成的 GMBR 的个数 W，同时，GMBR 大小的确定可以是随意的，即可以根据需要检测的子序列的大小来调整 GMBR 的大小，这样循环的次数就变成了 w 次，同时也解决了非自匹配的问题；同样的道理，内循环的次数也变成了一个固定的数值 W，因为每个 GMBR 只需要与其他的 GMBR 进行距离度量就可以，这样降低了嵌套循环的复杂度，也提高了异常检测的速度。

根据前面给出的时间序列异常定义，算法需要比较两点，一是当前的 GMBR 与其他 GMBR 的距离，即如果当前的GMBR_{-p}与任一个GMBR_{-q}的距离大于给定值时，进行第二点比较，比较当前的 GMBR 的密度 MD（GMBR），如果其密度值小于给定的阈值，就可以认为该 GMBR 是异常的子序列，记录下GMBR_{-p}的位置，直至循环结束，则记录下具有最长距离的GMBR_{-q}，即网格窗口 q 中的子序列为要查找的异常序列。

距离密度算法有如下优点：

（1）将距离和密度的方法结合起来，提高了时间序列异常检测的精度；

（2）该算法简单，复杂度低，将强力算法的复杂度由$O(n^2)$降低到 O（n）；

（3）使用参数少，该算法只用到了一个参数，即子序列的长度 n；

（4）该算法是建立在之前的研究基础 GMBR 上的，而 GMBR 首次将二进制的思想引入 MBR 中，将时间序列进行离散化，这样就使后续工作变得非常容易。

7.2.3　数据挖掘

数据挖掘是在数据集（通常是大型数据集）中发现和解释规律模式，以解决业务问题的过程。航空电子飞行数据经年累月的积累，数据量正好符合大数据的特征，因此寻找合适的挖掘方法也是趋势。

在 20 世纪 90 年代末和 21 世纪初，数据挖掘作为一种分析大型数据库以生成新的或与众不同的信息的方法而被广泛应用。数据挖掘界的梦想是“找到干草堆中的一根针”。数据挖掘与统计学不同的是，在数据探索之前，不一定有一个先验的理论驱动假说。

按照数据挖掘的定义[4]，可将航空电子系统数据挖掘定义为从具有海量、高维、高噪声和非线性等特性的时空数据中提取出隐含的、人们事先不知道的但又潜在有用的信息及知识的过程。飞机在飞行中时间维和空间维的变化，为数据挖掘任务增加了额外的复杂性，我们主要讨论在时空关联模式下的数据挖掘。数据挖掘的任务主要可分为以下几类：模式发现、聚类、异常检测、预测和分类[5]。

1. 模式发现

发现时空数据中有价值的模式（如时空频繁模式、周期模式、共现模式、关联模式等）一直是时空数据挖掘研究中的一个重要课题。

1）频繁模式

从一个序列里发现频繁重复的序列特征，即频繁模式。这些被发现的频繁重复模式能协助研究人员完成关于飞机在飞行过程中的分析、预测等任务，进而可将其应用于飞机故障模式、性能指标、干扰状态等决策。飞机是移动对象，在固定的区域、一定的时间内总是遵循相同或近似相同的规律，频繁模式隐含在时空数据中，需要挖掘才能发现。短波在不同天气情况下的通信质量是典型的时间频繁模式，超短波在固定空域通信距离下降是空间频繁模式。

2）共现模式

时空共现模式是指两种及以上对象实例在空间和时间上处于近邻[6]。时空共现模式已经在多个领域得到了应用。从时空数据中挖掘不同传感器对象间频繁共现子序列的问题，该问题可揭示不同类型传感器对象间相互作用的规律，进而发现问题。

3）关联模式

时空关联模式主要研究空间对象随时间发生变化的规律，即在传统关联分析的基础上加上时间和空间约束，以发现时空数据中处于一定时间间隔和空间位置的关联规则。发现这些关联模式具有重要的应用价值，如研究战场上的战术等。

2. 聚类

数据聚类是指基于空间和时间相似度把具有相似行为的时空对象划分到同一组中，使组间差别尽量大，而组内差别尽量小。时空聚类可用于异常点分析等方面。例如，在多个飞行架次数据中发现地域的共同行为，以及发现通信频段的共同行为。

3. 异常检测

若某一个对象在时间/空间维度上与邻近数据存在显著差异（如数盾突变、模式偏离），可称为异常对象。异常检测旨在从时空数据中找出严重偏离正常模式的对象，寻找这些异常模式可以为诸多现实问题提供良好的决策支持。譬如，GPS 授时信号问题导致飞机记录时间跳变、传感器测量数据跳变等。

4. 预测和分类

时空预测和分类主要是基于时空对象的特征构建分类模型来预测时空对象所属类别或对象所在具体空间位置[7]。时空数据的位置和轨迹预测，密度、事件和结合空间的时间序列预测，结合时空信息的分类等研究具有重要应用前景。

1）位置和轨迹预测

位置预测根据飞机参数数据库，对飞机的未来位置进行最近邻搜索等预测查询。在雷达系统中，对目标轨迹的预测有助于高效地分配 TR 组件资源。

2）密度、事件和结合空间的时间序列预测

某个区域的对象密度定义为在给定时间点该区域内对象数与该区域大小之比。这是一些对象随时间变化而呈现出的一个全局特征，密度预测能给出飞机在某些区域、时间传感器性能的变化特征，从而有针对性地制订飞行计划。

3）结合时空信息的分类

时空数据分类可获得非常有价值的信息。例如，区分敌方飞机和我方飞机的不同路径等。

5. 时空推理和数据挖掘的结合

时空数据结构复杂、关系繁多且难以描述。目前，多数数据挖掘系统容纳的时空关系过于简单，使其能发现的时空知识十分有限，时空数据的许多定性推理规则（如时间关系方面，先与后等传递属性；空间关系方面，远与近等度量属性），以及时空本体都提供了独立的领域知识来源，应成为时空模式挖掘时需要考虑的因素。

7.3　数据分析典型应用

7.3.1　通信数据分析

1. 语音质量评价

语音质量包括两方面内容：清晰度和自然度[8]。前者是衡量语音中字、单词和句的清晰程度，后者则是对讲话人的辨识水平。语音质量评价不但与语音学、语言学、信号处理等学科有关，而且与心理学、生理学等学科也有着密切的联系，因此语音质量评价是一个极其复杂的问题。

航空电子系统无线电通信，发送端采用语音编码后通过无线电链路发送，接收端从射频链路接收信号并解码，见图 7.12。语音信号从发送端到接收端，与航空电子系统中音频采集、编解码、无线电通信质量（通常是模拟话音，数字话音只与语音编解码有关）均有关。从评价结构体系分类，可将语音质量评价分为主观评价和客观评价，客观评价又分为有输入和无输入两类。

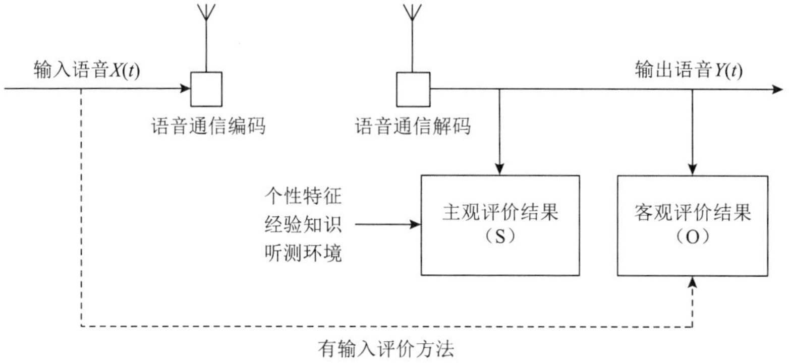

图 7.12　语音质量评价的两种结构方式

主观评价是以人为主体来评价语音的质量。该方式虽较为繁杂，但由于人是语音的最终接受者，因此这种评价应是语音质量的真实反映。目前，国内外使用较多的主观评价方法有：平均意见得分、判断韵字测量和判断满意度测量等。其中，平均意见得分法是一种广为使用的主观评价方法，它以平均意见分来衡量语音质量，用五个等级来表示语音的质量等级：优（5 分）、良（4 分）、一般（3 分）、差（2 分）、坏（1 分）。显然，主观评价的优点是符合人对语音质量的感觉，缺点是费时费力费钱，且灵活性不够，重复性和稳定性较差，受人的主观影响较大等。

客观评价从评价结构上可分为有输入评价方法和无输入评价方法。有输入评价方法是以输入语音和输出语音之间的误差大小来判别语音质量的好坏，评价通信质量涉及语音编码技术、通信系统技术、性能测试等。有输入评价方法的优点是可以进行大规模测试，省时省力；缺点是需要知道输入，在飞行通信过程中，需要协调通信双方的语音记录，存在困难，并且自动化测试效果不佳。无输入评价方法的难点在于无参考信息，不同人语音的差异没有规律可循，导致判断的复杂性增加。因此，无输入评价方法是从语音信号中提取出不依赖发音人特征的信息作为评价依据。

客观评价在时频特性上主要有以下两大类。

（1）时域方法[9]。通过信噪比（signal-to-noise ratio，SNR）参数评价语音质量，语音测试通常是通过分析音频的信噪比指标，高质量信噪比才有高质量语音。

（2）频域方法[9-11]。通过谱距离（spectral distance，SD）评价语音质量，主要是分析语音信号的平滑特性，也产生了多种改进的谱距离评价方法，如对数谱距离、加权谱距离等。

客观评价在评估模型上主要有以下两大类。

（1）听觉模型[9]。以人感知语音信号的心理听觉特性为基础，典型模型有巴克谱失真（Bark spectral distortion，BSD）[13]、梅尔谱失真（Mel spectral distortion，MSD）[14]。

（2）判断模型[12]。以表达语音质量的特征参数为基础，通过模拟人对语音的判断过程进行评价，如基于听觉距离的多频带噪声平衡方法（auditory distance-based multiband noise balance，AD/MNB）方法[15]、模糊决策树方法[16]。

2. 通信距离分析

与可以绕着地球弯曲表面传播的地波和通过大气电离层的反射传播的天波不同，甚高频无线电波是一种直线传播的视距波。在没有建筑物、山川地形、地球弯曲表面等遮挡的情况下，均能建立甚高频通信联系。甚高频无线电波的传播存在传播路径损耗，即电波的电磁能量随传播距离的增加而迅速损耗衰减。若电波到达接收天线时其信号强度已低于接收电台的灵敏度，则不能建立甚高频通信。因此，对于一套各项参数均已确定的甚高频通信系统，限制其通信距离的重要因素是传播路径损耗。

甚高频通信系统所容许的传播路径损耗取决于发射电台的发射功率、接收电台的接收灵敏度、发射天线和接收天线的增益，以及信号通过天线馈线时的损耗，其中天线增益、馈线损耗通常比较稳定，而发射机的发射功率和接收灵敏度会随着电子元器件的使用时间延长而衰减。

通信距离分析通常是在差分 GPS 坐标系下，基于通信双方的 GPS 坐标，根据地理坐标计算公式计算通信距离。

3. 数传分析

无线电数传通信通常包含以下基本要素：发送方 ID、数据包编号、循环冗余校验（cyclic redundancy check，CRC）码等，其中 CRC 等用于校验数据传输的正确性。无线电数传通常评估以下两个指标。

（1）误码率：CRC 错误的包数÷总共收到的包数。

（2）丢包率：接收包个数÷发送包个数。

由于无线电传输与频率、调制方式相关，如超短波通信调制方式有跳频 FM、扩频 DS 等，短波通信有定频、自适应等方式，因此数传分析必须在指定的无线电通信工作方式下，分析评估距离与姿态对无线电数传的影响。

7.3.2　导航数据分析

1. 塔康分析

塔康（即空中战术导航系统）是一种军用全向测距系统，测向信息通过对信标的幅度调制，信标采用 15Hz 和 135Hz 信号调制，采用应答技术进行测距。塔康工作在空地模式下，通常分析方位误差和距离误差两个指标；空空模式仅分析距离误差，但误差范围不同。

1）方位误差

使用式（7.14）计算塔康参考方位 Azp 和塔康方位误差 ΔAz，并按照表 7.1 要求记录。

$$\begin{cases}\mathrm{Azp} = a - \theta \\ \Delta\mathrm{Az} = \mathrm{Az} - \mathrm{Azp}\end{cases} \tag{7.14}$$

式中，a 为使用式（7.1）、式（7.2）计算 GPS 坐标系下飞机与塔康台的方位；θ 为当地磁偏差角；Az 为塔康周期数据帧方位。

表 7.1　塔康方位误差统计

时间戳	方位有效	方位	参考方位	方位误差	横滚角	俯仰角

2）距离误差

使用式（7.15）计算塔康距离误差 ΔDp，并按照表 7.2 要求记录。

$$\Delta\mathrm{Dp} = D - \mathrm{Dp} \tag{7.15}$$

式中，D 为塔康周期数据帧距离；Dp 为使用式（7.1）、式（7.2）计算 GPS 坐标系下飞机与塔康地面台的距离。

表 7.2　塔康距离误差统计

时间戳	距离有效	距离	参考距离	距离误差	横滚角	俯仰角

2. 微波着陆分析

1）方位偏差误差

使用式（7.16）计算微波着陆参考方位偏差 Azp 和微波着陆方位偏差误差 ΔAz，并按照表 7.3 要求记录。

$$\begin{cases}\mathrm{Azp} = a - \alpha \\ \Delta\mathrm{Az} = \mathrm{Az} - \mathrm{Azp}\end{cases} \tag{7.16}$$

式中，a 为使用式（7.1）、式（7.2）计算 GPS 坐标系下飞机与微波着陆方位台的方位角；α 为微波着陆选择方位角；Az 为微波着陆周期数据帧方位偏差。

表 7.3　微波着陆方位偏差误差统计

时间戳	方位偏差有效	方位偏差	参考方位偏差	方位偏差误差	高度

2）下滑偏差误差

使用式（7.17）计算微波着陆参考下滑偏差 Elp 和微波着陆下滑偏差误差 ΔEl，并按照表 7.4 要求记录。

$$\begin{cases}\mathrm{Elp}=b-\beta \\ \Delta\mathrm{El}=\mathrm{El}-\mathrm{Elp}\end{cases} \tag{7.17}$$

式中，b 为使用式（7.1）、式（7.2）计算 GPS 坐标系下飞机与机场着陆点的下滑角；β 为选择下滑角。

表 7.4　微波着陆下滑偏差误差统计

时间戳	下滑偏差有效	下滑偏差	参考下滑偏差	下滑偏差误差	高度

3. 仪表着陆系统分析

仪表着陆系统通过接收位于跑道延长线的定位信标计算航向偏差，接收位于跑道始端的垂直引导信标计算下滑偏差。因此仪表着陆系统通常分析航向偏差误差和下滑偏差误差两个指标。

1）航向偏差误差

使用式（7.18）计算仪表着陆参考航向偏差 Azp 和仪表着陆航向偏差误差 ΔAz，并按照表 7.5 要求记录。

$$\begin{cases}\mathrm{Azp}=(a-\alpha)\times k_{\mathrm{Az}} \\ \Delta\mathrm{Az}=\mathrm{Az}-\mathrm{Azp}\end{cases} \tag{7.18}$$

式中，a 为使用式（7.1）、式（7.2）计算 GPS 坐标系下飞机与仪表着陆方位台的方位角，单位：（°）；α 为仪表着陆选择方位角，通常是跑道的航向，单位：（°）；k_{Az} 为仪表着陆航向偏差转换系数，根据《国际民用航空公约》附件十中规定，对于Ⅲ类盲降，在 30m 高度上，航道弯曲（95%概率）引起的横向位移偏移量须小于 5m，因此将航向偏差系数定义为线性值，且与机场 ILS 台站参数有关；Az 为仪表着陆周期数据帧方位偏差，单位：DDM（调制深度差）。

表 7.5　仪表着陆航向偏差误差统计

时间戳	航向偏差有效	航向偏差	参考航向偏差	航向偏差误差	高度

2）下滑偏差误差

使用式（7.19）计算仪表着陆参考下滑偏差 Elp 和仪表着陆下滑偏差误差 ΔEl，并按照表 7.6 要求记录。

$$\begin{cases}\mathrm{Elp}=(b-\beta)\times k_{\mathrm{El}} \\ \Delta\mathrm{El}=\mathrm{El}-\mathrm{Elp}\end{cases} \tag{7.19}$$

式中，b 为使用式（7.1）、式（7.2）计算 GPS 坐标系下飞机与仪表着陆基准数据点的下滑角，单位：（°）；β 为选择下滑角，单位：（°）；k_{El} 为仪表着陆下滑偏差转换系数，与机场 ILS 台站参数有关；El 为仪表着陆周期数据帧下滑偏差，单位：DDM。

表 7.6　仪表着陆下滑偏差误差统计

时间戳	下滑偏差有效	下滑偏差	参考下滑偏差	下滑偏差误差	高度

4. 无线电罗盘分析

无线电罗盘也叫自动方位搜寻器（automatic direction finder，ADF），利用环形天线方位搜寻技术，确定辐射源的航向角。因此无线电罗盘分析指标包括罗盘航向角丢点和误差。

1）罗盘航向角丢点分析

无线电罗盘正常工作输出航向角应为有效，当输出航向角无效时即为不正常，记录为无线电罗盘航向角丢点。如图 7.13 所示为发生丢点的航向角变化示意图，在 T_0 时刻航向角输出有效，下一数据帧 T_1 时刻航向角输出无效，持续到 T_2 时刻航向角输出无效，下一数据帧 T_3 时刻航向角输出有效，T_3-T_0 记为无效持续时间。

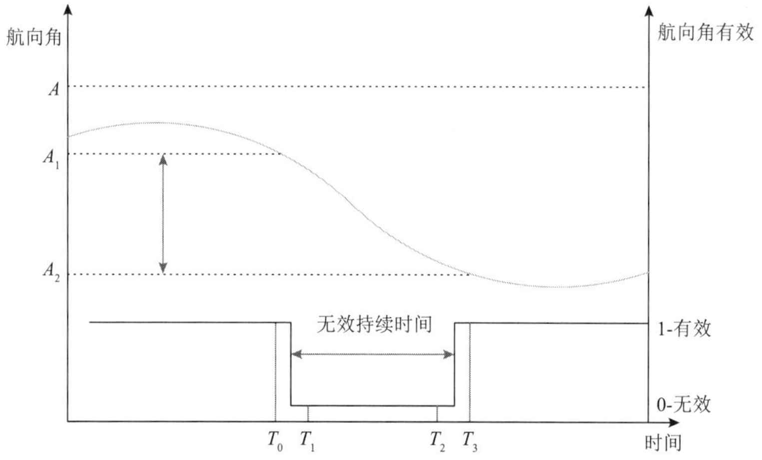

图 7.13　丢点示意

无线电罗盘航向角丢点分析宜采用分段统计方法，每段无效时间独立统计。表 7.7 为罗盘航向角丢点分析数据表示意，第 1 段数据宜统计 T_0、T_1、T_2、T_3 四个时间点的如下数据，并填入数据表中。

（1）时间。

（2）罗盘航向角有效标识。

（3）罗盘航向角。

（4）横滚角。

（5）俯仰角。

（6）到台距离。

（7）无效持续时间。

每个数据表独立统计，形成全过程完成数据表（表 7.7）。

表 7.7　罗盘航向角丢点分析数据表示意

序号	时间	罗盘航向角有效标识	罗盘航向角	横滚角	俯仰角	到台距离	无效持续时间
1	00:00:00.000	有效					n
	00:00:01.000	无效					
	…	无效					
	00:00:0n.000	有效					
2							

2）罗盘航向角误差统计

无线电罗盘航向角误差的统计步骤如下。

（1）从表 7.7 中选取横滚角±R、俯仰角±P 范围内的所有数据点（R 是横滚角阈值，P 是俯仰角阈值，超过阈值的点不作为考核点）。

（2）计算数据点中罗盘航向角误差的均值 μ 、标准差 σ 、最大误差（最大误差=均值+2×标准差），填入表 7.8，分别统计 1σ 、2σ 、3σ 范围内误差所占百分比，填入表 7.8。

表 7.8　罗盘航向角误差统计表示意

均值	标准差	最大误差	1σ 百分比	2σ 百分比	3σ 百分比

7.3.3　识别数据分析

空中交通管制（air traffic control，ATC）应答机是与地面二次雷达配合，报告飞机的识别代码和气压高度。ATC 系统需要分析功能在正常作用下的作用距离和方位覆盖。

1. 作用距离和方位覆盖

利用式（7.1）、式（7.2）计算地面雷达与应答机方位和斜距，同时参考询问系统上报的距离，统计误差，将以下数据项填入表 7.9。

（1）时间戳。

（2）应答模式，包含了 A/C/S 三种模式。

（3）应答方位，在 GPS 坐标系下计算应答机在地面雷达坐标系下的方位，单位：(°)。

（4）应答距离，在 GPS 坐体系下计算应答机与地面雷达的距离，单位：m。

表 7.9　空中交通管制应答机统计表示意

时间戳	应答模式	应答方位	应答距离

2. 作用距离和方位覆盖能力图

筛选不同的应答模式，绘制 ATC 应答机的能力示意图，参考图 7.14，直观展示 ATC 应答机在不同角度（0～360°）的应答距离能力。

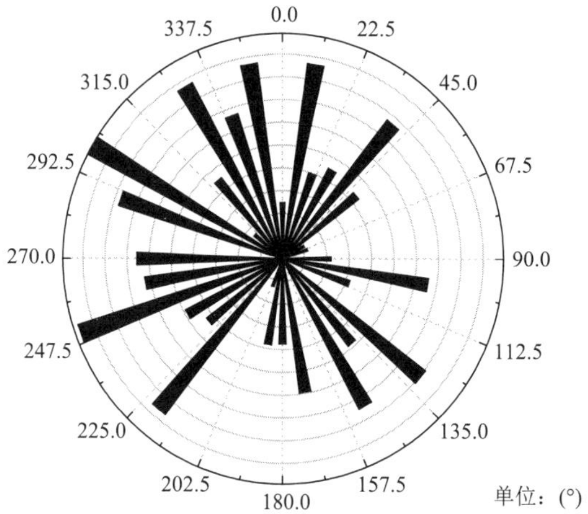

图 7.14　ATC 应答机方位、距离覆盖能力示意

7.3.4　雷达数据分析

本书中介绍的雷达仪适用于空空搜索/跟踪的雷达，因此数据分析的内容仅包括雷达测向精度、测距精度和作用距离指标。

1. 测向精度

雷达探测到目标时，可以计算目标在本机坐标系下的方位角、俯仰角，根据本机和目标机 GPS 坐标计算得到参考目标方位角、参考目标俯仰角，并填入数据表 7.10 中，数据项如下。

（1）时间戳。

（2）雷达探测目标方位角，单位：（°）。

（3）参考目标方位角，单位：（°）。

（4）方位角误差，单位：（°）。

（5）雷达探测目标俯仰角，单位：（°）。

（6）参考目标俯仰角，单位：（°）。

（7）俯仰角误差，单位：（°）。

统计雷达测向误差，按照式（7.12）统计测向的超差概率。

表 7.10　雷达测向误差统计

时间戳	雷达探测目标方位角	参考目标方位角	方位角误差	雷达探测目标俯仰角	参考目标俯仰角	俯仰角误差

2. 测距精度

雷达探测到目标时，得到目标距离，根据本机和目标机 GPS 坐标计算得到参考距离，并填入数据表 7.11 中，数据项如下。

（1）时间戳。

（2）雷达探测目标距离，单位：m。

（3）参考目标距离，单位：m。

（4）距离误差，单位：m。

统计雷达测距误差，按照式（7.12）统计测距的超差概率。

表 7.11　雷达测距误差统计

时间戳	雷达探测目标距离	参考目标距离	距离误差

3. 作用距离

在飞行场景中需要目标机配合分析雷达的作用距离，由于目标机在不同姿态下，本机探测到的 RCS 面积不一致，双机飞行速度较快，测量时间窗口较短，因此该项指标测试比较困难。

参　考　文　献

[1] 孙梅玉. 基于距离和密度的时间序列异常检测方法研究[J]. 计算机工程与应用, 2012, 48(20): 11-17, 22.

[2] Funkhouser H G. Historical development of the graphical representation of statistical data[J]. Osiris, 1937, 3: 269-404.

[3] 孙梅玉, 唐漾, 方建安. 一种基于 MBR 的高效的时间序列表示方法[J]. 计算机工程与应用, 2008, 44 (16) : 135-138.

[4] 李涛, 曾春秋, 周武柏, 等. 大数据时代的数据挖掘: 从应用的角度看大数据挖掘[J]. 大数据, 2015, 1(4): 49-72.

[5] Han J, Kamber M. Data Mining: Concepts and Techniques[M]. San Francisco: Morgan Kaulmann, 2000.

[6] Celik M, Shekhar S, Rogers J P, et al. Mixed-drove spatiotemporal co-occurrence pattern mining[J]. IEEE Transactions on Knowledge and Data Engineering, 2008, 20(10) : 1322-1335.

[7] 刘大有, 陈慧灵, 齐红, 等. 时空数据挖掘研究进展[J]. 计算机研究与发展, 2013, 50(2): 225-239.

[8] 陈国, 胡修林, 张蕴玉, 等. 语音质量客观评价方法研究进展[J]. 电子学报, 2001, 29 (4) : 548-552.

[9] Quackenbush S R, Bamwell T P, Clements M A. Objective Measures of Speech[M]. Englewood Cliffs, NJ: Prentice Hall, 1988.

[10] Lam E H, Au O C, Chan C C, et al. Objective speech measure for Chinese in wireless environment [C]//1995 International Conference on Acoustics, Speech, and Signal Processing. Detroit, MI, USA. IEEE, 1995: 277-280.

[11] Lam K, Au O, Chan C, et al. Objective speech quality measure for cellular phone[C] // Proc. 1996 IEEE ICASSP, 1996: 487-490.

[12] Voiers W D. Diagnostic acceptability measure for speech communication systems[C] //Proc. 1977 IEEE

ICASSP, 1977: 204-207.
[13]Wang S, Sekey A, Gersho A. An objective measure for predicting subjective quality of speech coders[J]. IEEE Journal on Selected Areas in Communications, 1992, 10(5): 819-829.
[14]Kubichek R. Mel-assessment measure for objective speech quality assessment[C]//Proc. IEEE Pacific Rim Conf . Communica-and Signal Processing, 1993: 125-128.
[15]Voran S. Estimation of perceived speech quality using measuring nor-maliang blocks[C] //Proceedings of the 1997 IEEE Speech Coding Workshop, 1997: 83-84.
[16]丁瑾, 钟涛, 胡健栋. 语音质量的一种新的评价方法[J]. 电子学报, 1997, 25(4): 6-9.

第 8 章　智能故障诊断技术

随着集成电路、信号处理技术的快速发展，航空电子系统的交联关系愈发复杂，故障检测和隔离越来越困难，依赖人工经验的传统方式已不能满足诊断的需求。因此，智能故障诊断是航空电子系统综合检测必须具备的一个能力。智能故障诊断技术主要包括故障模式分析、测试性设计、诊断建模以及推理诊断技术。其中，故障模式分析与测试性设计一般与航空电子系统设计同步开展，诊断模型的构建是各类智能诊断算法的支撑，故障诊断则依靠各种智能故障诊断算法实现。本章着重介绍智能故障诊断技术，涉及测试性设计分析、故障诊断模型构建、智能故障诊断算法以及智能故障诊断的应用实例。

8.1　概　　述

8.1.1　故障诊断技术内涵

航空电子系统的故障诊断是关注航空电子系统从模块到功能链路再到整个分系统可能存在的故障，对其进行逐步测试与数据分析，最终实现故障的确定[1]。

航空电子系统故障诊断的关键在于测试性设计、故障特征选取、诊断方法与诊断实现。

（1）测试性设计。航空电子系统不同于其他的故障诊断，由于航空电子系统安全性要求高、实现难度大的特点，在开展航空电子系统的诊断时，应更加关注诊断的实时性、故障诊断的覆盖性，以及诊断测试的可实现性，即测试性设计。测试性设计与被测对象的设计往往同时开展，如何分配机载与地面的测试资源，尽可能多地覆盖故障，实现机上的监测与机下的综合诊断，是航空电子系统故障诊断的基础。

（2）故障特征选取。通过特征准确地表征故障，这是故障诊断的依据。理论上故障诊断的依据有很多，在一些研究中，声波、电磁波、振荡频率、辐射都可以作为故障诊断的依据。但是从工程的角度来讲，故障特征的选取是要帮助我们在工程上实现故障诊断。因此对于航空电子系统的故障诊断，我们更应该关注选取的故障特征是可获取且易获取的，即可检测且易计算的。

（3）诊断方法。故障诊断的方法有很多。基于规则的诊断方法是最为熟知的，例如故障（决策）树，就是基于规则的诊断方法中常用的一种。基于信号处理的方法，也是一种常用的方法，主元分析法的使用广泛。基于模型的方法是故障诊断的经典，其中故障字典法应广泛应用于数字电路中。基于知识的故障诊断是随着人工智能的发展而兴起的方法。从工程的角度考虑故障诊断，尤其是电子系统的故障诊断，需要结合电子系统的特点，考虑航空领域风险成本等因素，航空电子系统故障诊断方法选择的核心是采用易实现、可解释的低风险方法，利用电子系统小样本的数据特点发挥大的作用。

（4）诊断实现。如何将理论形成实际，便于推广与应用，是诊断实现的目的。故障诊断的理论有很多，但是在故障诊断的实际应用中，航空电子系统的故障诊断应用使用效果不佳，这是因为对于航空电子系统这样的复杂系统，仅在工程的末期才考虑故障诊断是无法获得最佳的诊断效果的，而是要在设计之初，将特征获取的能力与被测对象一起设计，将故障诊断的方法与测试手段联合考虑，才能形成工程上有效的航空电子系统故障诊断。

8.1.2 故障诊断现状

随着科学技术的发展，电子系统的各类技术日新月异，当今电子系统由于集成电路等相关技术的发展，功能和结构都愈发复杂，这无疑增加了电子系统尤其是航空电子系统故障诊断的难度，从而使得许多航空电子系统的故障很难被检测和隔离，这为航电系统发生故障以及因故障引发灾难性事故埋下了隐患。这类灾难性事故一旦发生，将造成大量人力和物力的损失，从而迫使研究人员对如何防止这类事故的发生做了大量的研究[2]。

从 20 世纪 60 年代最初的可靠性理论开始，到 20 世纪 70 年代提出航天器综合健康管理概念监视系统状态，相关的研究层出不穷。到 20 世纪 90 年代，美军以 F35 联合攻击机项目为出发点，将项目中失效预测和维修相关的经济承受性、保障性和生存性列为关键。美国还于 2000 年签署了能对战斗机进行故障在线监控的网络中心维修计划项目，这些类似的项目在如今都取得了一定的成果。我国在这方面的研究起步较晚，但是由于军事装备等技术的迅猛发展，也逐渐重视这方面研究的重要性。2004 年 5 月，在天津召开的大型国际研讨会将失效预测和健康管理相关技术列为未来研究的一个热门领域，与此同时，各个研究所例如中国电子科技集团有限公司第十研究所、第十四研究所等，都将自己产品的故障预测和健康管理（prognostic and health management，PHM）技术作为未来产品发展的重要规划方向。

从最初的可靠性理论开始，到现在的预测与健康管理，航空航天对于此方面的研究有很多，然而对于电子系统其研究的核心还是故障的监测与诊断。电子系统的元器件也秉承着逐渐老化的规律，即单一的元器件指标数值从正常到逐渐漂移，到超出正常容差范围之外形成失效故障。然而由于电路容差的存在，在负载的电路系统中，一个元件的失效变化很难在一个负载电路的输入输出关系式中表征。我们能感知到的故障，往往都是在电路的输出变化到一个明显的状态下，才会由于功能性能的变化而被感知，因此对于电子系统的研究，主要还是集中在故障诊断。

当然这并不是说研究电子系统的预测没有意义，只是从工程实现的角度出发，我们需要考虑测试性设计的经济性，包括电路的体积、重量、功耗各方面，其对应监测的对象应该有一个合理的比重，这样的监测才有价值。

由于电子系统故障预测的实现与应用很难突破，在航空电子领域故障表征往往都是突发性的，为此工程上更关注故障诊断的研究。常用的故障诊断方法有以下几种。

1. 基于规则的故障诊断方法

基于规则的故障诊断方法最经济有效的就是故障（决策）树分析法[3-8]。故障树分析法，最早由美国贝尔实验室于 1962 年提出，这种方法一经提出就在航空航天、原子反应堆、大型计算机等各个涉及复杂系统的设计和维修领域广泛使用，但是计算繁重、构建难度大、对分析人员的要求高等缺点限制了它的发展[2]。

2. 基于信号处理的故障诊断方法

这种方法就是利用信号模型对输出特征进行各类分析，其常见的方法包括小波变化法[9-11]、主元分析法[12-15]、辅助噪声法[16-22]等。小波变化法，是一种将采集信号做小波变化后采集小波包能量进行分析的方法。主元分析法，是一种建立正常状态下的主元模型，分析正常状态的主元特征，根据故障状态的差异来进行判断的方法。除此之外，δ 算子的故障检测方法也是一种常用的方法，这是一种通过采用自适应噪声抵消技术来分析残差和故障敏感度的一种故障诊断方法。辅助噪声法也是一种比较优秀的基于信号处理的故障诊断方法，这种方法通过加入辅助噪声对电路的输入信号进行等价噪声的量化分析，从而实现电路的诊断与定位。

3. 基于模型的故障诊断方法

基于模型的故障诊断方法最经典的就是故障字典法[23-26]，这种方法是通过分析可能出现的故障类型，以及出现各个故障类型下整个系统可以采集到的特征集，对其建立一个类似于字典的可查阅故障与特征状态对应的列表。在实际测试中只需要查阅相应的列表就可以判断故障并进行隔离。这种方法在模拟电路中应用广泛，其最早应用于数字电路，后来 Yang 等将其改进并应用于模拟电路中，并且对其相关的测点选择技术[27-33]和容差解决技术都进行了改良[23,24]。Yang 等和 Tian 等还提出了基于圆模型的故障诊断方法[34,35]，通过对电路不同元件建立各自的圆模型进行故障诊断与故障定位，也取得了较好的效果。

4. 基于知识的故障诊断方法

近年来，人工智能发展迅猛，其相关的一些智能算法层出不穷，而现今最常用的是神经网络故障诊断方法[36-38]、支持向量机（support vector machine，SVM）诊断方法[39-49]以及基于信息融合的故障诊断方法[50]。

神经网络故障诊断方法是一种基于人工神经网络进行故障诊断的方法。人工神经网络是一种运算模型，里面有大量的节点相关连接构成一个大的网络，其中每个节点可以代表集中映射关系，这种关系往往由特定的激励函数表示，每个节点与节点之间的连接称为权重。不同的网络通过不同的权重激励函数以及变换的网络节点层结构来变化。通过对神经网络的训练，我们可以对一个系统的特征和故障建立一个相应的神经网络，并得到其中的权重值和激励函数值，然后再根据已知的神经网络对其他的特征判断故障类型。

基于支持向量机的故障诊断方法[51]，就是利用 SVM 以及一些改进的 SVM 去训练并测试[52,53]从而进行故障诊断的方法。SVM 最早在 1995 年被提出，其原理就是将低维不可分的特征向量通过核函数映射到高维从而实现线性可分，然后进行故障的分类。SVM

的应用和发展非常广泛，最常用的关于 SVM 的改进就是最小二乘支持向量机（least squares support vector machine，LS-SVM）。

信息融合技术就是利用多种传感器所采集的信息，通过一定的准则进行融合，从而便于数据分析和数据处理的一种方法。这种方法可以较好地利用各种特征采集方法的优点，尽可能包括更多的信息量，从而提高故障诊断的精度。这类方法虽然前景远大，但是由于自身理论的不成熟以及融合规则的人为性，其应用还有许多争议。

5. 混合故障诊断方法

混合故障诊断方法是现今比较流行的一种方法，其总结以前各种方法的优点，将这些方法结合在一起，扬长避短，从而达到更好的故障诊断效果。例如，将神经网络的方法和故障树的方法结合[5]，或是将 SVM 方法和信息融合的方法结合，这些方法都取得了较好的效果。

8.1.3 故障诊断工作流程

故障诊断工程工作流程有很多，本书提出一种航电系统空地协同自主测试技术，旨在实现测试选择合理、测试流程智能、测试协同高效的航电系统测试能力，解决航电系统测试过程中完备测试效率低、测试流程人为依赖、空地测试设计割裂的问题，支撑未来航电系统综合保障空地资源协同友好、智能的新需求。

要实现空地协同自主测试，核心是在架构上将机载、地面测试资源联合调度，在此基础上，具备一种测试驱动与测试逻辑生成能力。本书中，该架构的故障诊断部分以决策树为诊断方法代表，提出一种基于知识的空地协同自主测试技术架构[54]。

如图 8.1 所示，空地协同自主测试技术架构主要通过构建知识库，结合机载测试与地面测试资源，形成一种基于知识驱动的空地协同自主测试能力。其主要组成如下。

（1）目标知识。目标知识主要是描述被测航空电子通信系统产品的组成知识，包括产品名称、产品功能、模块名称，以及产品、功能与模块的组成关系。

（2）逻辑知识。逻辑知识涵盖航电系统机载与地面测试所需流程，以二叉树作为知识解释手段。其中逻辑知识中包含多个二叉树对应各种测试流程。二叉树以模块故障为顶事件，作为一个测试的开始，与被测对象相关联；以测试操作为中间事件，关联测试流程；以测试结果如正常或发生某模块故障作为基本事件，关联测试分析输出结论。为了实现自主测试，采用测试逻辑生成技术，实现测试逻辑二叉树自生成。

（3）操作知识。操作知识是指在执行机载测试和地面测试中的各种测试手段，其中包括机载模块机内测试、机载链路测试、地面性能测试、地面对通测试与串件测试等，其中针对不同的故障其测试操作对应不同的测试序列（test pattern，TP），反应为逻辑知识中测试流程的测试操作指令。可以通过设计测试推理机，将测试逻辑与空地测试资源相关联，将测试逻辑转化为测试操作，支撑实现自主测试。

（4）结论知识。结论知识是面向一组测试操作的结论分析输出，其中包括被测产品、产品相对应的各功能故障与各模块故障，以及产品、功能故障与模块故障之间的关联关系。

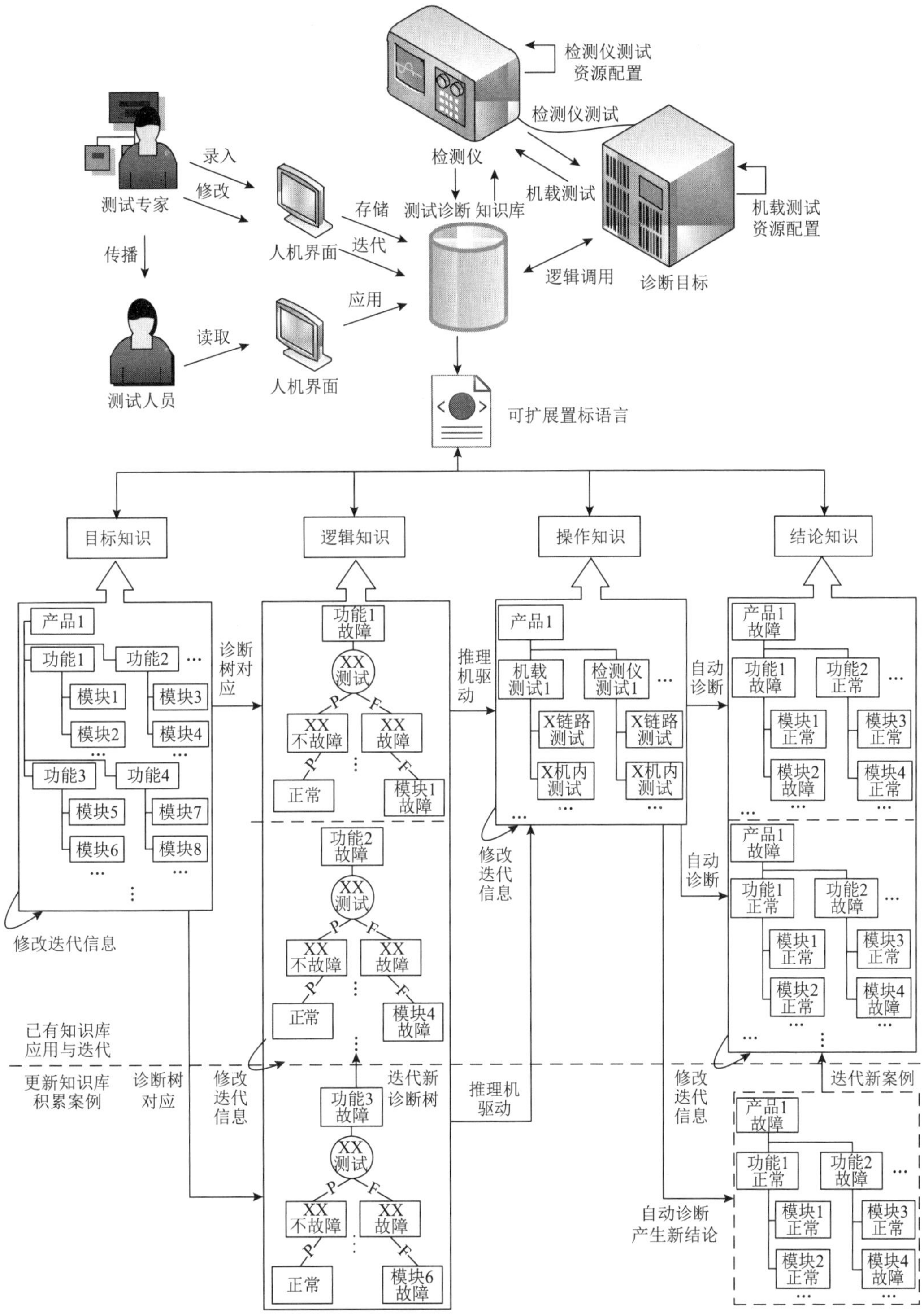

图 8.1　基于知识的空地协同故障诊断

依托知识库的构建，实现基于知识的空地协同自主测试，主要包括以下四个步骤。

步骤 1：确定对象。该步骤是根据要测试的产品与故障表现，在目标知识中搜索对应的目标知识，即搜索产品名称、故障表现的功能故障以及对应的模块。

步骤 2：确定逻辑。该步骤是根据确定好的对象，在逻辑知识中搜索相匹配的二叉树，将该二叉树确定为对应的测试逻辑。

步骤 3：推理测试。该步骤是通过推理机解析二叉树，根据二叉树解析出对应的测试操作，调用对应的 TP 执行测试操作，根据操作结果，不断选择二叉树的走向，如此往复，直至二叉树运行到基本事件，结束整个测试流程。

步骤 4：输出结论。该步骤是根据步骤 3 中获取的基本事件，在结论知识中匹配对应的故障诊断结论，包括被测产品是否有故障，以及该产品下对应检测隔离的某功能故障以及某模块故障的结论。

在航电系统的故障诊断中，采用上述架构流程，可以有效解决机载测试与地面检测设计割裂以及诊断流程人为依赖严重的现状问题，有效提升整个测试流程的测试资源利用、协同效率与测试智能性，适合机载 BIT 与地面保障设备联合实现故障诊断，是当前航空电子系统故障诊断设计与实现值得提倡的架构方法。

8.1.4　故障诊断关键技术

故障诊断的相关研究有很多，多数文献关注故障诊断的方法，或者关注故障诊断的规范性设计。本书以航空电子系统为对象，关注实现航空电子系统故障诊断所需的测试性设计、诊断建模、诊断方法与诊断应用。

测试性设计是一个复杂的过程，有很多需要考虑的因素，包括测试的接口、测试点的设置与实现、测试信息的传输与数据预处理。本书重点关注测试点分析验证的分析方法，包括经典的贪婪搜索算法和 AO^*搜索算法这类经典的图搜索方法，并提出适用于当前航空电子系统的测试不可靠 AO^*搜索算法。其中，考虑到测试模型是测试分析的基础，本书将在 8.3 节中介绍测试性模型内容。

诊断建模是表征故障症状、分析故障关联、检查故障本质的关键，根据当前的技术发展并结合航空电子系统的特征与故障特点，本书主要介绍测试性分析模型、基于关联关系的诊断模型以及基于数据驱动的诊断模型。其中测试性分析模型主要是对系统进行可视化的构建，表述系统信号与测试点的关系，用于进行测试性的分析；基于关联关系的诊断模型主要是利用故障特征数据与测试的关系，构建可视化的模型，用于诊断过程的描述；基于数据驱动的诊断模型在电子系统中并不常用，主要是利用如机器学习等数据驱动方法实现故障诊断。

诊断方法的研究文献有很多，本书主要介绍三种特殊应用场景的故障诊断方法，包括基于测试向量生成的故障诊断方法、多故障诊断使用的故障诊断方法，以及数据驱动的故障诊断方法。

诊断应用主要是结合航空电子系统的特点，基于减少专家依赖与人力消耗的初衷，从提升故障诊断的智能化程度出发，从故障分析、特征提取和故障推理测试三个维度提出具有一定创新性的内容。

8.2　测试性分析方法

测试性设计分析是故障诊断数据获取的关键，本节主要关注航空电子系统中主要采用的图搜索方法的典型，包括贪婪搜索算法和 AO*搜索算法，基于此，结合航空电子系统测试中虚警、漏检、误检出现率高的情况，关注测试不可靠 AO*搜索算法，实现在考虑虚警、漏检、误检条件下，权衡诊断覆盖率与测试资源的测试性设计分析方法。

8.2.1　贪婪搜索算法

贪婪搜索算法是一种常用的寻优方法，在用于航空装备的测试性分析中，主要采用启发式函数，其基本思路是从上而下地计算每个根节点的启发式函数值，比对值的大小从而选择最优的测试点，从左至右、从上往下逐步分析计算，直到仅剩下叶节点或无法继续分解，得到可用的所有各步测试（图 8.2）。搜索步骤如下。

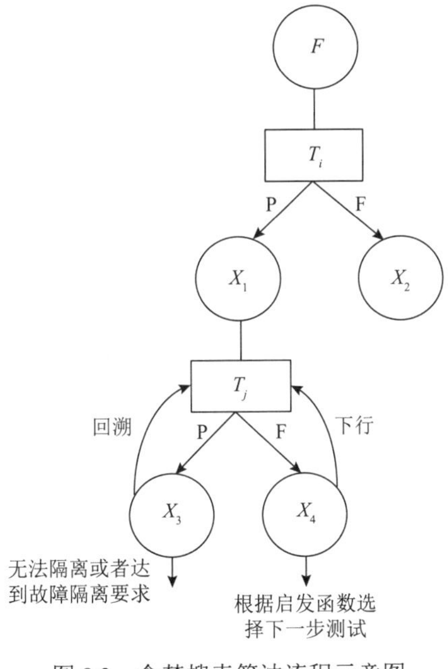

图 8.2　贪婪搜索算法流程示意图

步骤 1：从根节点开始，根节点所对应的模糊集为 $F=\{f_0,f_1,\cdots,f_m\}$，对根节点应用启发函数选择下一步测试。

步骤 2：每选一个测试，将产生一个相应的与节点和两个枝节点。首先对它上面的枝节点做一个标记，然后针对该与节点下面的左侧的枝节点，应用启发式函数选择下一步测试。

步骤 3：若某枝节点对应的模糊集无法进一步隔离，或者该枝节点对应的信号已经满足故障隔离要求，则将其改为叶节点，并做一个叶节点标记；从该叶节点再回溯到上面的与节点，若该与节点下面还有未做标记的枝节点，则向下搜索至该未标记枝节点，针对其对应的模糊集选择下一步测试。

步骤 4：若某枝节点对应的模糊集无法进一步隔离，或者该枝节点对应的信号已经满足故障隔离要求，则将其改为叶节点，并做一个叶节点标记；再回溯到它上面的与节点，若该节点与节点下面的枝节点已经全部标记，则继续向上回溯，直到遇到一个未标记的枝节点，然后针对其对应的模糊集选择下一步测试。

步骤 5：回溯至根节点，则结束。

8.2.2 AO*搜索算法

与或图 AO*搜索算法是一种贪婪的、有序的启发式搜索算法。它的贪婪性质表现在使用一个启发式评估函数 $h(x)$ 来估计图扩展过程中的可选节点，把可能达到最优的节点作为优先选用并扩展的节点。在与或图中通过重复三个步骤进行生长。第一个步骤，根据之前所得到的最优扩展路径从根节点开始往下搜索，记录在最优路径上但未被扩展的节点集合。第二个步骤，根据记录的未扩展节点的启发函数 $h(x)$，选择启发式评估函数（heuristic evaluation function，HEF）值最高的节点进行扩展，这里 HEF 用来评估测试的重要性。因此 HEF 值必须与节点的重要程度成正比。评估函数的微小变化会造成最终故障树的明显区别。第三个步骤，从子节点向根节点回溯，修正所有已被扩展的节点的 HEF，根据更新后的 HEF 进行下一轮搜索的扩展路径。搜索步骤如下。

步骤 1：设置根节点未模糊集 $F=\{S_0, S_1,\cdots, S_5\}$。

步骤 2：针对根节点 F，从候选测试集合中任选一个测试，计算它的启发函数值，以 t_i 为例，首先计算 t_1 产生的新模糊集，分别是 $\{S_0, S_1, S_2\}$ 和 $\{S_3, S_4, S_5\}$；然后根据测试函数的评估计算式，计算隔离两个模糊集所需的最小测试代价；再将计算结果代入启发函数计算式，得到 t_1 的启发函数值。采用上述方法，得到其余四个测试的启发函数值，计算结果如图 8.3 所示。经过比较，测试 t_1 的启发函数值最小，于是选择 t_1 向下继续搜索。

步骤 3：根据 t_1 生成的两个子节点，重新评估测试对根节点 F 启发函数的影响，可以发现当选择 t_4 时启发函数值最小，于是改为从 t_4 向下继续搜索。

步骤 4：再用步骤 3 进行类似分析，直到求出最终的测试序列优化结果。

这里的测试费用评估函数与启发函数采用 AO*算法的经典算法[55]，此处不再赘述。

$$k^* = \arg\min_j \left\{c_j + P(X_{jp})h(X_{jp}) + P(X_{jf})h(X_{jf})\right\} \qquad (8.1)$$

式中，$h(X_{jp})$ 和 $h(X_{jf})$ 分别表示集合 X_{jp} 和 X_{jf} 的最小测试费用估计，给定模糊集 X，根据其概率计算得到故障的哈夫曼编码平均字长 $\lfloor L^*(X)\rfloor$，对备选测试按照费用大小进行排序，则 X 的测试费用评估函数如下。

$$h(X) = \text{HEF} = \sum_{k=1}^{\lfloor L^*(X)\rfloor} c_k + \left(\lfloor L^*(X)\rfloor\right)_{C_{\lfloor L^*(X)\rfloor}+1} \qquad (8.2)$$

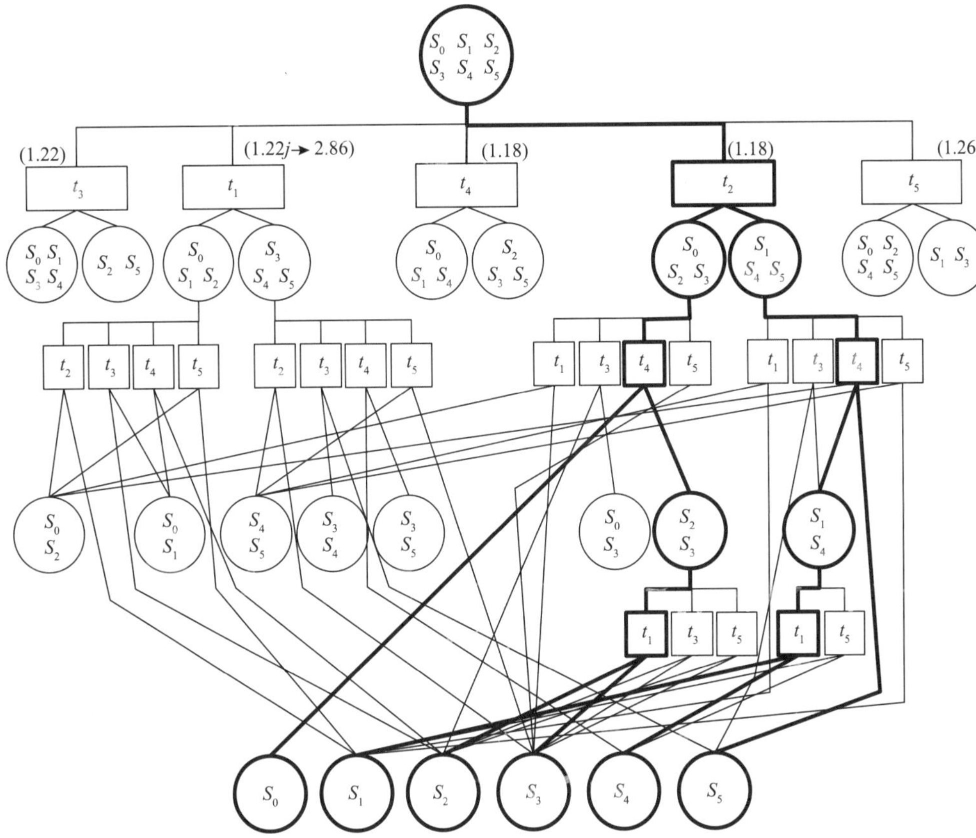

图 8.3　AO*搜索算法流程示意图

8.2.3　测试不可靠 AO*搜索算法

在传统的测试性分析问题中，我们考虑的分析算法基于测试都是可靠的，即测试得到的结果是必然正确的，但是这只是理论情况，在实际情形中，这种情况并不完全成立，也就是说测试并非完全可靠，测试中必然具有一定概率的虚警和漏检的问题。在对于虚警问题的考虑中，很多综合诊断将虚警考虑为一个额外技术，但是如果在测试性分析中没有考虑虚警的处理，即没有对处理虚警问题在设计之初进行可测性设计，那么即使有很好的虚警综合诊断处理技术，也没有办法很好地解决虚警问题，因此，对不可靠问题的可测性解决是非常重要的。

相比于可靠测试条件下的测试优化问题，不可靠测试条件下需要多考虑两个因素，一个是各个测试误诊概率，另一个是故障状态被错误诊断的代价集合。因此在引入新的因素后，就可以对不可靠测试问题进行形式化描述，设计相应的不可靠测试优化算法，而算法的目标是使系统考虑误诊费用后的加权平均隔离代价最低。因此提出基于不可靠测试的 AO*算法技术方案。相比传统的 AO*算法，其主要的区别是把测试的误诊费用融合到测试的代价中，从而在寻优中有效地考虑由于测试不可靠带来的测试代价的变化。

本书介绍一种不可靠 AO*搜索算法[56]，共包含以下四个步骤。

步骤 1：令最初根节点为全部系统故障总集。

步骤 2：将原始模糊组节点按照测试结果为通过和测试结果为失败划分为两个子节点，然后根据 HEF 公式得到所选测试费用估计值，选择最低估计值的两个子故障集进行扩展。

步骤 3：当一个最优测试被添加到与或图时，就逐层往上向父节点回溯修正父节点的启发函数值，再根据修正后的启发函数值选择最低估计值再一次扩展，最后通过不断地生成和回溯校正获得的测试策略是否是全局最优，也就是最小的测试代价。

步骤 4：如果所有系统状态在当前最优路径能被成功隔离，则完成算法，得到最优测试路径。

这里以一个测试性分析验证经典模型为例，给出模型中测点集$\{t_1, t_2, t_3, t_4, t_5\}$对应的验证的检测概率为{0.95，0.90，0.90，0.85，0.85}；虚警概率为{0.01，0.02，0.02，0.03，0.03}；各个系统状态测试虚警的代价和漏检代价均为 100，此时新的故障树如图 8.4 所示。

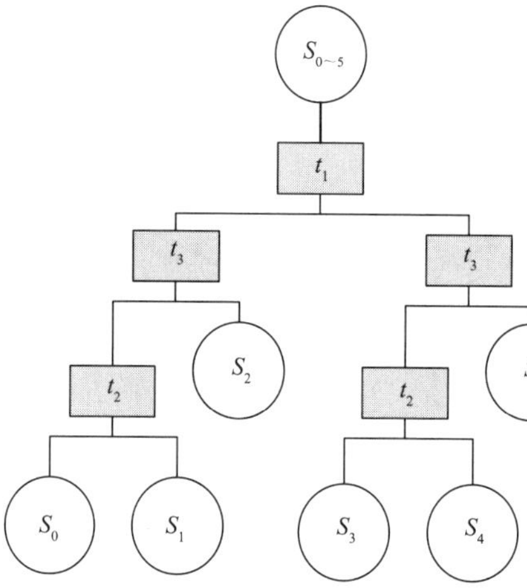

图 8.4　不可靠 AO*算法生成故障树案例

尽管案例中给出的虚警概率均很低，但是由于虚警的存在，系统的故障树还是有很大的改变，最优路径和测点均有很大的变化，测点从原先的(t_1, t_2, t_4)变成(t_1, t_2, t_3)，由此可见考虑不可靠可测性分析的必要性。考虑到虚警问题在航空电子系统机载测试中的重要性，本书将不可靠测试技术作为测试性分析方法进行介绍，在航空电子系统测试性的分析验证中，可以结合实际设计与虚警指标，通过引入不可靠可测性分析进行 BIT 的优化权衡，在设计之初为虚警问题的处理在 BIT 的优化权衡初期就奠定了技术基础，是当前航空电子系统测试性分析验证的新趋势。

8.3　故障诊断建模

故障诊断的典型模型有测试性模型、故障诊断关联关系模型、故障诊断数据驱动模型。本节关注上述故障诊断典型模型，其中测试性模型主要关注多信号流模型、任务流模型；故障诊断关联关系模型主要关注故障树模型、贝叶斯模型、知识图谱模型；故障诊断数据驱动模型主要关注神经网络模型与支持向量机模型。

8.3.1　测试性模型构建

1. 多信号流模型

多信号流模型是系统可测性分析、系统综合故障诊断中常用的建模方法。多信号流模型相当于将多个单信号信息流的依赖模型添加到结构模型上。正因为如此，多信号流模型才能最真实地反映系统中结构与元件的连接关系。在多信号流模型中，根据影响结果可以把故障模式分为功能故障和完全故障两类。功能故障指系统的组成单元的故障，这类故障虽然会导致系统部分功能的丧失，但不至于导致整个系统完全崩溃，而完全故障指系统的组成单元发生故障不仅会导致系统功能完全丧失，甚至使得系统完全崩溃，不能正常工作。多信号流模型中的信号通常可以被区分为正常或者异常两种状态，其测试结果为“通过”或“不通过”。

多信号流模型实际是在结构模型的基础上加入了信号间的依赖模型，只需要捕捉对系统故障诊断必要而有用的信号间的依赖关系，与实际系统对应关系明确，建模非常简单直观（图 8.5）。

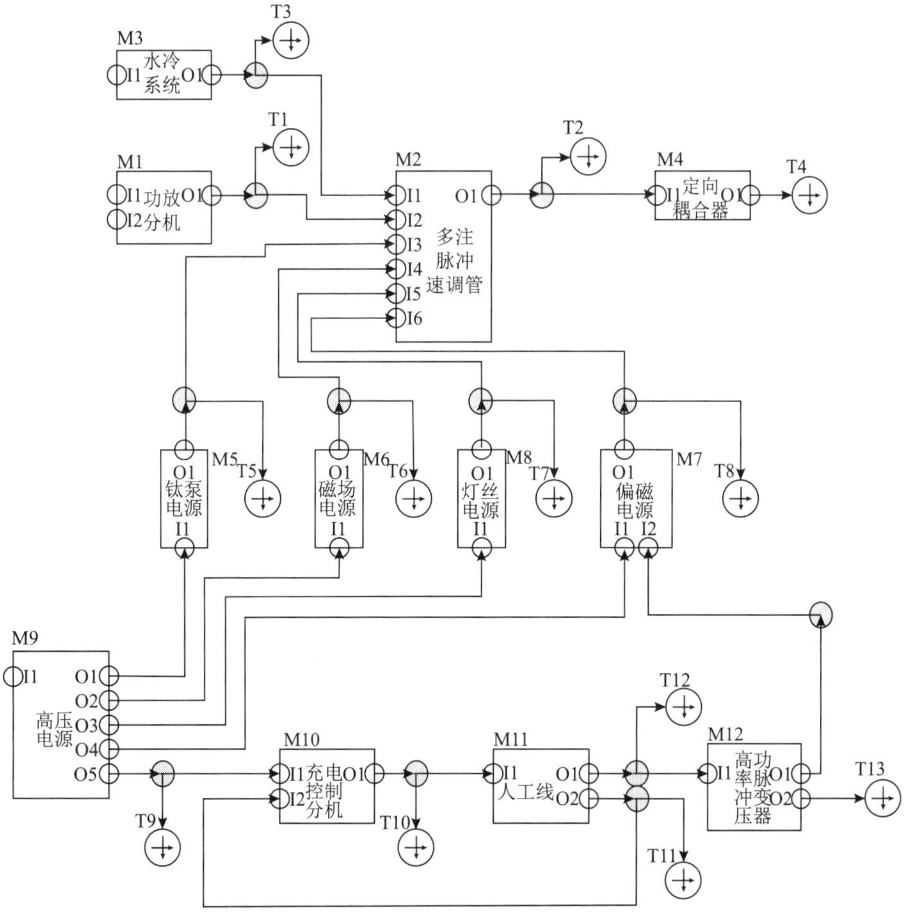

图 8.5　多信号流模型示意

下面简单介绍多信号流模型的建模步骤[57]。

步骤 1：建立系统结构模型（结构框图、连接方框图等）。

步骤 2：将信号集加入结构框图中对应的模块或观测节点。根据系统的结构功能，确定每个模块应该包含或测点能够检测的信号集。例如一个简单功率放大器应该包含输出失真、调协失真、输出功率等，每一个指标用一个信号来指示。一般而言，系统的每个特性都应该由一个信号来反映。

步骤 3：根据信号和故障的依赖关系，建立系统故障依赖矩阵。

多信号流模型的基本元素是故障源模块节点和测试节点。除此之外，为更好地搭建武器装备的测试性模型，多信号流模型中还有输入端口、输出端口、辅助节点等信息。

在航空电子系统中，故障源模型分为系统级模型、子系统级模型、LRU 级模型、SRU 级模型。由于每个模型都是多种故障模式，因此只存在多个输入端口和多个输出端口，各模型的结构样式是一致的，为区分层级关系，往往将各层级模型设置为不同的颜色。

多信号流模型中的属性主要是表征模型与故障源的信息，可包括模块 ID、模块名称、模块简述、层级标签、是否包含子模块、输入端口数量、输出端口数量等基本信息，除此之外，还包括故障模式信号集、故障概率、虚警代价、漏检代价等模块附属信号信息。多信号流的模型属性，还有测点的属性，包括测试 ID、测试名称、测试简述等基本信息，还包括测试信号集、测试时间、测试代价等测试信号信息，以及准确检测率、虚警率等不可靠条件下的测试信号信息，其中测试信号集中信号包括测试 ID、测试名称、测试简述等信息。

2. 任务流模型

当前设备检测主要考虑面向航空电子系统装备完好性进行分析设计，整个流程采用全局测试分析，测试流程完备性高，但对于不同任务的针对性不足、灵活性较差。本书提出，将检测目标聚焦在设备具体任务成功的关联设备，通过面向任务成功的测试逻辑生成，可以使测试资源在更经济的情况下满足实际测试需求，从而提高测试效率。此外，考虑到综合保障在任务成功需求下，面向未来“联合全域”的“包以德循环”（observation-orientation-decision-action，OODA），需要自主协调保障资源应对不同任务检测需求是综合保障能力发展的重要趋势。任务流建模流程如下。

步骤 1：任务流模型的构建，核心就是基于任务驱动进行分解分析，如图 8.6 所示；然后，对每一个任务依层次按照功能关联、模块关联、故障模式关联进行逐层分析；接着，对每一个故障模式，分析具备判断能力的测试资源；最后，对每一个测试资源与测试行为进行关联，即 BIT 调用设置、对通测试调度执行设置、性能测试调度执行设置、串件测试提示验证设置等。

步骤 2：关联关系矩阵构建。如图 8.6 所示，根据每一个任务分解的故障模式，对每一个故障模式采用的测试资源进行关联，考虑模块 BIT=机载链路测试≪地面对通测试=地面性能测试≪串件测试。

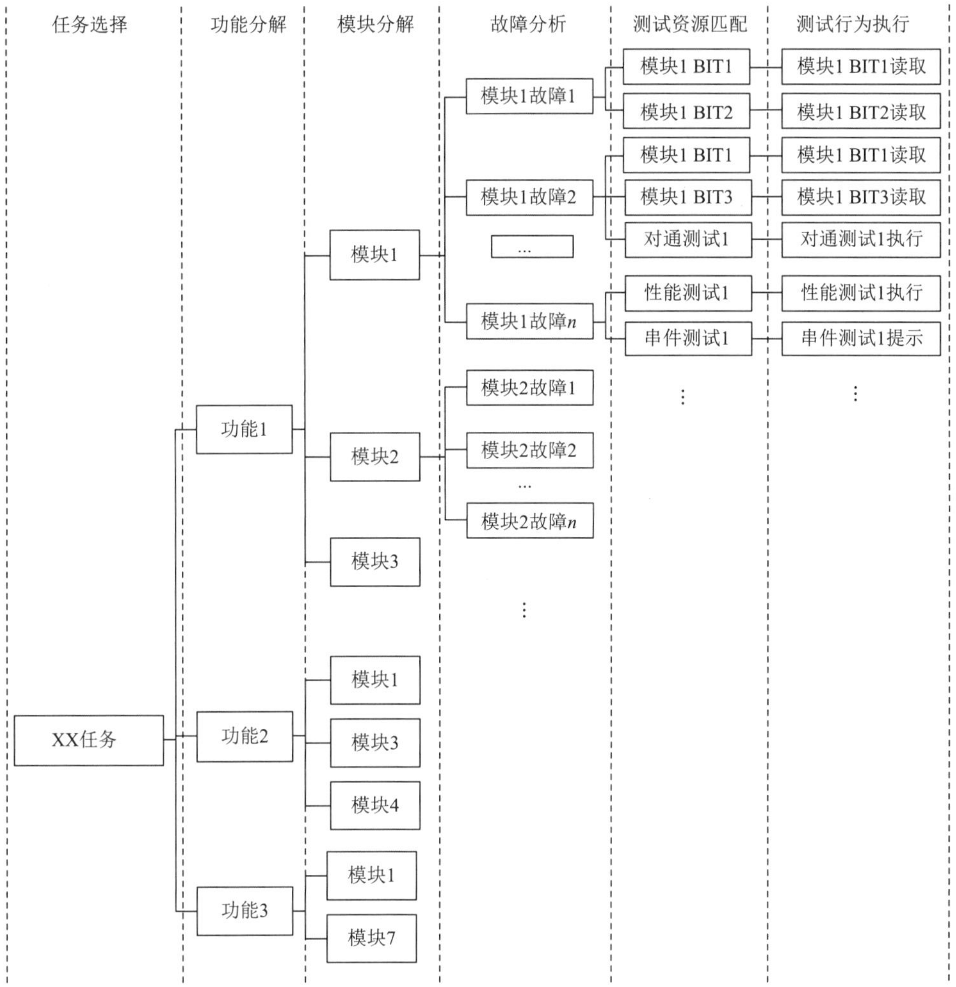

图 8.6　任务流模型示意

步骤 3：面向任务成功的诊断逻辑生成，推理生成测试流程。考虑在不同任务下，利用图搜索法将关联关系矩阵自动生成诊断树，图搜索法这里不再赘述。由于测试代价中对机载资源测试、地面资源测试与串件测试进行了数量级的定义，因此在搜索时会优先搜索测试代价绝对低的，由于在同等资源测试代价相等，考虑不同任务计算得到的故障率不相等，在逻辑生成时会在资源允许的条件下优先选择对任务更重要的测试，例如在图 8.7 中的诊断树测试推理流程，地面性能测试优先地面对通测试执行。

通过上述步骤，结合图搜索算法即可实现面向任务成功的测试逻辑生成。

8.3.2　关联关系知识图谱构建

关联关系分析，是一种常用的分析技术，常用于分析大量信息的关联性或相关性，从而帮助描述被分析事物的某些属性或规律等。航空电子系统故障关联关系分析是针对航空电子系统故障进行关联关系分析的一种方法。通过分析故障在对应系统各层次间产

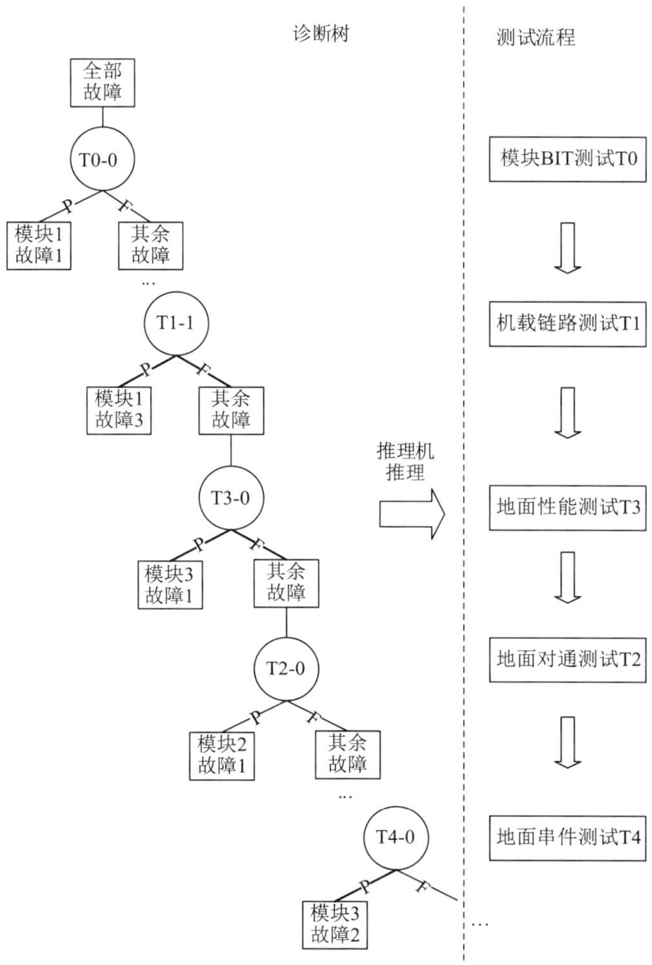

图 8.7　任务流下生成诊断树测试推理示意

生的影响、发生的原因、故障发生对应的测试机制、发生故障的失效概率等相关要素，有效帮助排故人员对故障进行更准确快速的分析排故。知识图谱是一种融合了应用数学、图形学、信息可视化的一种新兴的可视化技术，由于知识图谱采用的是构建高纬度图数据库描述对象与关联关系的方法，该技术多应用于智能搜索、文本分析、异常监控、关系挖掘等领域，相比基于数据库的方法可以实现更高的效率。

随着航空通信电子系统功能的增加，系统组成越来越庞大，信号交联关系越来越复杂，这就使得航空电子系统故障越来越多，一旦故障发生，关联的要素有很多，仅依靠人为经验进行排故分析，执行过程繁杂、耗时，执行结果准确度低，已经不能满足外场快速有效排故的需求。因此，对于航空电子系统的外场排故，引入以知识图谱为代表的关联关系分析建模方法，可以有效支撑外场排故能力的提升。

本书提出一种航空电子系统故障关系可视化模型自动构建方法[1]，通过如下四个步骤实现。

步骤 1：构建并输入 FMECA（failure mode，effects and criticality analysis，故障模式，

影响和危害性分析）表，由两部分组成。第一部分是系统 FMECA 表的输入，其中信息包括系统名称、系统故障模式、系统故障编号；第二部分是各模块 FMECA 表，包括模块类的模块 FMECA 表和单元类的模块 FMECA 表。

步骤 2：基于 FMECA 表的故障知识图谱对象自动生成方法，由两种知识抽取方法与三个生成对象知识部分组成。知识抽取方法中第一种为读取知识抽取，通过读取 FMECA 表中每个分表的单元格信息，对应生成对象和标签；第二种为计算知识抽取，通过读取 FMECA 表中每个分表的单元格信息，进行计算后对应生成对象和标签。其中，计算知识抽取包括编号与失效率两类，编号的计算知识抽取是通过读取原编号后，拆分出对应对象的编号，生成对应的对象标签；失效率的计算知识抽取是通过读取每个单元格的失效率，计算总和生成对应的对象标签。生成对象知识包含三个步骤，首先是读取系统 FMECA 表，然后是读取模块类 FMECA 表，最后是读取单元类 FMECA 表，将这三部分内容联合生成对象知识。

步骤 3：故障知识图谱关系自动生成方法中第一个流程为搜索 FMECA 表匹配知识标签，就是根据 FMECA 表中每个单元格的信息搜索出信息；第二个流程是生成关系知识，就是根据匹配到的对象，建立生成对应的关系知识。

步骤 4：如图 8.8 所示，基于知识图谱的航空电子系统故障关联关系可视化建模方法，由对象、关系、标签三部分组成，其中对象由相同大小的圆圈组成，圆圈按照对象的类别不同进行划分，对象的类别与步骤 2 对象生成的对象知识类别一致，包括系统故

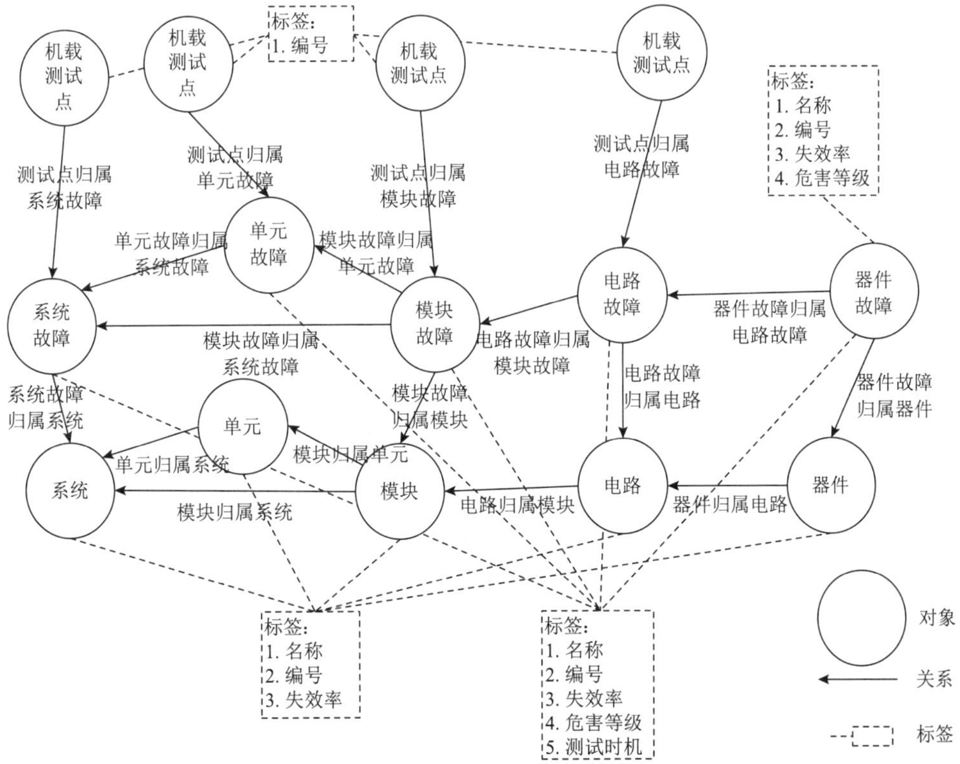

图 8.8　航空电子系统知识图谱示意

障、单元故障、模块故障、电路故障、器件故障、系统、单元、模块、电路、器件、机载测试点。标签在圆圈内以文字形式显示，默认显示为名称标签，如没有名称标签（如机载测试点标签），则在圆圈内显示有的标签。标签的类别与步骤 2 对象生成的对象标签类别一致，其中系统故障、单元故障、模块故障、电路故障的标签为名称、编号、失效率、危害等级、测试时机；器件故障的标签为名称、编号、失效率、危害等级；系统、单元、模块、电路、器件的标签为名称、编号和失效率；机载测试点的标签为编号。关系按照不同的类别进行划分，以箭头形式表示。箭头的归属端与初始端分别连接两个不同的对象，按照步骤 3 关系知识生成方法生成的关系归属端与初始端用箭头进行连接，其类别与步骤 3 关系知识生成方法生成的关系对象一致。关系箭头分为单元归属系统、模块归属系统、模块归属单元、电路归属模块、器件归属电路、系统故障归属系统、模块故障归属模块、电路故障归属电路、器件故障归属器件、模块故障归属系统故障、单元故障归属系统故障、模块故障归属单元故障、电路故障归属模块故障、器件故障归属电路故障、测试点归属系统故障、测试点归属单元故障、测试点归属模块故障、测试点归属电路故障。

本书提出了一种航空电子系统故障关系可视化模型自动构建方法，该方法可以提升航空电子系统故障关联关系建模效率与自动化程度，有效规避由于复杂模型人为依赖产生的正确率下降的问题，快速实现故障关联关系的可视化模型显示，为开展航空电子系统故障的关联关系智能分析提供技术基础。

8.3.3 故障推理模型构建

1. 故障诊断树模型

本质上讲，故障诊断树是一种特殊的树状逻辑关系图（图 8.9），它以图形的方式表明“系统是怎样失效的”（用规定的事件、逻辑门和其他符号描述系统中各种事件之间的因果关系）。逻辑门的输入事件是输出事件的“因”，逻辑门的输出事件是输入事件的“果”。故障诊断树将选定的系统故障状态定义为顶事件，通过对可能造成系统故障的各种因素进行逐层分析，揭示各元件（模块）发生故障与系统发生故障之间的逻辑关系。因此，故障诊断树是系统在某一个特定故障状态下的“快照”，它不但能够揭示系统发生故障的各种组合，显示系统的薄弱环节，而且可以计算系统发生故障的概率，并可从不同角度评价各个元件（模块）在故障诊断树中的重要度。

故障诊断树在本质上是一种逻辑推理图。为了建立故障诊断树，必须首先明确这种推理图的各种基本定义、符号及其含义。

事件：对系统状态及元件、部件状态的描述，包括正常事件（系统或元部件能够完成规定功能）和故障事件（系统或元部件不能完成规定功能）。在故障诊断树中，事件发生（故障），用逻辑值 1 表示；事件不发生（正常），用逻辑值 0 表示。

底事件：位于故障诊断树最底层的事件，它是某个逻辑门的输入事件。

顶事件：位于故障诊断树顶端的事件，即系统不希望发生的事件。

逻辑门：描述事件之间因果关系的逻辑符号，例如，“与门”“或门”“表决门”“非门”等。

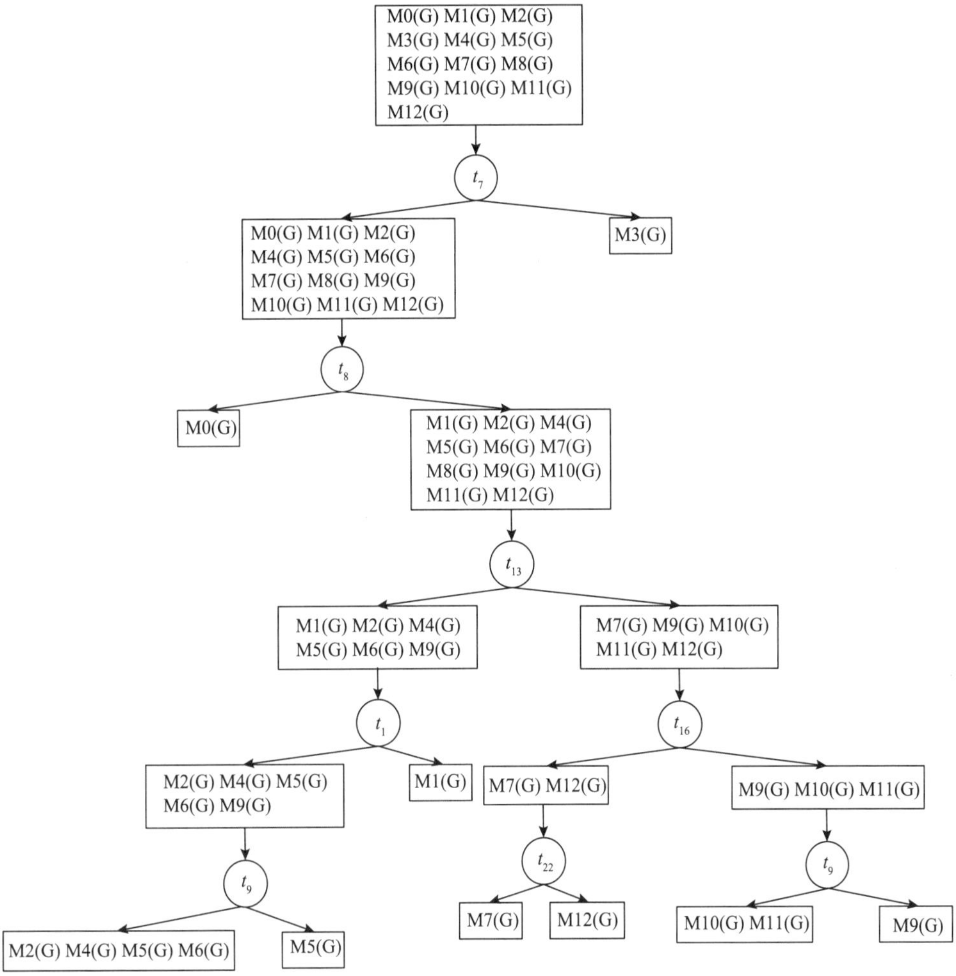

图 8.9　故障诊断树模型示意

2. 贝叶斯网络模型

贝叶斯网络模型将故障和测试统一为节点变量，其中故障作为贝叶斯网络模型的输入节点，测试作为贝叶斯网络模型的输出节点，以依赖矩阵中模型和测试的连接关系构建贝叶斯网络模型，如图 8.10 所示。

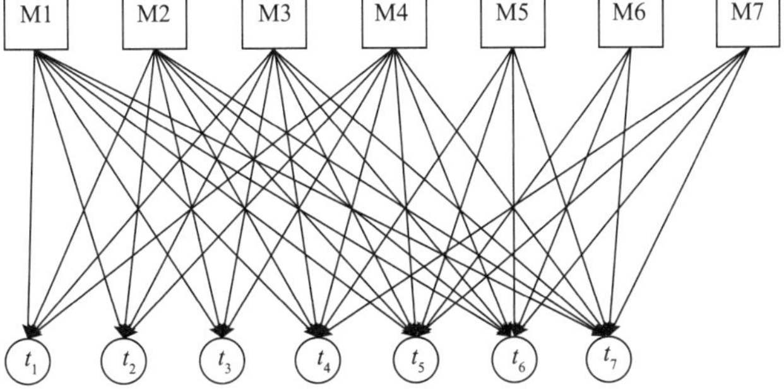

图 8.10　贝叶斯网络模型

贝叶斯网络模型的信息包括贝叶斯网络基本信息、贝叶斯网络测试性指标、故障-测试概率矩阵等信息。贝叶斯网络基本信息包括故障节点数量和测试节点数量；贝叶斯网络测试性指标包括故障检测率和故障隔离率；故障-测试概率矩阵标识模块发生故障时，测试结果异常的概率，代表测试对模块的检测能力。

测试性建模与分析的基本流程如下。

（1）根据设备的实际构成，在测试性建模软件中构建信息流模型或多信号流模型，并基于专家经验在相应位置添加测点。

（2）根据设备的历史运行数据，在模型中添加相应的故障概率等数据信息，在测点中添加测试代价等数据信息。

（3）根据模型、测点间的连接关系，构建模块-测试依赖矩阵。

（4）根据依赖矩阵，可以生成测试性分析报告。

（5）根据依赖矩阵，以及各模块、测点的数据信息，考虑单故障和多故障、可靠条件和不可靠条件等影响因素，产生诊断策略。

（6）基于依赖矩阵，建立故障-测试贝叶斯网络模型。

8.3.4　数据驱动故障诊断模型构建

1. 神经网络模型

本书以极限学习机（extreme learning machine，ELM）为例，介绍神经网络模型。ELM由黄广斌等于2006年提出，是一种基于单隐藏层前馈神经网络（single-hidden layer feedforward neural networks，SLFNs）的学习方法[58-63]，下面介绍ELM的相关理论。

ELM的单隐层网络结构模型如图8.11所示，对于N个任意不同的样本(x_i,t_i)，这里有$x=\left[x_{i1},x_{i2},\cdots,x_{in}\right]^{\mathrm{T}}\in\mathrm{R}^n$，$t=\left[t_{i1},t_{i2},\cdots,t_{in}\right]^{\mathrm{T}}\in\mathrm{R}^m$，由$\tilde{N}$个隐层节点和激活函数$g(x)$表示的单隐层网络的数学模型如式（8.3）：

$$\sum_{i=1}^{\tilde{N}}\beta_i g_i(x_j)=\sum_{i=1}^{\tilde{N}}\beta_i g_i(w_i\cdot x_j+b_i)=o_j,\quad j=1,2,\cdots,N \tag{8.3}$$

式中，$w_i=\left[w_{i1},w_{i2},\cdots,w_{in}\right]^{\mathrm{T}}$为第$i$个隐层节点和输入节点间的权重矢量；$\beta_i=\left[\beta_{i1},\beta_{i2},\cdots,\beta_{im}\right]^{\mathrm{T}}$为第$i$个隐层节点和输入节点间的权重值；$b_i$为第$i$个隐层节点的阈值；$w_i\cdot x_j$为$w_i$内乘$x_j$，这里输出节点为线性选择。

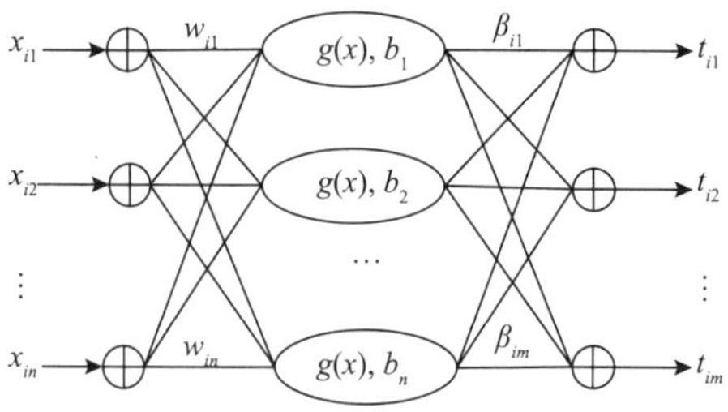

图8.11　ELM的单隐层网络结构模型

包含 $\tilde{N}$ 个隐层节点和激活函数 $g(x)$ 的标准 SLFNs 可以零误差地估计这 N 个样本，那么有 $\sum_{j=1}^{\tilde{N}}\left\|o_j - t_j\right\| = 0$，即存在 β_i、w_i 和 b_i 使得

$$\sum_{i=1}^{\tilde{N}}\beta_i g(w_i \cdot x_j + b_i) = t_j,\quad j = 1,2,\cdots,N \tag{8.4}$$

式（8.4）可以简写为

$$H\beta = T \tag{8.5}$$

这里有

$$H(w_1,\cdots,w_{\tilde{N}},b_1,\cdots,b_{\tilde{N}},x_1,\cdots,x_N) = \begin{bmatrix} g(w_1 \cdot x_1 + b_1) & \cdots & g(w_{\tilde{N}} \cdot x_1 + b_{\tilde{N}}) \\ \vdots & & \vdots \\ g(w_1 \cdot x_N + b_1) & \cdots & g(w_{\tilde{N}} \cdot x_N + b_{\tilde{N}}) \end{bmatrix}_{N\times\tilde{N}} \tag{8.6}$$

$$\beta = \begin{bmatrix} \beta_1^{\mathrm{T}} \\ \vdots \\ \beta_{\tilde{N}}^{\mathrm{T}} \end{bmatrix}_{\tilde{N}\times m},\quad T = \begin{bmatrix} t_1^{\mathrm{T}} \\ \vdots \\ t_N^{\mathrm{T}} \end{bmatrix}_{N\times m} \tag{8.7}$$

式中，H 为神经网络的隐层输出矩阵，H 的第 i 列为输入 $x_1,x_2,\cdots,x_N$ 对应的第 i 个隐层输出节点。

不同于传统函数估计理论要求去调整输入权重和隐层偏差，如果激活函数线性可微，则输入权重和隐层偏差能够被随机赋值，这使得 SLFNs 的所有参数不需要再像以前的方法一样去调整。事实上，输入权重 w_i、隐层偏差 b_i 不需要叠加，并且隐层输出矩阵 H 可以在学习开始被任意赋值，且学习一旦开始，这些值就会固定且不会改变。所以训练一个 SLFNs 可以被简化为去寻找线性系统 $H\beta = T$ 的一个最小二乘解 $\hat{\beta}$。

$$\left\|H(w_1,\cdots,w_{\tilde{N}},b_1,\cdots,b_{\tilde{N}})\hat{\beta} - T\right\| = \min_{\beta}\left\|H(w_1,\cdots,w_{\tilde{N}},b_1,\cdots,b_{\tilde{N}})\beta - T\right\| \tag{8.8}$$

在激活函数线性可微的情况下，如果样本数和隐层节点数相等，即 $N = \tilde{N}$，H 为一个可逆方阵，这样 SLFNs 可以无误差估计学习样本。但是大多数情况下，隐层节点数远远小于训练样本数量，H 不是方阵，由 Moore-Penrose（摩尔·彭罗斯）广义逆，解得极小 2-范数最小二乘解：

$$\hat{\beta} = H^{+}T \tag{8.9}$$

式中，H^{+} 是 H 的 Moore-Penrose 广义逆，根据式（8.9）可知 ELM 的输出式为

$$f(x) = \sum_{i=1}^{L}\beta_i g(a_i,b_i,x) = \beta \cdot h(x) \tag{8.10}$$

式中，$h(x)$ 是关于输入样本 x 的隐层输出函数；β 是隐层和输出层之间的输出权向量。对于二分类问题，可以将 ELM 的训练过程看成数据通过 $h(x)$ 从当前维映射到隐层空间对应维的映射，此空间应该对输入数据线性可分。所以其判定函数为

$$f(x)=\operatorname{sign}\left[\sum_{i=1}^{L}\beta_i G(a_i,b_i,x)\right]=\operatorname{sign}\left[\beta\cdot h(x)\right] \tag{8.11}$$

对于 ELM 算法，其输入层的参数为随机配置，而输出权重系数是通过求解广义 Moore-Penrose 逆隐层输出矩阵得到的，所以相比其他 SLFNs 的神经网络算法和 SVM 算法，其运行速度有明显的优势。

2. 支持向量机模型

支持向量机（SVM），是一种建立在统计学习理论和结构风险最小化原理基础上的新型学习机器，它根据有限的样本信息在模型的复杂性（即对特定训练样本的精度）与学习能力（即无错误地识别任意样本的能力）之间寻求最佳折中，以期获得最好的推广能力。概括地说，支持向量机就是通过某种事先选择的非线性映射，将输入空间映射到一个高维特征空间，然后在特征空间中构造最优分类超平面的实现过程。

针对当前多分类 SVM 方法的缺陷，这里介绍一种基于二叉树的多类 SVM[42]。基于二叉树的多类 SVM 首先将所有类别分成两个子类，再将子类进一步划分成两个次级子类，如此循环下去，直到所有的节点都只包含一个单独的类别为止，此节点也是二叉树中的叶子，这样就得到一个倒立的二叉分类树。该方法将原有的多类问题同样分解成了一系列的两类分类问题，其中两个子类间的分类函数采用 SVM。二叉树方法可以避免传统方法的不可分情况，并且只需构造 $k-1$ 个 SVM 分类器，测试时并不一定需要计算所有的分类器判别函数，从而可节省测试时间。

二叉树的拓扑结构有两种，一种是在每个内节点处，由一个类与剩下的类构造分割面，即每次分割出一类，如图 8.12（a）所示；另一种结构是在内节点处，可以是多个类与多个类的分割，也称为完全二叉树结构，如图 8.12（b）所示。基于二叉树的多类 SVM 在测试阶段类似有向无环图支持向量机（directed acyclic graph-support vector machine，DAG-SVM），从根节点开始计算决策函数，根据值的正负决定下一节点，如此下去，直到到达某一叶节点为止，此叶节点所代表的类别就是测试样本的所属类别。

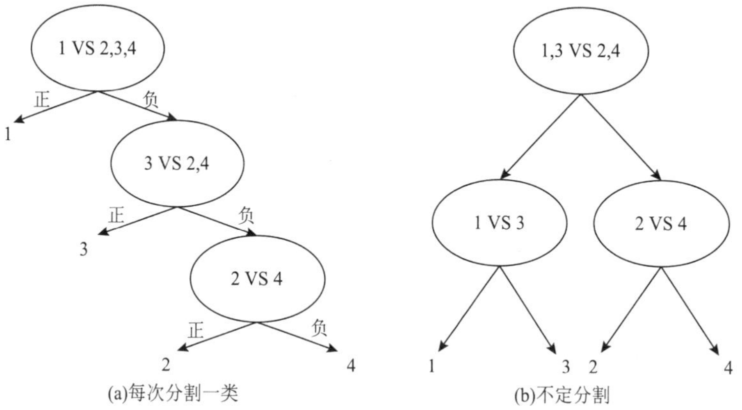

图 8.12　不同的二叉树结构

二叉树的生成结构对整个分类模型的分类精度有很大的影响。图 8.13 是一个四类别分类问题的不同二叉树 SVM 构造示意图。在图 8.13（a）中，第一个分割面由第 1 类与第 2、3、4 类构成，第二个分割面由第 2 类与第 3、4 类构成，最后一个分割面由第 3 类与第 4 类构成；而图 8.13（b）的分割顺序是第 2 类、第 1 类、第 3 类。从此例可看出分割顺序不一样，每个类的分割区域是不同的，这依赖于二叉树的构造顺序，主要是二叉树节点所代表的二值 SVM 分类器的位置。在二叉树中，如果在某个节点上发生分类错误，则错误会沿树结构向后续节点扩散传播，最终导致分类结果与实际情况相差很远，这种现象称为“误差积累”。在图 8.13（a）中，如果 Class 1 发生错分，它最终可能被判断为第 2、3、4 类中的一类；而在图 8.13（b）中，如果 Class 1 发生错分，它最终可能被判断为第 3 类或第 4 类中的一类。显然，越在二叉树上层接点分割的类，其分割区域越大，其错分样本的“误差积累”也越大。

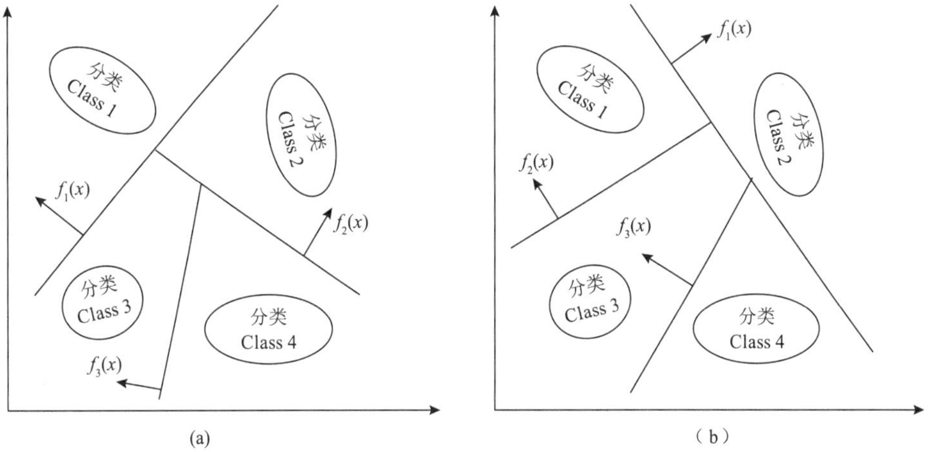

图 8.13　四类别分类问题的不同二叉树 SVM 构造示意

本书提出一种基于遗传算法（GA）的 SVM 二叉树生成方法[43]，该方法从整体考虑各类样本在输入空间的分布，以样本类间差异为标准，将差异最大的模糊组先分割出来，最终自动生成最优或近优的二叉树结构。由于优化算法的引入，对不同分类问题，生成的二叉树结构是不同的，使得树结构的生成具有自适应性。

对 K 类问题，所有可能构造的严格二叉树的数目为[64]

$$N_k = \prod_{i=1}^{K-1}(2 \cdot i - 1) \tag{8.12}$$

式中，$K \geqslant 3$。因此，如何构造具有最优（或近优）分类性能的二叉决策树就成为 SVM 决策树组合多分类策略的关键。本节采用遗传算法，以 SVM 最优决策面分类间隔最大为准则，在每个决策节点将多类训练样本划分为两类进行训练，使两个子类间的可分性尽可能强，以构造合理的树结构，最终生成最优（或近优）的决策树。

GA 和 SVM 相结合进行模式识别已有不少研究，但以往的研究要么是将 GA 应用于 SVM 的参数优化[65]，要么是将 GA 应用于样本的特征选择[66,67]。本书将 GA 应用于 SVM 决策树结构优化，在参数编码策略、初始种群的产生、适应度函数的确定、遗传操作算子等方面根据树结构优化的特点进行了设计。

1）参数编码策略

参数编码是实现 GA 的关键，为了提高搜索效率，这里采用实值编码的策略实现原始训练样本集类别的编码。整个染色体分为两个基因段：{类别编号|标识码}。其中，“类别编号”基因段编码为当前节点类别号的一个随机排列，其长度为当前节点的类别数 L；“标识码”基因段编码为 $[1, L-1]$ 的一个随机整数，用以标注当前节点的分类策略。例如，决策树根节点的某一染色体编码为 $\{1,2,\cdots,K \mid N\}$，其中 $K \geqslant 3$ 为原始训练样本集的类别总数，随机整数 $N \in [1, K-1]$ 表示在染色体第 N 位将训练样本分开。对于根节点以下的子节点，根据其父节点的划分结果，将父节点染色体“类别编号”基因段中本节点不包含的类别对应的基因剔除后重新随机排列，并随机产生新的“标识码”形成新的染色体。

2）初始种群的产生

采用实值编码，解空间与染色体空间重合。考虑到种群数目过大不仅会增加 GA 运算时间，而且会使种群形态过于分散，从而使算法收敛困难，这里选择种群规模的大小为训练样本的 30%。在解空间中随机产生初始种群，并使其均匀分布于解空间。

3）适应度函数的确定

对决策树而言，越上层节点的分类性能对整个分类模型的推广性能影响越大。因此，在生成决策树的过程中，应该让最容易分割的类最早分割出来，即在决策树的上层节点处分割，以减小“误差积累”的影响。根据前文的分析，SVM 的分类间隔可以作为两类间的可分离测度。因此，这里选取 SVM 分类间隔作为 GA 适应度函数，以使每个决策节点类间可分离度尽可能大。

根据 SVM 理论，GA 适应度函数设计为

$$\text{margin} = 2 / \left\| \omega^* \right\| \tag{8.13}$$

其中，

$$\omega^* = \sum_{i=1}^{n} a_i^* y_i x_i \tag{8.14}$$

式中，a_i^* 为支持向量对应的 Lagrange（拉格朗日）乘子。

4）遗传操作算子

遗传操作是实现寻优的关键，通常包括选择、交叉和变异操作算子。为了使染色体完整地包含当前决策节点训练样本所有的类别种类，避免一条染色体上“类别编号”基因段基因出现重复（该情况会使划分出现交叠），遗传操作算子设计如下。

步骤 1：选择。选择算子的作用是从上一代的遗传结果中以一定概率繁殖适应度较大的个体进入下一代的遗传操作。若个体 a_i 的适应度函数为 $\text{fit}(a_i)$，种群规模为 pop_size，则选中 a_i 为下一代个体的概率为

$$P(a_i) = \text{fit}(a_i) \Big/ \sum_{j=1}^{\text{pop\_size}} \text{fit}(a_j) \tag{8.15}$$

显然适应度高的个体，繁殖的下一代数目较多；而适应度较低的个体，繁殖的数目较少，甚至被淘汰。

步骤 2：交叉。交叉操作是指两个相互配对的染色体按某种方式相互交换其部分基因。这里先采用随机的方式将种群中的个体两两配对，然后在每对个体中随机设置一个交叉点，进行单点交叉运算。特别地，为了防止划分出现基因交叠，在交叉操作后必须对“类别编号”基因段进行完备性检测：若交叉操作后“类别编号”基因段仍保持当前决策节点完备的基因，则接受本次交叉操作；否则放弃本次交叉操作，返回原染色体。

步骤 3：变异。为了在遗传操作初期取得较大的变异算子以维持种群的多样性，防止出现早熟现象，在算法已接近最优解邻域时，减小变异算子，确保其局部搜索能力，这里采用如下自适应变异概率：

$$P_{\mathrm{m}} = \exp(-1.5\times 0.5t)\big/\mathrm{pop\_size}\times\sqrt{L} \tag{8.16}$$

式中，t 是进化代数；$L+1$ 是染色体长度。

同样，为了防止“类别编号”基因段上基因出现重复，当“类别编号”基因段上某一基因座上的基因发生变异时，变异后的基因编码对应的基因座上的基因应相应地变换为变异基因座上的原基因编码。例如，八分类问题的某一原始染色体“类别编号”基因段编码如图 8.14（a）所示，若第二基因座上的基因发生变异，变异后的基因编码为 7，则最终变异操作得到的新染色体“类别编号”基因段如图 8.14（b）所示。

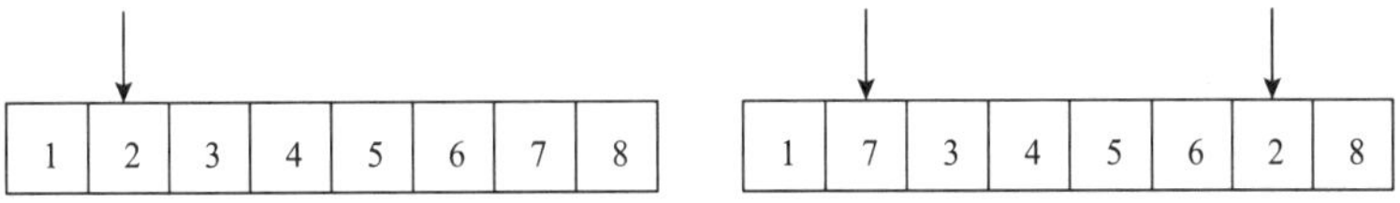

(a) 变异前染色体“类别编号”基因段编码　(b) 变异后染色体“类别编号”基因段编码

图 8.14　变异操作示意图

基于 GA 的 SVM 决策树生成算法可描述如下。

步骤 1：将全部训练样本集所属类别按实值编码策略进行编码，并在根节点调用 GA 得到最优或近优的染色体，根据染色体的“标识码”值将“类别编号”基因对应的原始训练样本类划分为两类训练基本 SVM。

步骤 2：判断各子节点是否只包含一类样本，若是转步骤 4，反之转步骤 3。

步骤 3：对包含两类以上样本的子节点，按照编码策略形成新的染色体，并调用 GA 得到子节点最优或近优的染色体，根据染色体的“标识码”值将“类别编号”基因对应的样本类划分为两类训练基本 SVM。转步骤 2。

步骤 4：结束循环，生成最优（或近优）决策树。

上述算法在每一个决策节点采取“一对一”、“一对多”还是“多对多”的训练策略由算法决定，直到所有的节点被划分为叶子节点。由于在每一个决策节点引入了 GA 进行决策优化，对不同的分类问题将生成不同的决策树结构，因此决策树的生成具有自适应性。需要说明的是，GA 是一种启发式搜索算法，因此并不能保证任何情况下生成的决策树一定是最优的，有可能是近优的。

8.4 智能故障诊断算法

智能故障诊断算法的研究有很多，对于经典的故障诊断算法本节不再赘述，本节主要关注当前故障诊断中的几个难题，包括多故障诊断问题、基于数据驱动的诊断问题、诊断算法优选、诊断流程自主规划与诊断知识自主升级的问题，并提出解决方案。

8.4.1 考虑多故障拉格朗日故障诊断算法

传统的故障诊断方法都假设系统在同一时刻最多只存在一个故障。这对简单的系统或者可以频繁维护的系统是合理的，可以用 Rao 提出的 FOREARD（向前移动）算法和 BACKWARD（向后移动）算法对其进行诊断[68,69]。但是对于复杂电子系统而言，系统组件和测点数目庞大，而且对于一些关键部件，不可能进行频繁的维护测试，这种情况下单故障假设就不再成立。对于多故障并发的系统，诊断是一个 NP（nondeterministic polynomial，非确定性多项式）难问题。目前针对多故障诊断的算法主要分为两种，一种是“t 故障法”，该方法的一个基本假设是系统在同一时刻最多发生 t 个故障，因而只能诊断故障并发数小于或等于 t 的系统[70-73]。另一种是已知组件的故障先验概率，根据故障观测现象求取各组件的故障后验概率，通过后验概率最大的准则确定故障组件的方法。该方法不需要指定系统故障并发数的上限，但是对于大多数复杂系统，搜索最大后验概率的过程是一个 NP 难问题，很难在多项式时间内得到最优解。本书介绍一种将最大后验概率准则和拉格朗日松弛理论结合起来的多故障诊断算法，该方法既对故障并发数没有限制，同时由于引入了拉格朗日启发式优化算法，可以大幅降低计算量，回避了直接求解 NP 难问题。

对于拉格朗日松弛算法这里不再赘述，这里将多故障诊断问题归纳为 SCP（set covering problem，集合覆盖问题），这是一个典型的 NP 完全问题，这里采用拉格朗日松弛启发式算法在合理的时间开销内求取近优解。该问题描述如下：

$$z_{\mathrm{SC}}=\min_{X\subseteq C^-}\sum_{c_j\in C^-}b_jx_j,\ \mathrm{s.\,t.}Wx\geqslant e,x_j\in\{0,1\},j=1,2,\cdots,L \tag{8.17}$$

式中，W 是拉格朗日松弛算法定义的$|T_f|\times L$ 维矩阵；C^- 是 C 中除去已确认未发生故障的故障源后形成的集合；e 是单位列向量。

$$b_j=-\ln\left\{p(c_j)\Big/\left[1-p(c_j)\right]\right\},\qquad j=1,2,\cdots,L \tag{8.18}$$

根据拉格朗日松弛理论，将式（8.17）转换为如下优化问题：

$$z_{\mathrm{LRSC}}(\mu)=\min\sum_{j=1}^{L}l_jx_j+\sum_{i=1}^{|T_f|}\mu_i,\qquad \mathrm{s.\,t.}x_i\in\{0,1\},i=1,2,\cdots,L \tag{8.19}$$

式中，$l_j=b_j-\sum_{i=1}^{|T_f|}\mu_iw_{ij}$；$\mu_i\geqslant 0,(i=1,2,\cdots,|T_f|)$ 为拉格朗日乘子。可通过次梯度优化算法

求解式（8.19）的下确界 $z_{LD} = \max z_{LRSC}(\mu)$。

令 z_{LD}、z_{UB}、z_{LB} 分别代表算法已搜索到的下确界，式（8.17）的最优可行解对应的最优值和式（8.19）的一个可行解对应的最优值，采用拉格朗日松弛启发函数，具体算法步骤[74]如下。

步骤 1：初始化，$z_{LD} = -\infty$，$z_{UB} = \infty$，$\mu_i = \min[b_j \mid w_{ij} = 1, j = 1,2,\cdots,L]$，$i = 1,2,\cdots,|T_f|$。

步骤 2：用当前的 μ 求解，令其最优值为 z_{LB}，更新 $z_{LD} = \max(z_{LD}, z_{LB})$。

步骤 3：构造原始 SCP 的一个可行解 S。

（1）令 $S = [j \mid x_j = 1, j = 1,2,\cdots,L]$。

（2）对于未被覆盖的行 i（即 $\sum_{j=1}^{m} w_{ij} x_j = 0$），将对应 $\min[j \mid w_{ij} = 1, b_j < \infty, j = 1,2,\cdots,L]$ 的 j 添加到 S。

（3）将 $j \in S$ 按降序排列。如果 $S-[j]$ 仍然是 SCP 的可行解，$S = S-[j]$。

（4）更新 $z_{UB} = \min(z_{UB}, \sum_{j\in S} b_j)$。

步骤 4：如果 $z_{LD} = z_{UB}$，转步骤 10。

步骤 5：计算次梯度 $g_i = 1 - \sum_{j=1}^{m} w_{ij} x_j$，$i = 1,2,\cdots,|T_f|$。

步骤 6：如果 $\sum_{i=1}^{|T_f|} (g_i)^2 = 0$ 转步骤 10。

步骤 7：计算迭代步长 $\delta = f(1.05 z_{UB} - z_{LB}) / \sum_{i=1}^{|T_f|} (g_i)^2$，其中初始 $f = 2$。如果 z_{LD} 在连续 30 次迭代中没有增加，则将 f 折半。

步骤 8：如果 $f \leqslant 0.005$ 转步骤 10。

步骤 9：更新拉格朗日乘子 $\mu_i = \max(0, \mu_i + \delta \cdot g_i)$，$i = 1,2,\cdots,|T_f|$，转步骤 2。

步骤 10：输出 $\mathrm{opt}X = \{x_1, x_2, \cdots, x_L\}$。

8.4.2　数据驱动故障诊断算法

本书以极限学习机（ELM）为数据驱动的方法案例，介绍数据驱动的故障诊断算法。

模拟测试生成算法中，考虑正弦输入激励 x 和脉冲响应 $h(m)$，LTI（linear time invariant，线性时不变）电路的输出响应可表示为

$$y[n] = \sum_{m=0}^{\infty} x[n-m] \cdot h[m] \approx \sum_{m=0}^{d-1} x[n-m] \cdot h[m], \qquad n = 0,1,\cdots,\infty \tag{8.20}$$

式中，$h = h[0], h[1], \cdots$ 表示某个电路脉冲响应的采样向量。由电路理论可知，输出响应 $y[n]$ 主要受 $h[0], h[1], \cdots, h[d-1]$ 的影响，其中 $d = F_s / \mathrm{BW}$，BW 为带宽。所以 $h[0], h[1], \cdots, h[d-1]$ 可代表响应向量 h，由大量响应向量 h 构成响应空间为 $h_1, h_2, h_3, \cdots$。因为测试生成算法中最重要的就是要得到线性分类面的函数，所以这里假设某个线性分

类面的表达式为

$$f(H)=\sum_{m=0}^{d-1}c_m\cdot h(m)-c_d=0 \tag{8.21}$$

式中，$c=(c_{d-1},c_{d-2},\cdots,c_0)$ 和 c_d 分别可由分类算法得到。这里用 c 代替激励向量 x，则式（8.21）可改写为

$$f(H)=y[d-1]-c_d=0 \tag{8.22}$$

因此线性分类面的系数 $c=(c_{d-1},c_{d-2},\cdots,c_0)$ 作为测试序列，其中 c_i 代表不同电压，c_d 作为阈值，从而通过比较输出序列和阈值大小可以判断电路是否属于当前状态。由于 ELM 算法不是线性分类算法，所以测试信号 c 和阈值 c_d 无法直接由分类器训练得到。因此本章提出一种基于 ELM 的测试信号和阈值的计算方法。

假设

$$t_{\text{ELM}}(h)=\beta\cdot h(x) \tag{8.23}$$

若存在 c 使得

$$c\times h=t_{\text{ELM}}(h) \tag{8.24}$$

式（8.21）成立，则有

$$c=t_{\text{ELM}}(h)\times h^{-1} \tag{8.25}$$

式中，$t_{\text{ELM}}(h)=\beta\cdot h(x)$，这里 h 表示脉冲响应采样向量，由于 h 是响应脉冲，即 h 非零，所以必然存在广义逆 h^{-1}，因为 β 可以根据 ELM 训练得出，同时根据 ELM 训练可得

$$h(x)=\begin{bmatrix} g(w_1\cdot x_1+b_1) & \cdots & g(w_{\tilde{N}}\cdot x_1+b_{\tilde{N}}) \\ \vdots & & \vdots \\ g(w_1\cdot x_N+b_1) & \cdots & g(w_{\tilde{N}}\cdot x_N+b_{\tilde{N}}) \end{bmatrix}_{N\times\tilde{N}} \tag{8.26}$$

按照 ELM 中算法可知，式（8.26）中的输入权重 w_i 和隐层阈值 b_i 可以随机分配得到，一旦开始学习后，参数不必调整并且保持不变，同时对于电路诊断中的映射函数 $g(x)$ 可以选用常规激活函数，从而在学习完成后 $h(x)$ 也为已知参数，这样就可以根据式（8.25）和式（8.26）求出线性分类面的系数 $\boldsymbol{c}$，从而确定测试信号。最后联立式（8.21）、式（8.24）和式（8.25）可得

$$c_d=0 \tag{8.27}$$

式（8.23）和式（8.25）为测试生成算法的数学表达式。

根据测试生成参数计算方法，提出一种测试诊断结构，如图 8.15 所示。

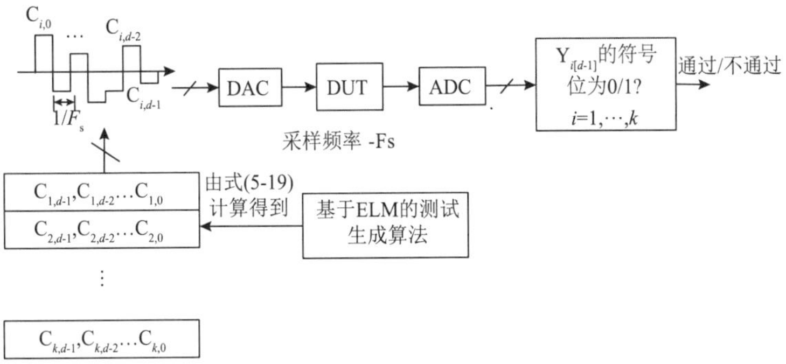

图 8.15　基于 ELM 的诊断结构

DAC 指数模转换；DUT 指被测电路；ADC 指模数转换

这里采用一个分类面来区分一个参数故障和正常状态。为了区分多个参数故障和正常电路则需要得到多个分类面，通过多个分类面区分不同的故障状态电路。因此，一个简单的分类面区分一个故障的情况可以被扩展为多个分类面区分多种参数故障的情况。如图 8.15 所示，测试激励采用多个信号生成的测试序列，整个测试由 k 个测试序列组成，同时 $i=1,\cdots,k$ 代表第 i 序列。从图 8.15 中可知，测试结构不同于传统测试结构，在判断信号的输出状态时，只需要判断符号位即可，不需要根据不同的电路状态得出不同的阈值参数，进行多个比较，尤其对于多个状态电路，这种优势更为明显。

8.4.3　基于假设检验的算法优选

如何应用假设检验来评估模型算法是故障诊断中一个很重要的关键技术，本节需要应用于两种情况，第一种是评价一种算法模型在给定置信度下的模型性能；第二种是在给定的置信度置信水平下，不同算法模型性能的比较。下面按照两种情况进行说明。

1. 各算法在给定置信度下的准确率检验

对于模型算法，数据集上的平均错误率为

$$\varepsilon=\sum_{i=1}^{n}\frac{1}{n}\left|\frac{y_i-\hat{y}_i}{y_i}\right| \tag{8.28}$$

式中，$\hat{y}_i$ 为模型预测值；y_i 为数据实际值。

由于在训练样本上得到的错误率为训练错误率 ε_0，并不能很好地表征模型在其他样本上的表现，因此考虑泛化错误率 ε。假设检验中的“假设”是对模型泛化错误率的某种推断，例如“$\varepsilon \leqslant \varepsilon_0$”。现实中不可能知道模型的泛化错误率，只能在测试集上得到模型的预测错误率 $\hat{\varepsilon}$。泛化错误率与测试错误率未必相同，但二者很大可能非常接近，因此可以根据在验证集上进行测试得到的测试错误率 $\hat{\varepsilon}$ 近似泛化错误率。

采用交叉验证法进行训练/测试，会得到多个测试错误率，结合电子系统的特点考虑采用“t 检验”方法，假定得到了 k 个测试错误率 $\{\hat{\varepsilon}_i\}, i=1,2,\cdots,k$，则平均测试错误率和方差分别为

$$\mu = \frac{1}{k}\sum_{i=1}^{k}\hat{\varepsilon}_i \tag{8.29}$$

$$\sigma^2 = \frac{1}{k-1}\sum_{i=1}^{k}\left(\hat{\varepsilon}_i - \mu\right)^2 \tag{8.30}$$

构造统计量：

$$\tau = \frac{\sqrt{k}\left(\mu - \varepsilon_0\right)}{\sigma} \tag{8.31}$$

服从自由度为$k-1$的t分布，给定置信水平α，考虑假设“$\varepsilon \leqslant \varepsilon_0$”，可计算出在$1-\alpha$概率（即置信度）内所能观测到的最大错误率。若$\left|\mu - \varepsilon_0\right|$的值位于临界值范围$\left[-t_{\alpha/2}, t_{\alpha/2}\right]$内，则假设“$\varepsilon \leqslant \varepsilon_0$”不能被拒绝，即能以$1-\alpha$的置信度认为，算法模型的泛化错误率$\varepsilon$不大于$\varepsilon_0$，即算法模型的泛化准确率不小于$1-\varepsilon_0$。单个算法模型准确率的检验流程如图 8.16 所示。

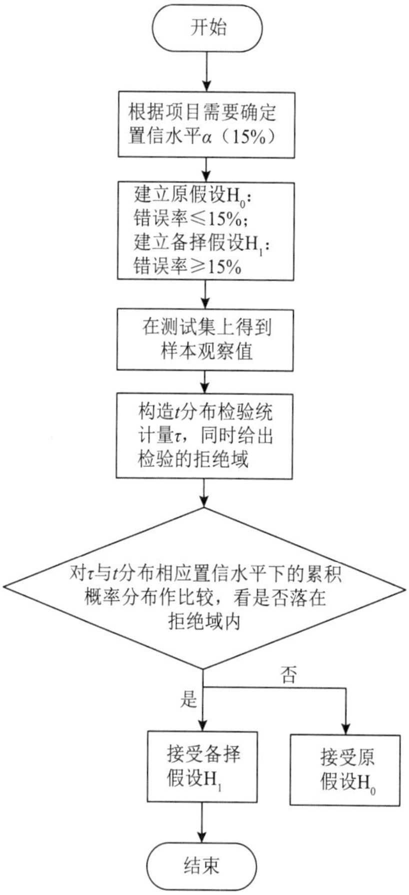

图 8.16　单个算法模型准确率的检验流程

2. 不同算法模型在给定置信度下的比较检验

对于两个不同的预测模型 A 和 B，采用 k 折交叉验证法得到的测试错误率分别为

$\{\varepsilon_i^{\rm A}\}$ 和 $\{\varepsilon_i^{\rm B}\}$，$i=1,2,\cdots,k$，其中，$\varepsilon_i^{\rm A}$ 和 $\varepsilon_i^{\rm B}$ 是在相同的第 i 折测试集上得到的结果。设置原假设 $\varepsilon_i^{\rm A}=\varepsilon_i^{\rm B}$，即认为两个算法模型的性能相同（测试错误率相同），采用 t 检验方法。设置原假设为“两个算法模型的性能没有显著差异”。

先对每对结果求差 $\Delta_i=\varepsilon_i^{\rm A}-\varepsilon_i^{\rm B}$，根据差值 $\Delta_1,\Delta_2,\cdots,\Delta_k$ 对原假设做 t 检验，计算出差值的均值 μ 和方差 σ^2，在显著性水平 α 下，如果变量

$$\tau_t=\left|\frac{\sqrt{k}\mu}{\sigma}\right| \tag{8.32}$$

小于临界 $t_{\alpha/2,k-1}$ 值，则不拒绝原假设，认为两个算法模型的性能没有显著性差别；否则认为两个预测模型的性能有显著差别，且平均测试错误率较小的模型更优。此处，$t_{\alpha/2,k-1}$ 是自由度为 $k-1$ 的 t 分布右侧累积分布为 $\alpha/2$ 的临界值。

交叉验证 t 检验是在一个数据集上比较两个模型的性能，在故障诊断的算法模型选择时，需要在一组数据集上对多个算法模型进行比较。多个算法模型参与比较，有两种方法：一种是在每个数据集上分别列出两两比较的结果，而在两两比较时可使用交叉验证 t 检验；另一种方法更为直接，即使用基于模型排序的 Friedman（弗里德量）检验。假定我们用 Dl、D2、D3、D4 共四个数据集对模型 A、B、C 进行比较，给出原假设“三个算法模型的性能没有显著差别”。首先，使用 k 折交叉验证法得到每个模型在每个数据集上的测试结果，然后在每个数据集上根据测试性能由好到坏排序，并赋予序值 $1,2,\cdots$。若各模型的测试性能相同，则平分序值。例如，在 D1 和 D3 上，A 最好，B 其次，C 最差，而在 D2 上，A 最好，B 与 C 性能相间，以此往复，则可以列出模型比较序值表。

然后，使用 Friedman 检验来判断这些模型是否性能都相同。若相同，则它们的平均序值应当相同。假定在 N 个数据集上比较 k 个模型，令 r_i 表示第 i 个模型的平均序值，为简化讨论，暂不考虑平分序值的情况，则 r_i 服从正态分布，其均值为$(k+1)/2$，方差为$(k^2-1)/12$。

$$\tau_{\chi^2}=\frac{k-1}{k}\cdot\frac{12N}{k^2-1}\sum_{i=1}^{k}\left(r_i-\frac{k+1}{2}\right)^2=\frac{12N}{k(k+1)}\left(\sum_{i=1}^{k}r_i^2-\frac{k(k+1)^2}{4}\right) \tag{8.33}$$

当 k 和 N 都较大时，服从自由度为 $k-1$ 的 χ^2 分布。

然而，上述这样的“原始 Friedman 检验”过于保守，现在通常使用变量：

$$\tau_{\rm F}=\frac{(N-1)\tau_{\chi^2}}{N(k-1)-\tau_{\chi^2}} \tag{8.34}$$

式中，τ_{χ^2} 由式（8.33）给出；$\tau_{\rm F}$ 服从自由度为 $k-1$ 和 $(k-1)(N-1)$ 的 F 分布。若在测试集上检验统计量 $\tau_{\rm F}$ 的值大于相应置信水平 α 下 F 分布的临界值，则拒绝原假设，认为各模型的性能显著不同。这时需要“后续检验”来进一步区分各模型，采用 Nemenyi（内梅尼）后续检验。

Nemenyi 检验计算出平均序值差别的临界值域：

$$\mathrm{CD} = q_{\alpha}\sqrt{\frac{k(k+1)}{6N}} \tag{8.35}$$

式中，q_{α} 是 Tukey（图基）分布在置信水平 α 下的临界值，可以经计算得到。若两个模型的平均序值之差超出临界值域 CD，则以相应的置信度拒绝“两个模型性能相同”这一假设。通过后续检验即可对不同模型的预测性能进行排序。不同算法模型准确率的检验流程如图 8.17 所示。

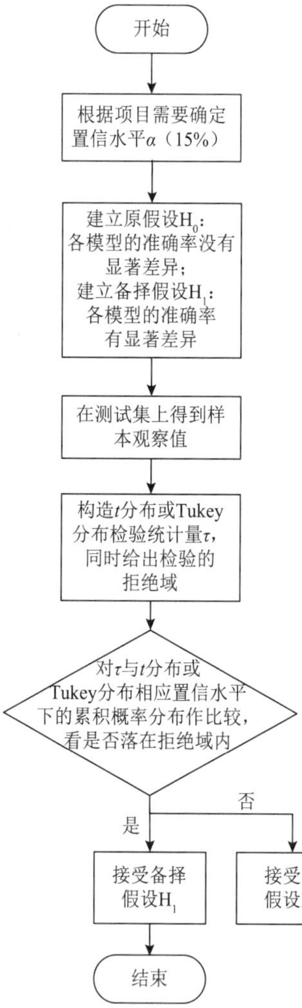

图 8.17　不同算法模型准确率的检验流程

8.4.4　诊断流程自主规划算法

综合诊断流程烦琐、过程冗余、操作复杂，这就导致诊断流程生成速度慢，人为依赖的问题。自动测试技术受制于当前检测设备的局限，需要依赖人工经验编译规划诊断流程。要提升航电综合检测智能化水平，需要实现检测设备根据历史经验或时序分析规划出测试流程的能力，以解决在航电系统综合检测中诊断流程自主规划的技术难点。

本书提出联合经验推理与时序分析的诊断流程规划算法，实现测试任务推理、测试操作预测。即通过贝叶斯网络分析历史经验数据形成先验知识库，通过长短期记忆网络（long short-term memory，LSTM）生成时间序列预测知识，将基于先验知识的推断统计与基于时间序列的预测相结合，生成不同测试任务的测试流程，实现基于测试思维融合机器学习的诊断流程规划，其算法流程如图 8.18 所示。

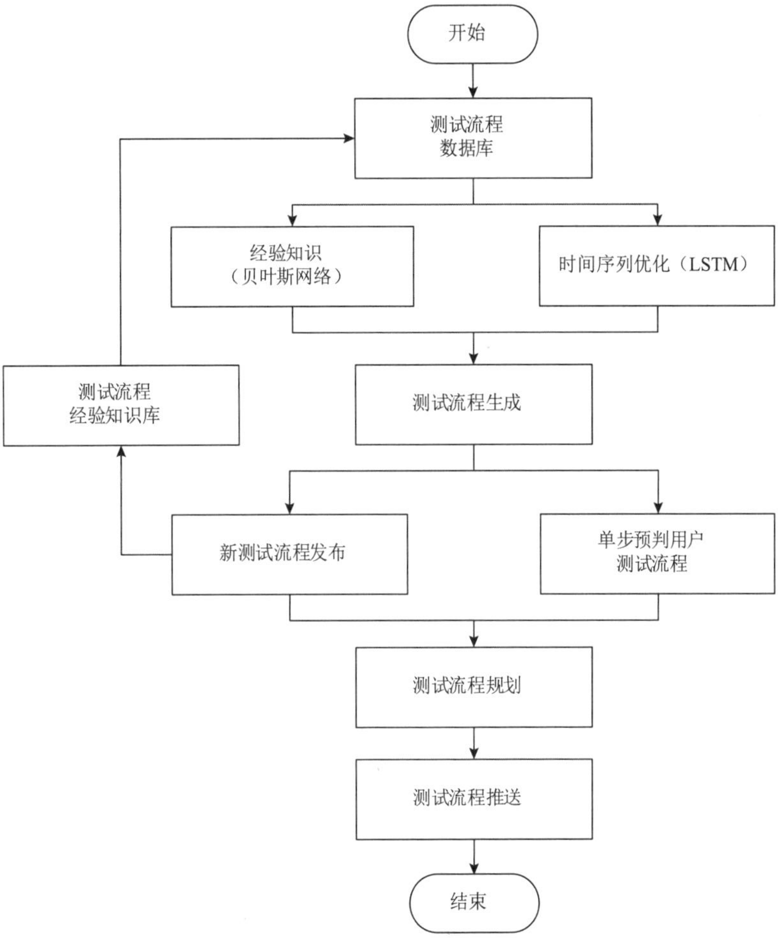

图 8.18　诊断流程规划算法流程图

1. 基于经验知识的测试流程自生成与优化方法

当前测试流程的生成仍停留在人工决策的层面，对于实现智能武器装备测试流程自生成，面临的障碍主要体现在没有构建基于经验知识的测试流程数据库。对重复性的测试需求，都需重新生成测试流程，导致整个测试链路效率低下，难以满足现代复杂智能武器装备的测试。

为了更好地实现任务最优操作流程推送，本书提出一种基于经验知识的测试操作优化与自生成方法。首先，在开始任何一步操作后，都会形成日志数据，日志与被测对象等通过贝叶斯网络分析进行数据融合，或单独通过经验数据库的分析判断后续操作，给出后续的单步操作。根据后续的单步操作连续判断整个测试操作序列，从而逐渐优化并生成完整序列，高效快速形成智能装备的测试流程。

对于测试流程数据库的构建，采用贝叶斯网络的方法完成对经验知识的积累、提炼。贝叶斯网络是概率框架下实施决策的基本方法。对于不同的测试流程，在满足一定测试条件下可以得到相关概率，基于这些概率和误判损失来选择最优的类别标记。通过该技术，对各类测试任务的测试仪器实现便捷操作规划推送，智能简化与优选测试操作方法，支撑实现智能装备测试的智能化，实现测试操作的优化与自生成。

2. 基于 LSTM 的测试流程时间序列优化算法

在智能装备执行测试操作时，用户通常会有两类测试操作，一类是针对自身熟悉的测试操作，这类测试操作可以通过经验知识库的构建，结合贝叶斯网络等先验知识推断统计算法，实现用户习惯操作规划推送，从而实现操作过程的简化；另一类是对于用户不熟悉的测试操作，在缺失知识库的时候，就需要通过对当前的未知测试操作进行分析，学习训练进行知识库的补充，并在后面的测试中进行应用。为了解决上述难题，本节提出一种测试操作时间序列分析技术。

测试操作时间序列分析技术，主要是通过 LSTM 这类深度学习算法对时间序列的分析能力，挖掘操作日志中各个测试操作的时间序列关系，从而实现时间序列关系的分类，以此来预判在面对各对象时的测试操作。

LSTM 共有三种“门”结构：第一种，遗忘门，它决定上一时刻的单元状态 C_{t-1} 有多少分量保留到当前时刻 C_t；第二种，输入门，它决定当前网络输入 X_t 有多少分量保存到当前时刻 C_t；第三种，输出门，它决定当前单元状态 C_t 有多少分量进入当前输出值 h_t。

遗忘门的结构如下：

$$f_t = \sigma\left(w_f \cdot \left[h_{t-1}, x_t\right] + b_f\right) \tag{8.36}$$

输入门的结构如下：

$$i_t = \sigma\left(w_i \cdot \left[h_{t-1}, x_t\right] + b_i\right) \tag{8.37}$$

输出门的结构如下：

$$o_t = \sigma\left(w_o \cdot \left[h_{t-1}, x_t\right] + b_o\right) \tag{8.38}$$

当前时刻中间状态的计算如下：

$$\tilde{c}_t = \tanh\left(w_c \cdot \left[h_{t-1}, x_t\right] + b_c\right) \tag{8.39}$$

当前单元状态的计算如下：

$$c_t = f_t \circ c_{t-1} + i_t \circ \tilde{c}_t \tag{8.40}$$

式中，运算符“∘”表示向量按元素相乘；$\tilde{c}_t$ 表示根据当前输入计算的中间单元状态。

通过当前单元状态即可得到 LSTM 循环体的隐藏状态输出：

$$h_t = o_t \circ \tanh(c_t) \tag{8.41}$$

以上公式中，w 和 b 分别表示各个全连接结构的权值向量和偏置向量；σ 表示 sigmoid 激活函数。

8.5　航空电子系统智能故障诊断应用

智能故障诊断的工程化应用强调故障诊断各流程的智能化，本章从故障诊断的各流程，包括典型故障分析、故障特征的提取、故障诊断的执行以及故障诊断效果验证等环节，提出适用于航空电子系统特点的故障诊断流程方法，包括基于 FMECA 的故障分析方法、典型故障特征提取方法、基于推理机的智能故障诊断方法以及可信检测验证方法。

8.5.1　基于 FMECA 的典型故障分析

当前航空通信电子系统故障关联关系描述多采用 FMECA 方法，这种方法是一种数据库方法，面对当前复杂的航空电子系统时，需要通过数十万条文字数据描述不同模块、不同层次的关联关系与不同故障的关联关系，搜索与应用效率低，不能满足外场排故过程中快速排故进行故障分析的需求。

为此，基于 FMECA 的故障分析，核心就是对 FMECA 表进行知识抽取，根据知识支撑故障诊断。本书提出通过 FMECA 表数据为输入，对表数据进行知识抽取，包括 FMECA 表输入、生成对象知识与生成关系知识。

典型航空电子系统 FMECA 表组成如图 8.19 所示，例如各模块 FMECA 表，可分为产品清单表、器件级 FMECA 表、电路级 FMECA 表和模块级 FMECA 表等；又例如单元类的模块 FMECA 表可分为产品清单表、器件级 FMECA 表、电路级 FMECA 表、模块级 FMECA 表和单元级 FMECA 表。产品清单表的输入信息包括器件名称、器件编号、器件失效率、电路名称、电路编号、电路失效率、模块名称、模块编号、模块失效率；器件级 FMECA 表的输入信息包括器件名称、器件故障名称、器件故障编号、对电路影响、失效率、危害等级；电路级 FMECA 表的输入信息包括电路名称、电路故障名称、电路故障编号、对模块影响、失效率、危害等级、测试时机、机载测试点；模块级 FMECA 表的输入信息包括模块名称、模块故障名称、模块故障编号、对系统/模块影响、失效率、危害等级、测试时机、机载测试点，其中单元类的模块 FMECA 表输入信息是对单元影响，模块类的模块 FMECA 表输入信息是对系统影响；单元级 FMECA 表输入信息包括单元名称、单元故障名称、单元故障编号、对系统影响、失效率、危害等级、测试时机、机载测试点。

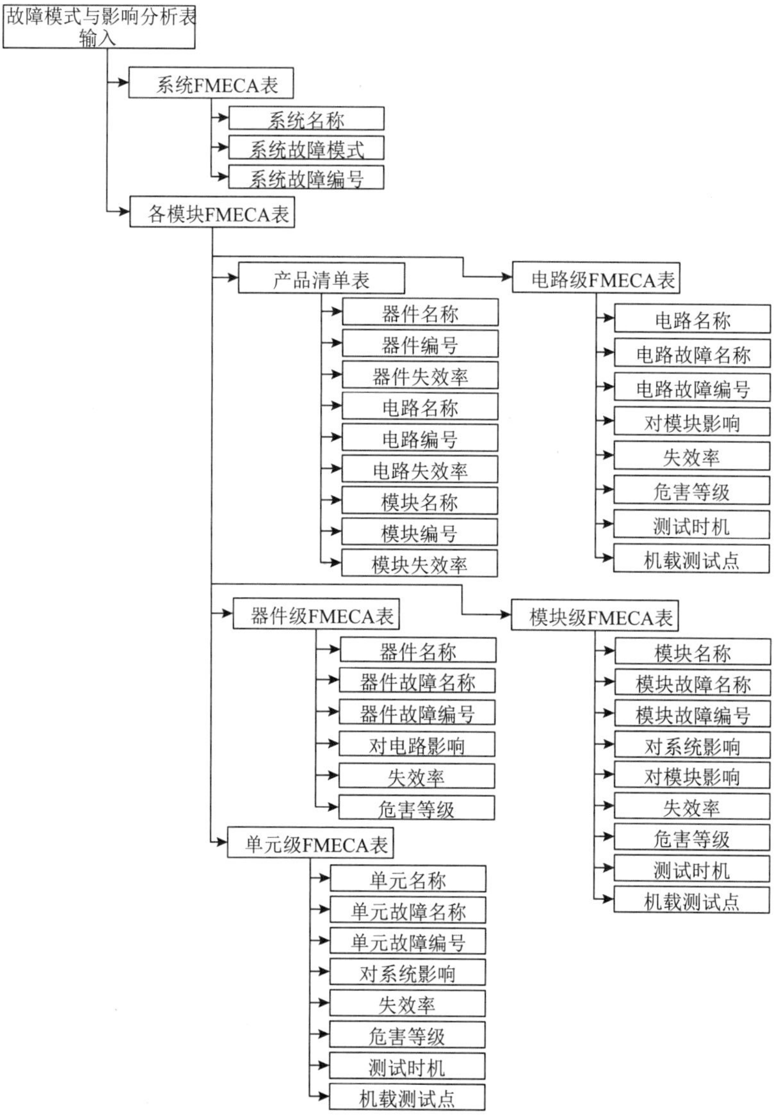

图 8.19　航空电子系统 FMEA 表组成

面向单元的基于 FMECA 表的故障知识生成如图 8.20 所示，通过对模块 FMECA 表中内容进行读取实现知识抽取。

第一部分是读取系统 FMECA 表内容生成对象知识。

（1）生成系统对象的知识。①读取系统名称，通过读取知识抽取并生成名称标签；②读取系统故障编号，通过故障编号的计算抽取并生成编号标签；③读取单元类 FMECA 表中的模块失效率与模块类 FMECA 表中的单元失效率，通过失效率的计算知识抽取生成失效率标签。

（2）生成系统故障对象知识。读取系统故障模式、故障编号、失效率、危害等级、测试时机，抽取并生成名称、编号、失效率、危害等级、测试时机标签。

（3）读取机载测试点生成机载测试点对象与编号标签知识。

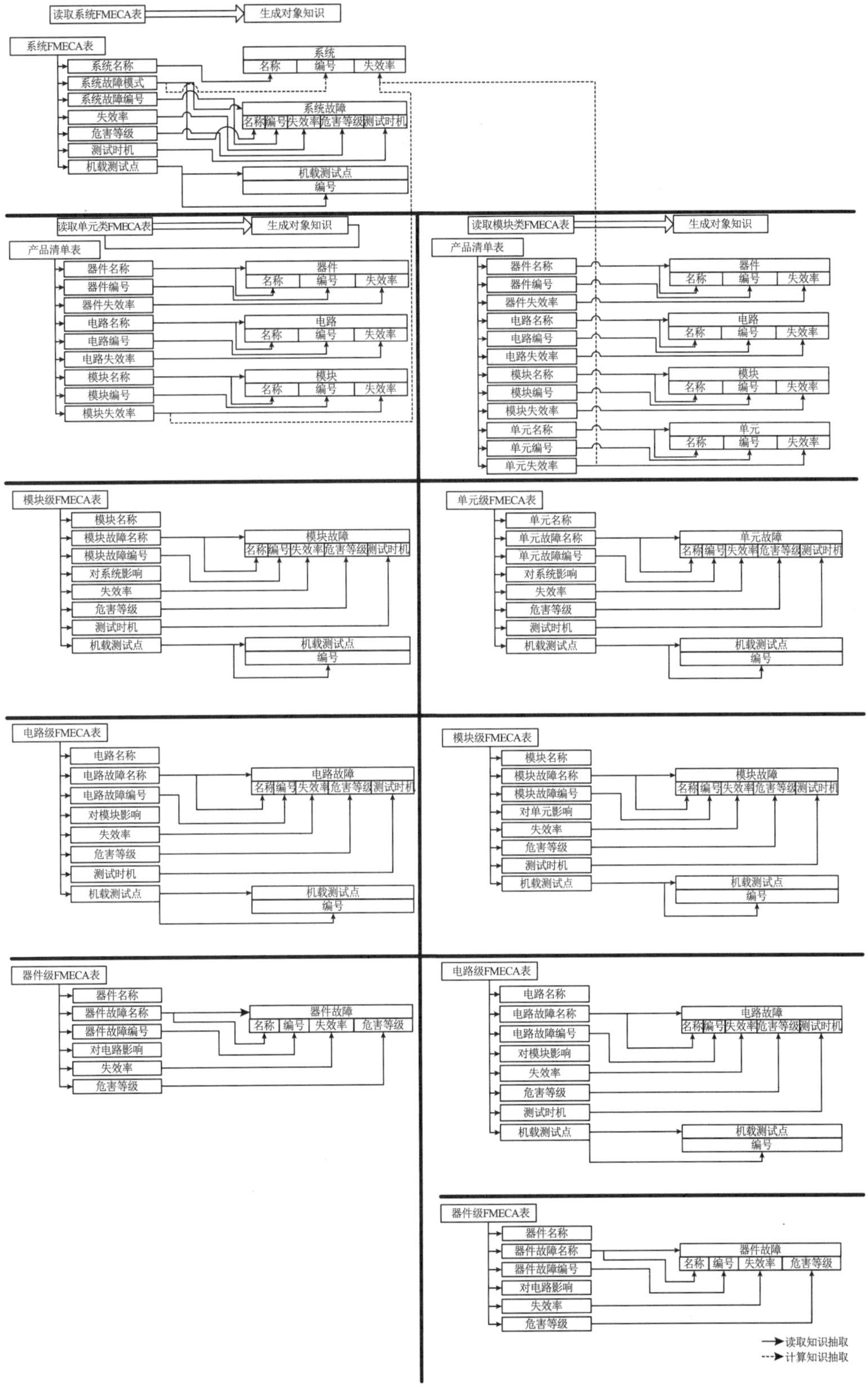

图 8.20　面向单元的基于 FMECA 表的故障知识生成

第二部分读取单元类 FMECA 表生成对象知识。分为读取产品清单与读取模块级 FMECA 表。

（1）读取电路级 FMECA 表、读取器件级 FMECA 表，联合生成相关对象知识。读取产品清单生成对象知识：①生成器件对象，通过读取器件名称，生成不同的器件对象，每一个器件下读取器件名称、器件编号、器件失效率，通过读取知识抽取生成器件对象对应的名称、编号和失效率标签；②生成电路对象，通过读取电路名称，生成不同的电路对象，每一个电路下读取电路名称、电路编号、电路失效率，通过读取知识抽取生成电路对象对应的名称、编号和失效率标签；③生成模块对象，通过读取模块名称，生成不同的模块对象，每一个模块下读取模块名称、模块编号、模块失效率，通过读取知识抽取生成模块对象对应的名称、编号和失效率标签。

（2）读取模块级 FMECA 表内容生成对象知识。①读取表中每一个模块故障名称，根据模块故障名称生成模块故障对象知识；②读取模块故障名称、故障编号、失效率、测试时机、机载测试点，抽取知识并生成模块故障对象对应的名称、编号、失效率、危害等级和测试时机标签；③读取表征机载测试点内容，抽取并生成机载测试点对象与编号标签。

读取电路级 FMECA 表生成对象知识与读取模块级 FMECA 表生成对象知识方法类似，这里不再赘述。读取器件级 FMECA 表生成对象知识，仅生成器件故障对象，标签中包括名称、编号、失效率、危害等级，方法与读取模块级 FMECA 表生成对象知识方法类似，这里不再赘述。

第三部分读取单元类 FMECA 表生成对象知识与第二部分类似，区别在于增加对于单元对象与对应标签的生成，以及读取单元级 FMECA 表生成对象，这里不再赘述。

生成关系知识包含三种，第一种是读取系统 FMECA 表内容生成关系知识，包括系统故障归属系统关系知识生成与机载测试点归属系统故障归属关系知识生成。

（1）系统故障归属系统关系知识生成包括以下步骤：①读取表中系统名称与系统故障编号内容，通过系统故障编号解析出系统编号，通过系统名称与系统编号匹配解析出系统对象名称与编号标签，从而找出对应的关系归属对象；②通过读取表中系统故障编号与系统故障模式匹配系统故障对象名称与编号标签，找出对应的关系对象；③根据找出的关系归属对象与关系对象，生成系统故障归属系统关系的归属端与初始端。

（2）机载测试点归属系统故障归属关系知识生成包含以下步骤：①读取系统故障模式与系统故障编号，匹配出系统故障对象的名称与编号标签，找出对应的关系归属对象；②读取机载测试点，匹配出机载测试点对象编号标签，找出对应的关系对象；③根据找出的关系归属对象与关系对象生成机载测试点归属系统关系的归属端与初始端。

第二种是产品清单表生成关系知识，包括器件归属电路关系知识生成、电路归属模块关系知识生成、模块归属单元关系知识生成与单元归属系统关系知识生成。

（1）器件归属电路关系知识生成包含以下步骤：①读取器件名称、器件编号，匹配器件对象的名称与编号标签，找出对应的器件关系对象；②读取电路名称和电路编号，匹配电路对象的名称与编号标签，找出对应的电路归属关系对象；③根据找出的关系归属对象与关系对象，生成器件归属电路关系的归属端与初始端。

（2）电路归属模块关系知识生成包含以下步骤：①读取电路名称、电路编号，匹配电路对象的名称与编号标签，找出对应的电路关系对象；②读取模块名称和模块编号，匹配模块对象的名称与编号标签，找出对应的模块归属关系对象；③根据找出的关系归属对象与关系对象生成电路归属模块关系的归属端与初始端。

（3）模块归属单元关系知识生成包含以下步骤：①读取模块名称、模块编号，匹配模块电路对象的名称与编号标签，找出对应的模块关系对象；②读取单元名称和模块编号，匹配单元对象的名称与编号标签，找出对应的单元归属关系对象；③根据找出的关系归属对象与关系对象生成模块归属单元关系的归属端与初始端。

（4）单元归属系统关系知识生成包含以下步骤：①读取单元名称、单元编号，匹配单元电路对象的名称与编号标签，找出对应的单元关系对象；②读取系统名称和模块编号，匹配系统对象的名称与编号标签，找出对应的系统归属关系对象；③根据找出的关系归属对象与关系对象生成单元归属系统关系的归属端与初始端。

第三种单元级 FMECA 表生成关系知识与第四种模块级 FMECA 表生成关系知识、第五种电路级 FMECA 表生成关系知识、第六种器件级 FMECA 表生成关系知识方法类似，这里以第三种单元级 FMECA 表生成关系知识为案例进行说明。单元级 FMECA 表生成关系知识，包括单元故障归属单元关系知识生成、单元故障归属系统故障关系知识生成与机载测试点归属单元故障关系知识生成。

（1）单元故障归属单元关系知识生成包含以下步骤：①读取单元故障名称、单元故障编号，匹配单元故障对象的名称与编号标签，找出对应的单元故障关系对象；②读取单元名称和单元编号，匹配单元对象的名称与编号标签，找出对应的系统归属关系对象；③根据找出的关系归属对象与关系对象生成单元故障归属单元关系的归属端与初始端。

（2）单元故障归属系统故障关系知识生成包含以下步骤：①读取单元故障名称、单元故障编号，匹配单元故障对象的名称与编号标签，找出对应的单元故障关系对象；②读取对系统的影响，匹配系统故障的名称标签，找出对应的系统归属关系对象；③根据找出的关系归属对象与关系对象生成单元故障归属系统故障关系的归属端与初始端。

（3）机载测试点归属单元故障关系知识生成包含以下步骤：①读取单元级 FMECA 表中的机载测试点编号，匹配机载测试点对象的编号标签，找出对应的机载测试点关系对象；②读取单元故障名称和单元故障编号，匹配单元故障对象的名称与编号标签，找出对应的系统归属关系对象；③根据找出的关系归属对象与关系对象生成机载测试点归属单元关系的归属端与初始端。

此外，第六种器件级 FMECA 表生成关系知识相比其他 FMECA 表生成关系知识，仅生成器件故障归属器件关系与器件故障归属电路故障，与上述方法类似，这里不再赘述。面向模块的基于 FMECA 表的故障知识生成如图 8.21 所示。

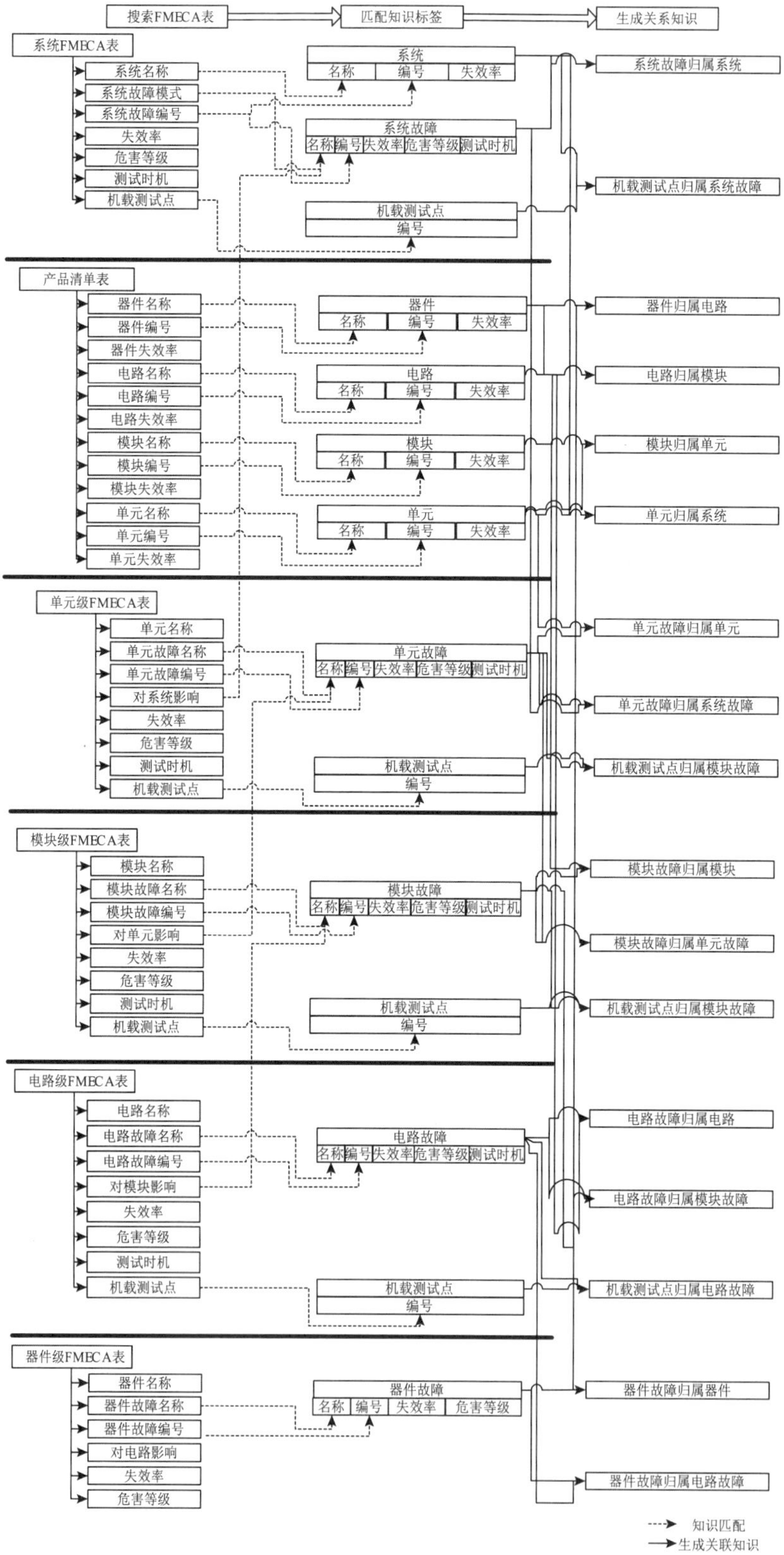

图 8.21　面向模块的基于 FMECA 表的故障知识生成

8.5.2 典型故障特征提取

本节介绍一种多项式遍历拟合的航空通信电子系统排故数据自适应分析方法[75]，该方法结合多项式拟合与数理统计，形成自动识别航空电子系统测试数据异常的能力，帮助实现故障特征提取的效率提升，如图 8.22 所示，共包含以下四个步骤。

步骤 1：测试数据预处理。根据航空通信电子系统数据与故障矩阵的排故流程自生成方法对生成的排故流程进行排故时，以功能测试数据为输入，首先对该功能测试全部数据进行归一化处理，然后设定固定的时间窗，根据时间窗将功能测试数据划分为多个时间序列数值。

步骤 2：数据筛选。对步骤 1 获得的时间序列数值进行筛选，筛选方法是采用式 $f(t)=\sum_{i=1}^{n}a_i t^{n-1}$（$i$、$n$ 为整数，$0\leqslant i<n\leqslant 10$，10 为经验值），对时间序列进行多项式拟合，这里设 n=1，计算总体标准差 $\delta=\sqrt{\dfrac{\sum\left[x(t)-f(t)\right]^2}{m(t)}}$，其中 $m(t)$ 为总时间序列对应的采样点数量，$x(t)$ 为步骤 1 获得的时间序列值，$f(t)$ 为本步骤求得的多项式拟合曲线对应值。判断总体标准差是否大于 0.95，如大于代表该部分数据平滑，不涉及功能影响，则剔除该部分数据，此时判断是否完成全部时间窗对应时间序列，若完成则认定该功能测试状态为 0，方法结束；如未完成则继续进行下一个时间窗时间序列数据判断；若方差小于 0.95 则获取该部分数据，进入下一步。

步骤 3：多项式遍历拟合。本步骤主要是针对步骤 2 中筛选出的数据，进行多项式遍历拟合，仍然采用步骤 2 中的 $f(t)=\sum_{i=1}^{n}a_i t^{n-1}$（$i$、$n$ 为整数，$0\leqslant i<n\leqslant 10$，10 为经验值），不同的是在步骤 2 设置 n=1 的基础上，逐渐增加 n 值，计算总体标准差 $\delta=\sqrt{\dfrac{\sum\left[x(t)-f(t)\right]^2}{m(t)}}$，其中 $m(t)$ 为总时间序列对应的采样点数量，$x(t)$ 为步骤 1 获得的时间序列值，$f(t)$ 为本步骤求得的多项式拟合曲线对应值。比较 n、$n-1$ 和 $n-2$ 的总体标准差，当 n 为最小时，获得该 n 值对应的 $f(t)$ 曲线式，进入下一步；若未找到，则标记该部分数据为可疑数据，设定该功能测试数据为异常，方法结束。

步骤 4：找寻异常点。根据步骤 3 获得的 $f(t)$ 曲线式，计算 $\left|x(t)-f(t)\right|>3\delta$ 是否成立，如果成立，则标记该点为可疑点，设定该功能数据为异常，方法结束；如未找到则判断是否完成全部时间窗，如未完成则返回步骤 2，继续下一个时间窗时间序列数值的判断，如完成则设定该功能测试状态为正常，方法结束。

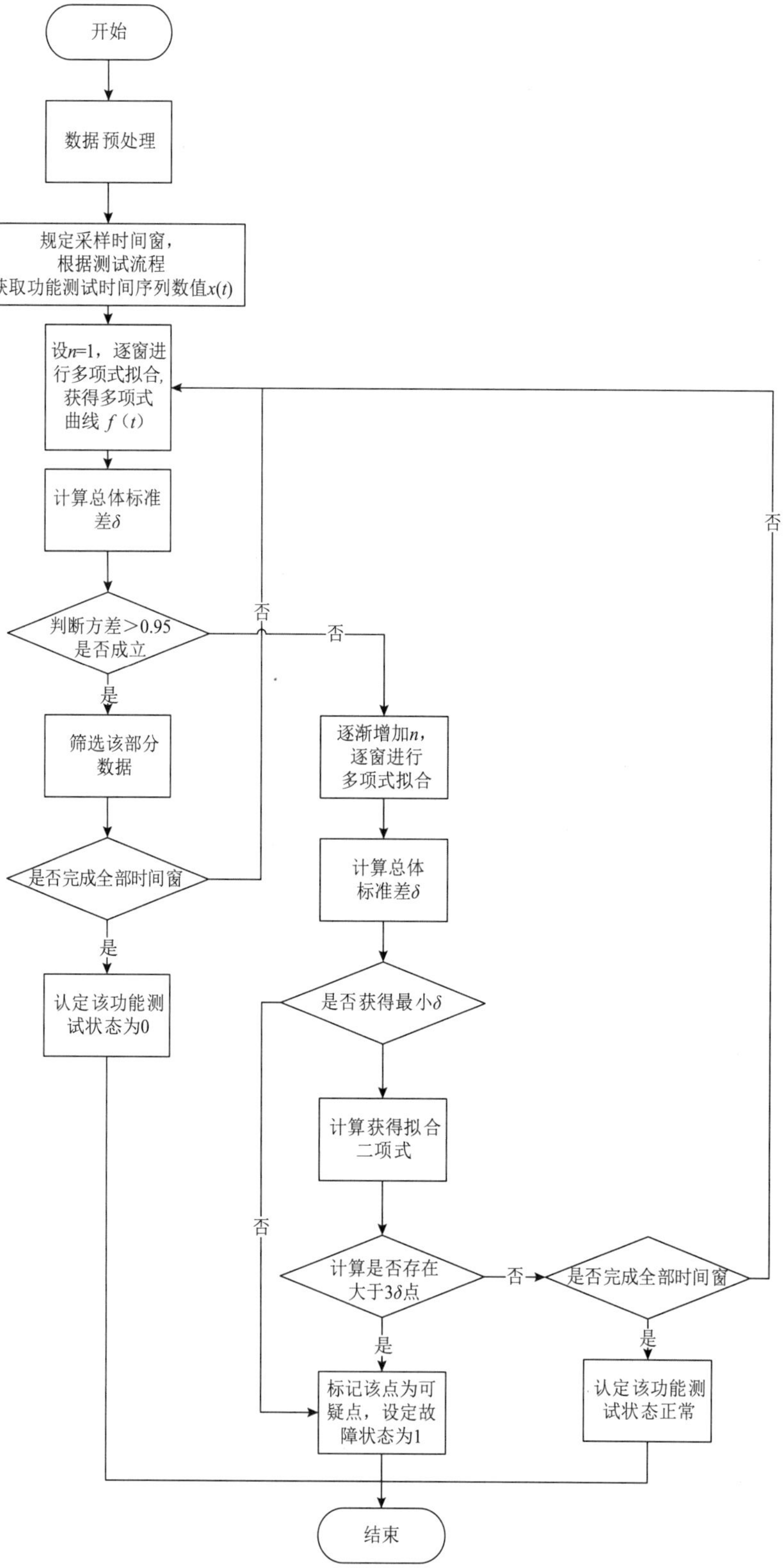

图 8.22　多项式遍历拟合的航空电子系统故障特征提取方法流程

8.5.3 基于推理机的智能故障诊断

经典的 IEEE 1232 标准中，基于诊断树的推理机在自动测试中是常用的，如图 8.23 所示，推理机包含以下四个部分。

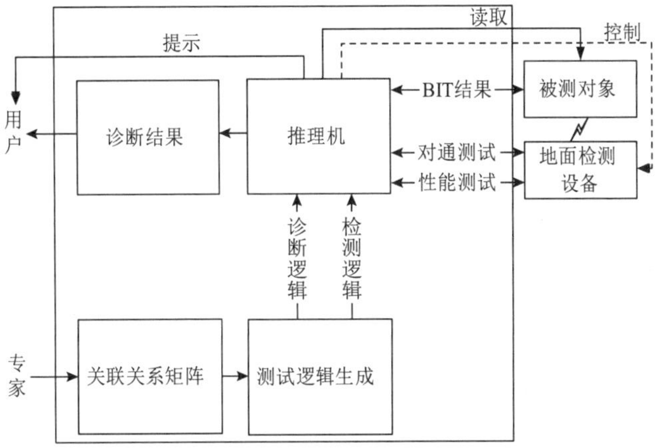

图 8.23　推理机故障诊断框图

（1）关联关系矩阵：即测试逻辑生成技术的输入，通过专家知识库，导入故障、测试、测试代价与故障概率矩阵。

（2）测试逻辑生成：通过本章提出的测试逻辑生成技术，解析关联关系矩阵，生成检测逻辑与诊断逻辑。

（3）测试资源：即被测对象，本章指航空电子系统以及地面检测设备，一般指检测仪等。

（4）推理机：从推测与诊断逻辑到测试行为的转换。

本书介绍一种自动化排故流程，配合人机协同排故方法[43]，如图 8.24 所示，该方法共包括以下三个步骤。

步骤 1：排故流程生成。该步骤首先以排故人员填报的航空通信电子系统数据与故障矩阵为输入，通过本章提出的航空电子系统数据与故障矩阵的排故流程自生成方法，实现排故流程生成，进入下一步骤。

步骤 2：执行排故流程。该步骤在执行中，依次判断是否为嵌入式测试、自检测试，当为嵌入式测试、自检测试时，则进行状态数据读取，判断状态数据是否为故障状态，如为故障状态则认定该故障存在，进入下一步；若判断为非故障状态，判断是否完成该故障排故流程，如完成则认定不存在该故障模式，进入下一步，若未完成则返回继续执行排故流程。若判断结果不是嵌入式测试和自检测试，则进入功能测试判断，采用本章提出的多项式遍历拟合的航空电子系统排故数据自适应分析方法进行判断，若判断状态无异常，则判断是否完成该故障模式测试流程，如未完成则返回继续，如完成则进入下一步；如判断功能测试数据状态异常，则认定该故障状态存在，标记为可疑数据。

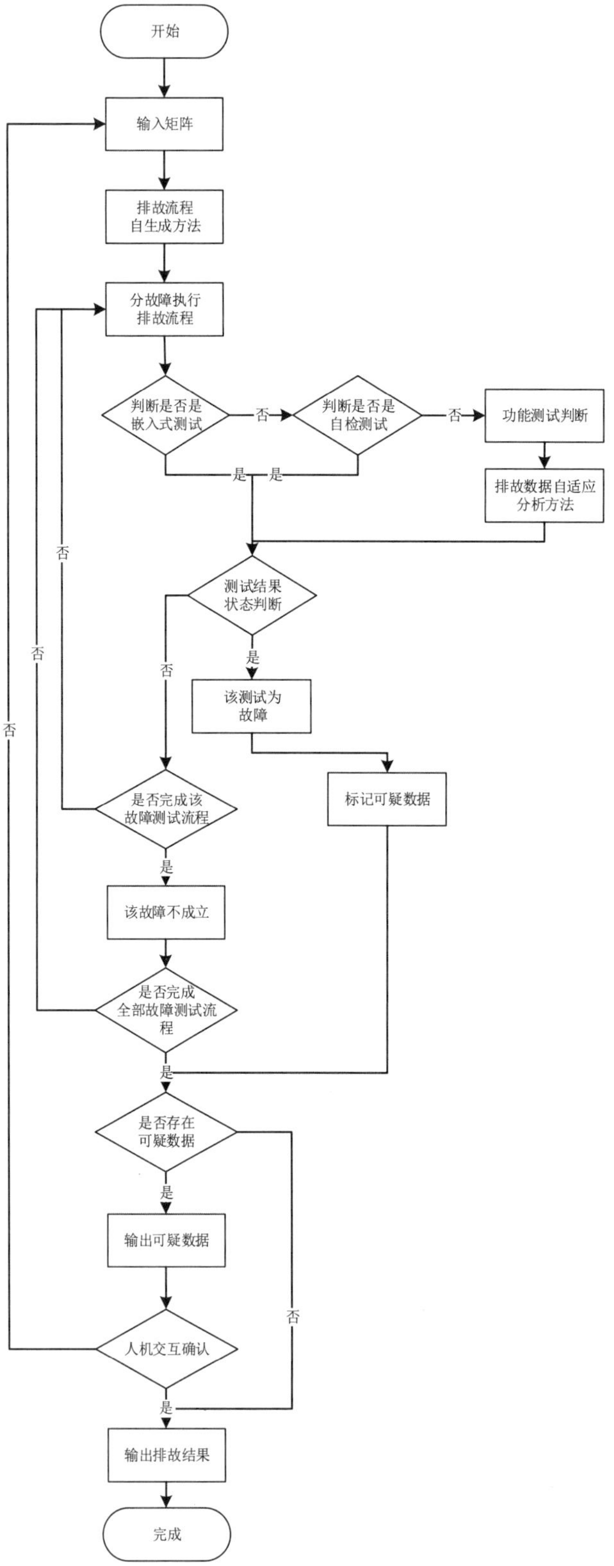

图 8.24　人机协同排故方法流程图

步骤 3：完成排故，输出结果。该步骤中判断是否完成全部故障测试流程，如未完成则返回步骤 2，继续进行排故流程；如完成则判断是否存在可疑数据，如存在则输出可疑数据进行交互确认，然后输出排故结果完成整个排故工作；如不存在可疑数据，则直接输出排故结果完成整个排故工作。

如图 8.25 所示，航空电子系统数据与故障矩阵的排故流程自生成是实现智能化的人机协同排故的基础，排故流程自生成从根本上实现了排故流程的自动化，同时引入人机协同交互，包括以下四个步骤。

步骤 1：航空通信电子系统数据与故障矩阵录入。该步骤中将图 8.25 中矩阵作为数据输入，该矩阵共包含故障类型与测试两个维度，其中第一个维度是故障类型，指的是航空通信电子系统功能排故涉及的所有故障；第二个维度指的是功能排故涉及的所有测试数据，这里根据航空通信电子的排故数据特点，将测试数据又分为三类，分别为嵌入式测试、自检测试与功能测试。此外，矩阵中 1 和 0 代表该测试数据的判断结果是否会对故障类型的判断造成影响，如果相关有影响则为 1，如果相关无影响则为 0。完成表格矩阵进行录入检查，检查测试项数据是否与航空通信电子系统中数据对应，如果对应则进入下一步，否则进行人机协同交互，提示进行矩阵修正。

步骤 2：故障树生成。该步骤主要包括两个过程，过程一是采用 AO^*算法求解航空通信电子系统数据与故障矩阵，AO^*算法表达式如图 8.25 中 HEF 求解式所示，根据 AO^*算法生成故障树，此时进入人机协同交互，判断是否符合排故要求，如不符合则进行第二个过程裁枝增枝过程。如图 8.25 所示，过程二为裁枝增枝，通过将生成的故障树可视化显示进行人机交互，根据排故人员的实际需求对故障树进行裁枝增枝修改，当进行裁枝时，对故障节点下所有树枝进行删除；当进行增枝时，则对故障节点下的树枝进行手动添加。当确认故障树符合要求后，进入下一步。

步骤 3：单个测试序列生成。该步骤主要是通过图搜索法实现，主要包含三个过程，过程一是找到测试序列终点，以依赖矩阵的故障类型为输入，通过匹配搜索故障树的故障节点，遍历查找得到模糊组最小的节点并将其作为测试序列的终点；过程二是从该节点开始故障树连接的逆向查找，每找到一个故障树的测试节点即作为测试流程的倒数一个步骤；过程三是一直逆向查找故障树节点，直至故障树的故障节点不再包含该故障类型，此时将该故障节点下的测试节点作为测试流程的第一个测试，从而完成该测试序列生成流程，构建出该测试序列。此时进入人机协同交互，判断是否符合该故障排故实际要求，如不符合则进行人为干预修改，如符合则实现该测试序列生成。

步骤 4：循环生成所有测试序列。重复步骤 3，直至完成所有测试序列的生成，从而生成排故策略，此时判断是否完成循环，如完成则进入下一步，如未完成则进入人机协同交互，提示未完成的故障类型，进行人为干预，增加未完成项，或者修正未完成测试序列。此外，考虑到空地协同测试，为了将多种测试手段相结合，这里提出一种复合式推理机，工作流程如图 8.26 所示。

推理机工作流程主要包含以下五个步骤：

步骤 1：测试任务读取。根据测试任务，读取不同的测试信息与故障信息，进行二维关联，构建故障与机载测试资源关联矩阵。

故障	嵌入式测试				自检测试				功能测试			
	测试1	测试2	测试3	……	测试1	测试2	测试3	……	测试1	测试2	测试3	……
故障类型1	1	1	1	……	0	0	0	……	0	0	0	……
故障类型2	1	0	1	……	0	0	0	……	0	0	0	……
故障类型3	0	1	1	……	0	0	0	……	0	0	0	……
故障类型4	0	0	0	……	1	1	1	……	0	0	0	……
故障类型5	0	0	0	……	1	0	1	……	0	0	0	……
故障类型6	0	0	0	……	0	1	1	……	0	0	0	……
故障类型7	0	0	0	……	0	0	0	……	1	1	1	……
故障类型8	0	0	0	……	0	0	0	……	1	0	1	……
故障类型9	0	0	0	……	0	0	0	……	0	1	1	……
故障类型10	1	1	1	……	1	1	1	……	1	1	1	……
……	……	……	……	……	……	……	……	……	……	……	……	……

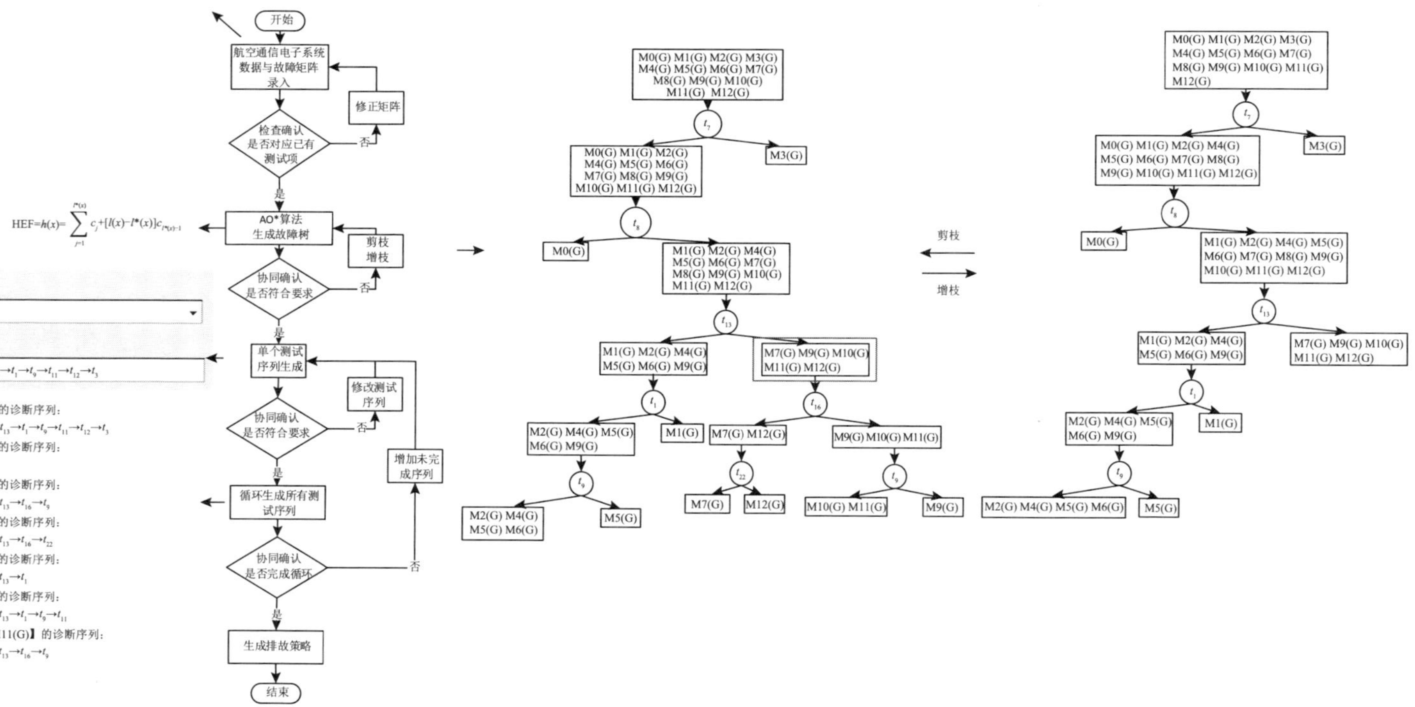

图8.25　排故流程自生成示意

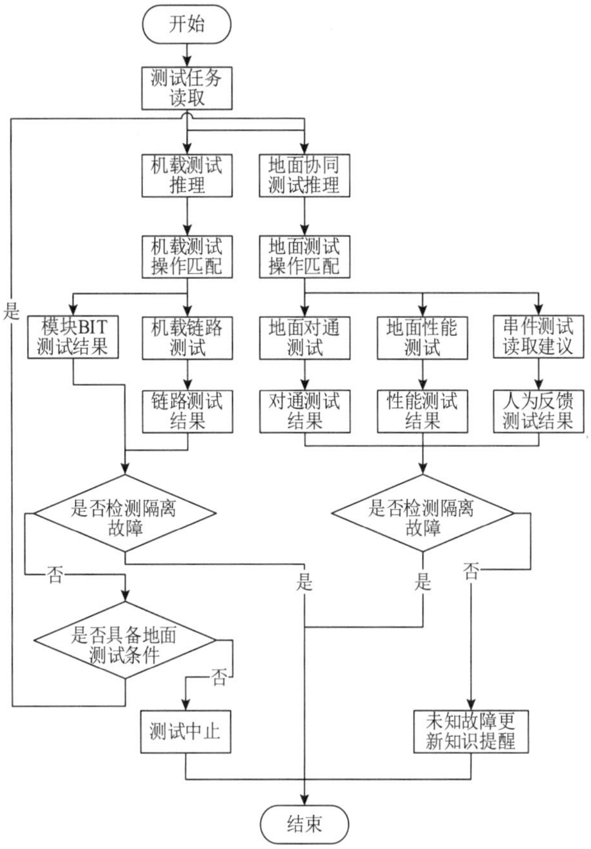

图 8.26　空地协同测试推理机流程

步骤 2：机载测试推理。优先选择机载测试资源，利用测试逻辑生成算法，引导测试操作，测试逻辑生成算法可采用 AO^* 算法等，这里不再赘述。

步骤 3：地面协同测试。当完成全部测试未成功获取故障检测隔离结果时，提出地面协同测试需求。

步骤 4：当具备地面协同测试条件时，联合地面测试资源形成关联矩阵，根据关联矩阵指导进行地面协同测试操作；若不具备地面协同测试条件则直接跳转至步骤 5。

步骤 5：完成全部测试逻辑后，联合全部测试结果判断是否获得故障检测隔离结果。如完成则上报结果，如未完成则提示更新知识。

8.5.4　可信检测验证

当前航空电子系统的嵌入式测试经常存在着测试不可信的情况。航空电子系统嵌入式测试不可信，是指航空电子系统在运行过程中，偶发性地存在着虚警、漏检和误检的情况。所谓虚警就是指在系统功能正常的状态下嵌入式测试电路错误报故；漏检是指在系统功能不正常的状态下嵌入式测试电路不报故；误检则是指在系统功能不正常的状态下嵌入式测试电路非正确地给出检测与隔离结论。上述三种情况的出现给飞行任务的执行以及外场的排故造成了极大的困扰，这就需要对通用化平台化设计下的航空电子系统的嵌入式测试是否可信进行检测验证，判断航空电子系统是否存在虚警、漏检和误检的情况。然而，嵌入式测试的电路与系统自身的功能电路一体化的设计方式，使得测试人员很难快速地从外部对系统嵌入式测试电路进行检验，判断测试结果是否可信；同时，考虑到航空电子系统功能较为复杂，一旦发生故障就会影响功能链路的各个模块，出现大面积的非可信报故，这就使得虚警、漏检和误检的情况更加难以分析，需要对功能链路进行测试验证逐步分析，才能准确地判断是否存在嵌入式测试不可信的情况。因此，亟须突破上述难题解决航空电子系统嵌入式测试可信检测验证的需求。

现有航空电子系统嵌入式测试可信检测验证主要存在以下两个方面的不足。

（1）缺乏嵌入式测试可信度验证方法。当前航空电子系统的嵌入式测试检测验证，主要是面向嵌入式监测或诊断能力的验证，对于监测后诊断结果是否可信，由于虚警、漏检和误检的现象无法复现，该类方法缺失，无法满足当前航空通信电子系统的嵌入式测试可信检测验证需求，这正是本节的关注重点。

（2）可信度检测验证自动化程度低。当前航空电子系统嵌入式测试可信度检测验证主要采用针对功能模块的人工测试分析方法，即通过测试人员对功能模块的测试，分析功能模块的功能故障现象和正常现象的差异，比对嵌入式测试的报故信息，结合人为经验判断嵌入式测试是否可信，这种方法费时费力，效率低，无法满足航空通信电子系统整个通信功能链路各模块的嵌入式测试可信检测验证需求。提高嵌入式测试可信检测验证的自动化程度，从而提升检测验证效率是本节研究的目的。

为解决航空电子系统中嵌入式测试可信检测验证上述问题，本章节提出以航空电子系统嵌入式测试是否可信为检测验证对象，以提升自动化程度和检测验证效率为目标，设计高效的航空电子系统嵌入式测试可信检测验证方法[54]。

虚警、漏检及误检分析方法流程如图 8.27 所示。对航空电子系统的虚警、漏检及误检分析得出了一种针对航空电子系统嵌入式测试的虚警、漏检和误检方法，该方法共包括以下四个步骤。

步骤 1：虚警、漏检和误检状态初判断。

首先判断功能是否正常、嵌入式测试是否报故。当功能正常，嵌入式测试不报故时，则功能及嵌入式测试均正常；当功能正常，嵌入式测试报故时，则可能存在虚警情况，进入步骤 2 虚警验证阶段；当功能不正常，嵌入式测试报故时，根据嵌入式测试结果进行排故，排故后判断功能是否正常，如正常则验证功能及嵌入式测试均正常，如不正常则可能存在误检，进入步骤 3 误检验证阶段；当功能不正常，嵌入式测试不报故时，可能存在漏检，进入步骤 4 漏检验证阶段。

步骤 2：虚警验证。

进入虚警验证阶段，选择非嵌入式测试，采用自动检测方法执行检测流程，判断检测是否报故。如果不报故，则嵌入式测试存在虚警，虚警验证完成；如果报故，则可能存在未知故障进行人工查验，根据查验结果选择更新检测验证专家知识，提升后续检测验证能力。

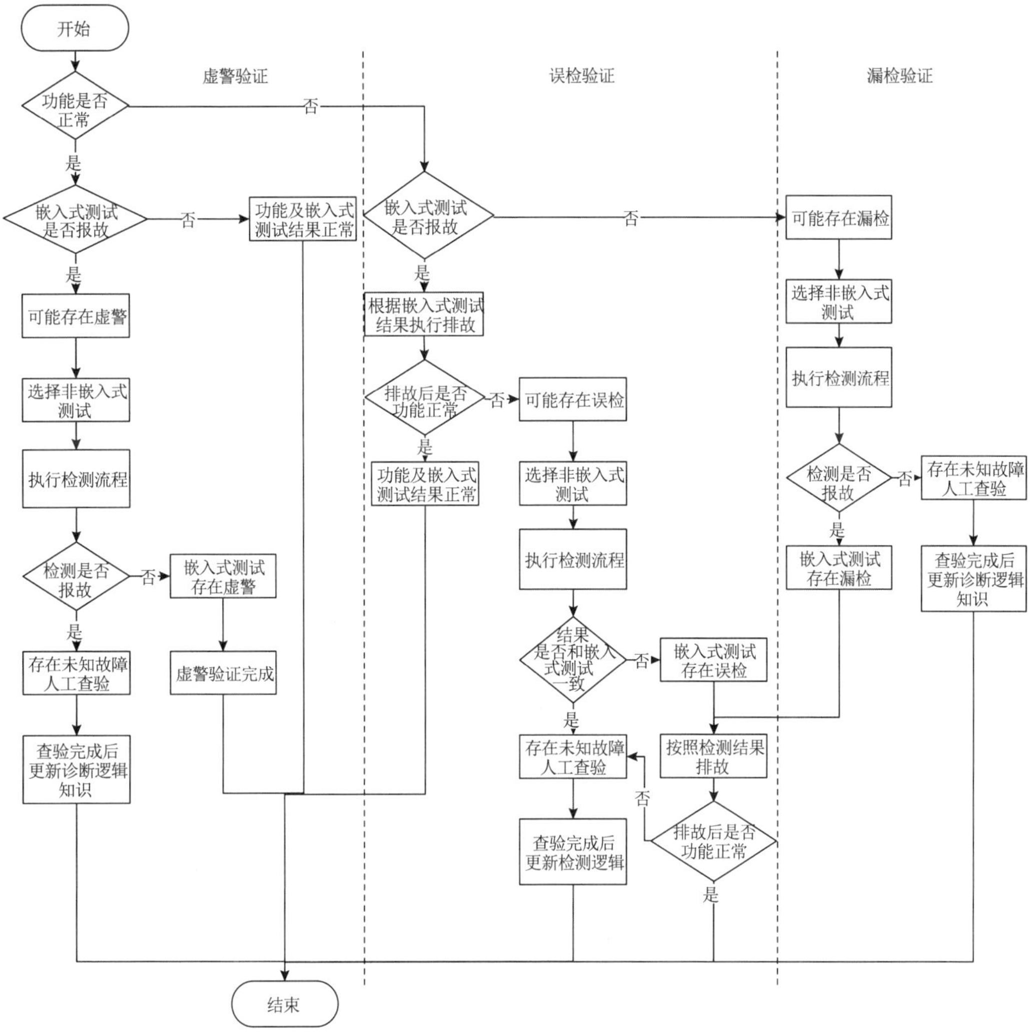

图 8.27　虚警、漏检及误检分析方法流程图

步骤 3：误检验证。

进入误检验证阶段，选择非嵌入式测试，采用自动检测方法执行检测流程，完成测试后查看检测结果与嵌入式测试结果是否一致，如果不一致，则 BIT 可能存在误检，此时按照检测结果进行排故，排故完成后如果功能正常，则确定存在漏检，漏检验证完成；如果检测结果与嵌入式测试结果一致，则可能存在未知故障进行人工查验，根据查验结果选择更新检测验证专家知识，提升后续检测验证能力。如果检测仪排故结果与 BIT 一致，但排故后功能依然不正常，则确定存在漏检，并且存在未知故障进行人工查验，根据查验结果选择更新检测验证专家知识，提升后续检测验证能力。

步骤 4：漏检验证。

进入漏检验证阶段，选择非嵌入式测试，采用自动检测方法执行检测流程，判断检测是否报故，如果报故，则判断嵌入式测试存在漏检，按照检测结果进行排故，判断排故后是否功能正常，如果功能正常，则完成验证，如果功能不正常，确定嵌入式测试存在漏检，同样存在未知故障进行人工查验，根据查验结果选择更新诊断逻辑知识，以提升检测仪诊断能力。如果检测结果没有报故，则也存在未知故障进行人工查验，根据查验结果选择更新诊断逻辑知识，以提升检测仪诊断能力。

利用检测设备进行检测验证报故过程如图 8.28 所示，通过嵌入式测试报故过程、检测报故过程，支撑各步骤中的检测判断。

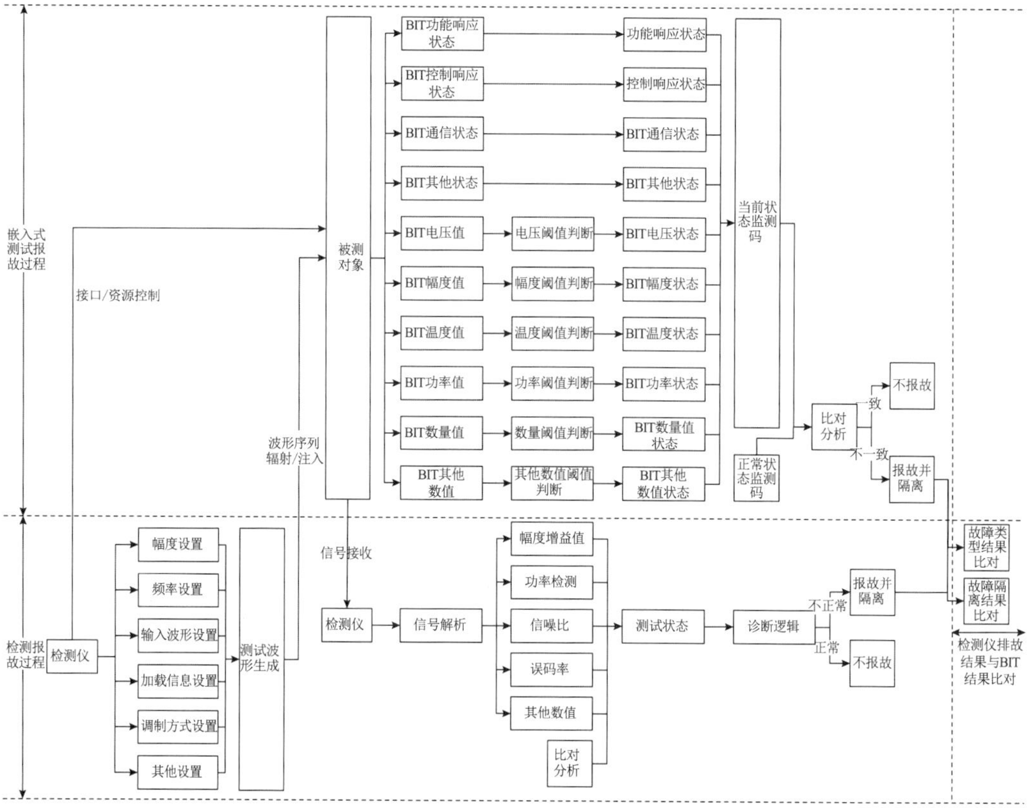

图 8.28　检测验证报故过程示意图

嵌入式测试检测验证报故过程中，首先获取被测对象的 BIT 结果，其中状态值主要包括 BIT 采集的功能响应、控制响应、通信状态、其他状态等；BIT 采集的数值包括电压值、幅度值、温度值、功率值、数量值、其他数值等，其中数值与阈值比较后得到各数值对应状态。随后，联合各状态获取当前状态监测码，最终通过与正常状态监测码比对，根据是否一致确定是否报故和故障诊断隔离结果。

检测报故过程中，首先采用检测仪，进行幅度设置、频率设置、输入波形设置、加载信息设置、调制方式设置、其他设置等各种测试波形设置，生成测试波形后辐射或注入被测对象。然后测试波形经被测对象功能链路处理后，检测仪从中接收被测对象的信号或信息进行解析，解析获取幅度增益值、功率检测、信噪比、误码率、其他数值等，通过比对分析得到该次测试状态。再然后完成全部需求测试，根据诊断逻辑结果判断是否报故和故障诊断隔离结果。检测仪排故结果与 BIT 结果是否一致，是根据比对诊断给出的故障类型与故障隔离对象进行判断。

参 考 文 献

[1] 中国电子科技集团公司第十研究所. 一种航空通信电子系统故障关系可视化模型自动构建方法[P]. 中国, CN202210881972. 0, 2022. 11. 11.

[2] 周靖宇. 模拟电路 RUP 预测方法研究[D]. 成都: 电子科技大学, 2016.

[3] 罗航, 王厚军, 黄建国, 等. 故障树定量分析及其交互方式的实现[J]. 电子测量与仪器学报, 2010, 24(5): 473-480.

[4] 罗航, 王厚军, 黄建国, 等. 用递归 BDD 技术分析故障树[J]. 电子科技大学学报, 2011, 40(5): 726-731.

[5] 罗航. 故障树分析的若干关键问题研究[D]. 成都: 电子科技大学, 2011.

[6] Huang H Z. Fuzzy fault tree analysis of mechanical transmission system[J]. Journal of South West Jiaotong University, 1993, 1(2): 165-170.

[7] 华小洋, 胡宗武, 范祖尧. 模糊故障树分析方法[J]. 机械强度, 1998, 20(1): 35-40.

[8] 赵德孜, 王厚铿. 基于模糊集的故障树分析在燃气轮机中的应用[J]. 燃气轮机技术, 2003, 16(2): 55-58.

[9] Mufti M, Vachtsevanos G. Automated fault detection and identification using a fuzzy-wavelet analysis technique[C]//Conference Record AUTOTESTCON '95. 'Systems Readiness: Test Technology for the 21st Century'. August 8-10, 1995, Atlanta, GA, USA. IEEE, 1995: 169-175.

[10] Zhao Z B, Gu X. Fault detection based on wavelet neural network[C]// Proc. of 14th IFAC World Congress, Beijing, 1999: 145-150.

[11] 吴昊, 王桂增, 方崇智. 小波变换在故障检测中的应用[J]. 自动化学报, 1997, 23(6): 736-741.

[12] Rotem Y, Wachs A, Lewin D R. Ethylene compressor monitoring using model-based PCA[J]. AIChE Journal, 2000, 46(9): 1825-1836.

[13] Bakshi B R. Multiscale PCA with application to multivariate statistical process monitoring[J]. AIChE Journal, 1998, 44(7): 1596-1610.

[14] Dong D, McAvoy T J. Nonlinear principal component analysis: Based on principal curves and neural networks[J]. Computers & Chemical Engineering, 1996, 20(1): 65-78.

[15] Satish L. Short-time Fourier and wavelet transforms for fault detection in power transformers during impulse tests[J]. IEEE Proceedings - Science, Measurement and Technology, 1998, 145(2): 77-84.

[16] Ando B, Graziani S. Adding noise to improve measurement[J]. IEEE Instrumentation & Measurement Magazine, 2001, 4(1): 24-31.

[17] Chen H, Varshney P K, Kay S, et al. Noise enhanced nonparametric detection[J]. IEEE Transactions on Information Theory, 2009, 55(2): 499-506.

[18] Fedi G, Manetti S, Piccirilli M C, et al. Determination of an optimum set of testable components in the fault diagnosis of analog linear circuits[J]. IEEE Transactions on Circuits and Systems-I: Fundamental Theory and Applications, 1999, 46(7): 779-787.

[19] Kay S. Noise enhanced detection as a special case of randomization[J]. IEEE Signal Processing Letters, 2008, 15: 709-712.

[20] Li X F, Xie Y L, Bi D J, et al. Kalman filter based method for fault diagnosis of analog circuits[J]. Metrology and Measurement Systems, 2013, 20(2): 307-322.

[21] Sindia S, Agrawal V D, Singh V. Test and diagnosis of analog circuits using moment generating functions[C]//2011 Asian Test Symposium. November 20-23, 2011, New Delhi, India. IEEE, 2011: 371-376.

[22] Park J, Shin H, Abraham J A. Pseudorandom test of nonlinear analog and mixed-signal circuits based on a Volterra series model[J]. Journal of Electronic Testing, 2011, 27(3): 321-334.

[23]Yang C L, Tian S L, Long B. Test points selection for analog fault dictionary techniques[J]. Journal of Electronic Testing, 2009, 25(2): 157-168.

[24]Yang C L, Tian S L, Long B, et al. A novel test point selection method for analog fault dictionary techniques[J]. Journal of Electronic Testing: Theory and Application, 2010, 26(5): 523-534.

[25]Wang P, Yang S Y. A soft fault dictionary method for analog circuit diagnosis based on slope fault mode[J]. Control and Automation, 2006, 22(6): 1-23.

[26]张伟, 许爱强, 陈振林. 模拟电路节点电压灵敏度权序列故障字典法[J]. 电子测量与仪器学报, 2006, 20(4): 46-49.

[27]Yang C L, Tian S L, Long B, et al. Methods of handling the tolerance and test-point selection problem for analog-circuit fault diagnosis[J]. IEEE Transactions on Instrumentation and Measurement, 2011, 60(1): 176-185.

[28]Yang C L, Tian S L, Long B. Application of heuristic graph search to test -point selection for analog fault dictionary techniques[J]. IEEE Transactions on Instrumentation and Measurement, 2008, 58(7): 2145-2158.

[29]Tian S L, Yang C L, Long B. Selection of minimal test points set for integer-coded fault wise table[J]. Journal of Electronic Science and Technology, 2009, 7(4): 312-316.

[30] Stenbakken G N, Souders T M. Test-point selection and testability measures via QR factorization of linear models[J]. IEEE Transactions on Instrumentation and Measurement, 2012, IM-36(2): 406-410.

[31] van Spaandonk J, Kevenaar T A M. Iterative test-point selection for analog circuits[C]//Proceedings of 14th VLSI Test Symposium. April 28 - May 1, 1996, Princeton, NJ, USA. IEEE, 1996: 66-71.

[32]Huang J L, Cheng K T. Test point selection for analog fault diagnosis of unpowered circuit boards[J]. IEEE Transactions on Circuits and Systems Ⅱ: Analog and Digital Signal Processing, 2000, 47(10): 977-987.

[33]Sen N, Sakes R. A measure of testability and its application to test point selection theory[C]//Proc. of the 20th Midwest Symposium on Circuits and Systems, Lubbock, 1997: 576-583.

[34]Yang C L, Yang J, Liu Z, et al. Complex field fault modeling-based optimal frequency selection in linear analog circuit fault diagnosis[J]. IEEE Transactions on Instrumentation and Measurement, 2014, 63(4): 813-825.

[35]Tian S L, Yang C L, Chen F, et al. Circle equation-based fault modeling method for linear analog circuits[J]. IEEE Transactions on Instrumentation and Measurement, 2014, 63(9): 2145-2159.

[36]罗航, 王厚军, 龙兵. 基于“松散型”小波神经网络的时间序列预测研究[J]. 计算机工程与应用, 2008, 44(8): 16-19.

[37]黄建国, 罗航, 王厚军, 等. 运用 GA-BP 神经网络研究时间序列的预测[J]. 电子科技大学学报, 2009, 38(5): 687-692.

[38]王承. 基于神经网络的模拟电路故障诊断方法研究[D]. 成都: 电子科技大学, 2005.

[39]Cui J, Wang Y R. A novel approach of analog circuit fault diagnosis using support vector machines classifier[J]. Measurement, 2011, 44(1): 281-289.

[40]Han H, Wang H J. A new method for analog circuit fault diagnosis based on testability and chaos particle swarm optimization[J]. Journal of Convergence Information Technology, 2012, 7(14): 444-453.

[41]姜媛媛, 王友仁, 崔江, 等. 基于 LS-SVM 的电力电子电路故障预测方法[J]. 电机与控制学报, 2011, 15(8): 64-68, 74.

[42]连可, 陈世杰, 周建明, 等. 基于遗传算法的 SVM 多分类决策树优化算法研究[J]. 控制与决策, 2009, 24(1): 7-12.

[43]连可, 黄建国, 王厚军, 等. 一种基于遗传算法的 SVM 决策树多分类策略研究[J]. 电子学报, 2008,

36(8): 1502-1507.
[44]Long B, Tian S L, Wang H J. Diagnostics of filtered analog circuits with tolerance based on LS-SVM using frequency features[J]. Journal of Electronic Testing, 2012, 28(3): 291-300.
[45]马超, 陈西宏, 徐宇亮, 等. 基于支持向量机属性约简集成的模拟电路故障诊断[J]. 仪器仪表学报, 2011, 32(3): 660-666.
[46]Mao X B, Wang L H, Li C X. SVM classifier for analog fault diagnosis using fractal features[C]//2008 Second International Symposium on Intelligent Information Technology Application. December 20-22, 2008, Shanghai, China. IEEE, 2008: 553-557.
[47]孙永奎. 基于支持向量机的模拟电路故障诊断方法研究[D]. 成都: 电子科技大学, 2009.
[48]Tang J, Hu Y A, Lin T, et al. Analog circuit fault diagnosis based on fuzzy support vector machine and kernel density estimation[C]//2010 3rd International Conference on Advanced Computer Theory and Engineering(ICACTE). August 20-22, 2010, Chengdu. IEEE, 2010: V4-544-V4-548.
[49]Zuo L, Hou L G, Zhang W, et al. Applying wavelet support vector machine to analog circuit fault diagnosis[C]//2010 Second International Workshop on Education Technology and Computer Science. March 6-7, 2010, Wuhan, China. IEEE, 2010: 75-78.
[50]Sai Sarathi Vasan A, Long B, Pecht M. Diagnostics and prognostics method for analog electronic circuits[J]. IEEE Transactions on Industrial Electronics, 2013, 60(11): 5277-5291.
[51]Long B, Tian S L, Wang H J. Feature vector selection method using mahalanobis distance for diagnostics of analog circuits based on LS-SVM[J]. Journal of Electronic Testing, 2012, 28(5): 745-755.
[52]Cortes C, Vapnik V. Support-vector networks[J]. Machine Learning, 1995, 20(3): 273-297.
[53]Suykens J A K, Gestel T V, De Brabanter J, et al. Least Squares Support Vector Machines[M]. Leuven: World Scientific Publishing Co. Pte. Ltd., 2002.
[54]中国电子科技集团公司第十研究所. 航空通信电子系统嵌入式测试可信检测验证方法及系统[P]. 中国, CN202210154505. 8, 2022. 06. 07.
[55]邱静, 刘冠军, 杨鹏, 等. 装备测试性建模与设计技术[M]. 北京: 科学出版社, 2012.
[56]严俊豪. 系统级测试性设计优化方法与实现[D]. 成都: 电子科技大学, 2014.
[57]连可. 基于状态监测的复杂电子系统故障诊断方法研究[D]. 成都: 电子科技大学, 2009.
[58]Huang G B, Zhu Q Y, Siew C K. Extreme learning machine: Theory and applications[J]. Neurocomputing, 2006, 70(1/2/3): 489-501.
[59]Huang G B, Chen L. Convex incremental extreme learning machine[J]. Neurocomputing, 2007, 70(16/17/18): 3056-3062.
[60]Huang G B, Zhou H M, Ding X J, et al. Extreme learning machine for regression and multiclass classification[J]. IEEE Transactions on Systems, Man, and Cybernetics Part B, Cybernetics, 2012, 42(2): 513-529.
[61]Huang G B, Ding X J, Zhou H M. Optimization method based extreme learning machine for classification[J]. Neurocomputing, 2010, 74(1/2/3): 155-163.
[62]刘学艺, 李平, 郜传厚. 极限学习机的快速留一交叉验证算法[J]. 上海交通大学学报, 2011, 45(8): 1140-1145.
[63]Miche Y, Sorjamaa A, Bas P, et al. OP-ELM: Optimally pruned extreme learning machine[J]. IEEE Transactions on Neural Networks, 2010, 21(1): 158-162.
[64]孟媛媛, 刘希玉. 一种新的基于二叉树的 SVM 多类分类方法[J]. 计算机应用, 2005, 25(11): 2653-2654, 2657.
[65]郑春红, 焦李成, 郑贵文. 基于 GA 的遥感图像目标 SVM 自动识别[J]. 控制与决策, 2005, 20(11): 1212-1215, 1220.

[66]杨宏晖, 孙进才, 袁骏. 基于支持向量机和遗传算法的水下目标特征选择算法[J]. 西北工业大学学报, 2005, 23(4): 512-515.
[67]李杰, 楚恒, 朱维乐, 等. 基于支持向量机和遗传算法的纹理识别[J]. 四川大学学报(工程科学版), 2005, 37(4): 104-108.
[68]Rao N S V. Expected-value analysis of two single fault diagnosis algorithms[J]. IEEE Transactions on Computers, 1993, 42(3): 272-280.
[69]Rao N S V. Computational complexity issues in operative diagnosis of graph-based systems[J]. IEEE Transactions on Computers, 1993, 42(4): 447-457.
[70]Chessa S, Santi P. Operative diagnosis of graph-based systems with multiple faults[J]. IEEE Transactions on Systems, Man, and Cybernetics-Part A: Systems and Humans, 2001, 31(2): 112-119.
[71]Dahbura A T, Masson G M. An 0(n2. 5) fault identification algorithm for diagnosable systems[J]. IEEE Transactions on Computers, 1984, C-33(6): 486-492.
[72]Sullivan G F. A O(t^3mod E mod) fault identification algorithm for diagnosable systems[J]. IEEE Transactions on Computers, 2002, 37(4): 388-397.
[73]Fedi G, Giomi R, Luchetta A, et al. On the application of symbolic techniques to the multiple fault location in low testability analog circuits[J]. IEEE Transactions on Circuits and Systems Ⅱ: Analog and Digital Signal Processing, 1998, 45(10): 1383-1388.
[74]Shakeri M, Pattipati R, Raghavan V, et al. Optimal and near-optimal algorithms for multiple fault diagnosis with unreliable tests[J]. IEEE Transactions on Systems, Man and Cybernetics, Part C (Applications and Reviews), 1998, 28(3): 431-440.
[75]中国电子科技集团公司第十研究所. 航空通信电子人机协同排故系统[P]. 中国, CN202111278168. 5, 2021. 10. 30.